Hadoop
构建数据仓库实践

王雪迎 著

U0286804

清华大学出版社
北京

内 容 简 介

本书讲述在流行的大数据分布式存储和计算平台 Hadoop 上设计实现数据仓库,将传统数据仓库建模与 SQL 开发的简单性与大数据技术相结合,快速、高效地建立可扩展的数据仓库及其应用系统。

本书内容包括数据仓库、Hadoop 及其生态圈的相关概念,使用 Sqoop 从关系数据库全量或增量抽取数据,使用 HIVE 进行数据转换和装载处理,使用 Oozie 调度作业周期性执行,使用 Impala 进行快速联机数据分析,使用 Hue 将数据可视化,以及数据仓库中的渐变维(SCD)、代理键、角色扮演维度、层次维度、退化维度、无事实的事实表、迟到的事实、累积的度量等常见问题在 Hadoop 上的处理等。

本书适合数据库管理员、大数据技术人员、Hadoop 技术人员、数据仓库技术人员,也适合高等院校和培训机构相关专业的师生教学参考。

本书封面贴有清华大学出版社防伪标签,无标签者不得销售。
版权所有,侵权必究。侵权举报电话:010-62782989,beiqinquan@tup.tsinghua.edu.cn。

图书在版编目(CIP)数据

Hadoop 构建数据仓库实践 / 王雪迎著.—北京:清华大学出版社,2017(2024.11重印)
ISBN 978-7-302-46980-3

Ⅰ.①H… Ⅱ.①王… Ⅲ.①数据处理软件 Ⅳ.①TP274

中国版本图书馆 CIP 数据核字(2017)第 100408 号

责任编辑:夏毓彦
封面设计:王　翔
责任校对:闫秀华
责任印制:曹婉颖

出版发行:清华大学出版社
　　　　网　　　址:https://www.tup.com.cn,https://www.wqxuetang.com
　　　　地　　　址:北京清华大学学研大厦 A 座　　　　邮　　编:100084
　　　　社 总 机:010-83470000　　　　邮　　购:010-62786544
　　　　投稿与读者服务:010-62776969,c-service@tup.tsinghua.edu.cn
　　　　质 量 反 馈:010-62772015,zhiliang@tup.tsinghua.edu.cn

印 装 者:三河市人民印务有限公司
经　　销:全国新华书店
开　　本:190mm×260mm　　　印　张:27.75　　　字　数:710 千字
版　　次:2017 年 7 月第 1 版　　　印　次:2024 年 11 月第 8 次印刷
定　　价:89.00 元

产品编号:072501-01

前 言

似乎所有人嘴边都挂着"大数据"这个词。围绕大数据这个主题开展的讨论几乎已经完全压倒了传统数据仓库的风头。某些大数据狂热者甚至大胆预测，在不久的将来，所有企业数据都将由一个基于 Apache Hadoop 的系统托管，企业数据仓库（EDW）终将消亡。无论如何，传统数据仓库架构仍在不断发展演化，这一点不容置疑。一年来，我一直在撰写相关的文章和博客，但它真的会消亡吗？我认为几率很小。实际上，尽管所有人都在讨论某种技术或者架构可能会胜过另一种技术或架构，但 IBM 有着不同的观点。在 IBM，他们更倾向于从"Hadoop 与数据仓库密切结合"这个角度来探讨问题，两者可以说是天作之合。

试想一下，对于采用传统数据仓库的企业而言，大数据带来的机会就是能够利用过去无法通过传统仓库架构利用的数据，但传统数据仓库为什么不能承担起这个责任？原因是多方面的。首先，数据仓库的传统架构方式采用业务系统中的结构化数据，用它们来分析有关业务的方方面面，对这些数据进行清理、建模、分布、治理和维护，以便执行历史分析。无论是从结构方面考虑，还是从数据摄取速率方面考虑，我们在数据仓库中存储的数据都是可预测的。相比之下，大数据是不可预测的。大数据的结构多种多样，对于 EDW 来说数量过于庞大。尤其要考虑的是，我们更习惯于浏览大量数据来查找真正需要的信息。不久之后可能又会决定丢弃这些数据，在某些情况下，这些数据的保存期限可能会更短。如果我们决定保留所有这些数据，则需要使用比 EDW 更经济的解决方案来存储非结构化数据，以便将来使用这些数据进行历史分析，这也是将 Hadoop 与数据仓库结合使用的另一个论据。

本书通过简单而完整的示例，论述了在 Hadoop 平台上设计和实现数据仓库的方法。将传统数据仓库建模与 SQL 开发的简单性与大数据技术相结合，快速、高效地建立可扩展的数据仓库及其应用系统。

本书共 13 章，主要内容包括数据仓库、Hadoop 及其生态圈的相关概念，使用 Sqoop 从关系数据库全量或增量抽取数据，使用 Hive 进行数据转换和装载处理，使用 Oozie 调度作业周期性执行，使用 Impala 进行快速联机数据分析，使用 Hue 将数据可视化，以及数据仓库中的渐变维（SCD）、代理键、角色扮演维度、层次维度、退化维度、无事实的事实表、迟到的事实、累积的度量等常见问题在 Hadoop 上的处理等。

本书适合数据库管理员、大数据技术人员、Hadoop 技术人员、数据仓库技术人员，也适合高等院校和培训学校相关专业的师生教学参考。

最后，感谢清华大学出版社图格事业部的编辑们，他们的辛勤工作使得本书尽早与读者见面。

编者

2017 年 6 月

目　录

第 4 章　安装 Hadoop

第 10 章　维度表技术

第 11 章　事实表技术

第 12 章　联机分析处理

第 13 章　数据可视化

第 1 章

◄ 数据仓库简介 ►

对于每一种技术，先要理解相关的概念和它之所以出现的原因，这对于我们继续深入学习其技术细节大有裨益。本章将介绍数据仓库的定义，它和传统操作型数据库应用的区别，以及为什么我们需要数据仓库。

在对数据仓库的概念有了一个基本的认识后，向读者介绍四种常见的数据仓库架构，然后说明 ETL 这个重要的数据仓库概念。本章最后概要介绍对于一个数据仓库的基本需求和数据需求。

1.1 什么是数据仓库

数据仓库的概念可以追溯到 20 世纪 80 年代，当时 IBM 的研究人员开发出了"商业数据仓库"。本质上，数据仓库试图提供一种从操作型系统到决策支持环境的数据流架构模型。数据仓库概念的提出，是为了解决和这个数据流相关的各种问题，主要是解决多重数据复制带来的高成本问题。在没有数据仓库的时代，需要大量的冗余数据来支撑多个决策支持环境。在大组织里，多个决策支持环境独立运作是典型的情况。尽管每个环境服务于不同的用户，但这些环境经常需要大量相同的数据。处理过程收集、清洗、整合来自多个数据源的数据，并为每个决策支持环境做部分数据复制。数据源通常是早已存在的操作型系统，很多是遗留系统。此外，当一个新的决策支持环境形成时，操作型系统的数据经常被再次复用。用户访问这些处理后的数据。

1.1.1 数据仓库的定义

数据仓库之父 Bill Inmon 在 1991 年出版的 *Building the Data Warehouse* 一书中首次提出了被广为认可的数据仓库定义。Inmon 将数据仓库描述为一个面向主题的、集成的、随时间变化的、非易失的数据集合，用于支持管理者的决策过程。这个定义有些复杂并且难以理解。下面我们将它分解开来进行说明。

- **面向主题**

传统的操作型系统是围绕组织的功能性应用进行组织的，而数据仓库是面向主题的。主题是一个抽象概念，简单地说就是与业务相关的数据的类别，每一个主题基本对应一个宏观的分析领域。数据仓库被设计成辅助人们分析数据。例如，一个公司要分析销售数据，就可以建立一个专注于销售的数据仓库，使用这个数据仓库，就可以回答类似于"去年谁是我们这款产品的最佳用户"这样的问题。这个场景下的销售，就是一个数据主题，而这种通过划分主题定义数据仓库的能力，就使得数据仓库是面向主题的。主题域是对某个主题进行分析后确定的主题的边界，如客户、销售、产品都是主题域的例子。

- **集成**

集成的概念与面向主题是密切相关的。还用销售的例子，假设公司有多条产品线和多种产品销售渠道，而每个产品线都有自己独立的销售数据库。此时要想从公司层面整体分析销售数据，必须将多个分散的数据源统一成一致的、无歧义的数据格式后，再放置到数据仓库中。因此数据仓库必须能够解决诸如产品命名冲突、计量单位不一致等问题。当完成了这些数据整合工作后，该数据仓库就可称为是集成的。

- **随时间变化**

为了发现业务变化的趋势、存在的问题，或者新的机会，需要分析大量的历史数据。这与联机事务处理（OLTP）系统形成鲜明的对比。联机事务处理反应的是当前时间点的数据情况，要求高性能、高并发和极短的响应时间，出于这样的需求考虑，联机事务处理系统中一般都将数据依照活跃程度分级，把历史数据迁移到归档数据库中。而数据仓库关注的是数据随时间变化的情况，并且能反映在过去某个时间点的数据是怎样的。换句话说，数据仓库中的数据是反映了某一历史时间点的数据快照，这也就是术语"随时间变化"的含义。当然，任何一个存储结构都不可能无限扩展，数据也不可能只入不出地永久驻留在数据仓库中，它在数据仓库中也有自己的生命周期。到了一定时候，数据会从数据仓库中移除。移除的方式可能是将细节数据汇总后删除、将老的数据转储到大容量介质后删除和直接物理删除等。

- **非易失**

非易失指的是，一旦进入到数据仓库中，数据就不应该再有改变。操作型环境中的数据一般都会频繁更新，而在数据仓库环境中一般并不进行数据更新。当改变的操作型数据进入数据仓库时会产生新的记录，这样就保留了数据变化的历史轨迹。也就是说，数据仓库中的数据基本是静态的。这是一个不难理解的逻辑概念。数据仓库的目的就是要根据曾经发生的事件进行分析，如果数据是可修改的，将使历史分析变得没有意义。

除了以上四个特性外，数据仓库还有一个非常重要的概念就是粒度。粒度问题遍布于数据仓库体系结构的各个部分。粒度是指数据的细节或汇总程度，细节程度越高，粒度级别越低。例如，单个事务是低粒度级别，而全部一个月事务的汇总就是高粒度级别。

数据粒度一直是数据仓库设计需要重点思考的问题。在早期的操作型系统中，当细节数据被更新时，几乎总是将其存放在最低粒度级别上；而在数据仓库环境中，通常都不这样做。例如，如果数据被装载进数据仓库的频率是每天一次，那么一天之内的数据更新将被忽略。

粒度之所以是数据仓库环境的关键设计问题，是因为它极大地影响数据仓库的数据量和可以进行的查询类型。粒度级别越低，数据量越大，查询的细节程度越高，查询范围越广泛，反之亦然。

大多数情况下，数据会以很低的粒度级别进入数据仓库，如日志类型的数据或单击流数据，此时应该对数据进行编辑、过滤和汇总，使其适应数据仓库环境的粒度级别。如果得到的数据粒度级别比数据仓库的高，那将意味着在数据存入数据仓库前，开发人员必须花费大量设计和资源来对数据进行拆分。

1.1.2 建立数据仓库的原因

现在你应该已经熟悉了数据仓库的概念，那么数据仓库里的数据从哪里来呢？通常数据仓库的数据来自各个业务应用系统。业务系统中的数据形式多种多样，可能是 Oracle、MySQL、SQL Server 等关系数据库里的结构化数据，可能是文本、CSV 等平面文件或 Word、Excel 文档中的非结构化数据，还可能是 HTML、XML 等自描述的半结构化数据。这些业务数据经过一系列的数据抽取、转换、清洗，最终以一种统一的格式装载进数据仓库。数据仓库里的数据作为分析用的数据源，提供给后面的即席查询、分析系统、数据集市、报表系统、数据挖掘系统等。

从以上描述可以看到，从存储的角度看，数据仓库里的数据实际上已经存在于业务应用系统中，那么为什么不能直接操作业务系统中的数据用于分析，而要使用数据仓库呢？实际上在数据仓库技术出现前，有很多数据分析的先驱者已经发现，简单的"直接访问"方式很难良好工作，这样做的失败案例数不胜数。下面列举一些直接访问业务系统无法工作的原因：

- 某些业务数据由于安全或其他因素不能直接访问。
- 业务系统的版本变更很频繁，每次变更都需要重写分析系统并重新测试。
- 很难建立和维护汇总数据来源于多个业务系统版本的报表。
- 业务系统的列名通常是硬编码，有时仅仅是无意义的字符串，这让编写分析系统更加困难。
- 业务系统的数据格式，如日期、数字的格式不统一。
- 业务系统的表结构为事务处理性能而优化，有时并不适合查询与分析。
- 没有适当的方式将有价值的数据合并进特定应用的数据库。
- 没有适当的位置存储元数据。

- 用户需要看到的显示数据字段，有时在数据库中并不存在。
- 通常事务处理的优先级比分析系统高，所以如果分析系统和事务处理运行在同一硬件之上，分析系统往往性能很差。
- 有误用业务数据的风险。
- 极有可能影响业务系统的性能。

尽管需要增加软硬件的投入，但建立独立数据仓库与直接访问业务数据相比，无论是成本还是带来的好处，这样做都是值得的。随着处理器和存储成本的逐年降低，数据仓库方案的优势更加明显，在经济上也更具可行性。

无论是建立数据仓库还要实施别的项目，都要从时间、成本、功能等几个角度权衡比较，认真研究一下是否真正需要一个数据仓库，这是一个很好的问题。当你的组织很小，人数很少，业务单一，数据量也不大，可能你真的不需要建立数据仓库。毕竟要想成功建立一个数据仓库并使其发挥应有的作用还是很有难度的，需要大量的人、财、物力，并且即便花费很大的代价完成了数据仓库的建设，在较短一段时间内也不易显现出价值。在没有专家介入而仅凭组织自身力量建立数据仓库时，还要冒相当大的失败风险。但是，当你所在的组织有超过 1000 名雇员，有几十个部门的时候，它所面临的挑战将是完全不同的。在这个充满竞争的时代，做出正确的决策对一个组织至关重要。而要做出最恰当的决策，仅依据对孤立维度的分析是不可能实现的。这时必须要考虑所有相关数据的可用性，而这个数据最好的来源就是一个设计良好的数据仓库。

假设一个超市连锁企业，在没有实现数据仓库的情况下，最终该企业会发现，要分析商品销售情况是非常困难的，比如哪些商品被售出，哪些没有被售出，什么时间销量上升，哪个年龄组的客户倾向于购买哪些特定商品等这些问题都无从回答。而给出这些问题的正确答案正是一个具有吸引力的挑战。这只是第一步，必须要搞清楚一个特定商品到底适不适合18~25 岁的人群，以决定该商品的销售策略。一旦从数据分析得出的结论是销售该商品的价值在降低，那么必须实施后面的步骤分析在哪里出了问题，并采取相应的措施加以改进。

在辅助战略决策层面，数据仓库的重要性更加凸显。作为一个企业的经营者或管理者，他必须对某些问题给出答案，以获得超越竞争对手的额外优势。回答这些问题对于基本的业务运营可能不是必需的，但对于企业的生存发展却必不可少。下面是一些常见问题的例子：

- 如何把公司的市场份额提升 5%？
- 哪些产品的市场表现不令人满意？
- 哪些代理商需要销售政策的帮助？
- 提供给客户的服务质量如何？哪些需要改进？

回答这些战略性问题的关键一环就是数据仓库。就拿"提供给客户的服务质量如何？"这一问题来说，这是管理者最为关心的问题之一。我们可以把这一问题分解成许多具体的小问题，比如第一个问题是，在过去半年中，收到过多少用户反馈？可以在数据仓库上发出对应的查询，并对查询结果进行分析。之所以能够这样做，是因为数据仓库中含有每一条用户反馈信息。

你可能已经想到了，第二个问题自然就是，在这些用户反馈当中，给出"非常满意""一般""不满意"的人数分别有多少？下面的问题就是客户所强调的需要改进的地方和广受批评的地方是哪些？这在数据仓库的用户反馈信息中也有一列来表示，它也能从一个侧面反映出客户关心的问题是哪些。以上这三个问题的答案联合在一起，就可以得出客户服务满意度的结论，并且准确定位哪些地方急需改进。

下面简单总结一下使用数据仓库的好处：

- 将多个数据源集成到单一数据存储，因此可以使用单一数据查询引擎展示数据。
- 缓解在事务处理数据库上因执行大查询而产生的资源竞争问题。
- 维护历史数据。
- 通过对多个源系统的数据整合，使得在整个企业的角度存在统一的中心视图。
- 通过提供一致的编码和描述，减少或修正坏数据问题，提高数据质量。
- 一致性地表示组织信息。
- 提供所有数据的单一通用数据模型，而不用关心数据源。
- 重构数据，使数据对业务用户更有意义。
- 向复杂分析查询交付优秀的查询性能，同时不影响操作型系统。
- 开发决策型查询更简单。

1.2 操作型系统与分析型系统

上一小节已经多次提及操作型系统和分析型系统，本小节将详细阐述它们的概念及差异。

在一个大组织中，往往都有两种类型的系统，操作型和分析型，而这两种系统大都以数据库作为数据管理、组织和操作的工具。操作型系统完成组织的核心业务，例如下订单、更新库存、记录支付信息等。这些系统是事务型的，核心目标是尽可能快地处理事务，同时维护数据的一致性和完整性。而分析型系统的主要作用是通过数据分析评估组织的业务经营状况，并进一步辅助决策。

1.2.1 操作型系统

相信从事过 IT 或相关工作的读者对操作型系统都不会感到陌生。几乎所有的互联网线上系统、MIS、OA 等都属于这类系统的应用。操作型系统是一类专门用于管理面向事务的应用的信息系统。"事务"一词在这里存在一些歧义，有些人理解事务是一个计算机或数据库的术语，另一些人所理解的事务是指业务或商业交易，这里使用前一种语义。那么什么是数据库技术中的事务呢？这是首先需要明确的概念。

事务是工作于数据库管理系统（或类似系统）中的一个逻辑单元，该逻辑单元中的操作被以一种独立于其他事务的可靠方式所处理。事务一般代表着数据改变，它提供"all-or-nothing"操作，就是说事务中的一系列操作要么完全执行，要么完全不执行。在数据库中使用事务主要出于两个目的：

（1）保证工作单元的可靠性。当数据库系统异常宕机时，其中执行的操作或者已经完成或者只有部分完成，很多没有完成的操作此时处于一种模糊状态。在这种情况下，数据库系统必须能够恢复到数据一致的正常状态。

（2）提供并发访问数据库的多个程序间的隔离。如果没有这种隔离，程序得到的结果很可能是错误的。

根据事务的定义，引申出事务具有原子性、一致性、隔离性、持久性的特点，也就是数据库领域中常说的事务的 ACID 特性。

● 原子性

指的是事务中的一系列操作或全执行或不执行，这些操作是不可再分的。原子性可以防止数据被部分修改。银行账号间转账是一个事务原子性的例子。简单地说，从 A 账号向 B 账号转账有两步操作：A 账号提取，B 账号存入。这两个操作以原子性事务执行，使数据库保持一致的状态，即使这两个操作的任何一步失败了，总的金额数不会减少也不会增加。

● 一致性

数据库系统中的一致性是指任何数据库事务只能以允许的方式修改数据。任何数据库写操作必须遵循既有的规则，包括约束、级联、触发器以及它们的任意组合。一致性并不保证应用程序逻辑的正确性，但它能够保证不会因为程序错误而使数据库产生违反规则的结果。

● 隔离性

在数据库系统中，隔离性决定了其他用户所能看到的事务完整性程度。例如，一个用户正在生成一个采购订单，并且已经生成了订单主记录，但还没有生成订单条目明细记录。此时订单主记录能否被其他并发用户看到呢？这就是由隔离级别决定的。数据库系统中，按照由低到高一般有读非提交、读提交、可重复读、串行化等几种隔离级。数据库系统并不一定实现所有的隔离级别，如 Oracle 数据库只实现了读提交和串行化，而 MySQL 数据库则提供这全部四种隔离级别。

隔离级越低，多用户同时访问数据的能力越高，但同时也会增加脏读、丢失更新等并发操作的负面影响。相反，高隔离级降低了并发影响，但需要使用更多的系统资源，也增加了事务被阻塞的可能性。

● 持久性

数据库系统的持久性保证已经提交的事务是永久保存的。例如，如果一个机票预订报告显示一个座位已经订出，那么即使系统崩溃，被订了的座位也会一直保持被订出的状态。持久性可以通过在事务提交时将事务日志刷新至永久性存储介质来实现。

了解了事务的基本概念后，我们再来看操作型系统就比较容易理解了。操作型系统通常是高并发、高吞吐量的系统，具有大量检索、插入、更新操作，事务数量大，但每个事务影响的数据量相对较小。这样的系统很适合在线应用，这些应用有成千上万用户在同时使用，并要求能够立即响应用户请求。操作型系统常被整合到面向服务的架构（SOA）和 Web 服务里。对操作型系统应用的主要要求是高可用、高速度、高并发、可恢复和保证数据一致性，在各种互联网应用层出不穷的今天，这些系统要求是显而易见的。

1. 操作型系统的数据库操作

在数据库使用上，操作型系统常用的操作是增、改、查，并且通常是插入与更新密集型的，同时会对数据库进行大量并发查询，而删除操作相对较少。操作型系统一般都直接在数据库上修改数据，没有中间过渡区。

2. 操作型系统的数据库设计

操作型系统的特征是大量短的事务，并强调快速处理查询。每秒事务数是操作型系统的一个有效度量指标。针对以上这些特点，数据库设计一定要满足系统的要求。

在数据库逻辑设计上，操作型系统的应用数据库大都使用规范化设计方法，通常要满足第三范式。这是因为规范化设计能最大限度地数据冗余，因而提供更快更高效的方式执行数据库写操作。关于规范化设计概念及其相关内容，会在第 2 章 "数据仓库设计" 中做详细说明。

在数据库物理设计上，应该依据系统所使用的数据库管理系统的具体特点，做出相应的设计，毕竟每种数据库管理系统在实现细节上还是存在很大差异的。下面就以 Oracle 数据库为例，简要说明在设计操作型系统数据库时应该考虑的问题。

- 调整回滚段。回滚段是数据库的一部分，其中记录着最终被回滚的事务的行为。这些回滚段信息可以提供读一致性、回滚事务和数据库恢复。
- 合理使用聚簇。聚簇是一种数据库模式，其中包含有共用一列或多列的多个表。数据库中的聚簇表用于提高连接操作的性能。
- 适当调整数据块大小。数据块大小应该是操作系统块大小的倍数，并且设置上限以避免不必要的 I/O。
- 设置缓冲区高速缓存大小。合理的缓存大小能够有效避免不必要的磁盘 I/O。
- 动态分配表空间。
- 合理划分数据库分区。分区最大的作用是能在可用性和安全性维护期间保持事务处理的性能。
- SQL 优化。有效利用数据库管理系统的优化器，使用最佳的数据访问路径。
- 避免过度使用索引。大量的数据修改会给索引维护带来压力，从而对整个系统的性能产生负面影响。

以上所讲的操作型系统都是以数据库系统为核心，而数据库系统为了保持 ACID 特性，本质上是单一集中式系统。在当今这个信息爆炸的时代，集中式数据库往往已无法支撑业务的需要（从某订票网站和某电商网站的超大瞬时并发量来看，这已是一个不争的事实）。这就给操作型系统带来新的挑战。分布式事务、去中心化、CAP 与最终一致性等一系列新的理论和技术为解决系统扩展问题应运而生。这是一个很大的话题，要想说清楚需要很多的扩展知识和大量篇幅，故这里只是点到为止，不做展开。

1.2.2　分析型系统

在计算机领域，分析型系统是一种快速回答多维分析查询的实现方式。它也是更广泛范畴的所谓商业智能的一部分（商业智能还包含数据库、报表系统、数据挖掘、数据可视化等研究方向）。分析型系统的典型应用包括销售业务分析报告、市场管理报告、业务过程管理（BPM）、预算和预测、金融分析报告及其类似的应用。

1. 分析型系统的数据库操作

在数据库层面，分析型系统操作被定义成少量的事务，复杂的查询，处理归档和历史数据。这些数据很少被修改，从数据库抽取数据是最多的操作，也是识别这种系统的关键特征。分析型数据库基本上都是读操作。

2. 分析型系统的数据库设计

分析型系统的特征是相对少量的事务，但查询通常非常复杂并且会包含聚合计算，例如今年和去年同时期的数据对比、百分比变化趋势等。分析型数据库中的数据一般来自于一个企业级数据仓库，是整合过的历史数据。对于分析型系统，吞吐量是一个有效的性能度量指标。

在数据库逻辑设计上，分析型数据库使用多维数据模型，通常是设计成星型模式或雪花模式。关于多维数据模型的概念及其相关内容，会在第 2 章"数据仓库设计"中做详细说明。

在数据库物理设计上，依然以 Oracle 数据库为例，简要说明在设计分析型系统数据库时应该考虑的一些问题。

- 表分区。可以独立定义表分区的物理存储属性，将不同分区的数据存放到多个物理文件上，这样做一方面可以分散 I/O；另一方面，当数据量非常大时，方便数据维护；再有就是利用分区消除查询数据时，不用扫描整张表，从而提高查询性能。
- 位图索引。当查询条件中包含低基数（不同值很少，例如性别）的列，尤其是包含有这些列上的 or、and 或 not 这样的逻辑运算时，或者从有大量行的表中返回大量的行时，应考虑位图索引。
- 物化视图。物化视图物理存储查询所定义的数据，能够自动增量刷新数据，并且可以利用查询重写特性极大地提高查询速度，是分析型系统常用的技术。

- 并行化操作。可以在查询大量数据时执行并行化操作,这样会导致多个服务器进程为同一个查询语句工作,使用该查询可以快速完成,但是会耗费更多的资源。

随着数据的大量积累和大数据时代的到来,人们对于数据分析的依赖性越来越强,而分析型系统也随之越来越显示出重要性。举一个简单的例子,在一家医院中,保存有20年的非常完整的病人信息。医院领导想看到关于最常见的疾病、成功治愈率、实习医生的实习天数等很多相关数据的详细报告。为了满足这个需求,应用分析型系统查询医院信息数据仓库,并通过复杂查询得到结果,然后将报告提交给领导做进一步分析。

1.2.3 操作型系统和分析型系统对比

操作型系统和分析型系统是两种不同种类的信息系统。它们都与数据库技术相关,数据库提供方法支持这两种系统的功能。操作型系统和分析型系统以完全不同的方式使用数据库,不仅如此,分析型系统更加注重数据分析和报表,而操作型系统的目标是一个伴有大量数据改变的事务优化系统。

对于学习数据科学及其相关技术的读者,了解这两种信息处理方式的区别至关重要。这也是理解商业智能、数据挖掘、数据仓库、数据模型、ETL处理和大数据等系统的基础。

通过前面对两种系统的描述,我们可以对比它们的很多方面。表 1-1 总结了两种系统的主要区别。后面我们进一步讨论每一个容易产生疑惑的对比项,以帮助你理解。

表 1-1 操作型系统和分析型系统对比

对比项	操作型系统	分析型系统
数据源	应用的操作信息,一般是最原始的数据	历史的、归档的数据,一般来源于数据仓库
侧重点	数据更新	信息的检索或报表
应用	管理系统、交易系统、在线应用等	报表系统、多维分析、决策支持系统等
用户	终端用户、普通雇员	管理人员、市场人员、数据分析师
任务	业务操作	数据分析
数据更新	插入、更新、删除数据,要求快速执行,立即返回结果	大量数据装载,花费时间很长
数据模型	实体关系模型	多维数据模型
设计方法	规范化设计,大量的表和表之间的关系	星型模式或雪花模式,少量的表
备份	定期执行全量或增量备份,不允许数据丢失	简单备份,数据可以重新装载
数据的时间范围	从天到年	几年或几十年
查询	简单查询,快速返回查询结果	复杂查询,执行聚合或汇总操作
速度	快,大表上需要建索引	相对较慢,需要更多的索引
所需空间	小,只存储操作数据	大,需要存储大量历史数据

首先两种系统的侧重点不同。操作型系统更适合对已有数据的更新，所以是日常处理工作或在线系统的选择。相反，分析型系统提供在大量存储数据上的分析能力，所以这类系统更适合报表类应用。分析型系统通常是查询历史数据，这有助于得到更准确的分析报告。

其次因为这两种系统的目标完全不同，所以为了得到更好的性能，使用的数据模型和设计方法也不同。操作型系统数据库通常使用规范化设计，为普通查询和数据修改提供更好的性能。另一方面，分析型数据库具有典型的数据仓库组织形式。

基于这两个主要的不同点，我们可以推导出两种系统其他方面的区别。操作型系统上的查询更小，而分析型系统上执行的查询要复杂得多。所以操作型系统会比分析型系统快很多。

操作型系统的数据会持续更新，并且更新会立即生效。而分析型系统的数据更新，是由预定义的处理作业同时装载大量的数据集合，并且在装载前需要做数据转换，因此整个数据更新过程需要很长的执行时间。

由于操作型系统要做到绝对的数据安全和可用性，所以需要实施复杂的备份系统。基本的全量备份和增量备份都是必须要做的。而分析型系统只需要偶尔执行数据备份即可，这一方面是因为这类系统一般不需要保持持续运行，另一方面数据还可以从操作型系统重复装载。

两种系统的空间需求显然都依赖于它们所存储的数据量。分析型系统要存储大量的历史数据，因此需要更多的存储空间。

1.3 数据仓库架构

前面两个小节介绍了数据仓库、操作型系统、分析型系统等概念，也指出了分析型系统的数据源一般来自数据仓库，而数据仓库的数据来自于操作型系统。本小节从技术角度讨论数据仓库的组成和架构。

1.3.1 基本架构

"架构"是什么？这个问题从来就没有一个准确的答案。在软件行业，一种被普遍接受的架构定义是指系统的一个或多个结构。结构中包括软件的构建（构建是指软件的设计与实现），构建的外部可以看到属性以及它们之间的相互关系。这里参考此定义，把数据仓库架构理解成构成数据仓库的组件及其之间的关系，那么就有了如图 1-1 所示的数据仓库架构图。

下面详细说明图 1-1 中的各个组件及其所起的作用。

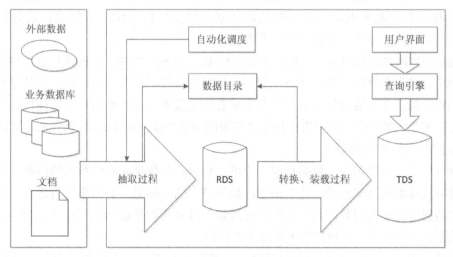

图 1-1　数据仓库架构

图中显示的整个数据仓库环境包括操作型系统和数据仓库系统两大部分。操作型系统的数据由各种形式的业务数据组成，这其中可能有关系数据库、TXT 或 CSV 文件、HTML 或 XML 文档，还可能存在外部系统的数据，比如网络爬虫抓取来的互联网数据等，数据可能是结构化、半结构化、非结构化的。这些数据经过抽取、转换和装载（ETL）过程进入数据仓库系统。

这里把 ETL 过程分成了抽取和转换装载两个部分。抽取过程负责从操作型系统获取数据，该过程一般不做数据聚合和汇总，但是会按照主题进行集成，物理上是将操作型系统的数据全量或增量复制到数据仓库系统的 RDS 中。转换装载过程并将数据进行清洗、过滤、汇总、统一格式化等一系列转换操作，使数据转为适合查询的格式，然后装载进数据仓库系统的 TDS 中。传统数据仓库的基本模式是用一些过程将操作型系统的数据抽取到文件，然后另一些过程将这些文件转化成 MySQL 或 Oracle 这样的关系数据库的记录。最后，第三部分过程负责把数据导入进数据仓库。

RDS（RAW DATA STORES）是原始数据存储的意思。将原始数据保存到数据仓库里是个不错的想法。ETL 过程的 bug 或系统中的其他错误是不可避免的，保留原始数据使得追踪并修改这些错误成为可能。有时数据仓库的用户会有查询细节数据的需求，这些细节数据的粒度与操作型系统的相同。有了 RDS，这种需求就很容易实现，用户可以查询 RDS 里的数据而不必影响业务系统的正常运行。这里的 RDS 实际上是起到了操作型数据存储（ODS）的作用，关于 ODS 相关内容本小节后面会有详细论述。

TDS（TRANSFORMED DATA STORES）意为转换后的数据存储。这是真正的数据仓库中的数据。大量的用户会在经过转换的数据集上处理他们的日常查询。如果前面的工作做得好，这些数据将被以保证最重要的和最频繁的查询能够快速执行的方式构建。

这里的原始数据存储和转换后的数据存储是逻辑概念，它们可能物理存储在一起，也可能分开。当原始数据存储和转换后的数据存储物理上分开时，它们不必使用同样的软硬件。

传统数据仓库中，原始数据存储通常是本地文件系统，原始数据被组织进相应的目录中，这些目录是基于数据从哪里抽取或何时抽取建立（例如以日期作为文件或目录名称的一部分）；转换后的数据存储一般是某种关系数据库。

自动化调度组件的作用是自动定期重复执行 ETL 过程。不同角色的数据仓库用户对数据的更新频率要求也会有所不同，财务主管需要每月的营收汇总报告，而销售人员想看到每天的产品销售数据。作为通用的需求，所有数据仓库系统都应该能够建立周期性自动执行的工作流作业。传统数据仓库一般利用操作系统自带的调度功能（如 Linux 的 cron 或 Windows 的计划任务）实现作业自动执行。

数据目录有时也被称为元数据存储，它可以提供一份数据仓库中数据的清单。用户通过它应该可以快速解决这些问题：什么类型的数据被存储在哪里，数据集的构建有何区别，数据最后的访问或更新时间等。此外还可以通过数据目录感知数据是如何被操作和转换的。一个好的数据目录是让用户体验到系统易用性的关键。

查询引擎组件负责实际执行用户查询。传统数据仓库中，它可能是存储转换后数据的（Oracle、MySQL 等关系数据库系统内置的）查询引擎，还可能是以固定时间间隔向其导入数据的 OLAP 立方体，如 Essbase cube。

用户界面指的是最终用户所使用的接口程序。可能是一个 GUI 软件，如 BI 套件的中的客户端软件，也可能就是一个浏览器。

1.3.2　主要数据仓库架构

在数据仓库技术演化过程中，产生了几种主要的架构方法，包括数据集市架构、Inmon企业信息工厂架构、Kimball 数据仓库架构和混合型数据仓库架构。

1. 数据集市架构

数据集市是按主题域组织的数据集合，用于支持部门级的决策。有两种类型的数据集市：独立数据集市和从属数据集市。

独立数据集市集中于部门所关心的单一主题域，数据以部门为基础部署，无须考虑企业级别的信息共享与集成。例如，制造部门、人力资源部门和其他部门都各自有他们自己的数据集市。独立数据集市从一个主题域或一个部门的多个事务系统获取数据，用以支持特定部门的业务分析需要。一个独立数据集市的设计既可以使用实体关系模型，也可以使用多维模型。数据分析或商业智能工具直接从数据集市查询数据，并将查询结果显示给用户。一个典型的独立数据集市架构如图 1-2 所示。

因为一个部门的业务相对于整个企业要简单，数据量也小得多，所以部门的独立数据集市具有周期短、见效快的特点。如果从企业整体的视角来观察这些数据集市，你会看到每个部门使用不同的技术，建立不同的 ETL 的过程，处理不同的事务系统，而在多个独立的数据集市之间还会存在数据的交叉与重叠，甚至会有数据不一致的情况。从业务角度看，当部门的分析需求扩展，或者需要分析跨部门或跨主题域的数据时，独立数据市场会显得力不从心。而当数据存在歧义，比如同一个产品，在 A 部门和 B 部门的定义不同时，将无法在部门间进行信息比较。

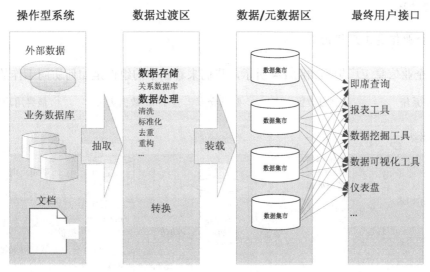

图 1-2　独立数据集市架构

另外一种数据集市是从属数据集市。如 Bill Inmon 所说，从属数据集市的数据来源于数据仓库。数据仓库里的数据经过整合、重构、汇总后传递给从属数据集市。从属数据集市的架构如图 1-3 所示。

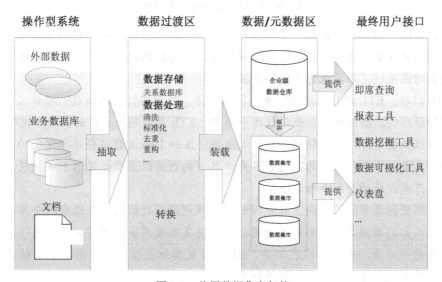

图 1-3　从属数据集市架构

建立从属数据集市的好处主要有：

- 性能：当数据仓库的查询性能出现问题，可以考虑建立几个从属数据集市，将查询从数据仓库移出到数据集市。

- 安全：每个部门可以完全控制他们自己的数据。
- 数据一致：因为每个数据集市的数据来源都是同一个数据仓库，有效消除了数据不一致的情况。

Inmon企业信息工厂架构

Inmon企业信息工厂架构如图1-4所示，我们来看图中的组件是如何协同工作的。

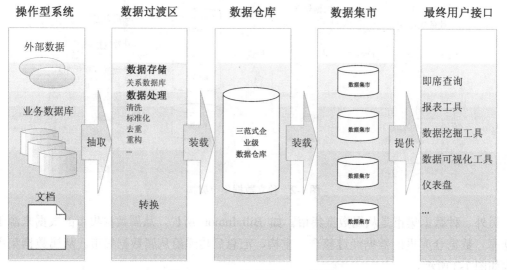

图1-4　Inmon企业信息工厂架构

- 应用系统：这些应用是组织中的操作型系统，用来支撑业务。它们收集业务处理过程中产生的销售、市场、材料、物流等数据，并将数据以多种形式进行存储。操作型系统也叫源系统，为数据仓库提供数据。
- ETL过程：ETL过程从操作型系统抽取数据，然后将数据转换成一种标准形式，最终将转换后的数据装载到企业级数据仓库中。ETL是周期性运行的批处理过程。
- 企业级数据仓库：是该架构中的核心组件。正如Inmon数据仓库所定义的，企业级数据仓库是一个细节数据的集成资源库。其中的数据以最低粒度级别被捕获，存储在满足三范式设计的关系数据库中。
- 部门级数据集市：是面向主题数据的部门级视图，数据从企业级数据仓库获取。数据在进入部门数据集市时可能进行聚合。数据集市使用多维模型设计，用于数据分析。重要的一点是，所有的报表工具、BI工具或其他数据分析应用都从数据集市查询数据，而不是直接查询企业级数据仓库。

2. Kimball 数据仓库架构

Kimball数据仓库架构如图1-5所示。

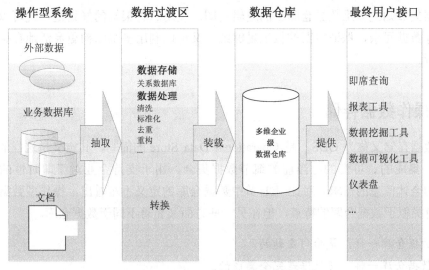

图 1-5 Kimball 数据仓库架构

对比上一张图可以看到，Kimball 与 Inmon 两种架构的主要区别在于核心数据仓库的设计和建立。Kimball 的数据仓库包含高粒度的企业数据，使用多维模型设计，这也意味着数据仓库由星型模式的维度表和事实表构成。分析系统或报表工具可以直接访问多维数据仓库里的数据。在此架构中的数据集市也与 Inmon 中的不同。这里的数据集市是一个逻辑概念，只是多维数据仓库中的主题域划分，并没有自己的物理存储，也可以说是虚拟的数据集市。

3. 混合型数据仓库架构

混合型数据仓库架构如图 1-6 所示。

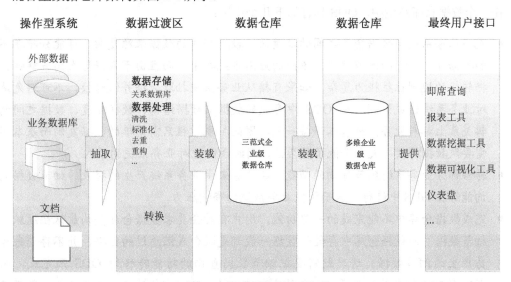

图 1-6 混合型数据仓库架构

所谓的混合型结构，指的是在一个数据仓库环境中，联合使用 Inmon 和 Kimball 两种架构。从架构图可以看到，这种架构将 Inmon 方法中的数据集市部分替换成了一个多维数据仓库，而数据集市则是多维数据仓库上的逻辑视图。使用这种架构的好处是，既可以利用规范化设计消除数据冗余，保证数据的粒度足够细；又可以利用多维结构更灵活地在企业级实现报表和分析。

1.3.3　操作数据存储

操作数据存储又称为 ODS，是 Operational Data Store 的简写，其定义是这样的：一个面向主题的、集成的、可变的、当前的细节数据集合，用于支持企业对于即时性的、操作性的、集成的全体信息的需求。对比 1.1 节中数据仓库的定义不难看出，操作型数据存储在某些方面具有类似于数据仓库的特点，但在另一些方面又显著不同于数据仓库。

- 像数据仓库一样，是面向主题的。
- 像数据仓库一样，其数据是完全集成的。
- 数据是当前的，这与数据仓库存储历史数据的性质明显不同。ODS 具有最少的历史数据（一般是 30 天到 60 天），而尽可能接近实时地展示数据的状态。
- 数据是可更新的，这是与静态数据仓库又一个很大的区别。ODS 就如同一个事务处理系统，当新的数据流进 ODS 时，受其影响的字段被新信息覆盖。
- 数据几乎完全是细节数据，仅具有少量的动态聚集或汇总数据。通常将 ODS 设计成包含事务级的数据，即包含该主题域中最低粒度级别的数据。
- 在数据仓库中，几乎没有针对其本身的报表，报表均放到数据集市中完成；与此不同，在 ODS 中，业务用户频繁地直接访问 ODS。

在一个数据仓库环境中，ODS 具有如下几个作用：

- 充当业务系统与数据仓库之间的过渡区。数据仓库的数据来源复杂，可能分布在不同的数据库，不同的地理位置，不同的应用系统之中，而且由于数据形式的多样性，数据转换的规则往往极为复杂。如果直接从业务系统抽取数据并做转换，不可避免地会对业务系统造成影响。而 ODS 中存放的数据从数据结构、数据粒度、数据之间的逻辑关系上都与业务系统基本保持一致，因此抽取过程只需简单的数据复制而基本不再需要做数据转换，大大降低了复杂性，同时最小化对业务系统的侵入。
- 转移部分业务系统细节查询的功能。某些原来由业务系统产生的报表、细节数据的查询能够在 ODS 中进行，从而降低业务系统的查询压力。
- 完成数据仓库中不能完成的一些功能。用户有时会要求数据仓库查询最低粒度级别的细节数据，而数据仓库中存储的数据一般都是聚合或汇总过的数据，并不存储每笔交易产生的细节数据。这时就需要把细节数据查询的功能转移到 ODS 来完成，而且 ODS 的数据模型是按照面向主题的方式组织的，可以方便地支持多维分析。即数据仓库从宏观角度满足企业的决策支持要求，而 ODS 层则从微观角度反映细节交易数据或者低粒度的数据查询要求。

1.4 抽取-转换-装载

前面已经多次提到了 ETL 一词，它是 Extract、Transform、Load 三个英文单词首字母的简写，中文意为抽取、转换、装载。ETL 是建立数据仓库最重要的处理过程，也是最体现工作量的环节，一般会占到整个数据仓库项目工作量的一半以上。

- 抽取：从操作型数据源获取数据。
- 转换：转换数据，使之转变为适用于查询和分析的形式和结构。
- 装载：将转换后的数据导入到最终的目标数据仓库。

建立一个数据仓库，就是要把来自于多个异构的源系统的数据集成在一起，放置于一个集中的位置用于数据分析。如果一开始这些源系统数据就是兼容的当然最好，但情况往往不是这样。ETL 系统的工作就是要把异构的数据转换成同构的。如果没有 ETL，不可能对异构的数据进行程序化的分析。

1.4.1 数据抽取

抽取操作从源系统获取数据给后续的数据仓库环境使用。这是 ETL 处理的第一步，也是最重要的一步。数据被成功抽取后，才可以进行转换并装载到数据仓库中。能否正确地获取数据直接关系到后面步骤的成败。数据仓库典型的源系统是事务处理应用，例如，一个销售分析数据仓库的源系统之一，可能是一个订单录入系统，其中包含当前销售订单相关操作的全部记录。

设计和建立数据抽取过程，在 ETL 处理乃至整个数据仓库处理过程中，一般是较为耗时的任务。源系统很可能非常复杂并且缺少相应的文档，因此只是决定需要抽取哪些数据可能就已经非常困难了。通常数据都不是只抽取一次，而是需要以一定的时间间隔反复抽取，通过这样的方式把数据的所有变化提供给数据仓库，并保持数据的及时性。除此之外，源系统一般不允许外部系统对它进行修改，也不允许外部系统对它的性能和可用性产生影响，数据仓库的抽取过程要能适应这样的需求。如果已经明确了需要抽取的数据，下一步就该考虑从源系统抽取数据的方法了。

对抽取方法的选择高度依赖于源系统和目标数据仓库环境的业务需要。一般情况下，不可能因为需要提升数据抽取的性能，而在源系统中添加额外的逻辑，也不能增加这些源系统的工作负载。有时，用户甚至都不允许增加任何"开箱即用"的外部应用系统，这叫做对源系统具有侵入性。下面分别从逻辑和物理两方面介绍数据抽取方法。

1. 逻辑抽取

有两种逻辑抽取类型：全量抽取和增量抽取。

（1）全量抽取

源系统的数据全部被抽取。因为这种抽取类型影响源系统上当前所有有效的数据，所以不需要跟踪自上次成功抽取以来的数据变化。源系统只需要原样提供现有的数据而不需要附加的逻辑信息（比如时间戳等）。一个全表导出的数据文件或者一个查询源表所有数据的SQL语句，都是全量抽取的例子。

（2）增量抽取

只抽取某个事件发生的特定时间点之后的数据。通过该事件发生的时间顺序能够反映数据的历史变化，它可能是最后一次成功抽取，也可能是一个复杂的业务事件，如最后一次财务结算等。必须能够标识出特定时间点之后所有的数据变化。这些发生变化的数据可以由源系统自身来提供，例如能够反映数据最后发生变化的时间戳列，或者是一个原始事务处理之外的，只用于跟踪数据变化的变更日志表。大多数情况下，使用后者意味着需要在源系统上增加抽取逻辑。

在许多数据仓库中，抽取过程不含任何变化数据捕获技术。取而代之的是，把源系统中的整个表抽取到数据仓库过渡区，然后用这个表的数据和上次从源系统抽取得到的表数据作比对，从而找出发生变化的数据。虽然这种方法不会对源系统造成很大的影响，但显然需要考虑给数据仓库处理增加的负担，尤其是当数据量很大的时候。

2. 物理抽取

依赖于选择的逻辑抽取方法和能够对源系统所做的操作和所受的限制，存在两种物理数据抽取机制：直接从源系统联机抽取或者间接从一个脱机结构抽取数据。这个脱机结构有可能已经存在，也可能需要由抽取程序生成。

（1）联机抽取

数据直接从源系统抽取。抽取进程或者直连源系统数据库，访问它们的数据表，或者连接到一个存储快照日志或变更记录表的中间层系统。注意这个中间层系统并不需要必须和源系统物理分离。

（2）脱机抽取

数据不从源系统直接抽取，而是从一个源系统以外的过渡区抽取。过渡区可能已经存在（例如数据库备份文件、关系数据库系统的重做日志、归档日志等），或者抽取程序自己建立。应该考虑以下的存储结构：

- 数据库备份文件。一般需要数据还原操作才能使用。
- 备用数据库。如 Oracle 的 DataGuard 和 MySQL 的数据复制等技术。
- 平面文件。数据定义成普通格式，关于源对象的附加信息（列名、数据类型等）需要另外处理。

- 导出文件。关系数据库大都自带数据导出功能，如 Oracle 的 exp/expdp 程序和 MySQL 的 mysqldump 程序，都可以用于生成导出数据文件。
- 重做日志和归档日志。每种数据库系统都有自己的日志格式和解析工具。

3. 变化数据捕获

抽取处理需要重点考虑增量抽取，也被称为变化数据捕获，简称 CDC。假设一个数据仓库系统，在每天夜里的业务低峰时间从操作型源系统抽取数据，那么增量抽取只需要过去 24 小时内发生变化的数据。变化数据捕获也是建立准实时数据仓库的关键技术。

当你能够识别并获得最近发生变化的数据时，抽取及其后面的转换、装载操作显然都会变得更高效，因为要处理的数据量会小很多。遗憾的是，很多源系统很难识别出最近变化的数据，或者必须侵入源系统才能做到。变化数据捕获是数据抽取中典型的技术挑战。

常用的变化数据捕获方法有时间戳、快照、触发器和日志四种。相信熟悉数据库的读者对这些方法都不会陌生。时间戳方法需要源系统有相应的数据列表示最后的数据变化。快照方法可以使用数据库系统自带的机制实现，如 Oracle 的物化视图技术，也可以自己实现相关逻辑，但会比较复杂。触发器是关系数据库系统具有的特性，源表上建立的触发器会在对该表执行 insert、update、delete 等语句时被触发，触发器中的逻辑用于捕获数据的变化。日志可以使用应用日志或系统日志，这种方式对源系统不具有侵入性，但需要额外的日志解析工作。关于这 4 种方案的特点，将会在本书第 7 章"数据抽取"具体说明。

1.4.2　数据转换

数据从操作型源系统获取后，需要进行多种转换操作。如统一数据类型、处理拼写错误、消除数据歧义、解析为标准格式等。数据转换通常是最复杂的部分，也是 ETL 开发中用时最长的一步。数据转换的范围极广，从单纯的数据类型转化到极为复杂的数据清洗技术。

在数据转换阶段，为了能够最终将数据装载到数据仓库中，需要在已经抽取来的数据上应用一系列的规则和函数。有些数据可能不需要转换就能直接导入到数据仓库。

数据转换一个最重要的功能是清洗数据，目的是只有"合规"的数据才能进入目标数据仓库。这步操作在不同系统间交互和通信时尤其必要，例如，一个系统的字符集在另一个系统中可能是无效的。另一方面，由于某些业务和技术的需要，也需要进行多种数据转换，例如下面的情况：

- 只装载特定的数据列。例如，某列为空的数据不装载。
- 统一数据编码。例如，性别字段，有些系统使用的是 1 和 0，有些是 'M' 和 'F'，有些是 '男' 和 '女'，统一成 'M' 和 'F'。
- 自由值编码。例如，将 'Male' 改成 'M'。
- 预计算。例如，产品单价 * 购买数量 = 金额。

- 基于某些规则重新排序以提高查询性能。
- 合并多个数据源的数据并去重。
- 预聚合。例如，汇总销售数据。
- 行列转置。
- 将一列转为多列。例如，某列存储的数据是以逗号作为分隔符的字符串，将其分割成多列的单个值。
- 合并重复列。
- 预连接。例如，查询多个关联表的数据。
- 数据验证。针对验证的结果采取不同的处理，通过验证的数据交给装载步骤，验证失败的数据或直接丢弃，或记录下来做进一步检查。

1.4.3　数据装载

ETL 的最后步骤是把转换后的数据装载进目标数据仓库。这步操作需要重点考虑两个问题，一是数据装载的效率问题，二是一旦装载过程中途失败了，如何再次重复执行装载过程。

即使经过了转换、过滤和清洗，去掉了部分噪声数据，但需要装载的数据量还是很大的。执行一次数据装载可能需要几个小时的时间，同时需要占用大量的系统资源。要提高装载的效率，加快装载速度，可以从以下几方面入手。首先保证足够的系统资源。数据仓库存储的都是海量数据，所以要配置高性能的服务器，并且要独占资源，不要与别的系统共用。在进行数据装载时，要禁用数据库约束（唯一性、非空性，检查约束等）和索引，当装载过程完全结束后，再启用这些约束，重建索引，这种方法会很大的提高装载速度。在数据仓库环境中，一般不使用数据库来保证数据的参考完整性，即不使用数据库的外键约束，它应该由 ETL 工具或程序来维护。

数据装载过程可能由于多种原因而失败，比如装载过程中某些源表和目标表的结构不一致而导致失败，而这时已经有部分表装载成功了。在数据量很大的情况下，如何能在重新执行装载过程时只装载失败的部分是一个不小的挑战。对于这种情况，实现可重复装载的关键是要记录下失败点，并在装载程序中处理相关的逻辑。还有一种情况，就是装载成功后，数据又发生了改变（比如有些滞后的数据在 ETL 执行完才进入系统，就会带来数据的更新或新增），这时需要重新再执行一遍装载过程，已经正确装载的数据可以被覆盖，但相同数据不能重复新增。简单的实现方式是先删除再插入，或者用 replace into、merge into 等类似功能的操作。

装载到数据仓库里的数据，经过汇总、聚合等处理后交付给多维立方体或数据可视化、仪表盘等报表工具、BI 工具做进一步的数据分析。

1.4.4　开发 ETL 系统的方法

ETL 系统一般都会从多个应用系统整合数据，典型的情况是这些应用系统运行在不同的软硬件平台上，由不同的厂商所支持，各个系统的开发团队也是彼此独立的，随之而来的数据多样性增加了 ETL 系统的复杂性。

开发一个 ETL 系统，常用的方式是使用数据库标准的 SQL 及其程序化语言，如 Oracle 的 PL/SQL 和 MySQL 的存储过程、用户自定义函数（UDF）等。还可以使用 Kettle 这样的 ETL 工具，这些工具都提供多种数据库连接器和多种文件格式的处理能力，并且对 ETL 处理进行了优化。使用工具的最大好处是减少编程工作量，提高工作效率。如果遇到特殊需求或特别复杂的情况，可能还是需要使用 Shell、Java、Python 等编程语言开发自己的应用程序。

ETL 过程要面对大量的数据，因此需要较长的处理时间。为了提高 ETL 的效率，通常这三步操作会并行执行。当数据被抽取时，转换进程同时处理已经收到的数据。一旦某些数据被转换过程处理完，装载进程就会将这些数据导入目标数据仓库，而不会等到前一步工作执行完才开始。

1.4.5　常见 ETL 工具

传统大的软件厂商一般都提供 ETL 工具软件，如 Oracle 的 OWB 和 ODI、微软的 SQL Server Integration Services、SAP 的 Data Integrator、IBM 的 InfoSphere DataStage、Informatica 等。这里简单介绍另外一种开源的 ETL 工具——Kettle。

Kettle 是 Pentaho 公司的数据整合产品，它可能是现在世界上最流行的开源 ETL 工具，经常被用于数据仓库环境。Kettle 的使用场景包括：在应用或数据库间迁移数据、把数据库中的数据导出成平面文件、向数据库大批量导入数据、数据转换和清洗、应用整合等。

Kettle 里主要有"转换"和"作业"两个功能模块。转换是 ETL 解决方案中最主要的部分，它处理 ETL 各阶段各种对数据的操作。转换有输入、输出、检验、映射、加密、脚本等很多分类，每个分类中包括多个步骤，如输入转换中就有表输入、CSV 文件输入、文本文件输入等很多步骤。转换里的步骤通过跳（hop）来连接，跳定义了一个单向通道，允许数据从一个步骤流向另外一个步骤。在 Kettle 里，数据的单位是行，数据流就是数据行从一个步骤到另一个步骤的移动。

转换是以并行方式执行的，而作业则是以串行方式处理的，验证数据表是否存在这样的操作就需要作业来完成。一个作业包括一个或多个作业项，作业项是以某种顺序来执行的，作业执行顺序由作业项之间的跳（hop）和每个作业项的执行结果决定。和转换一样，作业也有很多分类，每个分类中包括多个作业项，如转换就是一个通用分类里的作业项。作业项也可以是一个作业，此时称该作业为子作业。

Kettle 非常容易使用，其所有的功能都通过用户界面完成，不需要任何编码工作。你只需要告诉它做什么，而不用指示它怎么做，这大大提高了 ETL 过程的开发效率。本书第 5 章将会详细说明怎样使用 Kettle 操作 Hadoop 数据。

1.5 数据仓库需求

本小节从基本需求和数据需求两方面介绍对数据仓库系统的整体要求。

1.5.1 基本需求

数据仓库的目的就是能够让用户方便地访问大量数据，允许用户查询和分析其中的业务信息。这就要求数据仓库必须是安全的、可访问的和自动化的。

1. 安全性

数据仓库中含有机密和敏感的数据。为了能够使用这些数据，必须有适当的授权机制。这意味着只有被授权的用户才能访问数据，这些用户在享有特权的同时，也有责任保证数据的安全。

增加安全特性会影响到数据仓库的性能，因此必须提早考虑数据仓库的安全需求。当数据仓库已经建立完成并开始使用后，此时再应用安全特性会比较困难。在数据仓库的设计阶段，我们就应该进行如下的安全性考虑：

- 数据仓库中的数据对于最终用户是只读的，任何人都不能修改其中的数据，这是由数据的非易失性所决定的。
- 划分数据的安全等级，如公开的、机密、秘密、绝密等。
- 制定访问控制方案，决定哪些用户可以访问哪些数据。
- 设计授予、回收、变更用户访问权限的方法。
- 添加对数据访问的审计功能。

2. 可访问性

能够快速准确地分析所需要的数据是辅助决策支持的关键。有了数据的支持，业务就可以根据市场和客户的情况做出及时地调整。这就要求用户能够有效地查找、理解和使用数据。数据应该是随时可访问的。

数据的可访问性是一个 IT 技术的通用特性。这里数据可访问性指的是用户访问和检索数据的能力。数据仓库的最终用户通常是业务人员、管理人员或者数据分析师。他们对组织内的相关业务非常熟悉，对数据的理解也很透彻，但是他们大都不是 IT 技术专家。这就要求我们在设计数据仓库的时候，将用户接口设计得尽量友好和简单，使得没有技术背景的用户同样可以轻易查询到他们需要的数据。

3. 自动化

这里的自动化有狭义和广义两个层面的理解。狭义的自动化指的是数据仓库相关作业的自动执行。比如 ETL 过程、报表生成、数据传输等处理，都可以周期性定时自动完成。广义的数据仓库自动化指的是在保证数据质量和数据一致性的前提下，加速数据仓库系统开发周期的过程。整个数据仓库生命周期的自动化，从对源系统分析到 ETL，再到数据仓库的建立、测试和文档化，可以帮助加快产品化进程，降低开发和管理成本，提高数据质量。

1.5.2　数据需求

通过数据仓库，既可以周期性地回答已知的问题（如报表等），也可以进行即席查询（ad-hoc queries）。报表最基本的需求就是对预定义好的一系列查询条件、查询内容，排序条件等进行组合，查询数据，把结果用表格或图形的形式展现出来。而所谓的即席查询不是预定义好的，而是在执行时才确定的。换句话说，即席查询是指那些用户在使用系统时，根据自己当时的需求定义的查询。数据库管理员使用命令行或客户端软件，连接数据库系统执行各种各样的查询语句，是最为常见的一种即席查询方式。而理想的数据仓库系统，允许业务或分析人员也可以通过系统执行这样的自定义查询。为了满足需求，数据仓库中的数据需要确保准确性、时效性和历史可追溯性。

1. 准确性

想要数据仓库实施成功，业务用户必须信任其中的数据。这就意味着他们应该能知道数据从哪来，何时抽取，怎么转换的。更重要的是，他们需要访问原始数据来确定如何解决数据差异问题。实际上 ETL 过程应该总是在数据仓库的某个地方（如 ODS）保留一份原始数据的复制。

2. 时效性

用户的时效性要求差异很大。有些用户需要数据精确到毫秒级，而有些用户只需要几分钟、几小时甚至几天前的数据就可以了。数据仓库是分析型系统，用于决策支持，所以实践中一般不需要很强的实时性，以一天作为时间粒度是比较常见的。

3. 历史可追溯性

数据仓库更多的价值体现在它能够辅助随时间变化的趋势分析，并帮助理解业务事件（如特殊节日促销等）与经营绩效之间的关系。

1.6 小结

（1）数据仓库是一个面向主题的、集成的、随时间变化的、非易失的数据集合，用于支持管理者的决策过程。

（2）数据仓库中的粒度是指数据的细节或汇总程度，细节程度越高，粒度级别越低。

（3）数据仓库的数据来自各个业务应用系统。

（4）很多因素导致直接访问业务系统无法进行全局数据分析的工作，这也是需要一个数据仓库的原因所在。

（5）操作型系统是一类专门用于管理面向事务的应用信息系统，而分析型系统是一种快速回答多维分析查询的实现方式，两者在很多方面存在差异。

（6）构成数据仓库系统的主要组成部分有数据源、ODS、中心数据仓库、分析查询引擎、ETL、元数据管理和自动化调度。

（7）主要的数据仓库架构有独立数据集市、从属数据集市、Inmon 企业信息工厂、Kimball 多维数据仓库、混合型数据仓库。

（8）ETL 是建立数据仓库最重要的处理过程，也是最体现工作量的环节。

（9）Kettle 是常用的开源 ETL 工具。

（10）数据仓库的基本需求是安全性、可访问性、自动化，对数据的要求是准确性、时效性、历史可追溯性。

第 2 章

◄数据仓库设计基础►

本章首先介绍关系数据模型、多维数据模型和 Data Vault 模型这三种常见的数据仓库模型和与之相关的设计方法，然后讨论数据集市的设计问题，最后说明一个数据仓库项目的实施步骤。规划实施过程是整个数据仓库设计的重要组成部分。

关系模型、多维模型已经有很长的历史，而 Data Vault 模型相对比较新。它们都是流行的数据仓库建模方式，但又有各自的特点和适用场景。读者在了解了本章的内容后，可以根据实际需求选择适合的方法构建自己的数据仓库。

2.1 关系数据模型

关系模型是由 E.F.Codd 在 1970 年提出的一种通用数据模型。由于关系数据模型简单明了，并且有坚实的数学理论基础，所以一经推出就受到了业界的高度重视。关系模型被广泛应用于数据处理和数据存储，尤其是在数据库领域，现在主流的数据库管理系统几乎都是以关系数据模型为基础实现的。

2.1.1 关系数据模型中的结构

关系数据模型基于关系这一数学概念。在本小节中，解释关系数据模型中的术语和相关概念。为了便于说明，我们使用一个分公司-员工关系的例子。假设有一个大型公司在全国都有分公司，每个员工属于一个分公司，一个分公司有一个经理，分公司经理也是公司员工。分公司-员工关系如图 2-1 所示。

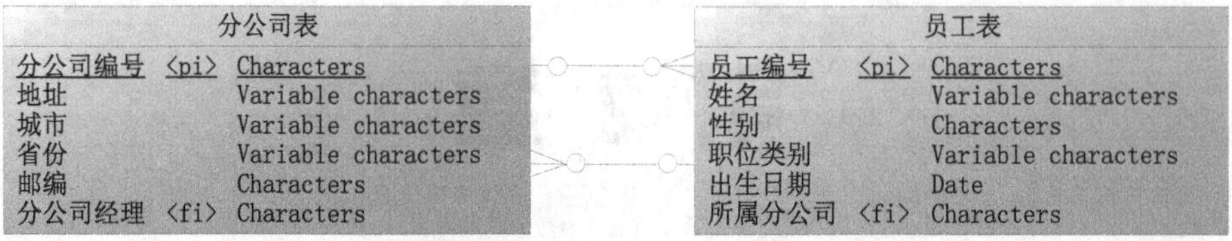

分公司表		员工表	
分公司编号 〈pi〉	Characters	员工编号 〈pi〉	Characters
地址	Variable characters	姓名	Variable characters
城市	Variable characters	性别	Characters
省份	Variable characters	职位类别	Variable characters
邮编	Characters	出生日期	Date
分公司经理 〈fi〉	Characters	所属分公司 〈fi〉	Characters

图 2-1 分公司-员工关系

1. 关系

由行和列构成的二维结构，对应关系数据库中的表，如示例中的分公司表和员工表。注意，这种认识只是我们从逻辑上看待关系模型的方式，并不应用于表在磁盘上的物理结构。表的物理存储结构可以是堆文件、索引文件或哈希文件。堆文件是一个无序的数据集合，索引文件中表数据的物理存储顺序和逻辑顺序保持一致，哈希文件也称为直接存取文件，是通过一个预先定义好的哈希函数确定数据的物理存储位置。

2. 属性

由属性名称和类型名称构成的顺序对，对应关系数据库中表的列，如地址（Variable Characters）是公司表的一个属性。属性值是属性的一个特定的有效值，可以是简单的标量值，也可以是复合数据类型值。

在关系数据模型中，我们把关系描述为表，表中的行对应不同的记录，表中的列对应不同的属性。属性可以以任何顺序出现，而关系保持不变，也就是说，在关系理论中，表中的列是没有顺序的。

3. 属性域

属性的取值范围。每一个属性都有一个预定义的值的范围。属性域是关系模型的一个重要特征，关系中的每个属性都与一个域相关。各个属性的域可能不同，也可能相同。域描述了属性所有可能的值。

域的概念是很重要的，因为它允许我们定义属性可以具有的值的意义。系统可因此获得更多的信息，并且可以拒绝不合理的操作。在我们的例子中，分公司编号和员工编号都是字符串，但显然具有不同的含义，换句话说，它们的属性域是不同的。表 2-1 列出了分公司-员工关系的一些属性域。

表 2-1 分公司-员工关系的一些属性域

属性	属性域的定义	含义
分公司编号	字符：大小为4，范围为 B001-B999	设置所有可能的分公司编号
地址	字符：大小为100	设置所有可能的地址
员工编号	字符：大小为5，范围为 S0001-S9999	设置所有可能的员工编号
职位类别	管理、技术、销售、运营、产品之一	设置所有可能的员工职位类别

4. 元组

关系中的一条记录，对应关系数据库中的一个表行。元组可以以任何顺序出现，而关系保持不变，也就是说，在关系理论中，表中的行是没有顺序的。

5. 关系数据库

一系列规范化的表的集合。这里的规范化可以理解为表结构的正确性。本节后面会详细讨论规范化问题。

以上介绍了关系数据模型的两组术语："关系、属性、元组"和"表、列、行"。在这里它们的含义是相同的，只不过前者是关系数据模型的正式术语，而后者是常用的数据库术语。其他可能会遇到的类似术语还有实体（表）、记录（行）、字段（列）等。

6. 关系表的属性

关系表有如下属性：

- 每个表都有唯一的名称。
- 一个表中每个列有不同的名字。
- 一个列的值来自于相同的属性域。
- 列是无序的。
- 行是无序的。

7. 关系数据模型中的键

（1）超键

一个列或者列集，唯一标识表中的一条记录。超键可能包含用于唯一标识记录所不必要的额外的列，我们通常只对仅包含能够唯一标识记录的最小数量的列感兴趣。

（2）候选键

仅包含唯一标识记录所必需的最小数量列的超键。表的候选键有三个属性：

- 唯一性：在每条记录中，候选键的值唯一标识该记录。
- 最小性：具有唯一性属性的超键的最小子集。
- 非空性：候选键的值不允许为空。

在我们的例子中，分公司编号是候选键，如果每个分公司的邮编都不同，那么邮编也可以作为分公司表的候选键。一个表中允许有多个候选键。

（3）主键

唯一标识表中记录的候选键。主键是唯一、非空的。没有被选做主键的候选键称为备用键。

对于例子中的分公司表，分公司编号是主键，邮编就是备用键，而员工表的主键是员工编号。

主键的选择在关系数据模型中非常重要，很多性能问题都是由于主键选择不当引起的。在选择主键时，我们可以参考以下原则：

- 主键要尽可能地小。
- 主键值不应该被改变。主键会被其他表所引用。如果改变了主键的值，所有引用该主键的值都需要修改，否则引用就是无效的。
- 主键通常使用数字类型。数字类型的主键要比其他数据类型效率更高。
- 主键应该是没有业务含义的，它不应包含实际的业务信息。无意义的数字列不需要修改，因此是主键的理想选择。大部分关系型数据库支持的自增属性或序列对象更适合当作主键。
- 虽然主键允许由多列组成，但应该使用尽可能少的列，最好是单列。

（4）外键

一个表中的一个列或多个列的集合，这些列匹配某些其他（也可以是同一个）表中的候选键。注意外键所引用的不一定是主键，但一定是候选键。当一列出现在两张表中的时候，它通常代表两张表记录之间的关系。如例子中分公司表的分公司编号和员工表的所属分公司。它们的名字虽然不同，但却是同一含义。分公司表的分公司编号是主键，在员工表里所属分公司是外键。同样，因为公司经理也是公司员工，所以它是引用员工表的外键。主键所在的表被称为父表，外键所在的表被称为子表。

2.1.2 关系完整性

上一小节讨论了关系数据模型的结构部分，本小节讨论关系完整性规则。关系数据模型有两个重要的完整性规则：实体完整性和参照完整性。在定义这些术语之前，先要理解空值的概念。

1. 空值（NULL）

表示一个列的值目前还不知道或者对于当前记录来说不可用。空值可以意味着未知，也可以意味着某个记录没有值，或者只是意味着该值还没有提供。空值是处理不完整数据或异常数据的一种方式。空值与数字零或者空字符串不同，零和空字符串是值，但空值代表没有值。因此，空值应该与其他值区别对待。空值具有特殊性，当它参与逻辑运算时，结果取决于真值表。每种数据库系统对空值参与运算的规则定义也不尽相同。表 2-2 到表 2-4 分别是 Oracle 的非、与、或逻辑运算真值表。

表 2-2 Oracle 逻辑非运算

	TRUE	FALSE	NULL
NOT	FALSE	TRUE	NULL

表 2-3　Oracle 逻辑与运算

AND	TRUE	FALSE	NULL
TRUE	TRUE	FALSE	NULL
FALSE	FALSE	FALSE	FALSE
NULL	NULL	FALSE	NULL

表 2-4　Oracle 逻辑或运算

OR	TRUE	FALSE	NULL
TRUE	TRUE	TRUE	TRUE
FALSE	TRUE	FALSE	NULL
NULL	TRUE	NULL	NULL

在我们的例子中，如果一个分公司的经理离职了，新的经理还没有上任，此时公司经理列对应的值就是空值。

2. 关系完整性规则

有了空值的定义，就可以定义两种关系完整性规则了。

（1）实体完整性

在一个基本表中，主键列的取值不能为空。基本表指的是命名的表，其中的记录物理地存储在数据库中，与之对应的是视图。视图是虚拟的表，它只是一个查询语句的逻辑定义，其中并没有物理存储数据。

从前面介绍的定义可知，主键是用于唯一标识记录的最小列集合。也就是说，主键的任何子集都不能提供记录的唯一标识。空值代表未知，无法进行比较。如果允许空值作为主键的一部分，就意味着并不是所有的列都用来区分记录，这与主键的定义矛盾，因此主键必须是非空的。例如，分公司编号是分公司表的主键，在录入数据的时候，该列的值不能为空。

（2）参照完整性

如果表中存在外键，则外键值必须与主表中的某些记录的候选键值相同，或者外键的值必须全部为空。在图 2-1 中，员工表中的所属分公司是外键。该列的值要么是分公司表的分公司编号列中的值，要么是空（如新员工已经加入了公司，但还没有被分派到某个具体的分公司时）。

3. 业务规则

定义或约束组织的某些方面的规则。业务规则的例子包括属性域和关系完整性规则。属性域用于约束特定列能够取的值。有些数据库系统，如 Oracle，支持叫做 check 的约束，也用于定义列中可以接受的值，但这种约束是定义在属性域之上的，比属性域的约束性更强。例如，员工表的性别列就可以加上 check 约束，使它只能取有限的几个值。

4. 关系数据库语言

关系语言定义了允许对数据进行的操作，包括从数据库中更新或检索数据所用的操作以及改变数据库对象结构的操作。关系数据库的主要语言是 SQL 语言。

SQL 是 Structured Query Language 的缩写，意为结构化查询语言。SQL 已经被国际标准化组织（ISO）进行了标准化，使它成为正式的和事实上的定义和操纵关系数据库的标准语言。SQL 语言又可分为 DDL、DML、DCL、TCL 四类。

DDL 是 Data Definition Language 的缩写，意为数据定义语言，用于定义数据库结构和模式。典型的 DDL 有 create、alter、drop、truncate、comment、rename 等。

DML 是 Data Manipulation Language 的缩写，意为数据操纵语言，用于检索、管理和维护数据库对象。典型的 DML 有 select、insert、update、delete、merge、call、explain、lock 等。

DCL 是 Data Control Language 的缩写，意为数据控制语言，用于授予和回收数据库对象上的权限。典型的 DCL 有 grant 和 revoke。

TCL 是 Transaction Control Language 的缩写，意为事务控制语言，用于管理 DML 对数据的改变。它允许一组 DML 语句联合成一个逻辑事务。典型的 TCL 有 commit、rollback、savepoint、set transaction 等。

2.1.3 规范化

关系数据模型的规范化是一种组织数据的技术。规范化方法对表进行分解，以消除数据冗余，避免异常更新，提高数据完整性。

不规范化带来的问题

没有规范化，数据的更新处理将变得困难，异常的插入、修改、删除数据的操作会频繁发生。为了便于理解，来看下面的例子。

假设有一个名为 employee 的员工表，它有九个属性：id（员工编号）、name（员工姓名）、mobile（电话）、zip（邮编）、province（省份）、city（城市）、district（区县）、deptNo（所属部门编号）、deptName（所属部门名称），表中的数据如表 2-5 所示。

表 2-5　非规范化的员工表

id	Name	Mobile	zip	province	city	district	deptNo	deptName
101	张三	13910000001 13910000002	100001	北京	北京	海淀区	D1	部门 1
101	张三	13910000001 13910000002	100001	北京	北京	海淀区	D2	部门 2
102	李四	13910000003	200001	上海	上海	静安区	D3	部门 3
103	王五	13910000004	510001	广东省	广州	白云区	D4	部门 4
103	王五	13910000004	510001	广东省	广州	白云区	D5	部门 5

由于此员工表是非规范化的，我们将面对如下的问题。

修改异常：上表中张三有两条记录，因为他隶属两个部门。如果我们要修改张三的地址，必须修改两行记录。假如一个部门得到了张三的新地址并进行了更新，而另一个部门没有，那么此时张三在表中会存在两个不同的地址，导致了数据不一致。

新增异常：假如一个新员工加入公司，他正处于入职培训阶段，还没有被正式分配到某个部门，如果 deptNo 字段不允许为空，我们就无法向 employee 表中新增该员工的数据。

删除异常：假设公司撤销了 D3 这个部门，那么在删除 deptNo 为 D3 的行时，会将李四的信息也一并删除。因为他只隶属于 D3 这一个部门。

为了克服这些异常更新，我们需要对表进行规范化设计。规范化是通过应用范式规则实现的。最常用的范式有第一范式（1NF）、第二范式（2NF）、第三范式（3NF）。

（1）第一范式（1NF）

表中的列只能含有原子性（不可再分）的值。

上例中张三有两个手机号存储在 mobile 列中，违反了 1NF 规则。为了使表满足 1NF，数据应该修改为如表 2-6 所示。

表 2-6 满足 1NF 的员工表

id	name	mobile	zip	province	city	district	deptNo	deptName
101	张三	13910000001	100001	北京	北京	海淀区	D1	部门 1
101	张三	13910000002	100001	北京	北京	海淀区	D1	部门 1
101	张三	13910000001	100001	北京	北京	海淀区	D2	部门 2
101	张三	13910000002	100001	北京	北京	海淀区	D2	部门 2
102	李四	13910000003	200001	上海	上海	静安区	D3	部门 3
103	王五	13910000004	510001	广东省	广州	白云区	D4	部门 4
103	王五	13910000004	510001	广东省	广州	白云区	D5	部门 5

（2）第二范式（2NF）

第二范式要同时满足下面两个条件：

- 满足第一范式。
- 没有部分依赖。

例如，员工表的一个候选键是{id，mobile，deptNo}，而 deptName 依赖于{deptNo}，同样 name 仅依赖于{id}，因此不是 2NF 的。为了满足第二范式的条件，需要将这个表拆分成 employee、dept、employee_dept、employee_mobile 四个表，如表 2-7 至表 2-10 所示。

表 2-7 满足 2NF 的员工表

id	name	zip	province	city	District
101	张三	100001	北京	北京	海淀区
102	李四	200001	上海	上海	静安区
103	王五	510001	广东省	广州	白云区

表 2-8 满足 2NF 的部门表

deptNo	deptName
D1	部门 1
D2	部门 2
D3	部门 3
D4	部门 4
D5	部门 5

表 2-9 满足 2NF 的员工-部门表

id	deptNo
101	D1
101	D2
102	D3
103	D4
103	D5

表 2-10 满足 2NF 的员工-电话表

id	mobile
101	13910000001
101	13910000002
102	13910000003
103	13910000004

（3）第三范式（3NF）

第三范式要同时满足下面两个条件：

● 满足第二范式。

● 没有传递依赖。

例如，员工表的 province、city、district 依赖于 zip，而 zip 依赖于{id}，换句话说，province、city、district 传递依赖于{id}，违反了 3NF 规则。为了满足第三范式的条件，可以将这个表拆分成 employee 和 zip 两个表，如表 2-11、表 2-12 所示。

表 2-11 满足 3NF 的员工表

id	name	zip
101	张三	100001
102	李四	200001
103	王五	510001

表 2-12 满足 3NF 的地区表

zip	province	City	District
100001	北京	北京	海淀区
200001	上海	上海	静安区
510001	广东省	广州	白云区

在关系数据模型设计中，一般需要满足第三范式的要求。如果一个表有良好的主外键设计，就应该是满足 3NF 的表。规范化带来的好处是通过减少数据冗余提高更新数据的效率，同时保证数据完整性。然而，我们在实际应用中也要防止过度规范化的问题。规范化程度越高，划分的表就越多，在查询数据时越有可能使用表连接操作。而如果连接的表过多，会影响查询的性能。关键的问题是要依据业务需求，仔细权衡数据查询和数据更新的关系，制定最适合的规范化程度。还有一点需要注意的是，不要为了遵循严格的规范化规则而修改业务需求。

2.1.4 关系数据模型与数据仓库

关系数据模型可以提供高性能的数据更新操作，能很好地满足事务型系统的需求，这点毋庸置疑。但是对于查询与分析密集型的数据仓库系统还是否合适呢？对这个问题的争论由来已久，基本可以分为 Inmon 和 Kimball 两大阵营，Inmon 阵营是应用关系数据模型构建数据仓库的支持者。

Inmon 方法是以下面这些假设的成立为前提的。

- 假设数据仓库是以企业为中心的，初始的数据能够为所有部门所使用。而最终的数据分析能力是在部门级别体现，需要使用数据集市对数据仓库中的数据做进一步处理，以便为特定的部门定制它们。
- 数据仓库中的数据不违反组织制定的任何业务规则。
- 必须尽可能快地把新数据装载进数据仓库，这意味着需要简化数据装载过程或减少数据的装载量。
- 数据仓库的建立必须从一开始就被设计成支持多种 BI 技术，这就要求数据仓库本身所使用的技术越通用越好。
- 假设数据仓库的需求一定会发生变化。它必须能完美地适应其数据和数据结构的变化。

基于这些假设，使用关系数据模型构建数据仓库的优势和必然性就比较明显了。

1. 非冗余性

为适应数据仓库有限的装载周期和海量数据，数据仓库数据模型应该包含最少量的数据冗余。冗余越少，需要装载的数据量就越少，装载过程就越快。另外，数据仓库的数据源一般是事务型系统，这些系统通常是规范化设计的。如果数据仓库使用相同的数据模型，意味着数据转换的复杂性可能会降低，同样可以加快数据装载速度。

2. 稳定性

由于数据仓库的需求会不断变化，我们需要以一种迭代的方式建立数据仓库。众所周知，组织中最经常变化的是它的处理过程、应用和技术，如果依赖于这三个因素中的任何一个建立数据模型，当它们发生改变时，肯定要对数据模型进行彻底修改。为了避免这个问题，关系数据模型的通用性正是用武之地。另一方面，由于变化不可避免，数据仓库模型应该能比较容易地将新的变化合并进来，而不必重新设计已有的元素和已经实现的实体。

3. 一致性

数据仓库模型最本质的特点是保证作为组织最重要资源的数据的一致性，而确保数据一致性正是关系数据模型的特点之一。

4. 灵活性

数据仓库最重要的一个用途是作为坚实的、可靠的、一致的数据基础为后续的报表系统、数据分析、数据挖掘或 BI 系统服务。数据模型还必须支持为组织建立的业务规则。这就意味着数据模型必须比简单的平面文件功能更强。为此关系数据模型也是最佳选择之一。

关系数据模型已被证明是可靠的、简单的数据建模方法。应用其规范化规则，将产生一个稳定的、一致的数据模型。该模型支持由组织制定的政策和约定的规则，同时为数据集市分析数据提供了更多的灵活性，使得数据库存储以及数据装载方面也是最有效的。

当然，任何一种数据模型都不可能是完美无瑕的。关系数据模型的缺点也很明显，它需要额外建立数据集市的存储区，并增加相应的数据装载过程。另外，对数据仓库的使用强烈依赖于对 SQL 语言的掌握程度。

2.2　维度数据模型

维度数据模型简称维度模型（Dimensional modeling，DM），是一套技术和概念的集合，用于数据仓库设计。不同于关系数据模型，维度模型不一定要引入关系数据库。在逻辑上相同的维度模型，可以被用于多种物理形式，比如维度数据库或是简单的平面文件。根据数据仓库大师 Kimball 的观点，维度模型是一种趋向于支持最终用户对数据仓库进行查询的设计技术，是围绕性能和易理解性构建的。尽管关系模型对于事务处理系统表现非常出色，但它并不是面向最终用户的。

事实和维度是两个维度模型中的核心概念。事实表示对业务数据的度量，而维度是观察数据的角度。事实通常是数字类型的，可以进行聚合和计算，而维度通常是一组层次关系或描述信息，用来定义事实。例如，销售金额是一个事实，而销售时间、销售的产品、购买的顾客、商店等都是销售事实的维度。维度模型按照业务流程领域即主题域建立，例如进货、销售、库存、配送等。不同的主题域可能共享某些维度，为了提高数据操作的性能和数据一致性，需要使用一致性维度，例如几个主题域间共享维度的复制。术语"一致性维度"源自Kimball，指的是具有相同属性和内容的维度。

2.2.1　维度数据模型建模过程

维度模型通常以一种被称为星型模式的方式构建。所谓星型模式，就是以一个事实表为中心，周围环绕着多个维度表。还有一种模式叫做雪花模式，是对维度做进一步规范化后形成的。本节后面会讨论这两种模式。一般使用下面的过程构建维度模型：

- 选择业务流程
- 声明粒度
- 确认维度
- 确认事实

这种使用四步设计法建立维度模型的过程，有助于保证维度模型和数据仓库的可用性。

1. 选择业务流程

确认哪些业务处理流程是数据仓库应该覆盖的，是维度方法的基础。因此，建模的第一个步骤是描述需要建模的业务流程。例如，需要了解和分析一个零售店的销售情况，那么与该零售店销售相关的所有业务流程都是需要关注的。为了描述业务流程，可以简单地使用纯文本将相关内容记录下来，或者使用"业务流程建模标注"（BPMN）方法，也可以使用统一建模语言（UML）或其他类似的方法。

2. 声明粒度

确定了业务流程后，下一步是声明维度模型的粒度。这里的粒度用于确定事实中表示的是什么，例如，一个零售店的顾客在购物小票上的一个购买条目。在选择维度和事实前必须声明粒度，因为每个候选维度或事实必须与定义的粒度保持一致。在一个事实所对应的所有维度设计中强制实行粒度一致性是保证数据仓库应用性能和易用性的关键。从给定的业务流程获取数据时，原始粒度是最低级别的粒度。建议从原始粒度数据开始设计，因为原始记录能够满足无法预期的用户查询。汇总后的数据粒度对优化查询性能很重要，但这样的粒度往往不能满足对细节数据的查询需求。不同的事实可以有不同的粒度，但同一事实中不要混用多种不同的粒度。维度模型建立完成之后，还有可能因为获取了新的信息，而回到这步修改粒度级别。

3. 确认维度

设计过程的第三步是确认模型的维度。维度的粒度必须和第二步所声明的粒度一致。维度表是事实表的基础，也说明了事实表的数据是从哪里采集来的。典型的维度都是名词，如日期、商店、库存等。维度表存储了某一维度的所有相关数据，例如，日期维度应该包括年、季度、月、周、日等数据。

4. 确认事实

确认维度后，下一步也是维度模型四步设计法的最后一步，就是确认事实。这一步识别数字化的度量，构成事实表的记录。它是和系统的业务用户密切相关的，因为用户正是通过对事实表的访问获取数据仓库存储的数据。大部分事实表的度量都是数字类型的，可累加，可计算，如成本、数量、金额等。

2.2.2 维度规范化

与关系模型类似，维度也可以进行规范化。对维度的规范化（又叫雪花化），可以去除冗余属性，是对非规范化维度做的规范化处理，在下面介绍雪花模型时，会看到维度规范化的例子。一个非规范化维度对应一个维度表，规范化后，一个维度会对应多个维度表，维度被严格地以子维度的形式连接在一起。实际上，在很多情况下，维度规范化后的结构等同于一个低范式级别的关系型结构。

设计维度数据模型时，会因为如下原因而不对维度做规范化处理：

- 规范化会增加表的数量，使结构更复杂。
- 不可避免的多表连接，使查询更复杂。
- 不适合使用位图索引。
- 查询性能原因。分析型查询需要聚合计算或检索很多维度值，此时第三范式的数据库会遭遇性能问题。如果需要的仅仅是操作型报表，可以使用第三范式，因为操作型系统的用户需要看到更细节的数据。

正如在前面关系模型中提到的，对于是否应该规范化的问题存在一些争论。总体来说，当多个维度共用某些通用的属性时，做规范化会是有益的。例如，客户和供应商都有省、市、区县、街道等地理位置的属性，此时分离出一个地区属性就比较合适。

2.2.3 维度数据模型的特点

（1）易理解。相对于规范化的关系模型，维度模型容易理解且更直观。在维度模型中，信息按业务种类或维度进行分组，这会提高信息的可读性，也方便了对于数据含义的解释。简化的模型也让系统以更为高效的方式访问数据库。关系模型中，数据被分布到多个离散的实体中，对于一个简单的业务流程，可能需要很多表联合在一起才能表示。

（2）高性能。维度模型更倾向于非规范化，因为这样可以优化查询的性能。介绍关系模型时多次提到，规范化的实质是减少数据冗余，以优化事务处理或数据更新的性能。这里用一个具体的例子进一步说明性能问题。如图 2-2 所示，左边是一个销售订单的典型的规范化表示。订单（Order）实体描述有关订单整体的信息，订单明细（Order Line）实体描述有关订单项的信息，两个实体都包含描述其订单状态的信息。右边是一个订单状态维（Order Status Dimension），该维描述订单和订单明细中对应的状态编码值的唯一组合。它包括在规范化设计的订单和订单明细实体中都出现的属性。当销售订单事实行被装载时，参照在订单状态维中的适合的状态编码的组合设置它的外键。

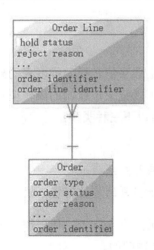

图 2-2　销售订单规范化表与销售订单维度表

维度设计的整体观点是要简化和加速查询。假设有 100 万订单，每个订单有 10 条明细，订单状态和订单明细状态各有 10 种。如果用户要查询某种状态特性的订单，按 3NF 模型，逻辑上需要关联 100 万记录与 1000 万记录的两个大表，然后过滤两个表的状态值得到所要的结果。另一方面，事实表（图中并没有画出）按最细数据粒度有 1000 万记录，3NF 里的订单表属性在事实表里是冗余数据，状态维有 100 条数据，只需要关联 1000 万记录与 100 条记录的两个表，再进行状态过滤即可。

（3）可扩展。维度模型是可扩展的。由于维度模型允许数据冗余，因此当向一个维度表或事实表中添加字段时，不会像关系模型那样产生巨大的影响，带来的结果就是更容易容纳不可预料的新增数据。这种新增可以是单纯地向表中增加新的数据行而不改变表结构，也可以是在现有表上增加新的属性。基于数据仓库的查询和应用不需要过多改变就能适应表结构的变化，老的查询和应用会继续工作而不会产生错误的结果。但是对于规范化的关系模型，由于表之间存在复杂的依赖关系，改变表结构前一定要仔细考虑。

2.2.4 星型模式

星型模式是维度模型最简单的形式，也是数据仓库以及数据集市开发中使用最广泛的形式。星型模式由事实表和维度表组成，一个星型模式中可以有一个或多个事实表，每个事实表引用任意数量的维度表。星型模式的物理模型像一颗星星的形状，中心是一个事实表，围绕在事实表周围的维度表表示星星的放射状分支，这就是星型模式这个名字的由来。

星型模式将业务流程分为事实和维度。事实包含业务的度量，是定量的数据，如销售价格、销售数量、距离、速度、重量等是事实。维度是对事实数据属性的描述，如日期、产品、客户、地理位置等是维度。一个含有很多维度表的星型模式有时被称为蜈蚣模式，显然这个名字也是因其形状而得来的。蜈蚣模式的维度表往往只有很少的几个属性，这样可以简化对维度表的维护，但查询数据时会有更多的表连接，严重时会使模型难于使用，因此在设计中应该尽量避免蜈蚣模式。

1. 事实表

事实表记录了特定事件的数字化的考量，一般由数字值和指向维度表的外键组成。通常会把事实表的粒度级别设计得比较低，使得事实表可以记录很原始的操作型事件，但这样做的负面影响是累加大量记录可能会更耗时。事实表有以下三种类型：

- 事务事实表。记录特定事件的事实，如销售。
- 快照事实表。记录给定时间点的事实，如月底账户余额。
- 累积事实表。记录给定时间点的聚合事实，如当月的总的销售金额。

一般需要给事实表设计一个代理键作为每行记录的唯一标识。代理键是由系统生成的主键，它不是应用数据，没有业务含义，对用户来说是透明的。

2. 维度表

维度表的记录数通常比事实表少，但每条记录包含有大量用于描述事实数据的属性字段。维度表可以定义各种各样的特性，以下是几种最长用的维度表：

- 时间维度表。描述星型模式中记录的事件所发生的时间，具有所需的最低级别的时间粒度。数据仓库是随时间变化的数据集合，需要记录数据的历史，因此每个数据仓库都需要一个时间维度表。
- 地理维度表。描述位置信息的数据，如国家、省份、城市、区县、邮编等。
- 产品维度表。描述产品及其属性。
- 人员维度表。描述人员相关的信息，如销售人员、市场人员、开发人员等。
- 范围维度表。描述分段数据的信息，如高级、中级、低级等。

通常给维度表设计一个单列、整型数字类型的代理键，映射业务数据中的主键。业务系统中的主键本身可能是自然键，也可能是代理键。自然键指的是由现实世界中已经存在的属性组成的键，如身份证号就是典型的自然键。

3. 优点

星型模式是非规范化的，在星型模式的设计开发过程中，不受应用于事务型关系数据库的范式规则的约束。星型模式的优点如下：

- 简化查询。查询数据时，星型模式的连接逻辑比较简单，而从高度规范化的事务模型查询数据时，往往需要更多的表连接。
- 简化业务报表逻辑。与高度规范化的模式相比，由于查询更简单，因此星型模式简化了普通的业务报表（如每月报表）逻辑。
- 获得查询性能。星型模式可以提升只读报表类应用的性能。
- 快速聚合。基于星型模式的简单查询能够提高聚合操作的性能。
- 便于向立方体提供数据。星型模式被广泛用于高效地建立 OLAP 立方体，几乎所有的 OLAP 系统都提供 ROLAP 模型（关系型 OLAP），它可以直接将星型模式中的数据当作数据源，而不用单独建立立方体结构。

4. 缺点

星型模式的主要缺点是不能保证数据完整性。一次性地插入或更新操作可能会造成数据异常，而这种情况在规范化模型中是可以避免的。星型模式的数据装载，一般都是以高度受控的方式，用批处理或准实时过程执行的，以此来抵消数据保护方面的不足。

星型模式的另一个缺点是对于分析需求来说不够灵活。它更偏重于为特定目的建造数据视图，因此实际上很难进行全面的数据分析。星型模式不能自然地支持业务实体的多对多关系，需要在维度表和事实表之间建立额外的桥接表。

5. 示例

假设有一个连锁店的销售数据仓库，记录销售相关的日期、商店和产品，其星型模式如图 2-3 所示。

Fact_Sales 是唯一的事实表，Dim_Date、Dim_Store 和 Dim_Product 是三个维度表。每个维度表的 Id 字段是它

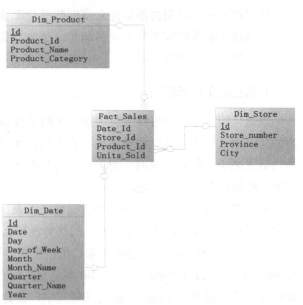

图 2-3 星型模式的销售数据仓库

们的主键。事实表的 Date_Id、Store_Id、Product_Id 三个字段构成了事实表的联合主键，同时这个三个字段也是外键，分别引用对应的三个维度表的主键。Units_Sold 是事实表的唯一一个非主键列，代表销售量，是用于计算和分析的度量值。维度表的非主键列表示维度的附加属性。下面的查询可以回答 2015 年各个城市的手机销量是多少。

```
select s.city as city, sum(f.units_sold)
  from fact_sales f
 inner join dim_date d on (f.date_id = d.id)
 inner join dim_store s on (f.store_id = s.id)
 inner join dim_product p on (f.product_id = p.id)
 where d.year = 2015 and p.product_category = 'mobile'
 group by s.city;
```

2.2.5　雪花模式

雪花模式是一种多维模型中表的逻辑布局，其实体关系图有类似于雪花的形状，因此得名。与星型模式相同，雪花模式也是由事实表和维度表所组成。所谓的"雪花化"就是将星型模式中的维度表进行规范化处理。当所有的维度表完成规范化后，就形成了以事实表为中心的雪花型结构，即雪花模式。将维度表进行规范化的具体做法是，把低基数的属性从维度表中移除并形成单独的表。基数指的是一个字段中不同值的个数，如主键列具有唯一值，所以有最高的基数，而像性别这样的列基数就很低。

在雪花模式中，一个维度被规范化成多个关联的表，而在星型模式中，每个维度由一个单一的维度表所表示。一个规范化的维度对应一组具有层次关系的维度表，而事实表作为雪花模式里的子表，存在具有层次关系的多个父表。

星型模式和雪花模式都是建立维度数据仓库或数据集市的常用方式，适用于加快查询速度比高效维护数据的重要性更高的场景。这些模式中的表没有特别的规范化，一般都被设计成一个低于第三范式的级别。

1. 数据规范化与存储

规范化的过程就是将维度表中重复的组分离成一个新表，以减少数据冗余的过程。正因为如此，规范化不可避免地增加了表的数量。在执行查询的时候，不得不连接更多的表。但是规范化减少了存储数据的空间需求，而且提高了数据更新的效率。这点在前面介绍关系模型时已经进行了详细的讨论。

从存储空间的角度看，典型的情况是维度表比事实表小很多。这就使得雪花化的维度表相对于星型模式来说，在存储空间上的优势没那么明显了。举例来说，假设在 220 个区县的 200 个商场，共有 100 万条销售记录。星型模式的设计会产生 1,000,200 条记录，其中事实表 1,000,000 条记录，商场维度表有 200 条记录，每个区县信息作为商场的一个属性，显式地出现在商场维度表中。在规范化的雪花模式中，会建立一个区县维度表，该表有 220 条记录，商场表引用区县表的主键，有 200 条记录，事实表没有变化，还是 1,000,000 条记录，总的记录数是 1,000,420（1,000,000+200+220）。在这种特殊情况（作为子表的商场记录数少于作为父表的区县记录数）下，星型模式所需的空间反而比雪花模式要少。如果商场有 10,000 个，情况就不一样了，星型模式的记录数是 1,010,000，雪花模式的记录数是 1,010,220，从记录数上看，还是雪花模型多。但是，星型模式的商场表中会有 10,000 个冗余的区县属性信息，而在雪花模式中，商场表中只有 10,000 个区县的主键，而需要存储的区县属性信息只有 220 个，当区县的属性很多时，会大大减少数据存储占用的空间。

有些数据库开发者采取一种折中的方式，底层使用雪花模型，上层用表连接建立视图模拟星型模式。这种方法既通过对维度的规范化节省了存储空间，同时又对用户屏蔽了查询的复杂性。但是当外部的查询条件不需要连接整个维度表时，这种方法会带来性能损失。

2. 优点

雪花模式是和星型模式类似的逻辑模型。实际上，星型模式是雪花模式的一个特例（维度没有多个层级）。某些条件下，雪花模式更具优势：

- 一些 OLAP 多维数据库建模工具专为雪花模型进行了优化。
- 规范化的维度属性节省存储空间。

3. 缺点

雪花模型的主要缺点是维度属性规范化增加了查询的连接操作和复杂度。相对于平面化的单表维度，多表连接的查询性能会有所下降。但雪花模型的查询性能问题近年来随着数据浏览工具的不断优化而得到缓解。

和具有更高规范化级别的事务型模式相比，雪花模式并不确保数据完整性。向雪花模式的表中装载数据时，一定要有严格的控制和管理，避免数据的异常插入或更新。

4. 示例

图 2-4 显示的是将图 2-3 的星型模式规范化后的雪花模式。日期维度分解成季度、月、周、日期四个表。产品维度分解成产品分类、产品两个表。由商场维度分解出一个地区表。

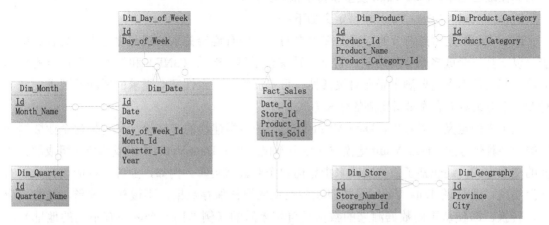

图 2-4 雪花模式的销售数据仓库

下面所示的查询语句的结果等价于前面星型模式的查询，可以明显看到此查询比星型模式的查询有更多的表连接。

```sql
select g.city,sum(f.units_sold)
  from fact_sales f
inner join dim_date d on f.date_id = d.id
inner join dim_store s on f.store_id = s.id
inner join dim_geography g on s.geography_id = g.id
inner join dim_product p on f.product_id = p.id
inner join dim_product_category c on p.product_category_id = c.id
where d.year = 2015 and c.product_category = 'mobile'
group by g.city;
```

2.3 Data Vault 模型

Data Vault 是一种数据仓库建模方法，用来存储来自多个操作型系统的完整的历史数据。Data Vault 方法需要跟踪所有数据的来源，因此其中每个数据行都要包含数据来源和装载时间属性，用以审计和跟踪数据值所对应的源系统。Data Vault 不区分数据在业务层面的正确与错误，它保留操作型系统的所有时间的所有数据，装载数据时不做数据验证、清洗等工作，这点明显有别于其他数据仓库建模方法。Data Vault 建模方法显式地将结构信息和属性信息分离，能够还原业务环境的变化。Data Vault 允许并行数据装载，不需要重新设计就可以实现扩展。

2.3.1 Data Vault 模型简介

Data Vault（DV）模型用于企业级的数据仓库建模，是 Dan Linstedt 在 20 世纪 90 年代提出的。在最近几年，Data Vault 模型获得了很多关注。

Dan Linstedt 将 Data Vault 模型定义如下：

Data Vault 是面向细节的，可追踪历史的，一组有连接关系的规范化的表的集合。这些表可以支持一个或多个业务功能。它是一种综合了第三范式（3NF）和星型模型优点的建模方法。其设计理念是要满足企业对灵活性、可扩展性、一致性和对需求的适应性要求，是一种专为企业级数据仓库量身定制的建模方式。

从上面的定义可以看出，Data Vault 既是一种数据建模的方法论，又是构建企业数据仓库的一种具体方法。Data Vault 建模方法论里不仅定义了 Data Vault 的组成部分和组成部分之间的交互方式，还包括了最佳实践来指导构建企业数据仓库。例如，业务规则应该在数据的下游实现，就是说 Data Vault 只按照业务数据的原样保存数据，不做任何解释、过滤、清洗、转换。即使从不同数据源来的数据是自相矛盾的（例如同一个客户有不同的地址），Data Vault 模型不会遵照任何业务的规则，如"以系统 A 的地址为准"。Data Vault 模型会保存两个不同版本的数据，对数据的解释将推迟到整个架构的后一个阶段（数据集市）。

2.3.2 Data Vault 模型的组成部分

Data Vault 模型有中心表（Hub）、链接表（Link）、附属表（Satellite）三个主要组成部分。中心表记录业务主键，链接表记录业务关系，附属表记录业务描述。

1. 中心表

中心表用来保存一个组织内的每个实体的业务主键，业务主键唯一标识某个业务实体。中心表和源系统表是相互独立的。当一个业务主键被用在多个系统时，它在 Data Vault 中也只保留一份，其他的组件都链接到这一个业务主键上。这就意味着业务数据都集成到了一起。表 2-13 列出了中心表应该包含的所有的列。

表 2-13　中心表的属性

属性	描述
主键	系统生成的代理键，供内部使用
业务主键	唯一标识的业务单元，用于已知业务的源系统
装载时间	数据第一次装载到数据仓库时系统生成的时间戳
数据来源	定义了数据来源（例如源系统或表）

2. 链接表

链接表是中心表之间的链接。一个链接表意味着两个或多个中心表之间有关联。一个链接表通常是一个外键，它代表着一种业务关系。表 2-14 列出了链接表的所有字段。

表 2-14　链接表的属性

属性	描述
主键	系统生成的代理键，供内部使用
外键{1···N}	引用中心表的代理键
装载时间	数据第一次装载到数据仓库时系统生成的时间戳
数据来源	定义了数据来源（例如源系统或表）

在 Data Vault 里，每个关系都以多对多方式关联，这给模型带来了很大的灵活性。无论数据在源系统中是什么关系，都可以保存在 Data Vault 模型中。

3. 附属表

附属表用来保存中心表和链接表的属性，包括所有的历史变化数据。一个附属表总有一个且唯一一个外键引用到中心表或链接表。表 2-15 列出了附属表的所有字段。

表 2-15   附属表的属性

属性	描述
主键	系统生成的代理键，供内部使用
外键	引用中心表或链接表的代理键
装载时间	数据第一次装载到数据仓库时系统生成的时间戳
失效时间	数据失效时的时间戳
数据来源	定义了数据来源（例如源系统或表）
属性{1···N}	属性自身

在 Data Vault 模型的标准定义里，附属表的主键应该是附属表里参照到中心表或链接表的外键字段和装载时间字段的组合。尽管这个定义是正确的，但从技术角度考虑，我们最好还是增加一个代理键。使用只有一列的代理键更易维护。另外，对外键列和装载时间列联合建立唯一索引，也是一个好习惯。

2.3.3 Data Vault 模型的特点

一个设计良好的 Data Vault 模型应该具有以下特点：

- 所有数据都基于时间来存储，即使数据是低质量的，也不能在 ETL 过程中处理掉。
- 依赖越少越好。
- 和源系统越独立越好。
- 设计上适合变化。
  - ◆ 源系统中数据的变化。
  - ◆ 在不改变模型的情况下可扩展。
- ETL 作业可以重复执行。
- 数据完全可追踪。

2.3.4 Data Vault 模型的构建

在 Data Vault 模型中，各个实体有着严格、通用的定义与准确、灵活的功能描述，这不但使得 Data Vault 模型能够最直观、最一般地反映数据之间内含的业务规则，同时也为构建 Data Vault 模型提供了一致而普遍的方法。

Data Vault 模型的建立可以遵循如下步骤：

1. 设计中心表

首先要确定企业数据仓库要涵盖的业务范围；其次要将业务范围划分为若干原子业务实体，比如客户、产品等；然后，从各个业务实体中抽象出能够唯一标识该实体的业务主键，该业务主键要在整个业务的生命周期内不会发生变化；最后，由该业务主键生成中心表。

2. 设计链接表

链接表体现了中心表之间的业务关联。设计链接表，首先要熟悉各个中心表代表的业务实体之间的业务关系，可能是两个或者多个中心表之间的关系。根据业务需求，这种关系可以是1对1、1对多，或者多对多的。

然后，从相互之间有业务关系的中心表中，提取出代表各自业务实体的中心表主键，这些主键将被加入到链接表中，组合构成该链接表的主键。同样出于技术的原因，需要增加代理键。

在生成链接表的同时，要注意如果中心表之间有业务交易数据的话，就需要在链接表中保存交易数据，有两种方法，一是采用加权链接表，二是给链接表加上附属表来处理交易数据。

3. 设计附属表

附属表包含了各个业务实体与业务关联的详细的上下文描述信息。设计附属表，首先要收集各个业务实体在提取业务主键后的其他信息，比如客户住址、产品价格等；由于同一业务实体的各个描述信息不具有稳定性，会经常发生变化，所以，在必要的时候，需要将变化频率不同的信息分隔开来，为一个中心表建立几个附属表，然后提取出该中心表的主键，作为描述该中心表的附属表的主键。

当业务实体之间存在交易数据的时候，需要为没有加权的链接表设计附属表，也可以根据交易数据的不同变化情况设计多个附属表。

4. 设计必要的 PIT 表

Point—In—Time 表是由附属表派生而来的。如果一个中心表或者链接表设计有多个附属表的话，而为了访问数据方便，就有用到 PIT 表的可能。

PIT 表的主键也是由其所归属的中心表提取而来，该中心表有几个附属表，PIT 表就至少应该有几个字段来存放各个附属表的变化对比时间。

建立 Data Vault 模型时应该参照如下的原则：

（1）关于中心表的原则

- 中心表的主键不能够直接"伸入"到其他中心表里面。就是说，不存在父子关系的中心表。各个中心表之间的关系是平等的，这也正是 Data Vault 模型灵活性与扩展性之所在。
- 中心表之间必须通过链接表相关联，通过链接表可以连接两个以上的中心表。
- 必须至少有两个中心表才能产生一个有意义的链接表。
- 中心表的主键总是"伸出去"的(到链接表或者附属表)。

（2）关于链接表的原则

- 链接表可以跟其他链接表相连。
- 中心表和链接表都可以使用代理键。

- 业务主键从来不会改变，就是说中心表的主键也即链接表的外键不会改变。

（3）关于附属表的原则

- 附属表必须是连接到中心表或者链接表上才会有确定的含义。
- 附属表总是包含装载时间和失效时间，从而包含历史数据，并且没有重复的数据。
- 由于数据信息的类型或者变化频率快慢的差别，描述信息的数据可能会被分隔到多个附属表中去。

2.3.5　Data Vault 模型实例

下面用一个销售订单的例子说明如何将关系模型转换为 Data Vault 模型，以及如何向转换后的 Data Vault 模型装载数据。关系模型如图 2-5 所示，共有省、市、客户、产品类型、产品、订单、订单明细 7 个表。

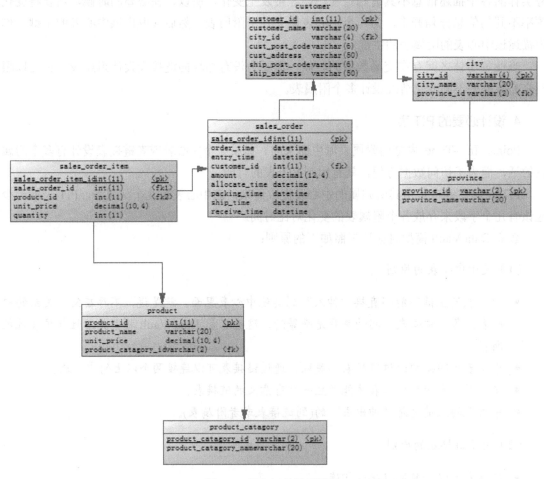

图 2-5　销售订单关系模型

1. 将关系模型转换为 Data Vault 模型

首先按照下面的步骤转换中心表。

（1）确定中心实体。示例中的客户、产品类型、产品、订单、订单明细这 5 个实体是订单销售业务的中心实体。省、市等地理信息表是参考数据，不能算是中心实体，实际上是附属表。

（2）把第一步确定的中心实体中有入边的实体转换为中心表，因为这些实体被别的实体引用。把客户、产品类型、产品、订单转换成中心表。

（3）把第一步确定的中心实体中没有入边且只有一条出边的实体转换为中心表。该示例中没有这样的表。

如表 2-16 所示列出了所有中心表。

表 2-16　销售订单中心表

实体	业务主键
hub_product_catagory	product_catagory_id
hub_customer	customer_id
hub_product	product_id
hub_sales_order	sales_order_id

每个中心表只有代理键、业务主键、装载时间、数据来源四个字段。在这个示例中，业务主键就是关系模型中表的主键字段。

然后按照下面的步骤转换链接表。

（1）把示例中没有入边且有两条或两条以上出边的实体直接转换成链接表。符合条件的是订单明细表。

（2）把示例中除第一步以外的外键关系转换成链接表。订单和客户之间建立链接表，产品和产品类型之间建立链接表。注意 Data Vault 模型中的每个关系都是多对多关系。

如表 2-17 所示列出了所有链接表。

表 2-17　销售订单链接表

链接表	被链接的中心表
link_order_product	hub_sales_order、hub_product
link_order_customer	hub_sales_order、hub_customer
link_product_catagory	hub_product、hub_product_catagory

链接表中包含有代理键、关联的中心表的一个或多个主键、装载时间、数据来源等字段。

最后转换附属表。附属表为中心表和链接表补充属性。所有源库中用到的表的非键属性都要放到 Data Vault 模型的附属表中。

如表 2-18 所示列出了所有附属表。

表 2-18　销售订单附属表

附属表	所描述的表
sat_customer	hub_customer
sat_product_catagory	hub_product_catagory
sat_product	hub_product
sat_sales_order	hub_sales_order
sat_order_product	link_order_product

附属表中包含有代理键、关联的中心表或链接表的主键、装载时间、失效时间、数据来源、关联的中心表或链接表所对应的关系模型表中的一个或多个非主键属性等字段。

转换后的 Data Vault 模型如图 2-6 所示。

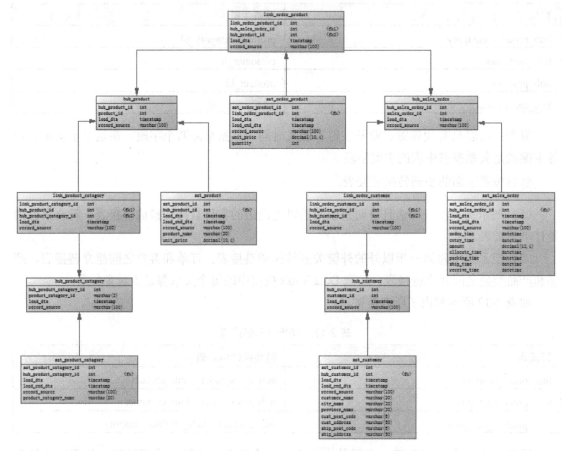

图 2-6　销售订单 Data Vault 模型

2. 向 Data Vault 模型的表中装载数据

现在 Data Vault 模型的中心表、链接表、附属表都已经建立好，需要向其中装载数据，数据的来源是关系模型中的表。假设 Data Vault 的表使用 MySQL 数据库建立，代理键使用自增列，装载时间使用时间戳数据类型，在插入数据时，这两列不用显式赋值，数据会自动维护。数据来源字段简单处理，就填写与之相关的表名。附属表的失效时间字段，初始值填写一个很大的默认时间，这里插入'2200-01-01'。

使用以下的 SQL 代码装载 hub_product 中心表、link_order_product 链接表、sat_order_product 附属表，其他表的装载语句类似，这里从略。

```
-- 装载 hub_product 中心表
insert into hub_product (product_id,record_source)
select product_id,'product' from product;

-- 装载 link_order_product 链接表
insert into link_order_product(
      hub_sales_order_id,
      hub_product_id,
      record_source)
select hub_sales_order_id,
      hub_product_id,
      'hub_sales_order,hub_product,sales_order_item'
  from hub_sales_order t1,
      hub_product t2,
      sales_order_item t3
 where t1.sales_order_id = t3.sales_order_id
   and t2.product_id = t3.product_id;

-- 装载 sat_order_product 附属表
insert into sat_order_product (
      link_order_product_id,
      load_end_dts,
      record_source,
      unit_price,
      quantity)
select link_order_product_id,
      '2200-01-01',
'link_order_product,hub_sales_order,hub_product,sales_order_item',
      t4.unit_price,
      t4.quantity
  from link_order_product t1,
      hub_sales_order t2,
      hub_product t3,
      sales_order_item t4
 where t1.hub_sales_order_id = t2.hub_sales_order_id
   and t1.hub_product_id = t3.hub_product_id
   and t4.sales_order_id = t2.sales_order_id
   and t4.product_id = t3.product_id;
```

2.4 数据集市

在第 1 章中介绍了独立数据集市和从属数据集市两种架构，本节继续讨论数据集市的概念、与数据仓库的区别、数据集市的设计等问题。

2.4.1　数据集市的概念

数据集市是数据仓库的一种简单形式,通常由组织内的业务部门自己建立和控制。一个数据集市面向单一主题域,如销售、财务、市场等。数据集市的数据源可以是操作型系统(独立数据集市),也可以是企业级数据仓库(从属数据集市)。

2.4.2　数据集市与数据仓库的区别

不同于数据集市,数据仓库处理整个组织范围内的多个主题域,通常是由组织内的核心单位,如 IT 部门承建,所以经常被称为中心数据仓库或企业数据仓库。数据仓库需要集成很多操作型源系统中的数据。由于数据集市的复杂度和需要处理的数据都小于数据仓库,因此更容易建立与维护。表 2-19 总结了数据仓库与数据集市的主要区别。

表 2-19　数据仓库与数据集市的主要区别

对比项	数据仓库	数据集市
范围	企业级	部门级或业务线
主题	多个主题	单一主题
数据源	遗留系统、事务系统、外部数据的多个数据源	数据仓库或事务系统的少量数据源
数据粒度	较细的粒度	较粗的粒度
数据结构	通常是规范化结构(3NF)	星型模型、雪花模型、或两者混合
历史数据	全部历史数据	部分历史数据
完成需要的时间	几个月到几年	几个月

2.4.3　数据集市设计

数据集市主要用于部门级别的分析型应用,数据大都是经过了汇总和聚合操作,粒度级别较高。数据集市一般采用维度模型设计方法,数据结构使用星型模式或雪花模式。

正如前面所介绍的,设计维度模型先要确定维度表、事实表和数据粒度级别,下一步是使用主外键定义事实表和维度表之间的关系。数据集市中的主键最好使用系统生成的自增的单列数字型代理键。模型建立好之后,设计 ETL 步骤抽取操作型源系统的数据,经过数据清洗和转换,最终装载进数据集市中的维度表和事实表中。

2.5 数据仓库实施步骤

实施一个数据仓库项目的主要步骤是：定义项目范围、收集并确认业务需求和技术需求、逻辑设计、物理设计、从源系统向数据仓库装载数据、使数据可以被访问以辅助决策、管理和维护数据仓库。

1. 定义范围

在实施数据仓库前，需要制定一个开发计划。这个计划的关键输入是信息需求和数据仓库用户的优先级。当这些信息被定义和核准后，就可以制作一个交付物列表，并给数据仓库开发团队分配相应的任务。

首要任务是定义项目的范围。项目范围定义了一个数据仓库项目的边界。典型的范围定义是组织、地区、应用、业务功能的联合表示。定义范围时通常需要权衡考虑资源（人员、系统、预算等）、进度（项目的时间和里程碑要求）、功能（数据仓库承诺达到的能力）三方面的因素。定义好清晰明确的范围，并得到所有项目干系人的一致认可，对项目的成功是非常重要的。项目范围是设定正确的期望值、评估成本、估计风险、制定开发优先级的依据。

2. 确定需求

数据仓库项目的需求可以分为业务需求和技术需求。

（1）定义业务需求

建立数据仓库的主要目的是为组织赋予从全局访问数据的能力。数据的细节程度必须能够满足用户执行分析的需求，并且数据应该被表示为用户能够理解的业务术语。对数据仓库中数据的分析将辅助业务决策，因此，作为数据仓库的设计者，应该清楚业务用户是如何做决策的，在决策过程中提出了哪些问题，以及哪些数据是回答这些问题所需要的。与业务人员进行面对面的沟通，是理解业务流程的好方式。沟通的结果是使数据仓库的业务需求更加明确。在为数据仓库收集需求的过程中，还要考虑设计要能适应需求的变化。

（2）定义技术需求

数据仓库的数据来源是操作型系统，这些系统日复一日地处理着各种事务活动。操作型系统大都是联机事务处理系统。数据仓库会从多个操作型源系统抽取数据。但是，一般不能将操作型系统里的数据直接迁移到数据仓库，而是需要一个中间处理过程，这就是所谓的ETL 过程。需要知道如何清理操作型数据，如何移除垃圾数据，如何将来自多个源系统的相同数据整合在一起。另外，还要确认数据的更新频率。例如，如果需要进行长期的或大范围的数据分析，可能就不需要每天装载数据，而是每周或每月装载一次。注意，更新频率并不决定数据的细节程度，每周汇总的数据有可能每月装载（当然这种把数据转换和数据装载分开调度的做法并不常见）。在数据仓库设计的初始阶段，需要确定数据源有哪些、数据需要做哪些转换以及数据的更新频率是什么。

3. 逻辑设计

定义了项目的范围和需求，就有了一个基本的概念设计。下面就要进入数据仓库的逻辑设计阶段。逻辑设计过程中，需要定义特定数据的具体内容，数据之间的关系，支持数据仓库的系统环境等，本质是发现逻辑对象之间的关系。

（1）建立需要的数据列表

细化业务用户的需求以形成数据元素列表。很多情况下，为了得到所需的全部数据，需要适当扩展用户需求或者预测未来的需要，一般从主题域涉及的业务因素入手。例如，销售主题域的业务因素可能是客户、地区、产品、促销等。然后建立每个业务因素的元素列表，依据也是用户提出的需求。最后通过元素列表，标识出业务因素之间的联系。这些工作完成后，应该已经获得了如下的信息：原始的或计算后的数据元素列表；数据的属性，比如是字符型的还是数字型的；合理的数据分组，比如国家、省市、区县等分成一组，因为它们都是地区元素；数据之间的关系，比如国家、省市、区县的包含关系等。

（2）识别数据源

现在已经有了需要的数据列表，下面的问题是从哪里可以得到这些数据，以及要得到这些数据需要多大的成本。需要把上一步建立的数据列表映射到操作型系统上。应该从最大最复杂的源系统开始，在必要时再查找其他源系统。数据的映射关系可能是直接的或间接的，比如销售源系统中，商品的单价和折扣价可以直接获得，而折扣百分比就需要计算得到。通常维度模型中的维度表可以直接映射到操作型源系统，而事实表的度量则映射到源数据在特定粒度级别上聚合计算后的结果。某些数据的获得需要较高的成本，例如，用户想要得到促销相关的销售数据就不那么容易，因为促销期的定义从时间角度看是不连续的。

（3）制作实体关系图

逻辑设计的交付物是实体关系图（entity-relationship diagram，简称 ERD）和对它的说明文档（数据字典）。实体对应关系数据库中的表，属性对应关系数据库中的列。ERD 传统上与高度规范化的关系模型联系密切，但该技术在维度模型中也被广泛使用。在维度模型的ERD 中，实体由事实表和维度表组成，关系体现为在事实表中引用维度表的主键。因此先要确认哪些信息属于中心事实表，哪些信息属于相关的维度表。维度模型中表的规范化级别通常低于关系模型中的表。

4. 物理设计

物理设计指的是将逻辑设计的对象集合，转化为一个物理数据库，包括所有的表、索引、约束、视图等。物理数据库结构需要优化以获得最佳的性能。每种数据库产品都有自己特别的优化方法，这些优化对查询性能有极大的影响。比较通用的数据仓库优化方法有位图索引和表分区。

第 1 章中的"分析型系统的数据库设计"已经提到过位图索引和表分区。位图索引对索引列的每个不同值建立一个位图。和普通的 B 树索引相比，位图索引占用的空间小，创建速度快。但由于并发的 DML 操作会锁定整个位图段的大量数据行，所以位图索引不适用于频繁更新的事务处理系统。而数据仓库对最终用户来说是一个只读系统，其中某些维度的值基数很小，这样的场景非常适合利用位图索引优化查询。遗憾的是有些数据库管理系统如MySQL，还没有位图索引功能。

大部分数据库系统都可以对表进行分区。表分区是将一个大表按照一定的规则分解成多个分区，每个表分区可以定义独立的物理存储参数。将不同分区存储到不同的磁盘上，查询表中数据时可以有效分布 I/O 操作，缓解系统压力。分区还有一个很有用的特性，叫做分区消除。查询数据的时候，数据库系统的优化器可以通过适当的查询条件过滤掉一些分区，从而避免扫描所有数据，提高查询效率，这就是分区消除。

除了性能优化，数据仓库系统的可扩展性也非常重要。简单地说，可扩展性就是能够处理更大规模业务的特性。从技术上讲，可扩展性是一种通过增加资源，使服务能力得到线性扩展的能力。比方说，一台服务器在满负荷时可以为一万个用户同时提供服务，当用户数增加到两万时，只需要再增加一台服务器，就能提供相同性能的服务。成功的数据仓库会吸引越来越多的用户访问。随着时间的推移，数据量会越来越大，因此在做数据仓库物理设计时，出于可扩展性的考虑，应该把对硬件、软件、网络带宽的依赖降到最低。第 3 章会详细讨论数据仓库在 Hadoop 上的扩展性问题。

5. 装载数据

这个步骤实际上涉及整个 ETL 过程。需要执行的任务包括：源和目标结构之间建立映射关系；从源系统抽取数据；对数据进行清洗和转换；将数据装载进数据仓库；创建并存储元数据。

6. 访问数据

访问步骤是要使数据仓库的数据可以被使用，使用的方式包括：数据查询、数据分析、建立报表图表、数据发布等。根据采用的数据仓库架构，可能会引入数据集市的创建。通常，最终用户会使用图形化的前端工具向数据库提交查询，并显示查询结果。访问步骤需要执行以下任务：

- 为前端工具建立一个中间层。在这个中间层里，把数据库结构和对象名转化成业务术语，这样最终用户就可以使用与特定功能相关的业务语言同数据仓库交互。
- 管理和维护这个业务接口。
- 建立和管理数据仓库里的中间表和汇总表。建立这些表完全是出于性能原因。中间表一般是在原始表上添加过滤条件获得的数据集合，汇总表则是对原始表进行聚合操作后的数据集合。这些表中的记录数会远远小于原始表，因此前端工具在这些表上的查询会执行得更快。

7. 管理维护

这个步骤涵盖在数据仓库整个生命周期里的管理和维护工作。这步需要执行的任务包括：确保对数据的安全访问、管理数据增长、优化系统以获得更好的性能、保证系统的可用性和可恢复性等。

2.6 小结

（1）关系模型、多维模型和 Data Vault 模型是三种常见的数据仓库模型。

（2）数据结构、完整性约束和 SQL 语言是关系模型的三个要素。

（3）规范化是通过应用范式规则实现的。第一范式（1NF）要求保持数据的原子性、第二范式（2NF）消除了部分依赖、第三范式（3NF）消除了传递依赖。关系模型的数据仓库一般要求满足 3NF。

（4）事实、维度、粒度是维度模型的三个核心概念。

（5）维度模型的四步设计法是选择业务流程、声明粒度、确定维度、确定事实。

（6）星型模式和雪花模式是维度模型的两种逻辑表示。对星型模式进一步规范化，就形成了雪花模式。

（7）Data Vault 模型有中心表（Hub）、链接表（Link）、附属表（Satellite）三个主要组成部分。中心表记录业务主键，链接表记录业务关系，附属表记录业务描述。

（8）Data Vault 不区分数据在业务层面的正确与错误，它保留操作型系统的所有时间的所有数据，装载数据时不做数据验证、清洗等工作。

（9）数据集市是部门级的、面向单一主题域的数据仓库。

（10）数据集市的复杂度和需要处理的数据都小于数据仓库，因此更容易建立与维护。

（11）实施一个数据仓库项目的主要步骤是：定义范围、确认需求、逻辑设计、物理设计、装载数据、访问数据、管理维护。

第 3 章

◀Hadoop生态圈与数据仓库▶

本章介绍 Hadoop 及其生态圈中的组件，并讨论基于 Hadoop 构建数据仓库的必要性和可行性。随着云计算、大数据等名词的流行，涌现出一大批相关的技术，其中 Hadoop 是较早出现的一种分布式架构，得到了大量的应用。本章先说明大数据和 Hadoop 的基本概念，之后介绍 HDFS、MapReduce、YARN 三个基本的 Hadoop 组件。除了基本组成部分，Hadoop 生态圈中还有很多其他的工具组件，它们可以提供创建数据仓库所需的大部分功能，后面章节将会陆续讲述这些组件的概念和功能。本章主要介绍 Spark 分布式计算框架。在本章最后，讨论数据仓库与分布式计算的关系，以及与传统数据仓库架构所对应的 Hadoop 工具。

希望读者通过阅读本章的内容，对大数据、分布式计算、Hadoop 及其生态圈的概念有一个基本的认识，最重要的是理解为什么要使用 Hadoop 建立数据仓库。

3.1　大数据定义

虽然数据仓库技术自诞生之日起的二十多年里一直被用来处理大数据，但"大数据"这个名词却是近年来随着以 Hadoop 为代表的一系列分布式计算框架的产生发展才流行起来。

所谓大数据是这样一个数据集合，它的数据量和复杂度是传统的数据处理应用无法应对的。大数据带来的挑战包括数据分析、数据捕获、数据治理、搜索、共享、存储、传输、可视化、查询、更新和信息安全等。"大数据"这个术语很少指一个特定大小的数据集，它通常指的是对很大的数据应用预测分析、用户行为分析或其他的数据分析方法，从数据中提炼出有用的信息，使数据产生价值，因此大数据更像是一套处理数据的方法和解决方案。如果非要给出一个定量的标准，大数据的数据量至少是 TB 级别的，在当前这个信息爆炸的时代，PB 级别的数据量已经较为常见了。用于分析的数据量越大，分析得到的结果就越精确，基于分析结果做出的决策也就越有说服力，而更好的决策能够降低成本、规避风险、提高业务运营的效率。

大数据所包含的数据集合的大小通常超越了普通软件工具的处理能力，换句话说，普通软件没办法在一个可以容忍的时间范围内完成大数据的捕获和处理。大数据的数据量一直在飞速增长，2012 年的时候，一般要处理的数据集合还只有几十 TB，到现在 PB 甚至更大量级的数据已不新鲜。要管理如此之大的数据，需要一系列新的技术和方法，它们必须具有新的数据整合形式，从各种各样大量的复杂数据中洞察有价值的信息。

在 2001 年的调查报告和相关文献中，Gartner 的分析员 Doug Laney 从三个维度定义了数据增长带来的机遇与挑战。这三个维度是大体积（数据的数量）、高速度（数据输入输出的速度）和多样性（数据的种类和来源）。直到现在，仍然有很多公司使用这个模型描述大数据。2012 年，Gartner 将它的定义修改为：大数据是大容量（Volume）、高流速（Velocity）、多样化（Variety）的信息资产，它需要新的数据处理形式来增强决策、提升洞察力、优化处理过程。Gartner 关于大数据的 3V 定义一直被广泛使用。与 Gartner 定义一致的另外一种表述是：大数据是具有大体积、高流速、多样化特征的信息资产，需要特定的技术和分析工具将其转化为价值。有些组织在 3V 的基础上增加了一个新的 V-"Veracity"，即真实性来描述大数据。现在普遍认可的大数据是具有 4V，即 Volume、Velocity、Variety、Veracity 特征的数据集合，用中文简单描述就是大、快、多、真。

1. Volume —— 生成和存储的数据量大

随着技术的发展，人们收集信息的能力越来越强，随之获取的数据量也呈爆炸式增长。例如百度每日处理的数据量达上百 PB，总的数据量规模已经到达 EP 级。

2. Velocity —— 数据产生和处理速度快

指的是销售、交易、计量等人们关心的事件发生的频率。例如，2015 年双十一当天，支付宝的峰值交易数为每秒 8.59 万笔。

3. Variety —— 数据源和数据种类多样

现在要处理的数据源包括各种各样的关系数据库、NoSQL、平面文件、XML 文件、机器日志、图片、音视频流等，而且每天都会产生新的数据格式和数据源。

4. Veracity —— 数据的真实性和高质量

诸如软硬件异常、应用系统 bug、人为错误等都会使数据不正确。大数据处理中应该分析并过滤掉这些有偏差的、伪造的、异常的部分，防止脏数据损害到数据分析结果的准确性。

3.2　Hadoop 简介

Hadoop 是较早用来处理大数据集合的分布式存储计算基础架构，最早由 Apache 软件基金会开发。利用 Hadoop，用户可以在不了解分布式底层细节的情况下，开发分布式程序，充分利用集群的威力，执行高速运算和存储。简单地说，Hadoop 是一个平台，在它之上可以更容易地开发和运行处理大规模数据的软件。

Hadoop 软件库是一个计算框架，在这个框架下，可以使用一种简单的编程模式，通过多台计算机构成的集群，分布式处理大数据集。Hadoop 被设计成可扩展的，它可以方便地从单一服务器扩展到数千台机器，每台机器进行本地计算和存储。除了依赖于硬件交付的高可用性，软件库本身也提供数据保护，并可以在应用层做失败处理，从而在计算机集群的顶层提供高可用服务。

3.2.1　Hadoop 的构成

Hadoop 包括以下四个基本模块：

- Hadoop 基础功能库：支持其他 Hadoop 模块的通用程序包。
- HDFS：一个分布式文件系统，能够以高吞吐量访问应用的数据。
- YARN：一个作业调度和资源管理框架。
- MapReduce：一个基于 YARN 的大数据并行处理程序。

除了基本模块，Hadoop 相关的其他项目还包括：

- Ambari：一个基于 Web 的工具，用于配置、管理和监控 Hadoop 集群。支持 HDFS、MapReduce、Hive、HCatalog、HBase、ZooKeeper、Oozie、Pig 和 Sqoop。Ambari 还提供显示集群健康状况的仪表盘，如热点图等。Ambari 以图形化的方式查看 MapReduce、Pig 和 Hive 应用程序的运行情况，因此可以通过对用户友好的方式诊断应用的性能问题。
- Avro：一个数据序列化系统。
- Cassandra：一个可扩展的无单点故障的 NoSQL 多主数据库。
- Chukwa：一个用于大型分布式系统的数据采集系统。
- HBase：一个可扩展的分布式数据库，支持大表的结构化数据存储。
- Hive：一个数据仓库基础架构，提供数据汇总和命令行的即席查询功能。
- Mahout：一个可扩展的机器学习和数据挖掘库。
- Pig：一个用于并行计算的高级数据流语言和执行框架。
- Spark：一个处理 Hadoop 数据的、高速的、通用的计算引擎。Spark 提供了一种简单而富于表达能力的编程模式，支持包括 ETL、机器学习、数据流处理、图像计算等多种应用。
- Tez：一个完整的数据流编程框架，在 YARN 之上建立，提供强大而灵活的引擎，执行任意的有向无环图（DAG）数据处理任务，既支持批处理又支持交互式的用户场景。Tez 已经被 Hive、Pig 等 Hadoop 生态圈的组件所采用，用来替代 MapReduce 作为底层执行引擎。
- ZooKeeper：一个用于分布式应用的高性能协调服务。

3.2.2 Hadoop 的主要特点

- 扩容能力：能可靠地存储和处理 PB 级的数据。
- 成本低：可以利用廉价通用的机器组成的服务器群分发、处理数据。这些服务器群总计可达数千个节点。
- 高效率：通过分发数据，Hadoop 可以在数据所在的节点上并行地处理它们，这使得处理非常快速。
- 可靠性：Hadoop 能自动地维护数据的多份复制，并且在任务失败后能自动地重新部署计算任务。

3.2.3 Hadoop 架构

Hadoop 集群架构如图 3-1 所示。

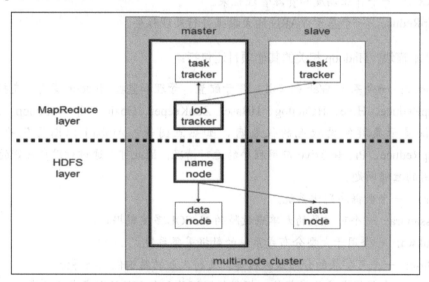

图 3-1　一个多节点 Hadoop 集群架构

Hadoop 由通用包、MapReduce（MapReduce/MR1 或 YARN/MR2）、HDFS 所构成。通用包提供文件系统和操作系统级别的抽象，包含有必需的 Java Archive (JAR)和启动 Hadoop 集群所需的相关脚本。

为了有效调度任务，每一个与 Hadoop 兼容的文件系统都应该具有位置感知的功能，简单说位置感知就是知道工作节点所处的机架（准确地说是网络交换机），因此也叫机架感知。Hadoop 应用能够使用这一信息执行数据所在节点上的代码。当任务失败时，在相同交换机上的节点之间进行失败切换，这会节省网络流量。HDFS 使用机架感知在多个交换机的节点间复制数据，用于数据冗余。这种方法降低了机架掉电或交换机故障产生的影响，如果一个硬件出现问题，数据仍然是可用的。

一个小规模的 Hadoop 集群包含一个主节点和多个从节点（工作节点）。主节点上的进程有 Job Tracker（对应 MR2 的 Resource Manager）、NameNode，依据配置可能还会有 Task Tracker（对应 MR2 的 Node Manager）和 DataNode。从节点或工作节点上的进程有 DataNode 和 TaskTracker，尽管该节点可能只是一个数据工作节点，或者只是一个计算工作节点。这种架构一般只用于非标准的小型应用。

在一个大型 Hadoop 集群中，HDFS 节点通过专用的 NameNode 服务器进行管理，NameNode 服务器上保存有文件系统的索引。Secondary NameNode 可以产生 NameNode 内存结构的快照，因此可以防止 NameNode 文件系统损坏造成的数据丢失。类似地，也有一个独立的 JobTracker 服务器管理节点间的作业调度。当 Hadoop MapReduce 运行在其他文件系统上时，HDFS 的 NameNode、Secondary NameNode 和 DataNode 会被与特定文件系统相关的等价结构所代替。

Hadoop 需要 JRE 1.6 及其以上版本。标准的集群启动和关闭脚本需要在集群节点间配置 ssh。

3.3 Hadoop 基本组件

如图 3-2 所示，Hadoop 实际是由三个不同的组件构成：

- HDFS：Hadoop 分布式文件系统。
- YARN：一个资源调度框架。
- MapReduce：一个分布式处理框架。

程序员可以联合使用这三个组件构建分布式系统。

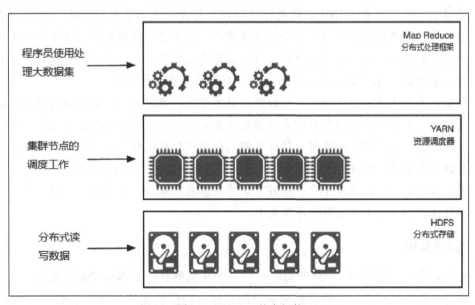

图 3-2　Hadoop 基本组件

3.3.1 HDFS

HDFS 是一个运行在通用硬件设备之上的分布式文件系统。HDFS 是高度容错的，在廉价的硬件上部署。HDFS 提供以高吞吐量访问应用数据的能力，非常适合拥有大数据集的应用。HDFS 放宽了一些 POSIX 的需求，允许对文件系统数据的流式访问。HDFS 源自为 Apache Nutch Web 搜索引擎项目建立的框架，是 Apache Hadoop 的核心项目。

1. HDFS 的目标

- 硬件容错。HDFS 假定发生硬件故障是一个常态。硬件损坏的情况通常比预想出现的更加频繁。一个 HDFS 实例可能由成百上千的服务器组成，每个机器上存储文件系统的部分数据。事实上一个 HDFS 包含有大量的硬件组件，而在如此之多的硬件中，出现问题的概率就非常大了，也可以说，HDFS 中总会有部分组件处于不可用状态。因此，检测硬件错误并从有问题的硬件快速自动恢复，就成为 HDFS 架构的核心目标。

- 流式数据访问。运行在 HDFS 上的应用程序需要流式访问它们的数据集。简单地说，流式访问就是对数据边读取边处理，而不是将整个数据集读取完成后再开始处理。这与运行在典型普通文件系统上的程序不同。HDFS 被设计成更适合批处理操作，而不是让用户交互式地使用。它强调的是数据访问的吞吐量而不是低延时。POSIX 的许多硬性要求并不适合 HDFS 上的应用程序，因为 POSIX 的某些关键语义影响了数据吞吐量的提升。

- 支持大数据集。部署在 HDFS 上的应用要处理很大的数据集。HDFS 中一个典型文件的大小是几 GB 到几 TB。HDFS 需要支持大文件，它应该提供很大的数据带宽，能够在单一集群中扩展几百甚至数千个节点，并且一个 HDFS 实例应该能够支持几千万个文件。

- 简单的一致性模型。HDFS 应用程序访问文件是一次写多次读模式。文件一旦被创建，对该文件只能执行追加或彻底清除操作。追加的内容只能写到文件尾部，而文件中已有的任何内容都不能被更新。这些设定简化了数据一致性问题并能使数据访问的吞吐量更高。MapReduce 或 Web 爬虫应用都适合于这种模型。

- 移动计算而不是移动数据。一个应用的计算请求，在它所操作的数据附近执行时效率会更高，尤其是在数据集非常大的情况下更是如此。此时网络的竞争最小，系统整体的吞吐量会得到提高。通常，将计算移动到临近数据的位置，比把数据移动到应用运行的位置要好。HDFS 为应用程序提供接口，把计算移动到数据所在位置。

- 便捷访问异构的软硬件平台。HDFS 能够很容易地从一个平台迁移到另一个，这种便利性使 HDFS 为大量应用程序所采用。

2. HDFS 架构

如图 3-3 所示，HDFS 是主/从架构。一个 HDFS 集群有一个 NameNode 进程，它负责管理文件系统的命名空间，这里所说的命名空间是指一种层次化的文件组织形式。NameNode 进程控制被客户端访问的文件，运行 NameNode 进程的节点是 HDFS 的主节点。HDFS 还有许多 DataNode 进程，通常集群中除 NameNode 外的每个节点都运行一个 DataNode 进程，它管理所在节点上的存储。运行 DataNode 进程的节点是 HDFS 的从节点，又称工作节点。HDFS 维护一个文件系统命名空间，并允许将用户数据存储到文件中。在系统内部，一个文件被分成多个数据块，这些数据块实际被存储到 DataNode 所在节点上。NameNode 不仅执行文件系统命名空间上的打开文件、关闭文件、文件和目录重命名等操作，还要维护数据块到 DataNode 节点的映射关系。DataNode 不仅负责响应文件系统客户端的读写请求，还依照 NameNode 下达的指令执行数据块的创建、删除和复制等操作。

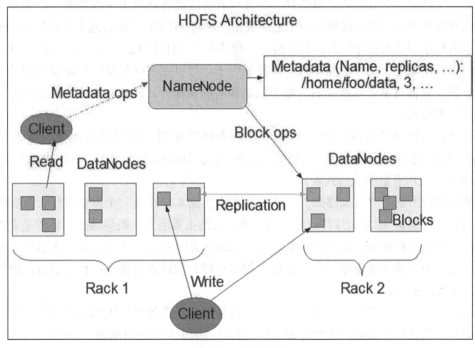

图 3-3　HDFS 架构

NameNode 和 DataNode 进程运行在通用的机器上，这些机器通常安装 Linux 操作系统。HDFS 是用 Java 语言开发的，任何支持 Java 的机器都可以运行 NameNode 或 DataNode 进程。使用平台无关的 Java 语言，意味着 HDFS 可以部署在大范围的主机上。典型的部署是一台专用服务器作为主节点，只运行 NameNode 进程。集群中的其他机器作为从节点，每个上面运行一个 DataNode 进程。一台主机上不能同时运行多个 DataNode 进程。

集群中 NameNode 的存在极大地简化了系统架构。NameNode 所在的主节点是 HDFS 的仲裁人和所有元数据的知识库。这样的系统设计下，用户数据永远不会存储在主节点上。

HDFS 支持传统的层次形文件组织。用户或应用可以创建目录，也可以在目录中存储文件。HDFS 命名空间的层次结构与其他文件系统类似，能执行创建、删除文件，把一个目录中的文件移动到另外的目录中，修改文件名称的操作。HDFS 支持配置用户配额和访问权限，但不支持软连接和硬连接。命名空间及其属性的任何变化都被 NameNode 所记录。应用可以指定一个 HDFS 文件的副本数。文件的副本数被称为该文件的复制因子，这个信息被

NameNode 存储。

3. 数据复制

HDFS 可以保证集群中文件存储的可靠性。它把文件分解成一个由数据块构成的序列，每个数据块有多个副本，这种数据冗余对容错非常关键。当一个数据块损坏时，不会造成数据丢失。数据块的大小和复制因子对每个文件都是可配的。

一般情况下，HDFS 中一个文件的所有数据块，除最后一个块外，都有同样的大小。但是，HDFS 支持变长的数据块，就是说一个文件有可能包含两种大小的数据块。当用户重新配置了文件的块大小，然后向该文件中追加数据，这时 HDFS 不会填充文件的最后一个块，而是用新的尺寸创建新块存储追加的数据，这种情况下文件中就会同时存在两种大小的块。

应用可以指定一个文件的副本数，即复制因子。可以在文件创建时指定复制因子，这个复制因子的配置以后是可以改变的。除了追加和清除操作外，HDFS 中的文件在任何时候都是严格地一次写入。

NameNode 做出的所有操作，都会考虑数据块的复制。它周期性地接收集群中每个 DataNode 发出的心跳和块报告。接收到心跳说明 DataNode 工作正常。块报告包含该 DataNode 节点上所有数据块的列表。

HDFS 使用所谓的"机架感知"策略放置数据块副本。这是一个需要进行大量实验并不断调整的特性，也是 HDFS 与其他分布式文件系统的主要区别。机架感知的目的是要提升数据可靠性、可用性和网络带宽的利用率。当前 HDFS 版本的实现只是实施副本放置策略的第一步，主要是为了验证该策略在生产系统上的有效性，同时收集更多的行为信息，以供继续研究和测试更好的策略。

在此简单说一下可靠性与可用性的区别。可靠性是指系统可以无故障地持续运行，而可用性指的是系统在任何给定的时刻都能工作。例如，如果系统每月崩溃 1 分钟，那么它的可用性是 99.998%，但是它还是非常不可靠的。与之相反，如果一个系统从来不崩溃，但是每年要停机两星期，那么它是高度可靠的，但是可用性只有 96%。

一个大型 HDFS 集群中会包含很多计算机，这些机器分布于多个机架上。位于不同机架上的两个节点通过网络交换机进行通信。大多数情况下，同一个机架上机器间的网络带宽会高于不同机架上的机器。

NameNode 通过 Hadoop 机架感知策略确定每个 DataNode 所属的机架 ID。一种简单的策略是在每个机架上放置一份数据块的副本，这种设计即使在整个一个机架（甚至多个机架）失效的情况下，也能防止数据丢失。该策略还有一个优点是，可以利用多个机架的带宽读取数据。将数据副本平均分布于集群的所有机架中，当集群中的一个组件（节点、机架等）失效时，重新负载均衡也很简单。但是很显然，写入数据时需要把一个数据块传输到每一个机架，这样做的写入成本太高了。

在一个复制因子为 3 的普通场景中，HDFS 把数据块的第一个副本放置在本地机架的一个节点上，另一个副本放置在本地机架的另外一个节点上，最后一个副本放置在另外一个机架的节点上。这样只写了两个机架，节省了一个机架的写入流量，提升了写入性能。该策略的前提是认可这样一种假设：机架失效的可能性比机器失效的可能性小得多。因此这种策略并不会影响数据的可靠性和可用性。然而它却减少了读取数据的整体带宽，因为此时只能利用两个机架的带宽而不是三个。使用这种策略，一个文件的副本不是平均分布于所有机架，三分之一在同一个节点，三分之二在同一个机架，剩下的三分之一分布在其他机架上。该策略提升了写的性能，同时没有损害数据可靠性或读的性能。

如果复制因子大于 3，第 4 个及其后面的副本被随机放置，但每个机架的副本数量要低于上限值，上限值的计算公式是：((副本数 - 1) / (机架数 + 2)) 取整。

由于 NameNode 不允许一个 DataNode 上存在一个数据块的多份副本，因此一个数据块的最大副本数就是当时 DataNode 节点的个数。

在 HDFS 支持选择存储类型和存储策略后，NameNode 实施策略时除了依照上面描述的机架感知外，还考虑到放置副本的其他问题。NameNode 首先按机架感知策略选择存储节点，然后检查该候选节点是否满足文件的存储需求。如果候选节点不支持文件的存储类型，NameNode 就会去寻找其他节点。如果在第一条查找路径上没有找到足够的节点来存放副本，那么 NameNode 会再选择第二条路径继续查找可用于存储该文件类型的节点。当前默认的副本放置策略就是这样工作的。

为了使全局的带宽消耗和读延迟降到最小，在选择副本时，HDFS 总是选择距离读请求最近的存储节点。如果在读请求所在节点的同一个机架上有需要的数据副本，则 HDFS 尽量选择它来满足读请求。如果 HDFS 集群跨越多个数据中心，那么存储在本地数据中心的副本会优先于远程副本被选择。

当 Hadoop 的 NameNode 节点启动时，会进入一种称为安全模式的特殊状态。NameNode 处于安全模式时不会进行数据块的复制操作。此时 NameNode 会接收来自 DataNode 的心跳和块报告消息。块报告中包含该 DataNode 节点所保存的数据块列表，每个数据块有一个特定的最小副本数。NameNode 检测到一个数据块达到了最小副本数时，就认为该数据块是复制安全的。当检测到的复制安全的数据块达到一定比例（由 dfs.safemode.threshold.pct 参数指定）30 秒后，NameNode 退出安全模式。然后 NameNode 会确定一个没有达到最小副本条件的数据块列表，并将这些数据块复制到其他 DataNode 节点，直至达到最小副本数。

4. 文件系统元数据持久化

HDFS 命名空间的元数据由 NameNode 负责存储。NameNode 使用一个叫做 EditLog 的事务日志持久化记录文件系统元数据的每次变化。例如，在 HDFS 中创建一个新文件，NameNode 就会向 EditLog 中插入一条记录标识这个操作。同样，改变文件的复制因子也会向 EditLog 中插入一条记录。NameNode 使用本地主机上的一个操作系统文件存储 EditLog。整个文件系统的命名空间，包括数据块和文件的映射关系、文件系统属性等，存储在一个叫做 FsImage 的文件中。FsImage 也是一个 NameNode 节点的本地操作系统文件。

NameNode 在内存中保留一份完整的文件系统命名空间映像，其中包括文件和数据块的映射关系。启动或者达到配置的阈值触发了检查点时，NameNode 把 FsImage 和 EditLog 从磁盘读取到内存，对内存中的 FsImage 应用 EditLog 里的事务，并将新版本的 FsImage 写回磁盘，然后清除老的 EditLog 事务条目，因为它们已经持久化到 FsImage 了。这个过程叫做检查点。检查点的目的是确认 HDFS 有一个文件系统元数据的一致性视图，这是通过建立一个文件系统元数据的快照并保存到 FsImage 实现的。尽管可以高效读取 FsImage，但把每次 FsImage 的改变直接写到磁盘的效率是很低的。替代做法是将每次的变更持久化到 Editlog 中，在检查点期间再把 FsImage 刷新到磁盘。检查点有两种触发机制，按以秒为单位的时间间隔（dfs.namenode.checkpoint.period）触发，或者达到文件系统累加的事务值（dfs.namenode.checkpoint.txns）时触发。如果两个参数都设置，两种条件都会触发检查点。熟悉数据库的读者对检查点这一概念一定不会陌生，NameNode 的 FsImage 和 EditLog，其作用与关系数据库中的数据文件、重做日志文件非常类似。

DataNode 把 HDFS 文件里的数据存储到本地文件系统，是联系本地文件系统和 HDFS 的纽带。DataNode 将 HDFS 的每个数据块存到一个单独的本地文件中，这些本地文件并不都在同一个目录中。DataNode 会根据实际情况决定一个目录中的文件数，并在适当的时候建立子目录。本地文件系统不能支持在一个目录里创建太多的文件。DataNode 启动时会扫描本地文件系统，生成一个该节点上与本地文件对应的所有 HDFS 数据块的列表，并把列表上报给 NameNode，这个报告就是前面所说的块报告。

5. HDFS 示例

如图 3-4 所示，有一个 256MB 的文件，集群中有 4 个节点，那么默认情况下，当把文件上传到集群时，系统会自动做三件事情：

- HDFS 会将此文件分成四个 64MB 的数据块。
- 每个块有三个复制。
- 数据块被分散到集群节点中，确保对于任意数据块，没有两个块复制在相同的节点上。

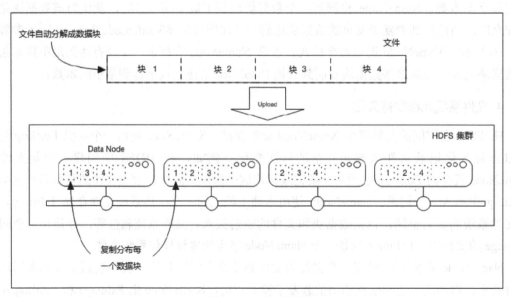

图 3-4　HDFS 示例

这个简单的数据分布算法是 Hadoop 成功的关键，它显著提高了 HDFS 集群在硬件失效时的可用性，并且使 MapReduce 计算框架成为可能。

3.3.2 MapReduce

MapReduce 是一个分布式计算软件框架，支持编写处理大数据量（TB 以上）的应用程序。MapReduce 程序可以在几千个节点组成的集群上并行执行。集群节点使用通用的硬件，以硬件冗余保证系统的可靠性和可用性，而 MapReduce 框架则从软件上保证处理任务的可靠性和容错性。

在 Hadoop 中每个 MapReduce 应用程序被表示成一个作业，每个作业又被分成多个任务。应用程序向框架提交一个 MapReduce 作业，作业一般会将输入的数据集合分成彼此独立的数据块，然后由 map 任务以并行方式完成对数据分块的处理。框架对 map 的输出进行排序，之后输入到 reduce 任务。MapReduce 作业的输入输出都存储在一个如 HDFS 的文件系统上。框架调度并监控任务的执行，当任务失败时框架会重新启动任务。

通常情况下，集群中的一个节点既是计算节点，又是存储节点。也就是说，MapReduce 框架和 HDFS 共同运行在多个节点之上。这种设计效率非常高，框架可以在数据所在的节点上调度任务执行，大大节省了集群节点间的整体带宽。

Hadoop 0.20.0 和之前的版本里，MapReduce 框架由 JobTracker 和 TaskTracker 组成。JobTracker 是一个运行在主节点上的后台服务进程，启动之后会一直监听并接收来自各个 TaskTracker 发送的心跳，包括资源使用情况和任务运行情况等信息。TaskTracker 是运行在从节点上的进程，它一方面从 JobTracker 接收并执行各种命令，包括提交任务、运行任务、杀死任务等，另一方面将本地节点上各个任务的状态通过心跳，周期性地汇报给 JobTracker。TaskTracker 与 JobTracker 之间采用 RPC 协议进行通信。为解决 MapReduce 框架的性能瓶颈，从 0.23.0 版本开始，Hadoop 的 MapReduce 框架完全重构，使用 YARN 管理资源，框架的组成变为三个部分：一个主节点上的资源管理器 ResourceManager，每个从节点上的节点管理器 NodeManager，每个应用程序对应的 MRAppMaster。

一个最简单的 MapReduce 应用程序，只需要指定输入输出的位置，并实现适当的接口或抽象类，就可以提供 map 和 reduce 的功能。提交应用程序时，需要指定依赖的包、相关环境变量和可选的 MapReduce 作业配置参数。Hadoop 作业客户端将程序提交的 MapReduce 作业及其相关配置发送给 ResourceManager，ResourceManager 把作业分解成任务，然后把任务和配置信息分发给工作节点，调度并监控任务的执行，同时向作业客户端提供任务状态和诊断信息。

尽管 Hadoop 框架是用 Java 语言实现的，但 MapReduce 应用程序却不一定要用 Java 来编写。Hadoop Streaming 提供了一个便于进行 MapReduce 编程的工具包，使用它可以基于一些可执行命令、脚本语言或其他编程语言来实现 MapReduce。Hadoop Pipes 是一个 C++ API，允许用户使用 C++语言编写 MapReduce 应用程序。

1. 处理步骤

MapReduce 数据处理分为 Split、Map、Shuffle 和 Reduce 4 个步骤。应用程序实现 Map

和 Reduce 步骤的逻辑，Split 和 Shuffle 步骤由框架自动完成。

（1）Split 步骤

在执行 MapReduce 之前，原始数据被分割成若干 split，每个 split 作为一个 map 任务的输入，在 map 执行过程中 split 会被分解成一个个记录（键/值对），map 会依次处理每一个记录。引入 split 的概念是为了解决记录溢出问题。假设一个 map 任务处理一个块中的所有记录，那么当一个记录跨越了块边界时怎么办呢？HDFS 的块大小是严格的 64MB（默认值，当然也可能是配置的其他值），而且 HDFS 并不关心文件块中存储的内容是什么，因此 HDFS 无法评估何时一个记录跨越了多个块。

为了解决此问题，Hadoop 使用了一种数据块的逻辑表示，叫做 input splits。当 MapReduce 作业客户端计算 input splits 时，它会计算出块中第一个和最后一个完整记录的位置。如果最后一个记录是不完整的，input split 中包含下一个块的位置信息，还有完整记录所需的字节偏移量。

MapReduce 数据处理是由 input splits 概念驱动的。为特定应用计算出的 input splits 数量决定了 mapper 任务的数量。ResourceManager 尽可能把每个 map 任务分配到存储 input split 的从节点上，以此来保证 input splits 被本地处理。

（2）Map 步骤

一个 MapReduce 应用逐一处理 input splits 中的每一条记录。input splits 在上一步骤被计算完成之后，map 任务便开始处理它们，此时 Resource Manager 的调度器会给 map 任务分配它们处理数据所需的资源。

对于文本文件，默认为文件里的每一行是一条记录，一行的内容是键/值对中的值，从 split 的起始位置到每行的字节偏移量，是键/值对中的键。之所以不用行号当作键，是因为当一个大的文本文件被分成了许多数据块，当作很多 splits 处理时，行号的概念本身就是存在风险的。每个 split 中的行数不同，因此在处理一个 split 之前就计算出行数并不容易。但字节偏移量是精确的，因为每个数据块都有相同的固定的字节数。

map 任务处理每一个记录时，会生成一个新的中间键/值对，这个键和值可能与输入对完全不同。map 任务的输出就是这些中间键/值对的全部集合。为每个 map 任务生成最终的输出文件前，先会依据键进行分区，以便将同一分组的数据交给同一个 reduce 任务处理。在非常简单的应用场景下，可能只有一个 reduce 任务，此时 map 任务的所有输出都会被写入一个文件。但是在有多个 reduce 任务的情况下，每个 map 任务会基于分区键生成多个输出文件。框架默认的分区函数（HashPartitioner）满足大多数情况，但有时也需要定制自己的 partitioner，例如需要对 mapper 的结果集进行二次排序时。

在应用程序中最好对 map 任务的输出文件进行压缩以获得更优的性能。

（3）Shuffle 步骤

Map 步骤之后，开始 Reduce 处理之前，还有一个重要的步骤叫做 Shuffle。MapReduce

保证每个 reduce 任务的输入都是按照键排好序的。系统对 map 任务的输出执行排序和转换，并映射为 reduce 任务的输入，此过程就是 Shuffle，它是 MapReduce 的核心处理过程。在 Shuffle 中，会把 map 任务输出的一组无规则的数据尽量转换成一组具有一定规则的数据，然后把数据传递给 reduce 任务运行的节点。Shuffle 横跨 Map 端和 Reduce 端，在 Map 端包括 spill 过程，在 Reduce 端包括 copy 和 sort 过程，如图 3-5 所示。

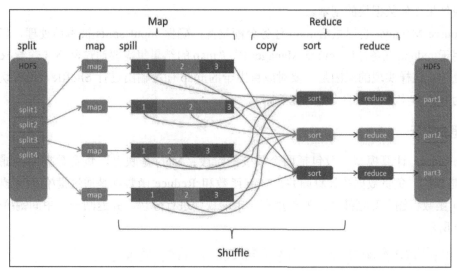

图 3-5　Shuffle 过程

需要注意的是，只有当所有的 map 任务都结束时，reduce 任务才会开始处理。如果一个 map 任务运行在一个配置比较差的从节点上，它的滞后会影响 MapReduce 作业的性能。为了避免这种情况的发生，MapReduce 框架使用了一种叫做推测执行的方法。所谓的推测执行，就是当所有 task 都开始运行之后，MRAppMaster 会统计所有任务的平均进度，如果某个 task 所在的 task node 因为硬件配置比较低或者 CPU load 很高等原因，导致任务执行比总体任务的平均执行慢，此时 MRAppMaster 会启动一个新的任务（duplicate task），原有任务和新任务哪个先执行完就把另外一个 kill。另外，根据 mapreduce job 幂等的特点，同一个 task 执行多次的结果是一样的，所以 task 只要有一次执行成功，job 就是成功的，被 kill 的 task 对 job 的结果没有影响。如果你监测到任务执行成功，但是总有些任务被 kill，或者 map 任务的数量比预期的多，可能就是此原因所在。

map 任务的输出不写到 HDFS，而是写入 map 任务所在从节点的本地磁盘，这个中间结果也不会在 Hadoop 集群间进行复制。

（4）Reduce 步骤

Reduce 步骤负责数据的计算归并，它处理 Shuffle 后的每个键及其对应值的列表，并将一系列键/值对返回给客户端应用。有些情况下只需要 Map 步骤的处理就可以为应用生成输出结果，这时就没有 Reduce 步骤。例如，将全部文本转换成大写这种基本的转化操作，或者从视频文件中抽取关键帧等。这些数据处理只要 Map 阶段就够了，因此又叫 map-only 作业。但在大多数情况下，到 map 任务输出结果只完成了一部分工作。剩下的任务是对所有中间结果进行归并、聚合等操作，最终生成一个汇总的结果。

与 map 任务类似，reduce 任务也是逐条处理每一个键。通常 reduce 为每个处理的键返回单一键/值对，但这个结果键/值对可能会比原始输入的键/值对小得多。当 reduce 任务完成后，每个 reduce 任务的输出会写入一个结果文件，并将结果文件存储到 HDFS 中，HDFS 会自动生成结果文件数据块的副本。

Resource Manager 会尽量给 map 任务分配资源，确保 input splits 被本地处理，但这个策略不适用于 reduce 任务。Resource Manager 假定 map 的结果集需要通过网络传输给 reduce 任务进行处理。这样实现的原因是，要对成百上千的 map 任务输出进行 Shuffle，没有切实可行的方法为 reduce 实施相同的本地优先策略。

2. 逻辑表示

MapReduce 计算模型一般包括两个重要的阶段：Map 是映射，负责数据的过滤分发；Reduce 是规约，负责数据的计算归并。Map 函数和 Reduce 函数都是通过键/值对来操作数据的。Map 函数将输入数据按数据的类型和一定的规则进行分解，并返回一个中间键/值对的列表，如下所示：

```
Map(k1,v1) → list(k2,v2)
```

Reduce 函数处理 Map 阶段产生的组，按键依次产生归并后的值的集合，如下所示：

```
Reduce(k2, list (v2)) → list(v3)
```

通常一次 Reduce 调用会返回一个 v3 值或返回空，尽管允许一次调用返回多个值。所有 Reduce 调用的返回值集成在一起作为请求的结果列表。

为了实现 MapReduce，仅仅有键/值对的抽象是不够的。MapReduce 的分布式实现还需要一个 Map 和 Reduce 两个执行阶段的"连接器"，它可以是一个分布式文件系统，如 HDFS，也可以是从 mapper 到 reducer 的数据流。

既然本书讲的是数据仓库，我们就来看一个 SQL 的例子。想象有一个 11 亿人口数据的数据库，要按年龄分组统计每个年龄的平均社会关系数。查询语句如下：

```sql
select age, avg(contacts)
  from social.person
 group by age
 order by age;
```

使用 MapReduce，K1 键可以是 1 到 1100 的整数，每个整数表示一个 100 万条人口记录的批次号。K2 键是人口的年龄。这个统计可以使用下面的 Map/Reduce 函数伪代码实现：

```
function Map is
    input: integer K1 between 1 and 1100, representing a batch of 1 million social.person
records
    for each social.person record in the K1 batch do
        let Y be the person's age
```

```
        let N be the number of contacts the person has
        produce one output record (Y,(N,1))
    repeat
end function

function Reduce is
    input: age (in years) Y
    for each input record (Y,(N,C)) do
        Accumulate in S the sum of N*C
        Accumulate in Cnew the sum of C
    repeat
    let A be S/Cnew
    produce one output record (Y,(A,Cnew))
end function
```

MapReduce 系统将线性增长到 1100 个 Map 进程，每个进程处理 100 万条输入记录。在 Map 步骤里，将产生 11 亿条(Y,(N,1))记录，Y 表示年龄，假设取值范围在 8 到 103 之间。MapReduce 系统将线性产生 96 个 Reduce 进程执行中间键/值对的 Shuffle 操作。每个 Map 进程产生的 100 万条记录，经过输出、排序、溢写、合并等 map 端的 Shuffle 操作，输出到 96 个 Reduce 进程，Reduce 端再进行合并排序，计算我们实际需要的每个年龄的平均社会关系人数。Reduce 步骤只会产生 96 条(Y,A)的输出记录，它们以 Y 值排序，被记录到最终的结果文件。

记住，尽管一个 reduce 任务可能已经获得了所有 map 任务的输出，但是只有在所有的 map 任务都结束后，reduce 任务才开始执行，换句话说，要保持对 map 任务的计数。这一点至关重要，否则我们计算的平均值就是错误的。例如，经过 map 端 Shuffle 操作的输出如下：

```
-- map output #1: age, quantity of contacts
10, 9
10, 9
10, 9

-- map output #2: age, quantity of contacts
10, 9
10, 9

-- map output #3: age, quantity of contacts
10, 10
```

如果在前两个 map 输出完成就开始 reduce 计算任务，此时得到的结果是：10 岁的平均社会关系人数是 9（(9+9+9+9+9)/5）：

```
-- reduce step #1: age, average of contacts
10, 9
```

这时第三个 map 输出完成，继续计算平均值时，我们得到的结果是 9.5（(9+10)/2），但这个数是错误的，正确的结果应该是 9.166（(9*3+9*2+10*1)/(3+2+1)）。

3. 应用程序定义

MapReduce 框架中可以由应用程序定义的部分主要有：

- 输入程序：输入程序将输入的文件分解成适当大小的'splits'（实践中典型的是 64MB 或 128MB），框架为每一个 split 赋予一个 Map 任务。输入程序从稳定存储（一般是分布式文件系统）读取数据并生成键/值对。输入程序最常见的例子是读取一个目录下的所有文件，并将每一行作为一个记录返回。

- map 函数：map 函数处理输入的键/值对，生成零个或多个中间输入键/值对。map 函数的输入与输出可以是不同的类型。例如单词计数应用，map 函数分解每行的单词并输出每个单词的键/值对。单词是键，单词的实例数是值。

- 分区函数：每个 map 函数的输出通过应用定义的分区函数分配给特定的 reduce 任务。分区函数的输入是键、值和 reduce 任务的数量，输出 reduce 任务的索引值。典型的分区函数是取键的哈希值，或对键的哈希值用 reduce 任务数取模。选择适当的分区函数对于数据在 reduce 间的平均分布和负载均衡非常重要。

- 比较函数：通过应用的比较函数从 Map 运行的节点为 reduce 拉取数据并排序。

- reduce 函数：框架按键的排序为每个唯一的键调用一次应用的 reduce 函数。reduce 函数会在与键相关的多个值中迭代，然后生成零个或多个输出。例如单词计数应用，reduce 函数获取到输入值，对它们进行汇总计算，并为每个单词及其计数值生成单个输出项。

- 输出程序：输出程序负责将 reduce 的输出写入稳定存储。

4. MapReduce 示例

MapReduce 是一个分布式编程模式。它的主要思想是，将数据 Map 为一个键/值对的集合，然后对所有键/值对按照相同键值进行 Reduce。为了直观地理解这种编程模式，看一个在 10TB 的 Web 日志中计算"ERROR"个数的例子。假设 Web 日志输出到一系列文本文件中，文件中的每一行代表一个事件，以 ERROR、WARN 或 INFO 之一开头，表示事件级别。一行的其他部分由事件的时间戳及其描述组成，如图 3-6 所示。

```
INFO 1/1/2015 11:00:11 User A has logged in.
INFO 1/1/2015 11:00:12 User B has logged in.
WARN 1/1/2015 11:00:13 Memory is low.
ERROR 1/1/2015 11:02:11 Out of memory.
```

图 3-6　Web 日志中的文本

我们可以非常容易地使用 MapReduce 模式计算"ERROR"的数量。如图 3-7 所示，在 map 阶段，识别出每个以"ERROR"开头的行并输出键值对<ERROR, 1>。在 reduce 阶段我们只需要对 map 阶段生成的<ERROR, 1>对进行计数。

对这个例子稍微做一点扩展，现在想知道日志中 ERROR、WARN、INFO 分别的个数。如图 3-8 所示，在 map 阶段检查每一行并标识键值对，如果行以"INFO"开头，键值对为<INFO, 1>，如果以"WARN"开头，键值对为<WARN, 1>，如果以"ERROR"开头，键值对为<ERROR, 1>。在 reduce 阶段，对每个 map 阶段生成的唯一键值"INFO""WARN"和"ERROR"进行计数。

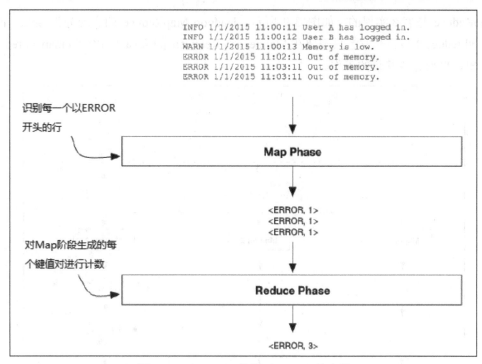

图 3-7　MapReduce 统计‘ERROR’的个数

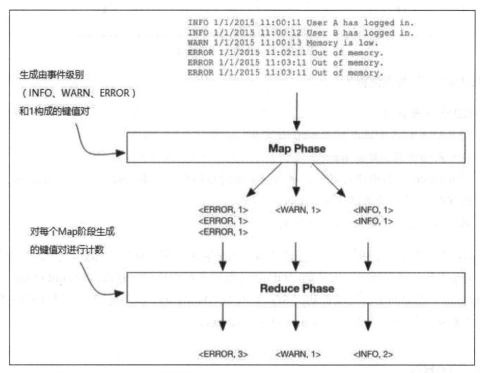

图 3-8　MapReduce 分别统计‘ERROR’、‘WARN’、‘INFO’的个数

通过上面简单的示例我们已经初步理解了 MapReduce 编程模式是如何工作的，现在看一

下 MapReduce 是怎么实现的。如图 3-9 所示，Hadoop MapReduce 的实现分为 split、map、shuffle 和 reduce 4 步。开发者只需要在 Mappers 和 Reducers 的 Java 类中编码 map 和 reduce 阶段的逻辑，框架完成其余的工作。

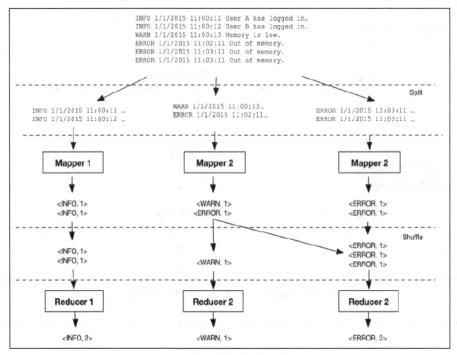

图 3-9　MapReduce 执行步骤

MapReduce 的处理流程如下：

- HDFS 分布数据。
- 向 YARN 请求资源以建立 mapper 实例。
- 在可用的节点上建立 mapper 实例。
- 对 mappers 的输出进行混洗，确保一个键对应的所有值都分配给相同的 reducer。
- 向 YARN 请求资源以建立 reducer 实例。
- 在可用的节点上建立 reducer 实例。

表面上看，似乎 MapReduce 能处理的情况十分有限，但实际结果却是，正如前面统计平均社会关系人数的例子所示，大多数 SQL 操作都可以被表达成一连串的 MapReduce 操作，并且 Hadoop 生态圈的工具可以自动把 SQL 转化成 MapReduce 程序处理，所以对于熟悉 SQL 的开发者来说，不必再自己实现 Mapper 或者 Reducer。

3.3.3　YARN

YARN 是一种集群管理技术，全称是 Yet Another Resource Negotiator。从图 3-10 可以看到，YARN 是第二代 Hadoop 的一个关键特性。Apache 开始对 YARN 的描述是，为

MapReduce 重新设计的一个资源管理器，经过不断地发展和改进，现在的 YARN 更像是一个支持大数据应用的分布式操作系统。

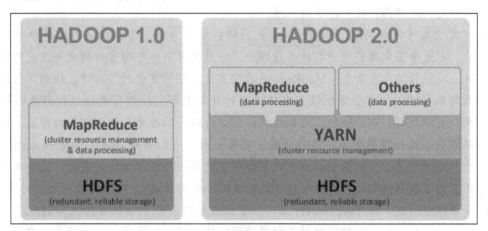

图 3-10　Hadoop1.0 与 Hadoop2.0

2012 年，YARN 成为 Apache Hadoop 的子项目，有时也叫 MapReduce 2.0。它对老的 MapReduce 进行重构，将资源管理和调度功能与 MapReduce 的数据处理组件解耦，以使 Hadoop 可以支持更多的数据处理方法和更广泛的应用。例如，现在的 Hadoop 集群可以同时执行 MapReduce 批处理作业、交互式查询和流数据应用。最初的 Hadoop 1.x 中，HDFS 和 MapReduce 被紧密联系在一起，MapReduce 并行执行 Hadoop 系统上的资源管理、作业调度和数据处理。YARN 使用一个中心资源管理器给应用分配 Hadoop 系统资源，多个节点管理器监控集群中各个节点的操作处理情况。

1. 第一代 Hadoop 的问题

第一代 Hadoop 是共享 HDFS 实例的 MapReduce 集群模型。这种共享计算架构的主要组件是 JobTracker 和 TaskTracker。JobTracker 是一个中央守护进程，负责运行集群上的所有作业。用户程序（JobClient）提交的作业信息会发送到 JobTracker 中，JobTracker 与集群中的其他节点通过心跳定时通信，管理哪些任务应该运行在哪些节点上，还负责所有任务的失败重启操作。TaskTracker 是系统里的从进程，它监视自己所在机器的资源情况，并根据 JobTracker 的指令来执行任务。TaskTracker 同时监控当前机器的任务运行状况。TaskTracker 需要把这些信息通过心跳发送给 JobTracker，JobTracker 会搜集这些信息以给新提交的作业分配运行资源。

第一代 MapReduce 的架构简单明了，刚推出时也有很多成功案例，但随着分布式系统的集群规模和工作负荷不断增长，使用原框架显露出以下问题：

- 可扩展性问题。JobTracker 完成了太多的任务，造成了过多的资源消耗，当 MapReduce 作业非常多的时候，会产生很大的内存开销，同时也增加了 JobTracker 失败的风险。内存管理以及 JobTracker 中各特性的粗粒度锁问题成为可扩展性的显著瓶颈。将 JobTracker 扩展到 4000 个节点规模的集群被证明是极端困难的。

- 内存溢出问题。在 TaskTracker 端，以 MapReduce 任务的数目作为资源的表示过于简单，没有考虑到任务中 CPU、内存的占用情况，如果几个大内存消耗的任务被调度到了一起，很容易出现内存溢出问题。

- 可靠性与可用性问题。JobTracker 失败所引发的中断，不仅仅是丢失单独的一个作业，而是会丢失集群中所有的运行作业，并且要求用户手动重新提交并恢复他们的作业。从操作的角度来看，MapReduce 框架在发生任何变化时（如修复缺陷、性能提升或增加特性），都会强制进行系统级别的升级更新。操作员必须协调好集群停机时间，关掉集群，部署新的二进制文件，验证升级，然后才允许提交新的作业。任何停机都会导致处理的积压，当作业被重新提交时，它们会给 JobTracker 造成明显的压力。更糟的是，升级强制让分布式集群系统的每一个客户端同时更新。这些更新会让用户为了验证他们之前的应用程序是否适用于新的 Hadoop 版本而浪费大量时间。

- 资源模型问题。在 TaskTracker 端，把资源强制划分为 map 任务槽位和 reduce 任务槽位，map 和 reduce 的槽位数量是配置的固定值，因此闲置的 map 资源无法启动 reduce 任务，反之亦然。当系统中只有 map 任务或只有 reduce 任务的时候，也会造成资源的浪费。

2. YARN架构

为了解决第一代 Hadoop 的可扩展性、内存消耗、线程模型、可靠性和性能上的问题，Hadoop 开发出新一代的 MapReduce 框架，命名为 MapReduce V2 或者叫 YARN，其架构如图 3-11 所示。

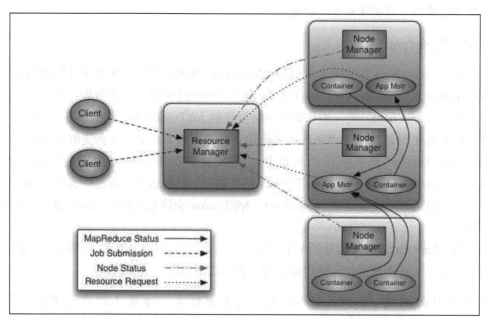

图 3-11　YARN架构

YARN 的基本思想是将资源管理和调度及监控功能从 MapReduce 分离出来，用独立的后台进程实现。这个想法需要有一个全局的资源管理器（ResourceManager），每个应用还要有一个应用主管（ApplicationMaster）。应用可以是一个单独 MapReduce 作业，或者是一个作业的有向无环图（DAG）。

资源管理器和节点管理器（NodeManager）构成了分布式数据计算框架。资源管理器是系统中所有应用资源分配的最终仲裁者。节点管理器是框架中每个工作节点的代理，监控节点 CPU、内存、磁盘、网络等资源的使用，并且报告给资源管理器。

每个应用对应的 ApplicationMaster 实际上是框架中一组特定的库，负责从资源管理器协调资源，并和节点管理器一起工作，共同执行和监控任务。

资源管理器有两个主要组件：调度器和应用管理器。调度器负责给多个正在运行的应用分配资源，比如对每个应用所能使用的资源做限制，按一定规则排队等。调度器只负责资源分配，它不监控或跟踪应用的状态。而且，当任务因为应用的错误或硬件问题而失败后，调度器不保证能重启它们。调度器根据应用对资源的需求执行其调度功能，这基于一个叫做资源容器的抽象概念。资源容器由内存、CPU、磁盘、网络等元素构成。调度器使用一个可插拔的调度策略，将集群资源分配给多个应用。当前支持的调度器如 CapacityScheduler 和 FairScheduler 就是可插拔调度器的例子。

应用管理器负责接收应用提交的作业，协调执行特定应用所需的资源容器，并在 ApplicationMaster 容器失败时提供重启服务。每个应用对应一个 ApplicationMaster，它向调度器请求适当的资源容器，并跟踪应用的状态和资源使用情况。

Hadoop-2.x 的 MapReduce API 保持与之前的稳定版本（Hadoop-1.x）兼容。这意味着老的 MapReduce 作业不需要做任何修改，只需要重新编译就可以在 YARN 上执行。

3. Capacity 调度器

Capacity 调度器以一种操作友好的方式，把 Hadoop 应用作为一个共享的、多租户集群来运行，并把集群利用率和吞吐量最大化。Capacity 调度器允许多用户安全地共享一个大规模 Hadoop 集群，并保证它们的性能。其核心思想是，Hadoop 集群中的可用资源为多个用户所共享，资源的多少是由他们的计算需求决定的。基于这种思想带来的一个好处是，只要资源没有被其他用户使用，一个用户就可以使用它，从而以一种具有成本效益的方式提供资源的弹性使用。

多个用户共享集群，必须要实现所谓的多租户（multi-tenancy）技术，这是因为集群中的每个用户任务都必须保证高性能和安全性。特别是集群中出现了某个用户或应用试图占用大量资源时，共享的集群必须做到不影响其他用户的使用。Capacity 调度器提供了一套严格的限制机制，确保单一应用或用户不能消耗集群中不成比例的资源数量。并且，Capacity 调度器可能限制或挂起一个异常应用，以保证整个集群的稳定。

Capacity 调度器一个主要的抽象概念是队列（queues）。队列是 Capacity 的基础调度单元，管理员可以通过配置队列来影响共享集群的使用。为了提供更多的控制和可预测性，Capacity 调度器支持层次队列，保证资源在允许其他队列使用之前，被一个用户的子队列优先共享，以此为特定应用提供资源亲和性。

4. Fair 调度器

Fair 调度是将资源公平分配给应用的方法,使得所有应用在平均情况下随着时间得到相等的份额。新一代 Hadoop 有能力调度多种资源类型。默认时 Fair 调度器只在内存上采用公平调度。

在 Fair 调度模型中,每个应用都属于某一个队列。YARN Container 的分配是选择使用了最少资源的队列,在这个队列中,再选择使用了最少资源的应用程序。默认情况下,所有的用户共享一个称为"default"的队列。如果一个应用程序在 Container 资源请求中指定了队列,则将请求提交到该队列中。另外,还可以将 Fair 调度器配置成根据请求中包含的用户名来分配队列。Fair 调度器还支持许多功能,如队列的权重(权重大的队列获得更多的 Container),最小份额,最大份额,以及队列内的 FIFO 策略,但基本思想是尽可能平均地共享资源。

在 Fair 调度器下,如果单个应用程序正在运行,该应用程序可以请求整个集群资源。若有其他程序提交,空闲的资源可以被公平地分配给新的应用程序,使每个应用程序最终可以获得大致相当的资源。Fair 调度器也支持抢占的概念,从而可以从 ApplicationMaster 要回 Container。根据配置和应用程序的设计,抢占和随后的资源分配可以是友好的或者强制的。

除了提供公平共享,Fair 调度器还允许保证队列的最小份额,这是确保某些用户、组,或者应用程序总能得到的资源。当队列中有等待的应用程序,它至少可以获取其最小份额的资源。与此相反,当队列并不需要所有的保证份额,超出的部分可以分配给其他运行的应用程序。为了避免拥有数百个作业的单个用户充斥整个集群,Fair 调度器可以通过配置文件限制用户和每个队列中运行应用程序的数量。若达到了该限制,用户应用程序将在队列中等待,直到前面提交的作业完成。

5. Container

在最基本的层面,Container 是单个节点上内存、CPU 核和磁盘等物理资源的集合。单个节点上可以有多个 Container。系统中的每个节点可以认为是由内存和 CPU 最小容量的多个 Container 组成。ApplicationMaster 可以请求任何 Container 来占据最小容量的整数倍的资源。因此 Container 代表了集群中单个节点上的一组资源(内存、CPU 等),由节点管理器监控,由资源管理器调度。

每个应用程序从 ApplicationMaster 开始,它本身就是一个 Container。一旦启动,ApplicationMaster 就与资源管理器协商更多的 Container。在运行过程中,可以动态地请求或者释放 Container。例如,一个 MapReduce 作业可以请求一定数量的 Map Container,当 Map 任务结束时,它可以释放这些 Map Container,并请求更多的 Reduce Container。

6. NodeManager

NodeManager 是 DataNode 节点上的"工作进程"代理,管理 Hadoop 集群中独立的计算节点。其职责包括与 ResourceManager 保持通信、管理 Container 的生命周期、监控每个 Container 的资源使用情况、跟踪节点健康状况、管理日志和不同应用程序的附属服务

（auxiliary services）等。

在启动时，NodeManager 向 ResourceManager 注册，然后发送包含了自身状态的心跳，并等待来自 ResourceManager 的指令。它的主要目的是管理 ResourceManager 分配给它的应用程序 Container。

7. ApplicationMaster

不同于 YARN 的其他组件，Hadoop 1.x 中没有组件和 ApplicationMaster 相对应。本质上讲，ApplicationMaster 所做的工作，就是原来 JobTracker 为每个应用所做的，但实现却是完全不同的。

运行在 Hadoop 集群上的每个应用程序，都有自己专用的 Application Master 实例，它实际上运行在每个从节点的一个 Container 进程中。而 JobTracker 是运行在主节点上的单个后台进程，跟踪所有应用的进行情况。

ApplicationMaster 会周期性地向 ResourceManager 发送心跳消息，报告自身的状态和应用的资源使用情况。ResourceManager 根据调度的结果，给特定从节点上的 ApplicationMaster 分配一个预留的 Container 的资源租约。ApplicationMaster 监控一个应用的整个生命周期，从 Container 请求所需的资源开始，到 ResourceManager 将租约请求分配给 NodeManager。

为 Hadoop 编写的每个应用框架都有自己的 ApplicationMaster 实现。在 YARN 的设计中，MapReduce 只是一种应用程序框架，这种设计允许使用其他框架建立和部署分布式应用程序。例如，YARN 附带了一个 Distributed-Shell 应用程序，它允许在 YARN 集群中的多个节点运行一个 shell 脚本。

3.4 Hadoop 生态圈的其他组件

Hadoop 诞生之初只有 HDFS 和 MapReduce 两个软件组件，以后得到非常快速的发展，开发人员贡献了众多组件，以至形成了 Hadoop 自己的生态圈。如图 3-12 所示，除 MapReduce 外，目前已经存在 Spark、Tez 等分布式处理引擎。生态圈中还有一系列迁移数据、管理集群的辅助工具。

这些产品貌似各不相同，但是三种共同的特征把它们紧密联系起来。首先，它们都依赖于 Hadoop 的基本组件 —— YARN、HDFS 或 MapReduce。其次，它们都用来处理大数据，并提供建立端到端数据流水线所需的各种功能。最后，它们对于应该如何建立分布式系统的理念是共通的。

本书后面章节会详细介绍 Sqoop、Hive、Oozie、Impala、Hue 等组件，并使用一个简单的实例说明如何利用这些组件实现 ETL、定时自动执行工作流、数据分析、数据可视化等完整的数据仓库功能。这里介绍另外一种分布式计算框架——Spark。

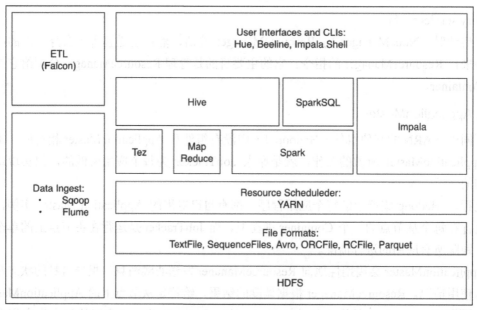

图 3-12　Hadoop 生态圈

Apache Spark 是一个开源的集群计算框架。它最初由加州大学伯克利分校的 AMP 实验室开发，后来 Spark 的源代码捐献给了 Apache 软件基金会，从此成了一个活跃的 Apache 项目。Spark 提供了一套完整的集群编程接口，内含容错和并行数据处理能力。

Spark 基本的数据结构叫做弹性分布式数据集（Resilient Distributed Datasets，简称 RDD）。这是一个分布于集群节点的只读数据集合，并以容错的、并行的方式进行维护。传统的 MapReduce 框架强制在分布式编程中使用一种特定的线性数据流处理方式。MapReduce 程序从磁盘读取输入数据，把数据分解成键/值对，经过混洗、排序、归并等数据处理后产生输出，并将最终结果保存在磁盘。Map 阶段和 Reduce 阶段的结果均要写磁盘，这大大降低了系统性能。也是由于这个原因，MapReduce 大都被用于执行批处理任务。为了解决 MapReduce 的性能问题，Spark 使用 RDD 作为分布式程序的工作集合，它提供一种分布式共享内存的受限形式。在分布式共享内存系统中，应用可以向全局地址空间的任意位置进行读写操作，而 RDD 是只读的，对其只能进行创建、转化和求值等操作。

利用 RDD 可以方便地实现迭代算法，简单地说就是能够在一个循环中多次访问数据集合。RDD 还适合探索式的数据分析，能够对数据重复执行类似于数据库风格的查询。相对于 MapReduce 的实现，Spark 应用的延迟可以降低几个数量级，其中最为经典的迭代算法是用于机器学习系统的培训算法，这也是开发 Spark 的初衷。

Spark 需要一个集群管理器和一个分布式存储系统作为支撑。对于集群管理，Spark 支持独立管理（原生的 Spark 集群），Hadoop YARN 和 Apache Mesos。对于分布式存储，Spark 可以与多种系统对接，包括 HDFS、MapR 文件系统、Cassandra、OpenStack Swift、Amazon S3、Kudu，或者一个用户自己实现的文件系统。Spark 还支持伪分布的本地部署模式，但通常仅用于开发和测试目的。本地模式不需要分布式存储，而是用本地文件系统代替。在这种场景中，Spark运行在一个机器上，每个CPU核是一个执行器（executor）。

Spark框架含有Spark Core、Spark SQL、Spark Streaming、MLlib Machine Learning Library、GraphX等几个主要组件。

1. Spark Core

Spark Core是所有Spark相关组件的基础。它以RDD这个抽象概念为核心，通过一组应用程序接口，提供分布式任务的分发、调度和基本的I/O功能。Spark Core的编程接口支持Java、Python、Scala和R等程序语言。这组接口使用的是函数式编程模式，即一个包含对RDD进行map、filter、reduce、join等并行操作的驱动程序，向Spark传递一个函数，然后Spark调度此函数在集群上并行执行。这些基本操作把RDD作为输入并产生新的RDD。RDD自身是一个不变的数据集，对RDD的所有转换操作都是lazy模式，即Spark不会立刻计算结果，而只是简单地记住所有对数据集的转换操作。这些转换只有遇到action操作的时候才会开始真正执行，这样的设计使Spark更加高效。容错功能是通过跟踪每个RDD的"血统"（lineage，指的是产生此RDD的一系列操作）实现的。一旦RDD的数据丢失，还可以使用血统进行重建。RDD可以由任意类型的Python、Java或Scala对象构成。除了面向函数的编程风格，Spark还有两种形式的共享变量：broadcast和accumulators。broadcast变量引用的是需要在所有节点上有效的只读数据，accumulators可以简便地对各节点返回给驱动程序的值进行聚合。

一个典型的Spark函数式编程的例子是，统计文本文件中每个单词出现的次数，也就是常说的词频统计。在下面这段Scala程序代码中，每个flatMap函数以一个空格作为分隔符，将文件分解为由单词组成的列表，map函数将每个单词列表条目转化为一个以单词为键，数字1为值的RDD对，reduceByKey函数对所有的单词进行计数。每个函数调用都将一个RDD转化为一个新的RDD。对比相同功能的Java代码，Scala语言的简洁性一目了然。

```
// 将一个本地文本文件读取到（文件名，文件内容）的RDD对。
val data = sc.textFile("file:///home/mysql/mysql-5.6.14/README")
// 以一个空格作为分隔符，将文件分解成一个由单词组成的列表。
val words = data.flatMap(_.split(" "))
// 为每个单词添加计数，并进行聚合计算
val wordFreq = words.map((_, 1)).reduceByKey(_ + _)
// 取得出现次数最多的10个单词
wordFreq.sortBy(s => -s._2).map(x => (x._2, x._1)).top(10)
```

在spark-shell（spark-shell是spark自带的一个快速原型开发的命令行工具）里，这段代码执行结果如下。可以看到the出现的次数最多，有26次。

```
scala> val data = sc.textFile("file:///home/mysql/mysql-5.6.14/README")
data: org.apache.spark.rdd.RDD[String] = file:///home/mysql/mysql-5.6.14/README
MapPartitionsRDD[13] at textFile at <console>:27

scala> val words = data.flatMap(_.split(" "))
words: org.apache.spark.rdd.RDD[String] = MapPartitionsRDD[14] at flatMap at <console>:29

scala> val wordFreq = words.map((_, 1)).reduceByKey(_ + _)
wordFreq: org.apache.spark.rdd.RDD[(String, Int)] = ShuffledRDD[16] at reduceByKey at
```

```
<console>:31

scala> wordFreq.sortBy(s => -s._2).map(x => (x._2, x._1)).top(10)
res1: Array[(Int, String)] = Array((26,the), (15,""), (14,of), (9,MySQL), (7,to), (7,is),
(6,version), (6,or), (6,in), (6,a))
```

2. Spark SQL

Spark SQL 是基于 Spark Core 之上的一个组件，它引入了名为 DataFrames 的数据抽象。DataFrames 能够支持结构化、半结构化数据。Spark SQL 提供了一种"领域特定语言"（Domain-Specific Language，简称 DSL），用于在 Scala、Java 或 Python 中操纵 DataFrames。同时 Spark SQL 也通过命令行接口或 ODBC/JDBC 提供对 SQL 语言的支持。我们将在 12.3 节详细讨论 Spark SQL。下面是一段 Scala 里的 Spark SQL 代码。

```
val url = "jdbc:mysql://127.0.0.1/information_schema?user=root&password=xxxxxx"
val sqlContext = new org.apache.spark.sql.SQLContext(sc)
val df = sqlContext.read.format("jdbc").option("url", url).option("dbtable", "tables").load()
df.printSchema()
val countsByDatabase = df.groupBy("TABLE_SCHEMA").count().show()
```

这段代码用 Spark SQL 连接本地的 MySQL 数据库，屏幕打印 information_schema.tables 的表结构，并按 table_schema 字段分组，计算并显示每组的记录数。其功能基本等价于下面的 MySQL 语句：

```
use information_schema;
desc tables;
select table_schema,count(*) from tables group by table_schema;
```

执行代码前先要在 spark-env.sh 文件的 SPARK_CLASSPATH 变量中添加 MySQL JDBC 驱动的 JAR 包，例如：

```
export SPARK_CLASSPATH=$SPARK_CLASSPATH:/mysql-connector-java-5.1.31-bin.jar
```

然后进入 spark-shell 执行代码，最后一条语句显示的输出如下所示：

```
scala> val countsByDatabase = df.groupBy("TABLE_SCHEMA").count().show()
+------------------+-----+
|      TABLE_SCHEMA|count|
+------------------+-----+
|performance_schema|   52|
|            hadoop|   37|
|information_schema|   59|
|             mysql|   28|
+------------------+-----+

countsByDatabase: Unit = ()
```

3. Spark Streaming

Spark Streaming 利用 Spark Core 的快速调度能力执行流数据的分析。它以最小批次获取数据，并对批次上的数据执行 RDD 转化。这样的设计，可以让用于批处理分析的 Spark 应用程序代码也可以用于流数据分析，因此便于实时大数据处理架构的实现。但是这种便利性带来的问题是处理最小批次数据的延时。其他流数据处理引擎，例如 Storm 和 Flink 的 streaming 组件，都是以事件而不是最小批次为单位处理流数据的。Spark Streaming 支持从 Kafka、Flume、Twitter、ZeroMQ、Kinesis 和 TCP/IP sockets 接收数据。

4. MLlib Machine Learning Library

Spark 中还包含一个机器学习程序库，叫做 MLlib。MLlib 提供了很多机器学习算法，包括分类、回归、聚类、协同过滤等，还支持模型评估、数据导入等额外的功能。MLlib 还提供了一些更底层的机器学习原语，如一个通用的梯度下降算法等。所有这些方法都被设计为可以在集群上轻松伸缩的架构。

5. GraphX

GraphX 是 Spark 上的图（如社交网络的朋友关系图）处理框架。可以进行并行的图计算。与 Spark Streaming 和 Spark SQL 类似，GraphX 也扩展了 Spark 的 RDD API，能用来创建一个顶点和边都包含任意属性的有向图。GraphX 还支持针对图的各种操作，比如进行图分割的 subgraph 和操作所有顶点的 mapVertices，以及一些常用的图算法，如 PageRank 和三角计算等。由于 RDD 是只读的，因此 GraphX 不适合需要更新图的场景。

3.5　Hadoop 与数据仓库

传统数据仓库一般建立在 Oracle、MySQL 这样的关系数据库系统之上。关系数据库主要的问题是不好扩展，或者说扩展的成本非常高，因此面对当前 4Vs 的大数据问题时显得能力不足，而这时就显示出 Hadoop 的威力。Hadoop 生态圈最大的吸引力是它有能力处理非常大的数据量。在大多数情况下，Hadoop 生态圈的工具能够比关系数据库处理更多的数据，因为数据和计算都是分布式的。

还用介绍 MapReduce 时的那个例子进行说明：在一个 10TB 的 Web 日志文件中，找出单词 'ERROR' 的个数。解决这个问题最直接的方法就是查找日志文件中的每个单词，并对单词 'ERROR' 的出现进行计数。做这样的计算会将整个数据集读入内存。作为讨论的基础，我们假设现代系统从磁盘到内存的数据传输速率为每秒 100MB，这意味着在单一计算机上要将 10TB 数据读入内存需要 27.7 个小时。如果我们把数据分散到 10 台计算机上，每台计算机只需要处理 1TB 的数据。它们彼此独立，可以对自己的数据分片中出现的 'ERROR' 计数，最后再将每台计算机的计数相加。在此场景下，每台计算机需要 2.7 个小时读取 1TB 数据。因为所有计算机并行工作，所以总的时间也近似是 2.7 个小时。这种方式即为线性扩展——可以通过简单地增加所使用的计算机数量来减少处理数据花费的时间。以此类推，如果我们使用 100 台计算机，做这个任务只需 0.27 个小时。Hadoop 背后的核心观点是：如果一个计算可以被分成小的部分，每一部分工作在独立的数据子集上，并且计算的全局结果是独立部分结果的联合，那么此计算就可以分布在多台计算机中并行执行。

分布式计算可以用来解决大数据问题，那么关系数据库能否采用分布式呢？答案是无论实际中还是理论上，关系数据库都难以在大规模集群的很多台机器上并行执行。在本节，先看一下关系数据库可扩展性的不足，然后了解相关理论，最后说明使用 Hadoop 创建传统数据仓库的可行性，及其生态圈中与数据仓库相关的工具组件。

3.5.1 关系数据库的可扩展性瓶颈

关系数据库的可扩展性一直是数据库厂商和用户最关注的问题。从较高的层次看，可扩展性就是能够通过增加资源来提升容量，并保持系统性能的能力。可扩展性可分为向上扩展（Scale up）和向外扩展（Scale out）。

向上扩展有时也称为垂直扩展，它意味着采用性能更强劲的硬件设备，比如通过增加 CPU、内存、磁盘等方式提高处理能力，或者购买小型机或高端存储来保证数据库系统的性能和可用性。无论怎样，向上扩展还是一种集中式的架构。也就是说，数据库系统运行在一台硬件设备上，要做的就是不断提高这台设备的配置以加强性能。

向上扩展最大的好处就是实现简单，降低开发人员和维护人员的技能门槛。很明显单台服务器比多台服务器更容易开发，因为无须关心多台机器间的数据一致性或者谁主谁从等问题，能显著节省开发成本。同时单机上的数据备份与恢复等维护工作相对简单，也不用考虑数据复制等问题，减轻了系统维护的工作。但向上扩展存在不可逾越的障碍，当应用变得非常庞大，向上扩展策略就无能为力了。首先是成本问题，特殊配置的硬件往往非常昂贵。再有向上扩展不是无限制的，即使最强大的单台计算机，其处理能力也有限制。当应用到达一定程度，向上扩展不再可行，此时就需要向外扩展。

向外扩展有时也称为横向扩展或水平扩展，由多台廉价的通用服务器实现分布式计算，分担某一应用的负载。关系数据库的向外扩展主要有 Shared Disk 和 Shared Nothing 两种实现方式。Shared Disk 的各个处理单元使用自己的私有 CPU 和内存，共享磁盘系统，典型的代表是 Oracle RAC。Shared Nothing 的各个处理单元都有自己私有的 CPU、内存和硬盘，不存在共享资源，各处理单元之间通过协议通信，并行处理和扩展能力更好，MySQL Fabric 采用的就是 Shared Nothing 架构。

1. Oracle RAC

Oracle RAC 是 Oracle 的集群解决方案。其架构的最大特点是共享存储架构（Shared disk），整个 RAC 集群建立在一个共享的存储设备之上，节点之间采用高速网络互连。Oracle RAC 提供了较好的高可用特性，比如负载均衡和透明应用切换。其最大优势在于对应用完全透明，应用无须修改便可以从单机数据库切换到 RAC 集群。

但是，RAC 的扩展能力有限，32 个节点的 RAC 已算非常庞大了。随着节点数的不断增加，节点间通信的成本也会随之增加，当到达某个限度时，增加节点不会再带来性能上的提高，甚至可能造成性能下降。这个问题的主要原因是 Oracle RAC 对应用透明，应用可以连接集群中的任意节点进行处理，当不同节点上的应用争用资源时，RAC 节点间的通信开销会严重影响集群的处理能力。

RAC 的另外一个问题是，整个集群都依赖于底层的共享存储，因此共享存储的 I/O 能力和可用性决定了整个集群可以提供的能力。

2. MySQL Fabric

MySQL Fabric 架构为 MySQL 提供了高可用和横向扩展的特性。在实际部署中，可以单独使用高可用或横向扩展，也可以同时启用这两个特性。

MySQL Fabric 在 MySQL 复制上增加了一个管理和监控层，它和一组 MySQL Fabric-aware 连接器一起，把写和一致性读操作路由到当前的主服务器。MySQL Fabric 有一个 HA 组的概念。HA 组是由两个或两个以上的 MySQL 服务器组成的服务器池。在任一时间点，HA 组中有一个主服务器，其他的都是从服务器。HA 组的作用是确保该组中的数据总是可访问的。MySQL 通过把数据复制多份提供数据安全性。

当单个 MySQL 服务器（或 HA 组）的写性能达到极限时，可以使用 Fabric 把数据分布到多个 MySQL 服务器组。注意这里说的组可以是单一服务器，也可以是 HA 组。管理员通过建立一个分片映射，定义数据如何在多个服务中分片。一个分片映射作用于一个或多个表，由管理员指定每个表上的哪些列作为分片键，MySQL Fabric 使用分片键计算一个表的特定行应该存在于哪个分片上。当多个表使用相同的映射和分片键时，这些表上包含相同列值（用于分片的列）的数据行将存在于同一个分片。单一事务可以访问一个分片中的所有数据。目前 Fabric 提供两种用分片键计算分片号的方法：HASH 和 RANGE。

HASH：在分片键上执行一个哈希函数生成分片号。如果作为分片键的列只有很少的重复值，那么哈希函数的结果会平均分布在多个分片上。

RANGE：管理员显式定义分片键的取值范围和分片之间的映射关系。这可以尽可能让用户控制数据分片，并确定哪一行被分配到哪一个分片。

应用程序访问分片的数据库时，需要设置一个连接属性指定分片键。Fabric 连接器会应用正确的范围或哈希映射，并将事务路由到正确的分片。当需要更多的分片时，MySQL Fabric 可以把现有的一个分片分成两个，同时修改状态存储和连接器中缓存的路由数据。类似地，一个分片可以从一个 HA 组迁移到另一个。

注意单一的事务或查询只能访问一个分片，所以基于对数据的理解和应用的访问模式选择一个分片键是非常重要的，并不是对所有表分片都有意义。对于当前不能交叉分片查询的限制，将某些小表的全部数据存储到每一个组中可能会更好。这些全局表被写入到'全局组'，表中数据的任何改变都会自动复制到所有其他非全局组中。全局组中模式（结构）的改变也会复制到其他非全局组中以保证一致性。

图 3-13 所示的是一个具有高可用和数据分片特性的 MySQL Fabric 架构，图中共有 10 个 MySQL 实例，其中一个运行连接器，另外九个是工作节点。每行的三个实例是一个 HA 组，每列的三个实例是一个数据分片。

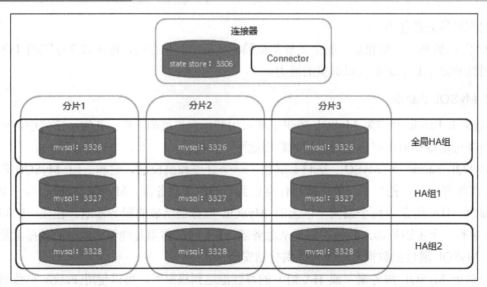

图 3-13　具有高可用和数据分片特性的 MySQL Fabric 架构

3.5.2　CAP 理论

我们已经看到，关系数据库的可扩展性存在很大的局限。虽然这种情况随着分布式数据库技术的出现而有所缓解，但还是无法像 Hadoop 一样轻松在上千个节点上进行分布式计算。究其原因，就不得不提到 CAP 理论。

CAP 理论指的是任何一个分布式计算系统都不能同时保证如下三点：

- Consistency（一致性）：所有节点上的数据时刻保持同步。
- Availability（可用性）：每个请求都能接收到一个响应，无论响应成功或失败。
- Partition tolerance（分区容错性）：系统应该能持续提供服务，无论网络中的任何分区失效。

换句话说，CAP 理论意味着在一个分布式环境下，一致性和可用性只能取其一。这个观点是计算机科学家 Eric Brewer 在 1998 年最先提出的，2002 年 Lynch 与其他人证明了 Brewer 的推测，从而把 CAP 上升为一个定理。

高可用、数据一致是很多系统设计的目标，但是分区又是不可避免的。

- CA without P：如果不要求 P（不允许分区），则 C（强一致性）和 A（可用性）是可以保证的。但其实分区不是想不想的问题，而是终会存在。因此 CA 的系统更多的是允许分区后各子系统依然保持 CA。传统关系型数据库大都是这种模式。
- CP without A：如果不要求 A（可用），相当于每个请求都需要在节点之间强一致，而 P（分区）会导致同步时间无限延长，如此 CP 也是可以保证的。很多传统的数据库分布式事务都属于这种模式。

- AP wihtout C：要高可用并允许分区，则需放弃一致性。一旦分区发生，节点之间可能会失去联系，为了高可用，每个节点只能用本地数据提供服务，而这样会导致全局数据的不一致性。现在众多的 NoSQL 都属于此类。

对于 CAP 理论也有一些不同的声音，有一种观点认为应该构建不可变模型避免 CAP 的复杂性。CAP 的困境在于允许数据变更，每次变更就得数据同步，保持一致性，这样系统就变得很复杂。然而对于数据仓库这样的应用来说，数据就是客观存在的，不可变，只能增加和查询。传统的 CURD（创建、更新、读取、删除）变为 CR。这个概念与数据仓库的非易失性非常吻合，任何的变更都是增加记录。通过对所有记录的操作进行合并，从而得到最终记录。因此，任何的数据模型都应该抽象为：Query=Function(all data)，任何的数据处理都是查询，查询是对全体数据施加了某个函数的结果。这个定义清晰简单，完全抛弃了 CAP 那些烦琐而又模糊的语义。因为每次操作都是对所有数据进行全局计算，也就没有了一致性问题。

Hadoop 正是这样的系统！Hadoop 的 HDFS 只支持数据增加，其数据复制策略解决了数据可用性问题，而 Mapeduce 进行全局计算，完美地符合了对数据处理的期望。实际上，在 Hadoop 的 Hive 上已经可以进行行级别的增删改操作（本书第 6 章建立数据仓库示例模型中将会详细介绍），甚至在 Hadoop 中出现了满足事务处理的数据库产品，如 Trafodion。

除 Hadoop 和一些类似的分布式计算框架外，有没有可能实现一套分布式数据库集群，既保证可用性和一致性，又可以提供很好的扩展能力呢？目前，已经有很多分布式数据库产品，但大部分是面向决策支持类型的应用，因为相比较事务处理应用，决策支持应用更容易做到分布式扩展，比如基于 PostgreSQL 发展的 Greenplum，就很好地解决了可用性和扩展性的问题，并且提供了强大的并行计算能力，现在该产品已经成为 Apache HAWQ 孵化项目。

2012 年，Lynch 在证明 CAP 理论十年后重写了论文，缩小 CAP 适用的定义，消除质疑的场景，展示了 CAP 广阔的研究成果，并顺便暗示 CAP 定理依旧正确。CAP 理论从出现到被证明，再到饱受质疑和重新定义，我们应该如何看待它呢？首先肯定的是，CAP 理论并不是神话，它并不适合再作为一个适应任何场景的定理，它的正确性更加适合基于原子读写的 NoSQL 场景。其次，无论如何 C、A、P 这三个概念始终存在于任何分布式系统，只是不同的模型会对其有不同的呈现，可能某些场景对三者之间的关系敏感，而另一些不敏感。最后，作为开发者，一方面不要将精力浪费在如何设计能满足三者的完美分布式系统，而是应该进行取舍。另一方面，分布式系统还有很多特性，如优雅降级、流量控制等，都是需要考虑的问题，而不仅是 CAP 三者。

3.5.3　Hadoop 数据仓库工具

通过前面的描述可知，当数据仓库应用的规模和数据量大到一定程度，关系数据库已经不再适用，此时 Hadoop 是开发数据仓库项目的可选方案之一。然而 Hadoop 及其生态圈工具所提供的功能，能否满足我们方便、高效地开发数据仓库的要求呢？回忆一下图 1-1 所示的数据仓库架构，一个常规数据仓库由两类存储和 6 个主要功能模块组成。下面我们就介绍与这 8 个部分对应的 Hadoop 相关组件或产品。

1. RDS 和 TDS

RDS 是原始数据存储，其数据是从操作型系统抽取而来。它有两个作用，一是充当操作型系统和数据仓库之间的过渡区，二是作为细节数据查询的数据源。TDS 是转换后的数据存储，也就是数据仓库，用于后续的多维分析或即席查询。

这两类数据逻辑上分开，物理上可以通过在 Hive 上建立两个不同的数据库来实现，最终所有数据都被分布存储到 HDFS 上。

2. 抽取过程

这里的抽取过程指的是把数据从操作型数据源抽取到 RDS 的过程，这个过程可能会有一些数据集成的操作，但不会做数据转换、清洗、格式化等工作。

Hadoop 生态圈中的主要数据摄取工具是 Sqoop 和 Flume。Sqoop 被设计成支持在关系数据库和 Hadoop 之间传输数据，而 Flume 被设计成基于流的数据捕获，主要是从日志文件中获取数据。使用这两个工具可以完成数据仓库的抽取。在第 7 章中将详细介绍使用 Sqoop 抽取数据的实现过程。

如果数据源是普通的文本和 CSV 文件，抽取过程将更加简单，只需用操作系统的 scp 或 ftp 命令将文件拉取到 Hadoop 集群的任一节点，然后使用 HDFS 的 put 命令将已在本地的文件上传到 HDFS，或者使用 Hive 的 load data 将文件装载进表里就可以了。

3. 转换与装载过程

转换与装载过程是将数据从 RDS 迁移到 TDS 的过程，期间会对数据进行一系列的转换和处理。经过了数据抽取步骤，此时数据已经在 Hive 表中了，因此 Hive 可以用于转换和装载。

Hive 实际上是在 MapReduce 之上封装了一层 SQL 解释器，这样可以用类 SQL 语言书写复杂的 MapReduce 作业。Hive 不但提供了丰富的数据查询功能和分析函数，还可以在某些限制下进行数据的行级更新，因此支持 SCD1（渐变维的一种处理类型）。在第 8 章中将详细介绍如何使用 Hive 进行数据的转换与装载。

4. 过程管理和自动化调度

ETL 过程自动化是数据仓库成功的重要衡量标准，也是系统易用性的关键。

Hadoop 生态圈中的主要管理工具是 Falcon。Falcon 把自己看作是数据治理工具，能让用户建立定义好的 ETL 流水线。除 Falcon 外，还有一个叫做 Oozie 的工具，它是一个 Hadoop 的工作流调度系统，可以使用它将 ETL 过程封装进工作流自动执行。在第 9 章中将详细介绍如何使用 Oozie 实现定期自动执行 ETL 作业。

5. 数据目录

数据目录存储的是数据仓库的元数据，主要是描述数据属性的信息，用来支持如指示存储位置、历史数据、资源查找、文件记录等功能。

Hadoop 生态圈中主要的数据目录工具是 HCatalog。HCatalog 是 Hadoop 上的一个表和存储管理层。使用不同数据处理工具（如 Pig、MapReduce）的用户，通过 HCatalog 可以更加容易地读写集群中的数据。HCatalog 引入"表"的抽象，把文件看做数据集。它展现给用户的是一个 HDFS 上数据的关系视图，这样用户不必关心数据存放在哪里或者数据格式是什么等问题，就可以轻松知道系统中有哪些表，表中都包含什么。

HCatalog 默认支持多种文件格式的读写，如 RCFile、SequenceFiles、ORC files、text files、CSV、JSON 等。

6. 查询引擎和 SQL 层

查询引擎和 SQL 层主要的职责是查询和分析数据仓库里的数据。由于最终用户经常需要进行交互式的即席查询，并随时动态改变和组合他们的查询条件，因此要求查询引擎具有很高的查询性能和较短的响应时间。

Hadoop 生态圈中的主要 SQL 查询引擎有基于 MapReduce 的 Hive、基于 RDD 的 SparkSQL 和 Cloudera 公司的 Impala。Hive 可以在四种主流计算框架的三种，分别是 Tez、MapReduce 和 Spark（还有一种是 Storm）上执行类 SQL 查询。SparkSQL 是 Hadoop 中另一个著名的 SQL 引擎，它实际上是一个 Scala 程序语言的子集。正如 SparkSQL 这个名字所暗示的，它以 Spark 作为底层计算框架。Impala 是 Cloudera 公司的查询系统，它提供 SQL 语义，最大特点是速度快，主要用于 OLAP。在第 12 章中将详细介绍用这几种 SQL 引擎进行数据分析，并对比它们的性能差异。除此之外，第 12 章中还会简单描述一款名为 Kylin 的 OLAP 系统，它是首个中国团队开发的 Apache 顶级项目，其查询性能表现优异。

7. 用户界面

数据分析的结果最终要以业务语言和形象化的方式展现给用户，只有这样才能取得用户对数据仓库的认可和信任。因此具有良好体验的用户界面是必不可少的。数据仓库的最终用户界面通常是一个 BI 仪表盘或类似的一个数据可视化工具提供的浏览器页面。

Hadoop 生态圈中比较知名的数据可视化工具是 Hue 和 Zeppelin。Hue 是一个开源的 Hadoop UI 系统，最早是由 Cloudera Desktop 演化而来，它是基于 Python Web 框架 Django 实现的。通过使用 Hue 我们可以在浏览器端的 Web 控制台上与 Hadoop 集群进行交互来分析处理数据，还可以用图形化的方式定义工作流。Hue 默认支持的数据源有 Hive 和 Impala。Zeppelin 提供了 Web 版的 notebook，用于做数据分析和可视化。Zeppelin 默认只支持 SparkSQL。

可以看到，普通数据仓库的 8 个组成部分都有相对应的 Hadoop 组件作为支撑。Hadoop 生态圈中众多工具提供的功能，完全可以满足创建传统数据仓库的需要。使用 Hadoop 建立数据仓库不仅是必要的，而且是充分的。

3.6 小结

（1）现在普遍认可的大数据是具有 4V，即 Volume、Velocity、Variety、Veracity 特征的数据集合，用中文简单描述就是大、快、多、真。

（2）Hadoop 是一个分布式系统基础架构，它包括四个基本模块：（1）Hadoop 基础功能库，支持其他 Hadoop 模块的通用程序包。（2）HDFS，一个分布式文件系统，能够以高吞吐量访问应用的数据。（3）YARN，一个作业调度和资源管理框架。（4）MapReduce，一个基于 YARN 的大数据并行处理程序。

（3）Spark 是另一个流行的分布式计算框架，其基本数据结构是 RDD，它提供一种分布式共享内存的受限形式。可以利用 RDD 方便地实现迭代算法，相对于 MapReduce 的实现，Spark 应用的延迟可以降低几个数量级。Spark RDD API 支持的语言包括 Java、Python、Scala 和 R。

（4）CAP 理论指的是任何一个分布式计算系统都不能同时保证数据一致性、可用性和分区容错性。这也是传统关系型数据库难以扩展的根本原因。

（5）Hadoop 生态圈中众多工具提供的功能，完全可以满足创建传统数据仓库的需要。使用 Hadoop 建立数据仓库不仅是必要的，而且是充分的。

第 4 章

◀ 安装Hadoop ▶

在前三章里介绍了数据仓库、Hadoop 及其生态圈的基本概念，内容偏重于理论。从本章开始，让我们进入实践阶段。工欲善其事，必先利其器。既然我们要用 Hadoop 建立数据仓库，那么先要做的就是安装 Hadoop。

本章首先介绍三种常见的 Hadoop 发行版本，之后说明 Apache Hadoop 的安装过程。为了解决 NameNode 的扩展性问题，Hadoop-0.23.0 新增了 HDFS Federation 特性。本章将介绍 HDFS Federation 及其具体配置。在本章最后，将会详细说明 CDH 的离线安装步骤，本书后面的实践部分都是在 CDH 5.7.0 系统之上完成的。

4.1 Hadoop 主要发行版本

主流的 Hadoop 生态圈除了前面介绍的 Apache Hadoop 以外，还有 Cloudera、HortonWorks、MapR 三个不同版本。这三个版本既有相似之处，又有各自的特点。它们都提供整合后的企业级 Hadoop 发行版本，提高整体的部署效率。三者都提供了可以自由下载的免费版本，但 Cloudera 和 MapR 还有收费版本。它们都建立了自己的社区，帮助用户解决面临的问题，以满足商业应用的需求，在稳定性与安全性方面也都经受住了时间的考验。

4.1.1 Cloudera Distribution for Hadoop（CDH）

Cloudera 是第一个商业 Hadoop 发行版本，也是 Hadoop 用户最为熟悉的版本，是 Hadoop 生态圈中活跃的代码贡献者，其创新性的工具广受欢迎。Cloudera Manager 是一个管理控制台，它包括丰富的用户界面，能够在一个框架内清晰地显示 Hadoop 及其各项服务的所有信息，非常便于用户使用。专有的 Cloudera Management 套件将 Hadoop 安装过程自动化，并为用户提供大量的增强功能，如实时显示节点数量、自动部署服务等。

CDH 的特性如下：

- 能够在 Hadoop 集群中自由添加或删除服务。
- 支持多集群管理。
- 提供节点模板。允许在 Hadoop 集群中建立多组节点，各组节点可以有不同的配置。
- 依赖于 HDFS 的 DataNode、NameNode 架构，将数据处理与元数据保存分离。

CDH 的优点在于提供了包含大量工具和特性的用户友好界面，缺点是相对于其他版本的 Hadoop，性能不是很好，速度较慢。

4.1.2　Hortonworks Data Platform（HDP）

Hortonworks 公司是由 Yahoo 的工程师创建的，它为 Hadoop 提供了一种"service only"的分发模型。有别于另外两种 Hadoop 版本，Hortonworks 是一个可以自由使用的开放式企业级数据平台。其 Hadoop 发行版本即 HDP，可以被自由下载并整合到各种应用当中。

Hortonworks 是第一个提供基于 Hadoop 2.0 版产品的厂商，也是目前唯一支持 Windows 平台的 Hadoop 分发版本。用户可以通过 HDInsight 服务，在 Windows Azure 上部署 Hadoop 集群。

HDP 的特性如下：

- HDP 通过其新的 Stinger 项目，使 Hive 的执行速度更快。
- HDP 承诺是一个 Hadoop 的分支版本，对专有代码的依赖极低，避免了厂商锁定。
- 专注于提升 Hadoop 平台的可用性。

HDP 的优势在于它是唯一支持 Windows 平台的 Hadoop 版本，劣势是它的 Ambari 管理界面过于简单，没有提供丰富的特性。

4.1.3　MapR Hadoop

MapR Hadoop 是这三种 Hadoop 版本中运行最快的，它的理念是市场驱动实体，因此需要支持更快的市场需求。与 Cloudera 和 Hortonworks 不同，MapR 使用更加分布式的方法，将元数据存储在处理节点上。MapR Hadoop 建立在 MapRFS 文件系统之上，因此没有 NameNode 的概念。MapR 的 Hadoop 发行版本不依赖于 Linux 的文件系统。

MapR Hadoop 的特性如下：

- MapR Hadoop 依赖于 MapRFS，因此它是唯一包含没有任何 Java 依赖的 Pig、Hive 和 Sqoop 的 Hadoop 发行版本。
- MapR 是产品化程度最高的 Hadoop 发行版本，它的速度更快，可靠性更高。
- MapR 允许多个节点直接访问 NFS，用户可以在 NFS 之上挂载 MapR 文件系统，因此可以使用传统方式访问 Hadoop 的数据。
- MapR Hadoop 提供完整的数据保护功能，没有单点故障。

- MapR Hadoop 被认为是最快的 Hadoop 发行版本。

MapR Hadoop 优点是速度快，没有单点故障，缺点是没有好的用户界面控制台。

Cloudera、HortonWorks、MapR 这三个都是 Hadoop 开源产品的商业分发版，其价值主要体现在两个方面：

- 对 Hadoop 生态圈中各种各样的组件进行兼容性测试并打包。
- 提供工具简化 Hadoop 集群的安装和建立。

Hadoop 开源版本的主要挑战在于，要搞清楚哪些组件的哪些版本是相互兼容的。事实证明，保持 Hadoop 生态圈开源社区中众多相关项目的版本同步是非常困难的。实际上基于版本的兼容性是会随着版本改变的。保持对这些依赖性的跟踪并了解哪些版本可以在一起协同工作并不容易。为了使 Hadoop 的部署更加顺利，许多公司已经把多种兼容的组件打包在一起。

集群的建立和管理是另一个主要挑战。安装集群并在安装后监控集群的健康状况都比较困难。Hadoop 主要发行版本通过提供多种工具，使集群的建立和管理简化了很多。从后面介绍的开源版本 Hadoop 和 CDH 安装可以看到两者的区别。

每种主要发行版本所包含的组件集合都不尽相同。例如，Cloudera 包含 Impala，而 HortonWorks 里就没有。这些区别会给选择发行版本带来烦恼 —— 并不是每一个分发版本都包含 Hadoop 生态圈的所有工具。

4.2　安装 Apache Hadoop

4.2.1　安装环境

这里只是演示手工安装 Apache Hadoop 的过程，不作为生产环境使用，因此建立四台 VirtualBox 上的 Linux 虚机，每台硬盘 20GB，内存 768MB（Hadoop 建议操作系统的最小内存是 2GB）。IP 与主机名如下：

- 192.168.56.101 master
- 192.168.56.102 slave1
- 192.168.56.103 slave2
- 192.168.56.104 slave3

主机规划：192.168.56.101 做 master，运行 NameNode 和 ResourceManager 进程。其他三台主机做 slave，运行 DataNode 和 NodeManager 进程。

操作系统：CentOS release 6.4 (Final)。

Java 版本：jdk1.7.0_75（2.7 及其以后版本的 Hadoop 需要 Java 7）。

Hadoop 版本：hadoop-2.7.2。

4.2.2 安装前准备

第 1、2 步使用 root 用户执行，3、4 步使用 grid 用户执行。

1. 分别在四台机器上建立 grid 用户

```
# 新建用户 grid，主目录为/home/grid，如果该目录不存在则建立
useradd -d /home/grid -m grid
# 将 grid 用户加到 root 组
usermod -a -G root
```

2. 分别在四台机器上的/etc/hosts 文件中添加如下内容，用作域名解析

```
192.168.56.101 master
192.168.56.102 slave1
192.168.56.103 slave2
192.168.56.104 slave3
```

3. 分别在四台机器上安装 java（安装包已经下载到 grid 用户主目录）

```
# 进入 grid 用户的主目录
cd ~
# 解压缩
tar -zxvf jdk-7u75-linux-x64.tar.gz
```

4. 配置 ssh 免密码

Hadoop 集群中的各个节点主机需要相互通信，因此 DataNode 与 NameNode 之间要能免密码 ssh，这里配置了任意两台机器都免密码。

（1）分别在四台机器上生成密钥对

```
# 进入 grid 用户的主目录
cd ~
# 生成密钥对
ssh-keygen -t rsa
```

然后一路按回车键。

（2）在 master 上执行

```
# 进入.ssh
cd ~/.ssh/
# 把本机的公钥追加到自身的~/.ssh/authorized_keys 文件里
ssh-copy-id 192.168.56.101
# 将 authorized_keys 文件复制到第二台主机
scp /home/grid/.ssh/authorized_keys 192.168.56.102:/home/grid/.ssh/
```

（3）在 slave1 上执行

```
cd ~/.ssh/
ssh-copy-id 192.168.56.102
scp /home/grid/.ssh/authorized_keys 192.168.56.103:/home/grid/.ssh/
```

（4）在 slave2 上执行

```
cd ~/.ssh/
ssh-copy-id 192.168.56.103
scp /home/grid/.ssh/authorized_keys 192.168.56.104:/home/grid/.ssh/
```

（5）在 slave3 上执行

```
cd ~/.ssh/
ssh-copy-id 192.168.56.104
# 此时 authorized_keys 文件中已经包含所有四台主机的公钥，将它复制到每台主机
scp /home/grid/.ssh/authorized_keys 192.168.56.101:/home/grid/.ssh/
scp /home/grid/.ssh/authorized_keys 192.168.56.102:/home/grid/.ssh/
scp /home/grid/.ssh/authorized_keys 192.168.56.103:/home/grid/.ssh/
```

至此，免密码 ssh 配置完成。

4.2.3　安装配置 Hadoop

以下的操作均使用 grid 用户在 master 主机上执行。

1. 安装 hadoop（安装包已经下载到 grid 用户主目录）

```
cd ~
tar -zxvf hadoop-2.7.2.tar.gz
```

2. 建立目录

```
cd ~/hadoop-2.7.2
mkdir tmp
mkdir hdfs
mkdir hdfs/data
mkdir hdfs/name
```

3. 修改配置文件

编辑~/hadoop-2.7.2/etc/hadoop/core-site.xml 文件，添加如下内容。

```
<configuration>
<property>
<name>fs.defaultFS</name>
<value>hdfs://192.168.56.101:9000</value>
</property>
<property>
<name>hadoop.tmp.dir</name>
<value>file:/home/grid/hadoop-2.7.2/tmp</value>
</property>
<property>
```

```
<name>io.file.buffer.size</name>
<value>131072</value>
</property>
</configuration>
```

说明：core-site.xml 是 Hadoop 的全局配置文件，这里配置了三个参数。

- fs.defaultFS：默认文件系统的名称，URI 形式，默认是本地文件系统。
- hadoop.tmp.dir：Hadoop 的临时目录，其他目录会基于此路径，是本地目录。
- io.file.buffer.size：在读写文件时使用的缓存大小。这个大小应该是内存 Page 的倍数。

编辑~/hadoop-2.7.2/etc/hadoop/hdfs-site.xml 文件，添加如下内容。

```
<configuration>
<property>
<name>dfs.namenode.name.dir</name>
<value>file:/home/grid/hadoop-2.7.2/hdfs/name</value>
</property>
<property>
<name>dfs.datanode.data.dir</name>
<value>file:/home/grid/hadoop-2.7.2/hdfs/data</value>
</property>
<property>
<name>dfs.replication</name>
<value>3</value>
</property>
<property>
<name>dfs.namenode.secondary.http-address</name>
<value>192.168.56.101:9001</value>
</property>
<property>
<name>dfs.namenode.servicerpc-address</name>
<value>192.168.56.101:10000</value>
</property>
<property>
<name>dfs.webhdfs.enabled</name>
<value>true</value>
</property>
</configuration>
```

说明：hdfs-site.xml 是 HDFS 的配置文件，这里配置了 6 个参数。

- dfs.namenode.name.dir：本地磁盘目录，用于 NamaNode 存储 fsimage 文件。可以是按逗号分隔的目录列表，fsimage 文件会存储在每个目录中，冗余安全。这里多个目录设定，最好在多个磁盘，如果其中一个磁盘故障，会跳过坏磁盘，不会导致系统停服。如果配置了 HA，建议仅设置一个。如果特别在意安全，可以设置 2 个。
- dfs.datanode.data.dir：本地磁盘目录，HDFS 数据存储数据块的地方。可以是逗号分隔的目录列表，典型的，每个目录在不同的磁盘。这些目录被轮流使用，一个块存储在这个目录，下一个块存储在下一个目录，依次循环。每个块在同一个机器上仅存储一份。不存在的目录被忽略。必须创建文件夹，否则被视为不存在。
- dfs.replication：数据块副本数。此值可以在创建文件时设定，客户端可以设定，也可以在命令行修改。不同文件可以有不同的副本数。默认值用于未指定时。

- dfs.namenode.secondary.http-address: SecondaryNameNode 的 http 服务地址。如果端口设置为 0，服务将随机选择一个空闲端口。使用了 HA 后，就不再使用 SecondaryNameNode 了。

- dfs.namenode.servicerpc-address: HDFS 服务通信的 RPC 地址。如果设置该值，备份结点、数据结点和其他服务将会连接到指定地址。注意，该参数必须设置。

- dfs.webhdfs.enabled: 指定是否在 NameNode 和 DataNode 上开启 WebHDFS 功能。

编辑~/hadoop-2.7.2/etc/hadoop/yarn-site.xml 文件，添加如下内容。

```xml
<configuration>
<property>
<name>yarn.nodemanager.aux-services</name>
<value>mapreduce_shuffle</value>
</property>
<property>
<name>yarn.nodemanager.aux-services.mapreduce.shuffle.class</name>
<value>org.apache.hadoop.mapred.ShuffleHandler</value>
</property>
<property>
<name>yarn.resourcemanager.address</name>
<value>192.168.56.101:8032</value>
</property>
<property>
<name>yarn.resourcemanager.scheduler.address</name>
<value>192.168.56.101:8030</value>
</property>
<property>
<name>yarn.resourcemanager.resource-tracker.address</name>
<value>192.168.56.101:8031</value>
</property>
<property>
<name>yarn.resourcemanager.admin.address</name>
<value>192.168.56.101:8033</value>
</property>
<property>
<name>yarn.resourcemanager.webapp.address</name>
<value>192.168.56.101:8088</value>
</property>
<property>
<name>yarn.nodemanager.resource.memory-mb</name>
<value>1024</value>
</property>
</configuration>
```

说明：yarn-site.xml 是 YARN 的配置文件，这里配置了 8 个参数。

- yarn.nodemanager.aux-services : NodeManager 上运行的附属服务。需配置成 mapreduce_shuffle，才可运行 MapReduce 程序。

- yarn.nodemanager.aux-services.mapreduce.shuffle.class : 对应参考 yarn.nodemanager. aux-services。

- yarn.resourcemanager.address: ResourceManager 对客户端暴露的地址。客户端通过该

地址向 RM 提交应用程序，杀死应用程序等。

- yarn.resourcemanager.scheduler.address ： 调 度 器 地 址 ， 是 ResourceManager 对 ApplicationMaster 暴露的访问地址。ApplicationMaster 通过该地址向 RM 申请资源、释放资源等。

- yarn.resourcemanager.resource-tracker.address：ResourceManager 对 NodeManager 暴露的地址。NodeManager 通过该地址向 RM 汇报心跳，领取任务等。

- yarn.resourcemanager.admin.address：ResourceManager 对管理员暴露的访问地址。管理员通过该地址向 RM 发送管理命令等。

- yarn.resourcemanager.webapp.address：ResourceManage 对外 Web UI 地址。用户可通过该地址在浏览器中查看集群各类信息。

- yarn.nodemanager.resource.memory-mb：NodeManage 总的可用物理内存，不能小于 1024。注意，该参数一旦设置，整个运行过程中不可动态修改。

编辑~/hadoop-2.7.2/etc/hadoop/mapred-site.xml 文件，添加如下内容。

```
<configuration>
<property>
<name>mapreduce.framework.name</name>
<value>yarn</value>
</property>
<property>
<name>mapreduce.jobhistory.address</name>
<value>192.168.56.101:10020</value>
</property>
<property>
<name>mapreduce.jobhistory.webapp.address</name>
<value>192.168.56.101:19888</value>
</property>
</configuration>
```

说明：mapred-site.xml 是 MapReduce 的配置文件，这里配置了三个参数。

- mapreduce.framework.name：设置 MapReduce 的执行框架为 yarn。
- mapreduce.jobhistory.address：MapReduce 历史服务器的地址。
- mapreduce.jobhistory.webapp.address：MapReduce 历史服务器 Web UI 地址。

编辑~/hadoop-2.7.2/etc/hadoop/slaves 文件，添加如下内容。

```
192.168.56.102
192.168.56.103
192.168.56.104
```

说明：在 etc/hadoop/slaves 文件中写出所有 slave 的主机名或者 IP 地址，每个一行。Hadoop 辅助脚本使用 etc/hadoop/slaves 文件一次在多个主机上运行命令。这些脚本并不使用任何基于 Java 的 Hadoop 配置。为了正常使用，运行 Hadoop 的用户各在服务器之间需要 ssh 信任（即安装前配置的 ssh 免密码）。

编辑~/hadoop-2.7.2/etc/hadoop/hadoop-env.sh 文件，修改如下内容。

```
export JAVA_HOME=/home/grid/jdk1.7.0_75
```

说明：使用 etc/hadoop/hadoop-env.sh 脚本设置 Hadoop HDFS 后台进程的站点特定环境变量，至少需要指定 JAVA_HOME，以保证在每一个远程节点上正确定义。

编辑~/hadoop-2.7.2/etc/hadoop/yarn-env.sh 文件，修改如下内容。

```
export JAVA_HOME=/home/grid/jdk1.7.0_75
```

说明：使用 etc/hadoop/yarn-env.sh 脚本设置 Hadoop YARN 后台进程的站点特定环境变量，至少需要指定 JAVA_HOME，以保证在每一个远程节点上正确定义。

4. 将 hadoop 主目录复制到各个从服务器上

```
scp -r ./hadoop-2.7.2 192.168.56.102:/home/grid/
scp -r ./hadoop-2.7.2 192.168.56.103:/home/grid/
scp -r ./hadoop-2.7.2 192.168.56.104:/home/grid/
```

4.2.4 安装后配置

使用 root 用户分别在四台机器上的/etc/profile 文件中添加如下环境变量。

```
export JAVA_HOME=/home/grid/jdk1.7.0_75
export CLASSPATH=.:$JAVA_HOME/jre/lib/rt.jar:$JAVA_HOME/lib/dt.jar:$JAVA_HOME/lib/tools.jar
export HADOOP_HOME=/home/grid/hadoop-2.7.2
export HADOOP_COMMON_HOME=$HADOOP_HOME
export HADOOP_HDFS_HOME=$HADOOP_HOME
export HADOOP_MAPRED_HOME=$HADOOP_HOME
export HADOOP_YARN_HOME=$HADOOP_HOME
export HADOOP_CONF_DIR=$HADOOP_HOME/etc/hadoop
export PATH=$PATH:$JAVA_HOME/bin:$HADOOP_HOME/bin:$HADOOP_HOME/sbin:$HADOOP_HOME/lib
export HADOOP_COMMON_LIB_NATIVE_DIR=$HADOOP_HOME/lib/native
export HADOOP_OPTS="-Djava.library.path=$HADOOP_HOME/lib"
export LD_LIBRARY_PATH=$HADOOP_HOME/lib/native
```

使环境变量生效。

```
source /etc/profile
```

4.2.5 初始化及运行

以下的操作均使用 grid 用户在 master 主机上执行。

```
# 格式化 HDFS
hdfs namenode -format
```

看到输出中出现"INFO common.Storage: Storage directory/home/grid/hadoop-2.7.2/hdfs/name has been successfully formatted." 信息，则表明格式化成功。

```
# 启动 HDFS
start-dfs.sh
# 启动 YARN
start-yarn.sh
```

执行成功后，使用 jps 命令查看主节点 Java 进程，可以看到主节点上启动了 NameNode、SecondaryNameNode、ResourceManager 守护进程，如下所示。

```
[grid@master hadoop]$ jps
7194 Jps
6916 ResourceManager
6757 SecondaryNameNode
6546 NameNode
```

查看从节点 Java 进程，可以看到从节点上启动了 DataNode、NodeManager 守护进程，如下所示。

```
[grid@slave1 ~]$ jps
1385 DataNode
1506 Jps
1470 NodeManager
```

通过 Web 接口查看 NameNode，如图 4-1 所示。

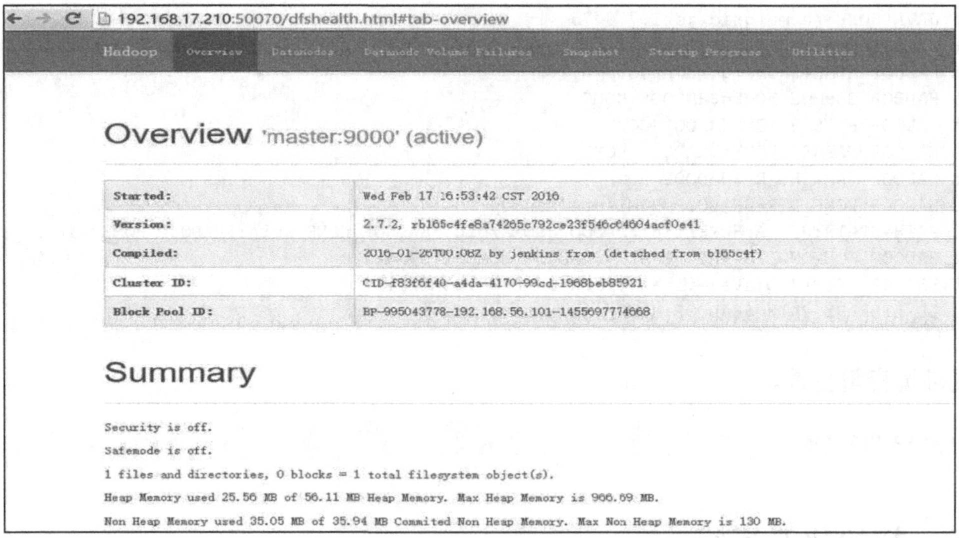

图 4-1　Hadoop Web 界面

至此，Apache Hadoop 已经安装完成，这个安装只有 HDFS、YARN、MapReduce 等基本组件，不包含任何其他的 Hadoop 组件。如果需要使用 Hive、HBase、Spark 等其他工具，需要在此基础上手工安装。在 4.4 节安装 CDH 时会看到，它已经包含了大部分 Hadoop 生态圈提供的服务（5.7.0 包含 21 个服务），安装时可以配置所需的服务，安装后也可以使用图形化的控制台添加或删除服务，为用户提供了极大的方便。

4.3 配置 HDFS Federation

HDFS Federation 是 Hadoop-0.23.0 版本新增的功能，是为解决 HDFS 单点故障而提出的 NameNode 水平扩展方案。该方案允许 HDFS 创建多个 namespace 以提高集群的扩展性和隔离性。本节主要介绍了 HDFS Federation 的原理和配置。

1. HDFS 的两层结构

如图 4-2 所示，HDFS 主要包含两层结构。

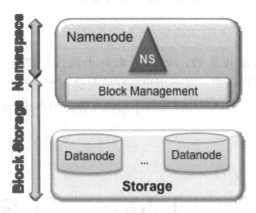

图 4-2　HDFS 的两层结构

- 命名空间

由目录、文件和数据块组成，支持所有与命名空间相关的文件系统操作，如创建、删除、修改和列出文件或目录。

- 数据块存储服务

由数据块管理和存储两部分组成。数据块管理（在 NameNode 中执行）主要功能包括：通过节点注册和周期性的心跳，维护集群中 DataNode 的成员关系；处理块报告，并维护数据块的位置；支持创建、删除、获取块的位置等数据块相关的操作；管理块复制。存储则是 DataNodes 提供的功能，它在本地文件系统存储实际的数据块并允许针对数据块的读写访问。

早期 HDFS 架构只允许整个集群中存在一个命名空间，而该命名空间被仅有的一个 NameNode 管理。这个架构使得 HDFS 非常容易实现，但是，这种设计导致了很多局限。

2. HDFS 局限性

- 块存储和命名空间高耦合

NameNode 中的命名空间和块管理的结合使得这两层架构耦合在一起，难以让其他可能的 NameNode 实现方案直接使用块存储。

- NameNode 不易扩展

HDFS 的底层存储是可以水平扩展的（底层存储指的是 DataNodes，当集群存储空间不够时，可简单地添加机器以进行水平扩展），但命名空间不可以。当前的命名空间只能存放在单个 NameNode 上，而 NameNode 在内存中存储了整个分布式文件系统中的元数据信息，这限制了集群中数据块，文件和目录的数目。

- 性能

文件操作的性能受制于单个 NameNode 的吞吐量。

- 隔离性

现在大部分集群都是共享的，每天有来自不同部门的不同用户提交作业。单个 NameNode 难以提供隔离性，即：某个用户提交的负载很大的作业会减慢其他用户的作业执行，单一的 NameNode 无法按照应用类别将不同作业分派到不同 NameNode 上。

3. Federation 架构

Federation 架构如图 4-3 所示。

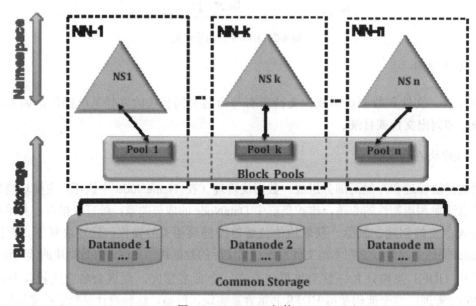

图 4-3　Federation 架构

采用 Federation 的最主要原因是实现简单，Federation 能够快速地解决大部分单 NameNode 的问题。Federation 主要改变是在 DataNode、配置和工具，而 NameNode 本身的改动非常少，这样 NameNode 原先的鲁棒性不会受到影响，也使得该方案与之前的 HDFS 版本兼容。

为了水平扩展 NameNode，federation 使用了多个独立的 NameNode 及命名空间。这些 NameNode 之间是分离的，也就是说，它们之间相互独立且不需要互相协调，各自分工，管理自己的区域。分布式的 DataNode 被用作通用的数据块存储设备。每个 DataNode 要向集群中所有的 NameNode 注册，且周期性地向所有 NameNode 发送心跳和块报告，并执行来自所有 NameNode 的命令。

一个 block pool 由属于同一个命名空间的数据块组成，每个 DataNode 可能会存储集群中所有 block pool 的数据块。

每个 block pool 内部自治，也就是说各自管理自己的 block，不会与其他 block pool 交流。一个 NameNode 失效，不会影响其他 NameNode。

某个 NameNode 上的命名空间和它对应的 block pool 一起被称为命名空间卷。它是管理的基本单位。当一个 NameNode 及命名空间被删除后，其所有 DataNode 上对应的 block pool 也会被删除。当集群升级时，每个命名空间卷作为一个基本单元进行升级。

一个 ClusterID 用来标识集群中的所有节点。当一个 NameNode 被格式化时，需要提供此 ClusterID，或者自动生成一个 ClusterID。生成的 ClusterID 被用于集群中其他 NameNodes 的格式化。

4. Federation 配置

现在为前面已安装的 Apache Hadoop 配置 Federation，要达到以下三个目的：

- 现有 Hadoop 集群只有一个 NameNode，现在要增加一个 NameNode。
- 两个 NameNode 构成 HDFS Federation。
- 不重启现有集群，不影响数据访问。

（1）现有环境

5 台 CentOS release 6.4 虚拟机，在各个主机的/etc/hosts 文件中都配置了域名解析，IP 地址和主机名如下：

- 192.168.56.101 master
- 192.168.56.102 slave1
- 192.168.56.103 slave2
- 192.168.56.104 slave3
- 192.168.56.105 master2

其中 master、slave1、slave2、slave3 是我们刚才安装的 Hadoop 集群节点，master2 是新增的一台"干净"的机器，已经配置好免密码 ssh，将作为新增的 NameNode。

Hadoop 版本：hadoop 2.7.2。

现有配置：master 作为 Hadoop 集群的 NameNode、SecondaryNameNode、ResourceManager；slave1、slave2、slave3 作为 Hadoop 集群的 DataNode、NodeManager。

（2）配置步骤

步骤01 编辑 master 上的 hdfs-site.xml 文件，修改后的文件内容如下所示。

```xml
<?xml version="1.0" encoding="UTF-8"?>
<?xml-stylesheet type="text/xsl" href="configuration.xsl"?>
<configuration>
<property>
      <name>dfs.namenode.name.dir</name>
      <value>file:/home/grid/hadoop-2.7.2/hdfs/name</value>
</property>
<property>
      <name>dfs.datanode.data.dir</name>
      <value>file:/home/grid/hadoop-2.7.2/hdfs/data</value>
</property>
<property>
      <name>dfs.replication</name>
      <value>3</value>
</property>
<property>
      <name>dfs.webhdfs.enabled</name>
      <value>true</value>
</property>

<!-- 新增属性 -->
<!-- 配置两个命名空间ns1和ns2 -->
<property>
      <name>dfs.nameservices</name>
      <value>ns1,ns2</value>
</property>

    <!-- 配置ns1的属性 -->
<property>
      <name>dfs.namenode.rpc-address.ns1</name>
      <value>master:9000</value>
</property>
<property>
      <name>dfs.namenode.http-address.ns1</name>
      <value>master:50070</value>
</property>
<property>
      <name>dfs.namenode.secondary.http-address.ns1</name>
      <value>master:9001</value>
</property>
<!-- 配置ns2的属性 -->
<property>
      <name>dfs.namenode.rpc-address.ns2</name>
      <value>master2:9000</value>
</property>
<property>
      <name>dfs.namenode.http-address.ns2</name>
      <value>master2:50070</value>
</property>
<property>
      <name>dfs.namenode.secondary.http-address.ns2</name>
      <value>master2:9001</value>
</property>
</configuration>
```

步骤02 复制 master 上的 hdfs-site.xml 文件到集群上的其他节点。

```
scp hdfs-site.xml slave1:/home/grid/hadoop-2.7.2/etc/hadoop/
scp hdfs-site.xml slave2:/home/grid/hadoop-2.7.2/etc/hadoop/
scp hdfs-site.xml slave3:/home/grid/hadoop-2.7.2/etc/hadoop/
```

步骤03 将 Java 目录、Hadoop 目录、环境变量文件从 master 复制到 master2。

```
scp -rp /home/grid/hadoop-2.7.2 master2:/home/grid/
scp -rp /home/grid/jdk1.7.0_75 master2:/home/grid/
# 用 root 执行
scp -p /etc/profile.d/* master2:/etc/profile.d/
```

步骤04 启动新的 NameNode、SecondaryNameNode。

```
# 在 master2 上执行
source /etc/profile
$HADOOP_HOME/sbin/hadoop-daemon.sh start namenode
$HADOOP_HOME/sbin/hadoop-daemon.sh start secondarynamenode
```

执行成功后，使用 jps 命令查看 master2 上的 Java 进程，可以看到启动了 NameNode、SecondaryNameNode 进程，如下所示。

```
[grid@master2 ~]$ jps
2285 Jps
2244 SecondaryNameNode
2154 eNode
```

步骤05 刷新 DataNode 收集新添加的 NameNode，在集群中任意一台机器上执行均可。

```
$HADOOP_HOME/bin/hdfs dfsadmin -refreshNamenodes slave1:50020
$HADOOP_HOME/bin/hdfs dfsadmin -refreshNamenodes slave2:50020
$HADOOP_HOME/bin/hdfs dfsadmin -refreshNamenodes slave3:50020
```

至此，HDFS Federation 配置完成，从 Web 查看两个 NameNode 的状态分别如图 4-4 和图 4-5 所示。从图中可以看到两个 NameNode 的 ClusterID 相同。

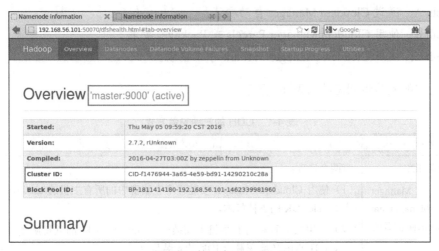

图 4-4 第一个 NameNode

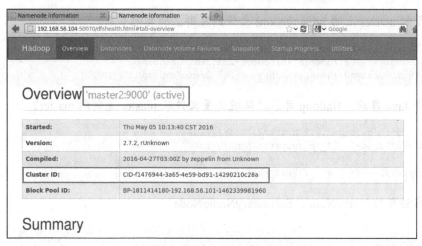

图 4-5　第二个 NameNode

4.4　离线安装 CDH 及其所需的服务

在后面的数据仓库实践中会用到 Sqoop、Hive、Oozie、Impala、Hue 等工具，出于简单部署的原则，这里选择 CDH 5.7.0，并启用相关服务。

4.4.1　CDH 安装概述

CDH 的全称是 Cloudera's Distribution Including Apache Hadoop，是 Cloudera 公司的 Hadoop 发行版本。有三种方式安装 CDH：

- Path A：通过 Cloudera Manager 自动安装。
- Path B：使用 Cloudera Manager Parcels 或 Packages 安装。
- Path C：使用 Cloudera Manager Tarballs 手工安装。

不同方式的安装步骤总结如表 4-1 所示。

表 4-1　CDH 的三种安装方式

步骤			
步骤 1：安装 JDK Cloudera　Manager Server 、 Management Service 和 CDH 需要安装 JDK	有两个选项： （1）使用 Cloudera Manager 安装程序在集群中的所有主机的/usr/Java 下安装一个 Oracle JDK 的支持版本。 （2）使用命令行在所有主机上安装一个 Oracle JDK 的支持版本，并且设置 JAVA_HOME 环境变量为 JDK 的安装目录		

（续表）

步骤			
步骤 2: 设置数据库 Cloudera Manager Server、Cloudera Management Service 和某些 CDH 的可选服务需要安装、配置和启动数据库	有两个选项： （1）使用 Cloudera Manager 安装程序安装、配置和启动一个内嵌的 PostgreSQL 数据库。 （2）使用诸如 yum 这样的命令行包安装工具安装、配置和启动数据库		
	Path A	Path B	Path C
步骤 3: 安装 Cloudera Manager 服务器 在一台主机上安装和启动 Cloudera Manager 服务器	使用 Cloudera Manager 安装程序安装服务器。需要该主机的 sudo 权限并能访问互联网	使用 Linux 包安装命令（如 yum）安装 Cloudera Manager 服务器。 修改数据库属性。 使用 service 命令启动 Cloudera Manager 服务器	使用 Linux 命令解包，并且使用 service 命令启动服务
步骤 4: 安装 Cloudera Manager 代理 在所有主机上安装并启动 Cloudera Manager 代理	使用 Cloudera Manager 安装向导在所有主机上安装代理	有两个选项： （1）使用 Linux 包安装命令（如 yum）在所有主机上安装 Cloudera Manager 代理。 （2）使用 Cloudera Manager 安装向导在所有主机上安装代理	使用 Linux 命令在所有主机上解包并启动代理
步骤 5: 安装 CDH 和服务 在所有主机上安装 CDH 及其服务	使用 Cloudera Manager 安装向导安装 CDH 及其服务	有两个选项： （1）使用 Cloudera Manager 安装向导安装 CDH 及其服务。 （2）使用 Linux 包安装命令（如 yum）在所有主机上安装 CDH 及其服务	使用 Linux 命令在所有主机上解包，并使用 service 命令启动 CDH 及其服务
步骤 6: 建立、配置并启动 CDH 和服务 在所有主机上配置并启动 CDH 及其服务	使用 Cloudera Manager 安装向导给主机赋予角色并配置集群。许多配置是自动的	使用 Cloudera Manager 安装向导给主机授予角色并配置集群。许多配置是自动的	使用 Cloudera Manager 安装向导给主机赋予角色并配置集群。许多配置是自动的。也可以使用 Cloudera Manager API 管理一个集群，这对于脚本预配置部署是很有用的

4.4.2 安装环境

硬件配置：每台主机 CPU4 核、内存 8GB、硬盘 100GB。IP 与主机名如下：

- 172.16.1.101 cdh1
- 172.16.1.102 cdh2
- 172.16.1.103 cdh3
- 172.16.1.104 cdh4

各软件版本如表 4-2 所示。

表 4-2　安装 CDH 所需软件的版本

软件名称	版本
操作系统	CentOS release 6.4 (Final) 64 位
JDK	1.7.0_80
数据库	MySQL 5.6.14
JDBC	MySQL Connector Java 5.1.38
Cloudera Manager	5.7.0
CDH	5.7.0

4.4.3 安装配置

1. 安装前准备（都是使用 root 用户在集群中的所有 4 台主机配置）

- 从以下地址下载所需要的安装文件

```
http://archive.cloudera.com/cm5/cm/5/cloudera-manager-el6-cm5.7.0_x86_64.tar.gz
http://archive.cloudera.com/cdh5/parcels/5.7/CDH-5.7.0-1.cdh5.7.0.p0.45-el6.parcel
http://archive.cloudera.com/cdh5/parcels/5.7/CDH-5.7.0-1.cdh5.7.0.p0.45-el6.parcel.sha1
http://archive.cloudera.com/cdh5/parcels/5.7/manifest.json
```

- 使用下面的命令检查 OS 依赖包，xxxx 换成包名

```
rpm -qa | grep xxxx
```

以下这些包必须安装：

```
chkconfig
python (2.6 required for CDH 5)
bind-utils
psmisc
libxslt
zlib
sqlite
cyrus-sasl-plain
```

```
cyrus-sasl-gssapi
fuse
portmap (rpcbind)
fuse-libs
redhat-lsb
```

- 配置域名解析

```
vi /etc/hosts
```

添加如下 4 行内容：

```
172.16.1.101 cdh1
172.16.1.102 cdh2
172.16.1.103 cdh3
172.16.1.104 cdh4
```

- 安装 JDK

CDH5 推荐的 JDK 版本是 1.7.0_67、1.7.0_75、1.7.0_80，这里安装 1.7.0_80。注意：所有主机要安装相同版本的 JDK；安装目录为/usr/java/jdk-version。

```
mkdir /usr/java/
mv jdk-7u80-linux-x64.tar.gz /usr/java/
cd /usr/java/
tar -zxvf jdk-7u80-linux-x64.tar.gz
chown -R root:root jdk1.7.0_80/
vi /etc/profile.d/java.sh
```

添加如下 3 行内容：

```
export JAVA_HOME=/usr/java/jdk1.7.0_80
export CLASSPATH=.:$JAVA_HOME/jre/lib/*:$JAVA_HOME/lib/*
export PATH=$PATH:$JAVA_HOME/bin
```

使环境变量生效：

```
source /etc/profile.d/java.sh
```

- 安装、配置并启动 NTP 服务

```
yum install ntp
chkconfig ntpd on
ntpdate -u 202.112.29.82
vi /etc/ntp.conf
```

添加如下 8 行内容：

```
driftfile /var/lib/ntp/drift
restrict default kod nomodify notrap nopeer noquery
restrict -6 default kod nomodify notrap nopeer noquery
restrict 127.0.0.1
restrict -6 ::1
server 202.112.29.82
```

```
includefile /etc/ntp/crypto/pw
keys /etc/ntp/keys
```

启动 NTP 服务：

```
service ntpd start
```

- 建立 CM 用户

```
useradd --system --home=/opt/cm-5.7.0/run/cloudera-scm-server --no-create-home --
shell=/bin/false --comment "Cloudera SCM User" cloudera-scm
usermod -a -G root cloudera-scm
echo USER=\"cloudera-scm\" >> /etc/default/cloudera-scm-agent
echo "Defaults secure_path = /sbin:/bin:/usr/sbin:/usr/bin" >> /etc/sudoers
```

- 安装配置 MySQL 数据库（为了后面配置方便，这里每个主机都装了）

```
rpm -ivh MySQL-5.6.14-1.el6.x86_64.rpm
vi /etc/profile.d/mysql.sh
```

添加如下 2 行内容：

```
export MYSQL_HOME=/home/mysql/mysql-5.6.14
export PATH=$PATH:$MYSQL_HOME/bin
```

使环境变量生效：

```
source /etc/profile.d/mysql.sh
```

修改 root 密码：

```
mysqladmin -u root password
```

编辑配置文件：

```
vi /etc/my.cnf
```

内容如下：

```
[mysqld]
transaction-isolation = READ-COMMITTED
log_bin=/data/mysql_binary_log
binlog_format = mixed
innodb_flush_log_at_trx_commit = 2
innodb_flush_method = O_DIRECT
key_buffer = 16M
key_buffer_size = 32M
max_allowed_packet = 32M
thread_stack = 256K
thread_cache_size = 64
query_cache_limit = 8M
query_cache_size = 64M
query_cache_type = 1
max_connections = 550
```

```
read_buffer_size = 2M
read_rnd_buffer_size = 16M
sort_buffer_size = 8M
join_buffer_size = 8M
innodb_flush_log_at_trx_commit   = 2
innodb_log_buffer_size = 64M
innodb_buffer_pool_size = 4G
innodb_thread_concurrency = 8
innodb_log_file_size = 512M
[mysqld_safe]
log-error=/data/mysqld.err
pid-file=/data/mysqld.pid
sql_mode=STRICT_ALL_TABLES
```

添加开机启动：

```
chkconfig mysql on
```

启动 MySQL：

```
service mysql restart
```

根据需要建立元数据库：

```
mysql -u root -p -e "create database hive DEFAULT CHARACTER SET utf8;create database rman
DEFAULT CHARACTER SET utf8;create database oozie DEFAULT CHARACTER SET utf8;grant all on *.*
TO 'root'@'%' IDENTIFIED BY 'mypassword';"
```

● 安装 MySQL JDBC 驱动

```
tar -zxvf mysql-connector-java-5.1.38.tar.gz
cp ./mysql-connector-java-5.1.38/mysql-connector-java-5.1.38-bin.jar /usr/share/java/mysql-
connector-java.jar
```

● 配置免密码 ssh（这里配置了任意两台机器都免密码）

分别在四台机器上生成密钥对：

```
cd ~
ssh-keygen -t rsa
```

然后一路回车。

在 cdh1 上执行：

```
cd ~/.ssh/
ssh-copy-id cdh1
scp /root/.ssh/authorized_keys cdh2:/root/.ssh/
```

在 cdh2 上执行：

```
cd ~/.ssh/
ssh-copy-id cdh2
scp /root/.ssh/authorized_keys cdh3:/root/.ssh/
```

在 cdh3 上执行：

```
cd ~/.ssh/
ssh-copy-id cdh3
scp /root/.ssh/authorized_keys cdh4:/home/grid/.ssh/
```

在 cdh4 上执行：

```
cd ~/.ssh/
ssh-copy-id cdh4
scp /root/.ssh/authorized_keys cdh1:/root/.ssh/
scp /root/.ssh/authorized_keys cdh2:/root/.ssh/
scp /root/.ssh/authorized_keys cdh3:/root/.ssh/
```

2. 在 cdh1 上安装 Cloudera Manager

```
tar -xzvf cloudera-manager*.tar.gz -C /opt/
```

建立 cm 数据库：

```
/opt/cm-5.7.0/share/cmf/schema/scm_prepare_database.sh mysql cm -hlocalhost -uroot -
pmypassword --scm-host localhost scm scm scm
```

配置 cm 代理：

```
vi /opt/cm-5.7.0/etc/cloudera-scm-agent/config.ini
```

将 cm 主机名改为 cdh1：

```
server_host=cdh1
```

将 Parcel 相关的三个文件复制到/opt/cloudera/parcel-repo：

```
cp CDH-5.7.0-1.cdh5.7.0.p0.45-el6.parcel /opt/cloudera/parcel-repo/
cp CDH-5.7.0-1.cdh5.7.0.p0.45-el6.parcel.sha1 /opt/cloudera/parcel-repo/
cp manifest.json /opt/cloudera/parcel-repo/
```

改名：

```
mv /opt/cloudera/parcel-repo/CDH-5.7.0-1.cdh5.7.0.p0.45-el6.parcel.sha1 /opt/cloudera/parcel-
repo/CDH-5.7.0-1.cdh5.7.0.p0.45-el6.parcel.sha
```

修改属主：

```
chown -R cloudera-scm:cloudera-scm /opt/cloudera/
chown -R cloudera-scm:cloudera-scm /opt/cm-5.7.0/
```

将/opt/cm-5.7.0 目录复制到其他三个主机：

```
scp -r -p /opt/cm-5.7.0 cdh2:/opt/
scp -r -p /opt/cm-5.7.0 cdh3:/opt/
scp -r -p /opt/cm-5.7.0 cdh4:/opt/
```

3. 在每个主机上建立/opt/cloudera/parcels 目录，并修改属主

```
mkdir -p /opt/cloudera/parcels
chown cloudera-scm:cloudera-scm /opt/cloudera/parcels
```

4. 在 cdh1 上启动 cm server

```
/opt/cm-5.7.0/etc/init.d/cloudera-scm-server start
```

此步骤需要运行一些时间，用下面的命令查看启动情况：

```
tail -f /opt/cm-5.7.0/log/cloudera-scm-server/cloudera-scm-server.log
```

5. 在所有主机上启动 cm agent

```
mkdir /opt/cm-5.7.0/run/cloudera-scm-agent
chown cloudera-scm:cloudera-scm /opt/cm-5.7.0/run/cloudera-scm-agent
/opt/cm-5.7.0/etc/init.d/cloudera-scm-agent start
```

6. 登录 cloudera manager 控制台，安装配置 CDH5 及其服务

打开控制台http://172.16.1.101:7180/，显示"登录"页面。

默认的用户名和密码都是 admin，登录后进入欢迎页面。勾选许可协议，单击"继续"。

进入版本说明页面，如图 4-6 所示。保持不变，单击"继续"。

图 4-6　版本说明页面

进入服务说明页面，单击"继续"。

进入选择主机页面，如图 4-7 所示。全选 cdh1、cdh2、cdh3、cdh4 四个主机，单击"继续"。

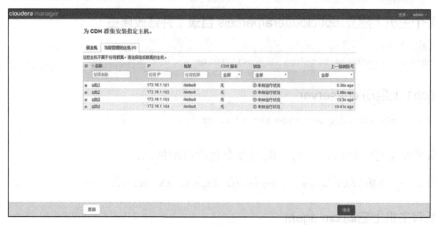

图 4-7　选择主机页面

进入选择存储库页面，保持不变，单击"继续"。

进入集群安装页面，单击"继续"。这一步会花费一些时间，进行 CDH5 的安装。

进入验证页面，单击"完成"。

进入集群设置页面，根据需要选择服务，本次安装选择了 HDFS、Hive、Hue、Impala、Oozie、Sqoop 2、YARN 等几项服务，单击"继续"。

进入自定义角色分配页面，保持不变，单击"继续"。

进入数据库设置页面，如图 4-8 所示。Hive、Reports Manager、Oozie Server 三个数据库主机都填写 cdh2，数据库类型选择 MySQL，数据库名称分别填写 hive、rman 和 oozie，这是我们在安装配置 MySQL 时建立的三个数据库，用户名、密码按建库时的信息填写，测试连接成功后，单击"继续"。

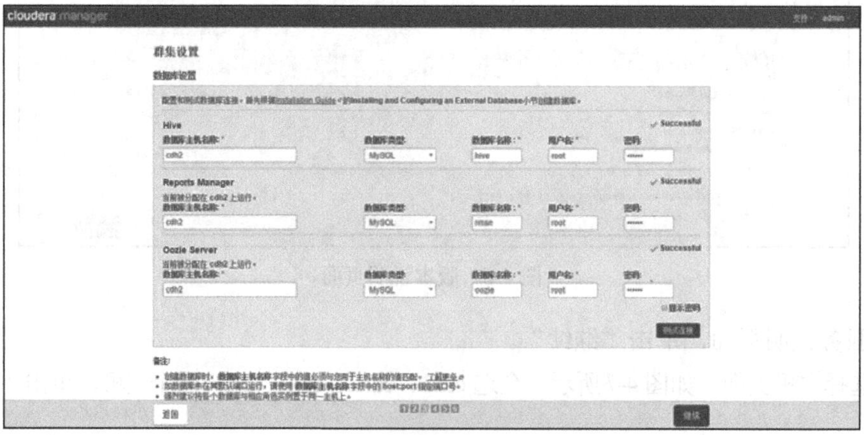

图 4-8　数据库设置页面

进入首次运行页面，等待运行完，单击"继续"。

进入安装成功页面，单击"完成"。

进入 cloudera manager 主页面，如图 4-9 所示。

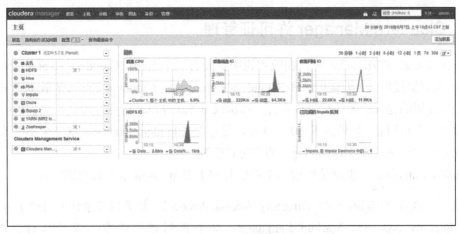

图 4-9 Cloudera Manager 主页面

至此，CDH 5.7.0 安装完成，主机和角色对应如表 4-3 所示。

表 4-3 CDH 服务－角色－主机对应关系

服务	角色	主机
HDFS	DataNode	cdh1
		cdh3
		cdh4
	NameNode	cdh2
	SecondaryNameNode	cdh2
Hive	Hive Metastore Server	cdh2
	HiveServer2	cdh2
Hue	Hue Server	cdh2
Impala	Impala Catalog Server	cdh2
	Impala Daemon	cdh1
		cdh3
		cdh4
	Impala StateStore	cdh2
Oozie	Oozie Server	cdh2
Sqoop 2	Sqoop 2 Server	cdh2
YARN	JobHistory Server	cdh2
	NodeManager	cdh1
		cdh3
		cdh4
	ResourceManager	cdh2

4.4.4　Cloudera Manager 许可证管理

上一小节安装 CDH 5.7.0 时，在版本说明页面有三个选项：Cloudera Express、Cloudera Enterprise 数据集线器 60 天试用版和 Cloudera Enterprise。Cloudera Express 版本不需要许可证，试用版使用的是 60 天的试用许可证；Cloudera Enterprise 需要许可证。我们选择的是默认配置的 60 天试用版。如果到了 60 天期限，是不是 Cloudera Manager 就完全不能用了呢？本小节就来介绍一下 Cloudera Manager 的许可证管理。

Cloudera Enterprise，也就是所谓的企业版有如下 Express 版本不具有的特性：

- 支持 LDAP（Lightweight Directory Access Protocol，轻量级目录访问协议）和 SAML（Security Assertion Markup Language，安全声明标记语言）身份认证。Cloudera Manager 可以依赖内部数据库进行身份认证，企业版还支持通过 LDAP 和 SAML 等外部服务进行身份认证。

- 浏览和还原配置历史。无论何时，当你改变并保存了一系列关于服务、角色或主机的配置信息，Cloudera Manager 都会自动保存前一个版本的配置和更改配置的用户名。这样就可以浏览以前的配置，并且在需要时可以回滚到以前的配置状态。

- 支持 SNMP traps 报警和用户定制的报警脚本。当预制定阈值越界等情况出现时，可以在任何时候向 SNMP 管理器报告错误情况，而不用等待 SNMP 管理器的再次轮询。

- 备份与崩溃恢复。Cloudera Manager 企业版提供了一套集成的、易用的、Hadoop 平台上的数据保护解决方案。Cloudera Manager 允许跨数据中心的数据复制，包括 HDFS 里的数据、Hive 表中的数据、Hive 元数据、Impala 元数据等。即使遇到一个数据中心都当掉的情况，仍然可以保证这些关键数据是可用的。

- 能够建立操作报告。在企业版 Cloudera Manager 的报告页面，可以建立 HDFS 的使用报告，包括每个用户、组或者目录的文件数及数据大小等信息，还可以报告 MapReduce 的操作情况。

- 支持 Cloudera 导航。Cloudera 导航是一个与 Hadoop 平台完全集成的数据管理和安全系统，包括数据的审计、可视化、加密、搜索、分析等数据管理功能。

- 只有企业版支持 Rolling Restart、History and Rollback 和 Send Diagnostic Data 操作命令。

- 提供集群使用报告。企业版 Cloudera Manager 的集群使用报告页面显示汇总的 YARN 和 Impala 作业使用信息。报告还显示 CPU、内存的使用情况，基于 YARN fair 调度器的资源分配情况，Impala 查询等，可以配置报告的时间范围。

登录 Cloudera Manager 后，选择"管理"→"许可证"菜单，就访问到许可证页面。如果已经安装了许可证，该页面将显示许可证的状态（如当前是否有效）和许可证的属主、密钥、过期时间等细节信息。

如果企业版的许可证过期，Cloudera Manager 仍然可以使用，只是企业版特性将不可用。试用版许可证只能使用一次，当 60 天试用期满，或者手工结束试用，将不能再次开启试用。试用结束后，企业版特性立即不可用，但是被禁用功能的相关数据和配置并不删除，一旦安装了企业版许可证，这些功能会再次生效。

在 60 天试用期即将结束前，Cloudera Manager 的登录页面会给出试用将要到期的提示。此时可以在到期前的任意时间点，手工终止 Cloudera Enterprise 数据集线器版的试用，具体操作步骤如下：

步骤01 在"许可证"页面，单击"结束试用"并确认。

步骤02 单击"集群"→"Cloudera Manager Service"，打开 Cloudera Manager 服务页面。

步骤03 在 Cloudera Manager 服务页面单击"操作"→"重启"，重启服务。

步骤04 重启 HBase、HDFS、Hive 等配置改变的相关服务。

手工终止试用后，试用版会自动变更为 Cloudera Express 版。除了企业版特性，其他 Cloudera Manager 的基本功能不受任何影响。如果购买了企业版许可证，可以从 Express 版直接升级到企业版。只需要在"许可证"页面单击"上载许可证"，然后按照向导的步骤顺序执行即可。

4.5 小结

（1）除了开源的 Apache Hadoop 以外，还有 Cloudera、HortonWorks、MapR 三个主流的商业 Hadoop 发行版本。CDH 的优点在于提供了包含大量工具和特性的用户友好界面，缺点是性能不够好，速度较慢。HDP 的优势在于它是唯一支持 Windows 平台的 Hadoop 版本，劣势是它的 Ambari 管理界面过于简单，没有提供丰富的特性。MapR Hadoop 优点是速度快，没有单点故障，缺点是没有好的用户界面控制台。

（2）手工安装 Apache Hadoop 的主要步骤包括：准备集群节点主机，安装 Linux 操作系统，配置好 IP、主机名，做好集群角色（master、slave）规划；建立运行 Hadoop 集群的 Linux 用户；在 hosts 中添加域名解析；安装兼容版本的 JDK；配置 SSH 免密码；编辑主要的 Hadoop 配置文件，设置参数；设置环境变量；HDFS 初始化；启动 HDFS 和 YARN。

（3）为了解决 NameNode 的单点问题和扩展的局限性，在 Hadoop-0.23.0 版本新增了 HDFS Federation 功能。Federation 使用了多个独立的 NameNode 及命名空间，这些 NameNode 之间是彼此分离的。也就是说，它们之间相互独立且不需要互相协调，各自分工，管理自己的区域。

（4）使用 Cloudera Manager，能够图形化安装和部署 CDH，极大简化了集群的管理和维护工作。有三种方式安装 CDH：通过 Cloudera Manager 自动安装；使用 Cloudera Manager

Parcels 或 Packages 安装；使用 Cloudera Manager Tarballs 手工安装。

（5）Cloudera Manager 许可证有 Cloudera Express、Cloudera Enterprise 数据集线器 60 天试用版和 Cloudera Enterprise 三种。Cloudera Enterprise 提供了一些高级特性和功能，其许可证需要购买。60 天试用期满或者在试用到期前手工结束试用后，试用企业版自动变更为 Express，此时除了企业版特性，其他 Cloudera Manager 的基本功能的使用不受任何影响。

第 5 章

◀Kettle与Hadoop▶

上一章详细介绍了 Apache Hadoop 和 CDH 的安装，这为我们开启 Hadoop 上的数据仓库之旅做好了准备。在一个数据仓库项目中，开发阶段最关键的是 ETL 过程。大致有三种 ETL 的实现途径：使用 ETL 工具、使用特定数据库的 SQL、使用程序语言开发自己的 ETL 应用。本章介绍第一种方式。我们将使用 Kettle 这款最流行的 ETL 工具操作 Hadoop 上的数据。

首先概要介绍 Kettle 对大数据的支持，然后用示例说明 Kettle 如何连接 Hadoop，如何导入导出 Hadoop 集群上的数据，如何用 Kettle 执行 Hive 的 HiveQL 语句（HiveQL 将在 6.2 节作简要介绍），还会用一个典型的 MapReduce 转换，说明 Kettle 在实际应用中是怎样利用 Hadoop 分布式计算框架的。本章最后介绍如何在 Kettle 中提交 Spark 作业。

5.1 Kettle 概述

Kettle 是用 Java 语言开发的。它最初的作者 Matt Casters 原是一名 C 语言程序员，在着手开发 Kettle 时还是一名 Java 小白，但是他仅用了一年时间就开发出了 Kettle 的第一个版本。虽然有很多不足，但这个版本毕竟是可用的。使用自己并不熟悉的语言，仅凭一己之力在很短的时间里就开发出了复杂的 ETL 系统工具，作者的开发能力和实践精神令人十分佩服。后来 Pentaho 公司获得了 Kettle 源代码的版权，Kettle 也随之更名为 Pentaho Data Integration，简称 PDI。

Kettle 的设计原则之一，就是尽量减少编程，几乎所有工作都可以通过简单拖曳来完成。它通过工作流和数据转换两种不同的模式进行数据操作，分别被称为作业和转换。

作业串行化执行一系列作业项，每个作业项中封装了具体的数据操作。例如，一个 Kettle 大数据相关的作业可以完成以下的工作：检查新的日志文件是否存在；将源端的文件复制到 HDFS；执行一个 MapReduce 任务，将 Web 日志聚合成单击流，并将单击流数据存储到一个分析数据库中。最新版的 Kettle 作业中包含的大数据相关作业项如表 5-1 所示。

表 5-1　Kettle 作业中的大数据作业项

作业项名称	描述
Amazon EMR Job Executor	在 Amazon EMR 中执行 MapReduce 作业
Amazon Hive Job Executor	在 Amazon EMR 中执行 Hive 作业
Hadoop Copy Files	将本地文件上传到 HDFS，或者在 HDFS 上复制文件
Hadoop job executor	在 Hadoop 节点上执行包含在 JAR 文件中的 MapReduce 作业
Oozie Job Executor	执行 Oozie 工作流
Pentaho MapReduce	在 Hadoop 中执行基于 MapReduce 的转换
Pig Script Executor	在 Hadoop 集群上执行 Pig 脚本
Sqoop Export	使用 Apache Sqoop 将 HDFS 上的数据导出到一个关系数据库中
Sqoop Import	使用 Apache Sqoop 将一个关系数据库中的数据导入到 HDFS 上
Start a PDI Cluster on YARN	在 Hadoop 节点上启动一个由 carte 服务器组成的集群
Stop a PDI Cluster on YARN	在 Hadoop 节点上停止一个由 carte 服务器组成的集群

　　一个 Kettle 转换由若干步骤组成，这些步骤并行执行，以一种数据流的方式操作数据列。数据列通常从一个系统流入，经过 Kettle 引擎的转换形成新的数据列，转换过程中可以对流入的数据列进行计算和筛选，还可以向数据流中加入新的列。流出的数据被发送到一个接收系统，如 Hadoop 集群、数据库或 Pentaho 的报表引擎等。最新版的 Kettle 转换中包含的大数据步骤如表 5-2 所示。

表 5-2　Kettle 转换中的大数据相关步骤

步骤名称	描述
Cassandra input	从一个 Cassandra column family 中读取数据
Cassandra output	向一个 Cassandra column family 中写入数据
CouchDB Input	获取 CouchDB 数据库一个设计文档中给定视图所包含的所有文档
Hadoop File Input	读取存储在 Hadoop 集群中的文本型文件
Hadoop File Output	向存储在 Hadoop 集群中的文本型文件中写数据
HBase input	从 HBase column family 中读取数据
HBase output	向 HBase column family 中写入数据
HBase Row Decoder	对 HBase 的键/值对进行编码
MapReduce Input	向 MapReduce 输入键值对
MapReduce Output	从 MapReduce 输出键值对
MongoDB Input	读取 MongoDB 中一个指定数据库表的所有记录
MongoDB Output	将数据写入 MongoDB 的表中
SSTable Output	作为 Cassandra SSTable 写入一个文件系统目录

　　Kettle 的设计很独特，它既可以在 Hadoop 集群外部执行，也可以在 Hadoop 集群内的节点上执行。在外部执行时，Kettle 能够从 HDFS、Hive 和 HBase 抽取数据，或者向它们中装

载数据。在 Hadoop 集群内部执行时，Kettle 转换可以作为 Mapper 或 Reducer 任务执行，并允许将 Pentaho MapReduce 作业项作为 MapReduce 的可视化编程工具来使用。后面我们会用示例演示这些功能。

5.2 Kettle 连接 Hadoop

通过提交适当的参数，Kettle 可以连接 Hadoop 的 HDFS、MapReduce、Zookeeper、Oozie 和 Spark 服务。在数据库连接类型中支持 Hive、Hive2 和 Impala。在本节示例中，我们只配置 Kettle 连接 HDFS 和 Hive2。

5.2.1 连接 HDFS

要使 Kettle 连接 Hadoop 集群，需要两个操作：设置一个 Active Shim；建立并测试连接。Shim 是 Pentaho 开发的插件，功能有点类似于一个适配器，帮助用户连接 Hadoop。Pentaho 定期发布 Shim，可以从 Pentaho 的官方网站查询所使用的 Kettle 版本支持的 Shim。使用 Shim 能够连接不同的 Hadoop 发行版本，如 CDH、HDP、MapR 等。当在 Kettle 中执行一个大数据的转换或作业时，默认会使用设置的 Active Shim。初始安装 Kettle 时，并没Active Shim，因此在尝试连接 Hadoop 集群前，首先要做的就是选择一个 Active Shim，选择的同时也就激活了此 Active Shim。设置好 Active Shim 后，再经过一定的配置，就可以测试连接了。Kettle 内建的工具可以为完成这些工作提供帮助。

1. 开始前准备

在配置连接前，要确认 Kettle 具有访问 HDFS 相关目录的权限，访问的目录通常包括用户主目录以及工作需要的其他目录。Hadoop 管理员应该已经配置了允许 Kettle 所在主机对 Hadoop 集群的访问。除权限外，还需要确认以下信息：

- Hadoop 集群的发行版本（例如 CDH5.7）。
- HDFS、MapReduce 或 Zookeeper 服务的 IP 地址和端口号（这个示例中我们只需要 HDFS 服务的 IP 和端口号）。
- 如果要使用 Oozie，需要知道 Oozie 服务的 URL。

本示例的环境信息如下。

4 台 CentOS release 6.4 虚拟机，IP 地址为：192.168.56.101、192.168.56.102、192.168.56.103、192.168.56.104。

- 192.168.56.101 是 Hadoop 集群的 master，运行 NameNode 进程。

- 192.168.56.102、192.168.56.103 是 Hadoop 的 slave，运行 DataNode 进程。
- 192.168.56.104 已经安装了 Pentaho 的 Kettle，安装目录为/root/data-integration。

Apache Hadoop 版本：2.7.2。

Kettle 版本：6.0。

HDFS 的端口号是 9000（由 fs.defaultFS 参数所定义）。

Hadoop 集群的安装配置参考 4.2 节。

2. 配置步骤

（1）复制 Hadoop 的配置文件到 Kettle 的相应目录下。

在 192.168.56.101 上执行以下命令：

```
scp /home/grid/hadoop/etc/hadoop/hdfs-site.xml root@192.168.56.104:/root/data-
integration/plugins/pentaho-big-data-plugin/hadoop-configurations/cdh54/
scp /home/grid/hadoop/etc/hadoop/core-site.xml root@192.168.56.104:/root/data-
integration/plugins/pentaho-big-data-plugin/hadoop-configurations/cdh54/
```

下面的配置均在 192.168.56.104 上进行。

（2）在安装 Kettle 的主机上建立访问 Hadoop 集群的用户。

这里 Hadoop 集群的属主是 grid，所以执行以下命令建立相同的用户：

```
useradd -d /home/grid -m grid
usermod -a -G root grid
```

（3）修改 Kettle 的安装目录，并将属主设置为 grid。

```
mv /root/data-integration /home/grid/
chown -R grid:root /home/grid/data-integration
```

（4）编辑相关配置文件。

```
cd /home/grid/data-integration/plugins/pentaho-big-data-plugin/hadoop-configurations/cdh54/
```

在 config.properties 文件中添加如下一行，不使用身份认证（此配置是不安全的，只用于演示目的）。

```
authentication.superuser.provider=NO_AUTH
```

（5）在 Kettle 中设置 Active Shim。

步骤01 打开 Kettle。

步骤02 选择菜单"工具"→"Hadoop Distribution..."，从弹出窗口中可以看到，Kettle 6.0 支持四种 Shim，这里选择 Cloudera CDH 5.4，如图 5-1 所示，然后单击"OK"。

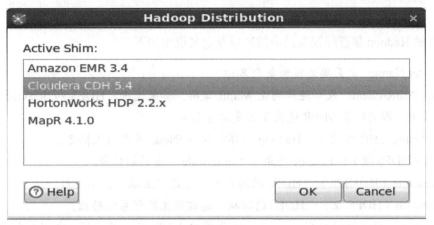

图 5-1　激活 Shim

步骤03 重启 Kettle。

（6）配置和测试连接。

新建一个作业或转换，在"主对象树"中选中"Hadoop cluster"，右击选择"New Cluster"，填写相关信息，如图 5-2 所示。之后单击"测试"，结果如图 5-3 所示，显示连接 HDFS 成功。

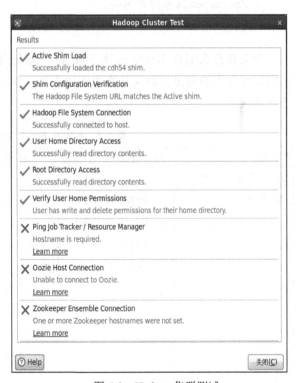

图 5-2　配置 Hadoop 集群　　　　　　图 5-3　Hadoop 集群测试

关闭"Hadoop Cluster Test"窗口后，单击"Hadoop cluster"窗口的"确定"按钮，至此

就建立了一个 Kettle 可以连接的 Hadoop 集群。

图 5-2 的 Hadoop 集群配置窗口中的选项及定义说明如下：

- Cluster Name：定义要连接的集群名称。
- Use MapR client：表示连接的是 MapR 集群。如果选中，HDFS 和 JobTracker 段就会被禁用，因为配置 MapR 连接不需要这些参数。
- Hostname（HDFS 段）：Hadoop 集群中 NameNode 节点的主机名。
- Port（HDFS 段）：Hadoop 集群中 NameNode 节点的端口号。
- Username（HDFS 段）：HDFS 的用户名，通过宿主操作系统给出。
- Password（HDFS 段）：HDFS 的密码，通过宿主操作系统给出。
- Hostname（JobTracker 段）：Hadoop 集群中 JobTracker 节点的主机名。如果有独立的 JobTracker 节点，在此输入，否则使用 HDFS 的主机名。
- Port（JobTracker 段）：Hadoop 集群中 JobTracker 节点的端口号，不能与 HDFS 的端口号相同。
- Hostname（ZooKeeper 段）：Hadoop 集群中 Zookeeper 节点的主机名，只有在连接 Zookeeper 服务时才需要。
- Port（ZooKeeper 段）：Hadoop 集群中 Zookeeper 节点的端口号，只有在连接 Zookeeper 服务时才需要。
- URL（Oozie 段）：Oozie WebUI 的地址，只有在连接 Oozie 服务时才需要。

如果是首次配置 Kettle 连接 Hadoop，难免会出现这样那样的问题，Pentaho 文档中列出了配置过程中的常见问题及其通用解决方法，如表 5-3 所示。希望这能对 Kettle 或 Hadoop 新手有所帮助。

表 5-3　Kettle 访问 Hadoop 时的常见错误

症状	通常原因	通用解决方法
Shim 和配置问题		
No shim	<ul><li>没有选择 shim。</li><li>shim 安装位置错误。</li><li>plugin.properties 文件中没有正确的 shim 名称。</li></ul>	<ul><li>检查 plugin.properties 文件中 active.hadoop.configuration 参数的值是否与 pentaho-big-data-plugin/hadoop-configurations 下的目录名相匹配。</li><li>确认 shim 安装在正确的位置（默认安装在 Kettle 安装目录的 plugins/pentaho-big-data-plugin 子目录下）。</li><li>参考 Pentaho "Set Up Pentaho to Connect to a Hadoop Cluster" 文档，确认 shim 插件的名称和安装目录</li></ul>

（续表）

症状	通常原因	通用解决方法
Shim doesn't load	<ul><li>没有安装许可证。</li><li>Kettle 版本不支持装载的 shim。</li><li>如果选择的是 MapR shim，客户端可能没有正确安装。</li><li>配置文件改变导致错误。</li></ul>	<ul><li>参考 Pentaho "required licenses are installed" 文档，验证许可证安装，并且确认许可证没有过期。</li><li>参考 Pentaho "Components Reference" 文档，验证使用的 Kettle 版本所支持的 shim。</li><li>参考 Pentaho "Set Up Pentaho to Connect to an Apache Hadoop Cluster" 文档，检查配置文件。</li><li>如果连接的是 MapR，检查客户端安装，然后重启 Kettle 后再测试连接。</li><li>如果该错误持续发生，文件可能损坏，需要从 Pentaho 官网下载新的 shim 文件</li></ul>
The file system's URL does not match the URL in the configuration file	<ul><li>*-site.xml 文件配置错误</li></ul>	<ul><li>参考 Pentaho "Set Up Pentaho to Connect to an Apache Hadoop Cluster" 文档，检查配置文件，主要是 core-site.xml 文件是否配置正确</li></ul>
连接问题		
Hostname incorrect or not resolving properly	<ul><li>没有指定主机名。</li><li>主机名/IP 地址错误。</li><li>主机名没有正确解析</li></ul>	<ul><li>验证主机名/IP 地址是否正确。</li><li>检查 DNS 或 hosts 文件，确认主机名解析正确</li></ul>
Port name is incorrect	<ul><li>没有指定端口号。</li><li>端口号错误</li></ul>	<ul><li>验证端口号是否正确。</li><li>确认 Hadoop 集群是否启用了 HA，如果是，则不需要指定端口号</li></ul>
Can't connect	<ul><li>被防火墙阻止。</li><li>其他网络问题</li></ul>	<ul><li>检查防火墙配置，并确认没有其他网络问题</li></ul>
目录访问或权限问题		
Can't access directory	<ul><li>认证或权限问题。</li><li>目录不在集群上</li></ul>	<ul><li>确认连接使用的用户对被访问的目录有读、写，或执行权限。</li><li>检查集群的安全设置（如 dfs.permissions 等）是否允许 shim 访问。</li><li>验证 HDFS 的主机名和端口号是否正确</li></ul>
Can't create, read, update, or delete files or directories	<ul><li>认证或权限问题</li></ul>	<ul><li>确认用户已经被授予目录的执行权限</li><li>检查集群的安全设置（如 dfs.permissions 等）是否允许 shim 访问。</li><li>验证 HDFS 的主机名和端口号是否正确</li></ul>

5.2.2 连接 Hive

Kettle 把 Hive 当作一个数据库，支持连接 Hive Server 和 Hive Server 2，数据库连接类型的名字分别为 Hadoop Hive 和 Hadoop Hive 2。

Hive Server 有两个明显的问题，一是不够稳定，经常会莫名奇妙地假死，导致客户端所有的连接都被挂起。二是并发性支持不好，如果一个用户在连接中设置了一些环境变量，绑定到一个 Thrift 工作线程（关于 Hive 的 Thrift 服务将在第 8 章做介绍），当该用户断开连接，另一个用户也创建了一个连接，他有可能也被分配到之前的线程，复用之前的配置。这是因为 Thrift 不支持检测客户端是否断开连接，也就无法清除会话的状态信息。Hive Server 2 的稳定性更高，并且已经完美支持了会话。从长远来看都会以 Hive Server 2 作为首选。

这里演示的示例就是连接 Hive 2。我们先在 Hadoop 集群中安装 Hive，然后在 Kettle 中建立一个 Hadoop Hive 2 类型的数据库连接。

1. 安装 Hive

（1）安装配置 Hadoop，在集群的所有节点上设置好 Hadoop 相关环境变量，参见 4.2 节。

（2）下载以下安装包。由于要在 MySQL 中存储 Hive 元数据，因此除了 Hive 安装包外，还需要安装 MySQL 数据库及其 JDBC 驱动程序。

```
mysql-5.7.10-linux-glibc2.5-x86_64
apache-hive-1.2.1-bin.tar.gz
mysql-connector-java-5.1.38.tar.gz
```

因为所有主机都已经设置了 Hadoop 相关的环境变量，所以以下操作可以在 Hadoop 集群中的任一节点主机上执行。Hive 通过环境变量找到 Hadoop 的配置文件，读取其中的配置，从而连接到 HDFS 和 YARN。

（3）安装 MySQL。

```
# 解压缩
cd /home/grid
tar -zxvf mysql-5.7.10-linux-glibc2.5-x86_64.tar.gz
# 建立软连接
ln -s /home/grid/mysql-5.7.10-linux-glibc2.5-x86_64 mysql
# 建立数据目录
mkdir /home/grid/mysql/data
# 编辑配置文件~/.my.cnf 内容如下:
[mysqld]
basedir=/home/grid/mysql
datadir=/home/grid/mysql/data
log_error=/home/grid/mysql/data/master.err
log_error_verbosity=2
# 初始化安装，并记下初始密码
mysqld --defaults-file=/home/grid/.my.cnf --initialize
# 启动 MySQL
mysqld --defaults-file=/home/grid/.my.cnf --user=grid &
# 登录 MySQL，修改初始密码
```

```
mysql -u root -p
mysql> ALTER USER USER() IDENTIFIED BY 'new_password';
mysql> exit;
# 在/etc/profile 中添加环境变量
export PATH=$PATH:/home/grid/mysql/bin
```

（4）安装配置 hive。

```
# 解压缩
cd /home/grid
tar -zxvf apache-hive-1.2.1-bin.tar.gz
# 建立软连接
ln -s /home/grid/apache-hive-1.2.1-bin hive
# 建立临时目录
mkdir /home/grid/hive/iotmp
# 建立配置文件 hive-site.xml
cp ~/hive/conf/hive-default.xml.template ~/hive/conf/hive-site.xml
# 新建配置文件 hive-site.xml，内容如下：
<?xml version="1.0" encoding="UTF-8" standalone="no"?>
<?xml-stylesheet type="text/xsl" href="configuration.xsl"?>
<configuration>
        <!-- 配置 MySQL 连接串，如果没有 hive 数据库则建立；
        这里 MySQL 与 Hive 安装在同一台主机上，因此使用本机 IP 地址 -->
    <property>
        <name>javax.jdo.option.ConnectionURL</name>

<value>jdbc:mysql://127.0.0.1:3306/hive?createDatabaseIfNotExist=true&amp;useSSL=false</value
>
    </property>
        <!-- 配置 JDBC 驱动 -->
    <property>
        <name>javax.jdo.option.ConnectionDriverName</name>
        <value>com.mysql.jdbc.Driver</value>
    </property>
        <!-- 连接 MySQL 使用的用户名 -->
    <property>
        <name>javax.jdo.option.ConnectionUserName</name>
        <value>root</value>
    </property>
    <!-- 连接 MySQL 使用的密码 -->
        <property>
        <name>javax.jdo.option.ConnectionPassword</name>
        <value>new_password</value>
    </property>
        <!-- 在 hive 命令行提示符中显示当前数据库 -->
    <property>
                <name>hive.cli.print.current.db</name>
                <value>true</value>
    </property>
</configuration>
# 复制 JDBC 驱动到 Hive 的 lib 目录
tar -zxvf mysql-connector-java-5.1.38.tar.gz
cp /home/grid/connector/mysql-connector-java-5.1.38-bin.jar /home/grid/hive/lib/
# 在/etc/profile 中添加环境变量
export HIVE_HOME=/home/grid/hive
export PATH=$PATH:$HIVE_HOME/bin
# 重新登录 Liunx，运行 hive 命令行，执行 show databases 命令，结果如下所示：
hive> show databases;
OK
```

```
default
Time taken: 0.694 seconds, Fetched: 1 row(s)
```

可以看到，初始安装后，Hive 只有一个 default 数据库。至此，Hive 1.2.1 安装完毕。

2. Kettle 5.1.0 连接 Apache Hive 1.2.1

安装好了 Hadoop、Hive 和 Kettle，接下来测试 Kettle 5.1.0 连接 Apache Hive 1.2.1，步骤如下。

（1）在 Hive 中建立一个名为 test 的数据库，用于后面的数据库连接配置。

```
create database test;
```

（2）配置 Hive Server2，在 hive-site.xml 中添加如下 4 个属性。

```
<!-- 配置hive server2 的主机 IP 地址 -->
<property>
    <name>hive.server2.thrift.bind.host</name>
    <value>192.168.56.101</value>
</property>
<!-- 配置hive server2 的主机端口号 -->
<property>
    <name>hive.server2.thrift.port</name>
    <value>10001</value>
</property>
<!-- 配置最小工作线程数 -->
<property>
    <name>hive.server2.thrift.min.worker.threads</name>
    <value>5</value>
</property>
<!-- 配置最大工作线程数 -->
<property>
    <name>hive.server2.thrift.max.worker.threads</name>
    <value>500</value>
</property>
```

（3）启动 Hive Server2。

```
$HIVE_HOME/bin/hiveserver2
```

（4）修改 kettle 的配置文件。

将 Kettle 安装目录下 plugins/pentaho-big-data-plugin/plugin.properties 文件中的 active.hadoop.configuration 参数修改成下面的值：

```
active.hadoop.configuration=hdp20
```

说明：这步很重要，一定要根据实际情况进行配置，这个示例连接的是 Apache Hive 1.2.1，所以要设置成 hdp20。如果设置不当，连接 Hive 时会报 Error connecting to database: (using class org.apache.hadoop.hive.jdbc.HiveDriver)类似的错误。

（5）启动 Kettle，配置并测试数据库连接。

打开 Kettle，新建一个作业或转换，在"View"标签页选择"Database connections"，

右键选择"new"，在弹出窗口中填写相关信息，如图5-4所示。

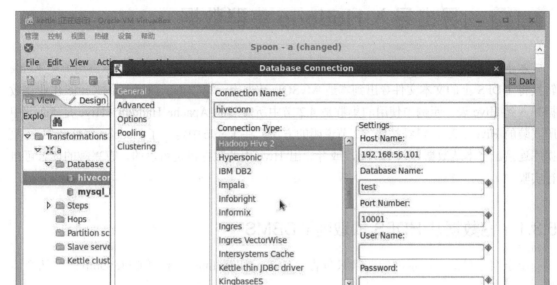

图5-4　数据库连接配置

图5-4的数据库连接配置窗口中的选项及定义说明如下：

- Connection Name：定义连接名称。
- Connection Type：连接类型选择 Hadoop Hive 2。
- Host Name：主机名，填写 hive.server2.thrift.bind.host 参数的值。
- Datebase Name：数据库名称，这里填写 test，如果为空，则查询的是 default 库。
- Port Number：端口号，填写 hive.server2.thrift.port 参数的值。
- User Name：用户名，这里为空。
- Password：密码，这里为空。

单击 Test，应该弹出成功连接窗口，显示内容如下：

```
正确连接到数据库[hiveconn]
主机名          : 192.168.56.101
端口            : 10001
数据库名        :test
```

5.3 导出导入 Hadoop 集群数据

本小节用两个示例演示如何使用 Kettle 导出导入 Hadoop 数据。第一个示例用一个 Kettle 转换将 HDFS 上的文本文件导出到本地 MySQL 数据库。第二个示例用一个 Kettle 作业将数据导入到 Hive 表。示例中使用的集群是 4.2 节中所安装的 Apache Hadoop，Hive 是 5.2 节中所安装的 Hive 1.2.1。已经按照 5.2 节说明的方法，在 Kettle 中定义了 Hadoop 集群和 Hive 数据库连接。将本地数据导入 HDFS，或者导出 Hive 中的数据也是可以的，有兴趣的读者可自行实验。

5.3.1 把数据从 HDFS 抽取到 RDBMS

出于演示目的，本示例的转换只包含"Hadoop File Input"和"Table Output" 两个步骤。

（1）从下面的地址下载数据文件。

http://wiki.pentaho.com/download/attachments/23530622/weblogs_aggregate.txt.zip?version=1&modificationDate=1327067858000

这是 Pentaho 提供的一个压缩文件，其中包含一个名为 weblogs_aggregate.txt 的文本文件，文件中有 36616 行记录，每行记录有 4 列，分别表示 IP 地址、年份、月份、访问页面数，前 5 行记录如下。我们使用这个文件作为最初的原始数据。

```
0.308.86.81    2012    07    1
0.32.48.676    2012    01    3
0.32.85.668    2012    07    8
0.45.305.7     2012    01    1
0.45.305.7     2012    02    1
```

（2）用下面的命令把解压缩后的 weblogs_aggregate.txt 文件上传到 HDFS 的 /user/grid/aggregate_mr/目录下。

```
hadoop fs -put weblogs_aggregate.txt /user/grid/aggregate_mr/
```

步骤01 打开 Kettle，新建一个包含两个步骤的转换，如图 5-5 所示。

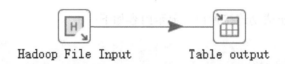

图 5-5 把数据从 HDFS 抽取到 RDBMS 的转换

步骤02 编辑"Hadoop File Input"步骤，如图 5-6~图 5-8 所示。

图 5-6 Hadoop File Input 步骤的"文件"标签

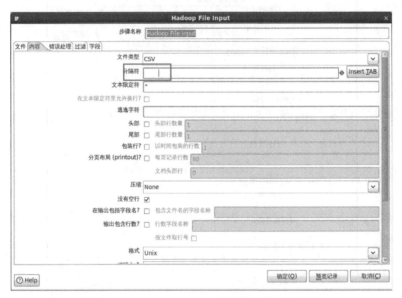

图 5-7 Hadoop File Input 步骤的"内容"标签

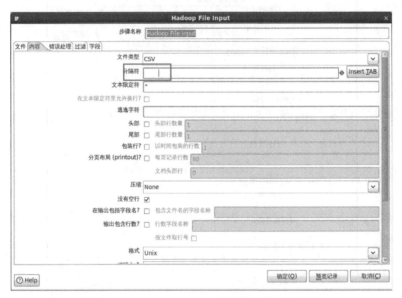

图 5-8 Hadoop File Input 步骤的"字段"标签

说明：

- 在"文件"标签里，"Environment"列选择"Static"，文件选择我们刚上传到 HDFS 上/user/grid/aggregate_mr/weblogs_aggregate.txt。
- 在"内容"标签里，文件类型选择 CSV，以 tab 作为列分隔符（单击"Insert TAB"按钮），"格式"选择"Unix"。
- 在"字段"标签里，定义与文件对应的列的名称、类型及其他属性。

步骤03 编辑 Table Output 步骤，如图 5-9 所示。

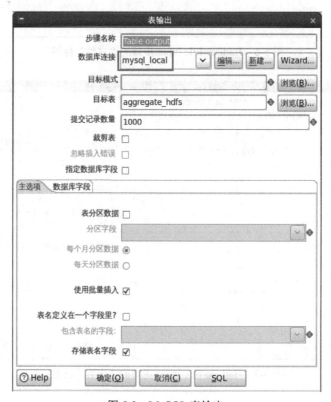

图 5-9 MySQL 表输出

说明：

- "mysql_local"是已经建好的一个本地 MySQL 数据库连接，设置如图 5-10 所示。
- "数据库字段"标签不需要设置。

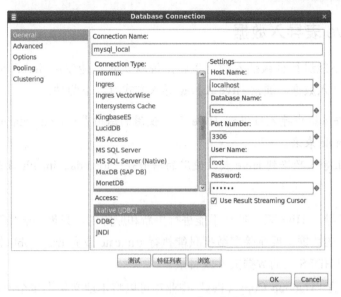

图 5-10　mysql_local 数据库连接

步骤04 在本地 MySQL 中执行下面的 SQL 语句建立目标表。

```
use test;
create table aggregate_hdfs (
    client_ip varchar(15),
    year smallint,
    month_num tinyint,
    pageviews bigint
);
```

步骤05 保存并执行转换。

步骤06 转换成功执行后，查询 MySQL 表，结果如下。可以看到，数据已经从 HDFS 抽取
到了 MySQL 表中。

```
mysql> select count(*) from test.aggregate_hdfs;
+----------+
| count(*) |
+----------+
|    36616 |
+----------+
1 row in set (0.01 sec)

mysql> select * from test.aggregate_hdfs limit 5;
+-------------+------+-----------+-----------+
| client_ip   | year | month_num | pageviews |
+-------------+------+-----------+-----------+
| 0.308.86.81 | 2012 |         7 |         1 |
| 0.32.48.676 | 2012 |         1 |         3 |
| 0.32.85.668 | 2012 |         7 |         8 |
| 0.45.305.7  | 2012 |         1 |         1 |
| 0.45.305.7  | 2012 |         2 |         1 |
+-------------+------+-----------+-----------+
rows in set (0.00 sec)
```

5.3.2　向 Hive 表导入数据

Hive 默认时不能进行行级插入的，也就是说默认时不能使用 insert into ... values 这种 SQL 语句向 Hive 插入数据。通常 Hive 表数据导入方式有以下两种：

- 从本地文件系统中导入数据到 Hive 表，使用的语句是：load data local inpath 目录或文件 into table 表名。
- 从 HDFS 上导入数据到 Hive 表，使用的语句是：load data inpath 目录或文件 into table 表名。

再有数据一旦导入 Hive 表，默认不能进行更新和删除的，只能向表中追加数据或者用新数据整体覆盖原来的数据。要删除表数据只能执行 truncate 或者 drop table 操作，这实际上是删除了表所对应的 HDFS 上的数据文件或目录。

Kettle 作业中的"Hadoop Copy Files"作业项可以将本地文件上传至 HDFS。下面就用一个示例说明，使用"Hadoop Copy Files"向 Hive 表导入数据，作业执行的效果与 load data local inpath 语句相同。

（1）从下面的地址下载数据文件。

http://wiki.pentaho.com/download/attachments/23530622/weblogs_parse.txt.zip?version=1&m odificationDate=1327068013000

这是 Pentaho 提供的一个压缩文件，其中包含一个名为 weblogs_parse.txt 的文本文件，它模拟一个 Web 访问日志记录。文件中有 445454 行记录，每行记录有 16 列。我们使用这个文件作为本地数据源。

（2）把解压缩后的 weblogs_parse.txt 文件保存到 Kettle 所在主机的 /home/grid/data-integration/test 目录下。

（3）建立一个作业，将文件导入到 hive 表中。

步骤01 执行下面的 HiveQL 语句，在 Hive 的 test 库中建立一个名为 weblogs 的表，字段对应文本文件中的列，文件格式使用默认的文本格式，以 TAB 作为列间分隔符。

```
create table test.weblogs (
    client_ip                      string,
    full_request_date        string,
    day                      string,
    month                    string,
    month_num                int,
    year                     string,
    hour                     string,
    minute                   string,
    second                   string,
    timezone                 string,
    http_verb                string,
    uri                      string,
    http_status_code   string,
    bytes_returned     string,
    referrer                 string,
```

```
     user_agent                      string)
row format delimited
fields terminated by '\t';
```

步骤02 打开 Kettle，新建一个作业，如图 5-11 所示。

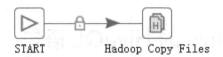

图 5-11　Hadoop 复制文件作业

步骤03 编辑"Hadoop Copy Files"作业项，如图 5-12 所示。

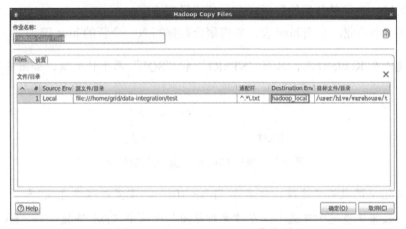

图 5-12　Hadoop Copy Files 作业项

说明：

- Source Env：选择"Local"，表示本地文件或目录。
- 源文件/目录：填写本地文件所在路径。
- 通配符：填写"^.*\.txt"，表示任何以 txt 为后缀的文件。
- Destination Env：选择"hadoop_local"，它是已经建立好的 Hadoop Clusters 连接，建立过程参考 5.2 节。
- 目标文件/目录：填写"/user/hive/warehouse/test.db/weblogs"，是一个 HDFS 目录。/user/hive/warehouse 是默认的"数据仓库"路径，test.db 是数据库目录，weblogs 是表目录。默认情况下，Hive 总是将创建的表目录放置在这个表所属的数据库目录之后。但 default 数据库是个例外，其在/user/hive/warehouse 下并没有对应一个数据库目录。因此 default 数据库中的表目录会直接位于/user/hive/warehouse 目录之后。

步骤04 保存并执行作业。

步骤05 作业成功执行后，在 Hive 里查询 test.weblogs 表，结果如下所示。

```
hive> select count(*) from test.weblogs;
445454
```

133

```
hive>
```

可以看到，向 test.weblogs 表中导入了 445454 条数据。

5.4 执行 Hive 的 HiveQL 语句

在这个示例中演示如何用 Kettle 执行 Hive 的 HiveQL 语句。我们在上一节建立的 weblogs 表上执行聚合查询，同时建立一个新表保存查询结果。

（1）建立 hive 表，装载原始数据（上一节已经完成）。

（2）建立一个作业，查询 hive 表，并将聚合数据写入一个新的 hive 表。

步骤01 新建一个 Kettle 作业，只有"START"和"SQL"两个作业项，如图 5-13 所示。

图 5-13　执行 Hive HiveQL 语句的作业

步骤02 建立 hive 的数据库连接，命名为"hive_101"。配置过程参考 5.2 节。

步骤03 共享数据库连接（可选）。在"主对象树"中选中"DB 连接"→"hive_101"，右击，在弹出菜单中选择"共享"。共享的数据库连接可以被其他转换或作业使用。

步骤04 编辑"SQL"作业项，如图 5-14 所示。

图 5-14　SQL 作业项

说明：

- 数据库连接选择"hive_101"。
- SQL脚本如下：

```
create table weblogs_agg
as
select client_ip, year, month, month_num, count(*)
  from weblogs
 group by client_ip, year, month, month_num;
```

步骤05 保存并执行作业，作业成功执行后，检查hive表，结果如下所示。

```
hive> select count(*) from test.weblogs_agg;
36616
hive>
```

可以看到weblogs_agg表中已经保存了全部的聚合数据。

5.5　MapReduce 转换示例

上一节我们只用一句 HiveQL 就生成了聚合数据，本示例使用"Pentaho MapReduce"作业项完成相似的功能，把细节数据汇总成聚合数据集。当给一个关系型数据仓库或数据集市准备待抽取的数据时，这是一个常见的使用场景。我们把格式化的 weblogs_parse.txt 文件作为细节数据，目标是建立一个聚合数据文件，其中包含以 IP 和年月分组统计的 PV 数。

（1）用下面的命令把 weblogs_parse.txt 文件上传到 HDFS 的/user/grid/parse/目录下（因为只是功能演示，本示例只在文件中保留了前 100 行数据）。

```
hadoop fs -put weblogs_parse.txt /user/grid/parse/
```

（2）建立一个用于 Mapper 的转换。

步骤01 新建一个转换，如图 5-15 所示。

图 5-15　Mapper 转换

该 转 换 由 "MapReduce Input" "Split Fields" "User Defined Java Expression" "MapReduce Output" 4 个步骤组成。

步骤02 编辑"MapReduce Input"步骤，如图 5-16 所示。

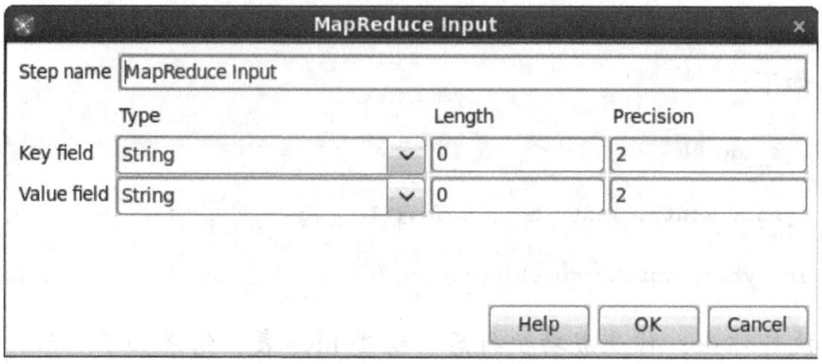

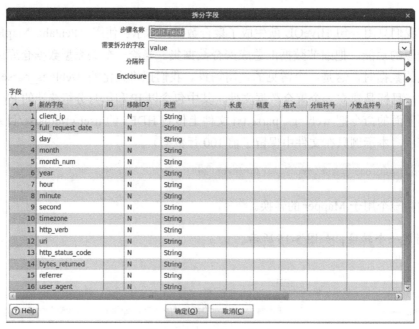

图 5-16　Mapper 转换的 MapReduce Input 步骤

说明：

- 该步骤输出两个字段，名称是固定的 key 和 value，也就是 Map 阶段输入的键值对。
- Step name：定义步骤的名称。
- Key field：Hadoop MapReduce 键的数据类型。
- Value field：Hadoop MapReduce 值的数据类型。

步骤03 编辑"Split Fields"步骤，如图 5-17 所示。

图 5-17　Split Fields 步骤

说明：

- 该步骤将输入的 value 字段拆分成 16 个字段，输出 17 个字段（key 字段没变，在 3.3 节曾提到文本文件每行的 key 是文件起始位置到每行的字节偏移量）。

- "分隔符"字段输入一个 TAB 符（图中没有显示出来）。
- 拆分成的所有 16 个字段都是 String 类型。

步骤04 编辑 "User Defined Java Expression" 步骤，如图 5-18 所示。

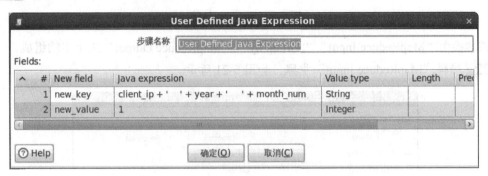

图 5-18　User Defined Java Expression 步骤

说明：

- 该步骤为数据流中增加两个新的字段，名称分别定义为 new_key 和 new_value。
- new_key 字段的值定义为 client_ip + '\t' + year + '\t' + month_num，将 IP 地址、年份、月份和字段间的两个 TAB 符拼接成一个字符串。
- new_value 字段的值为 1，数据类型是整数。
- 该步骤输出 19 个字段。

步骤05 编辑 "MapReduce Output" 步骤，如图 5-19 所示。

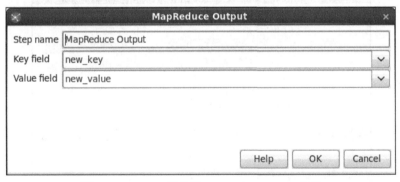

图 5-19　Mapper 转换的 MapReduce Output 步骤

说明：该步骤输出 "new_key" 和 "new_value" 两个字段，即 Map 阶段输出的键值对。

步骤06 将转换保存为 aggregate_mapper.ktr。

（3）建立一个用于 Reducer 的转换。

步骤01 新建一个转换，如图 5-20 所示。

图 5-20　Reducer 转换

该转换由"MapReduce Input""Group by""MapReduce Output"三个步骤组成。

步骤02 编辑"MapReduce Input"步骤，如图 5-21 所示。

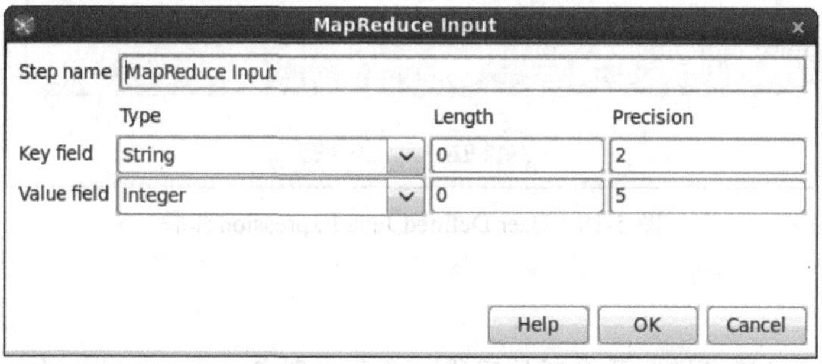

		MapReduce Input		×
Step name	MapReduce Input			
	Type	Length	Precision	
Key field	String	0	2	
Value field	Integer	0	5	
		Help	OK	Cancel

图 5-21　Reducer 转换的 MapReduce Input 步骤

说明：该步骤输出两个字段，名称是固定的 key 和 value，key 对应 Mapper 转换的 new_key 输出字段，value 对应 Mapper 转换的 new_value 输出字段。

步骤03 编辑"Group by"步骤，如图 5-22 所示。

图 5-22　Group by 步骤

说明：该步骤按 key 字段分组（key 字段的值就是 client_ip + '\t' + year + '\t' + month_num），对每个分组的 value 求和，每组的合计值定义为一个新的字段 new_value。注意，此处的 new_value 和 Mapper 转换输出的 new_value 字段含义是不同的。Mapper 转换输出的 new_value 字段对应这里的 Subject 字段值。

步骤04 编辑"MapReduce Output"步骤，如图 5-23 所示。

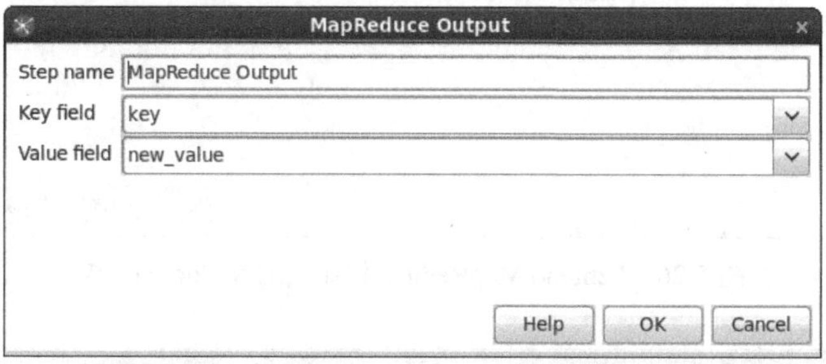

图 5-23　Reducer 转换的 MapReduce Output 步骤

说明：输出 Reducer 处理后的键值对，这就是我们想要的结果。

步骤05 将转换保存为 aggregate_reducer.ktr。

（4）建立一个调用 MapReduce 步骤的作业，使用 mapper 和 reducer 转换。

步骤01 新建一个作业，如图 5-24 所示。

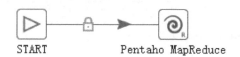

图 5-24　Pentaho MapReduce 作业

步骤02 编辑"Pentaho MapReduce"作业项，如图 5-25~图 5-28 所示。

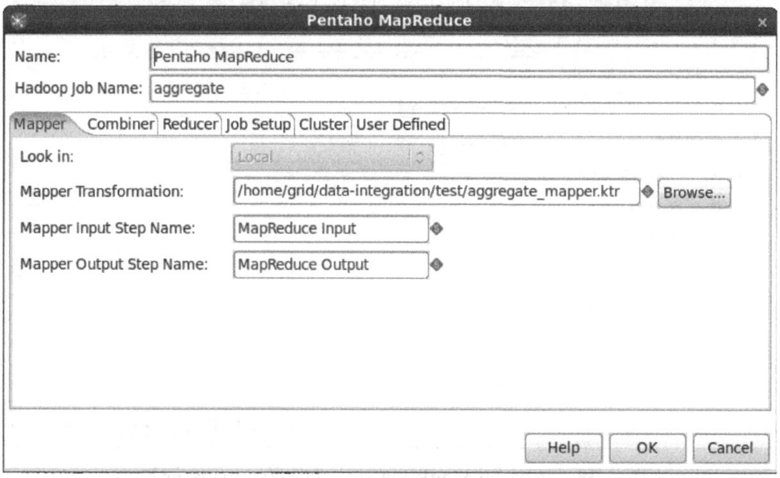

图 5-25　Pentaho MapReduce 作业项的 Mapper 标签

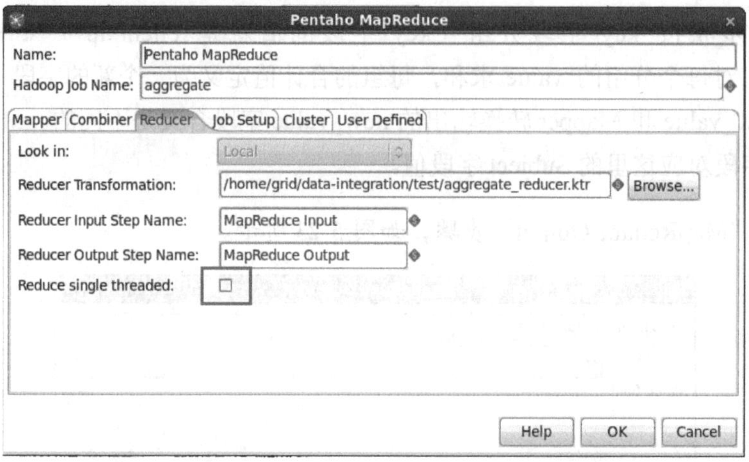

图 5-26　Pentaho MapReduce 作业项的 Reducer 标签

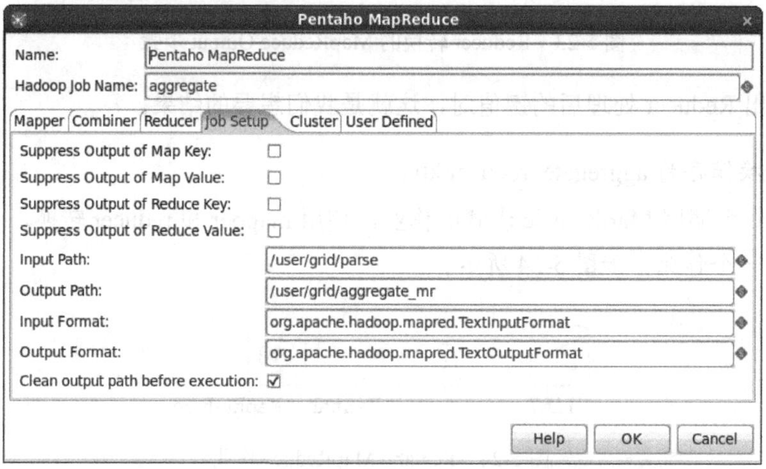

图 5-27　Pentaho MapReduce 作业项的 job Setup 标签

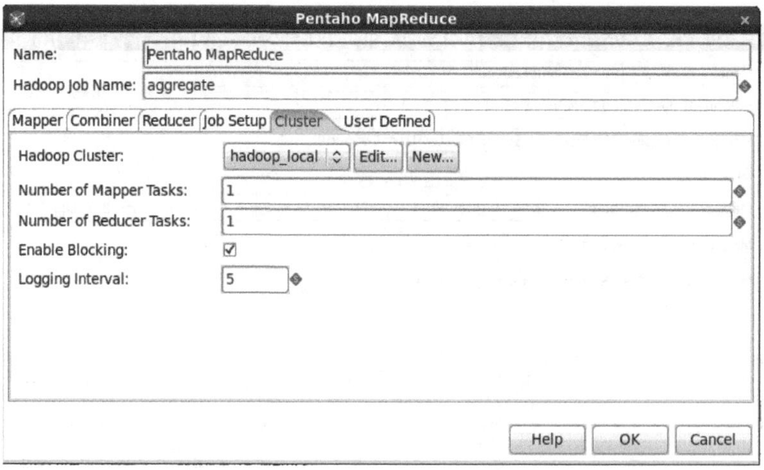

图 5-28　Pentaho MapReduce 作业项的 Cluster 标签

说明：需要编辑 Mapper、Reducer、job Setup、Cluster 4 个标签页，每个标签页上的选项及定义分别如表 5-4~表 5-7 所示。

表 5-4　Mapper 标签选项

选项	定义
Look in	设置 Browse 按钮的查找位置：Local 指本地文件系统，Repository by Name 指 Kettle 的 repository
Mapper Transformation	作业中执行 mapping 功能的转换
Mapper Input Step Name	接收 mapping 数据的步骤名，必须是一个 MapReduce Input 步骤的名称
Mapper Output Step Name	mapping 输出步骤名，必须是一个 MapReduce Output 步骤的名称

表 5-5　Reducer 标签选项

选项	定义
Look in	设置 Browse 按钮的查找位置：Local 指本地文件系统，Repository by Name 指 Kettle 的 repository
Reducer Transformation	作业中执行 reducing 功能的转换
Reducer Input Step Name	接收 reducing 数据的步骤名，必须是一个 MapReduce Input 步骤的名称
Reducer Output Step Name	reducing 输出步骤名，必须是一个 MapReduce Output 步骤的名称
Reduce single threaded	是否使用单线程转换执行引擎执行 reducer 转换。不选时使用正常的多线程转换引擎。单线程能够在处理很多小分组输出时降低开销

表 5-6　job Setup 标签选项

选项	定义
Suppress Output of Map Key	如果选中，Mapper 转换输出的键将被替换为 NullWritable（NullWritable 是一个非常特殊的 Writable 类型，序列化不包含任何字符，仅仅相当于个占位符。在使用 mapreduce 时，key 或者 value 在无须使用时，可以定义为 NullWritable。）
Suppress Output of Map Value	如果选中，Mapper 转换输出的值将被替换为 NullWritable
Suppress Output of Reduce Key	如果选中，Reducer 转换输出的键将被替换为 NullWritable。要求 Reducer 转换不能是一个"Identity Reducer"（Identity Reducer 对于输入键值对不进行任何处理而直接输出。）
Suppress Output of Reduce Value	如果选中，Reducer 转换输出的值将被替换为 NullWritable。要求 Reducer 转换不能是一个"Identity Reducer"
Input Path	一个以逗号分隔的 HDFS 目录列表，目录中存储的是 MapReduce 要处理的源数据文件
Output Path	存储 MapReduce 作业输出数据的 HDFS 目录
Input Format	描述输入格式的类名
Output Format	描述输出格式的类名
Clean output path before execution	如果选中，在 MapReduce 作业被调度执行前，先删除输出目录

表 5-7　Cluster 标签选项

选项	定义
Hadoop Cluster	选择、编辑、新建一个 Hadoop 集群（定义 Hadoop 集群参考 5.2 节。）
Number of Mapper Tasks	分配的 mapper 任务数，由输入的数据量所决定。典型的值为 10~100。非 CPU 密集型的任务可以指定更高的值
Number of Reducer Tasks	分配的 reducer 任务数。一般来说，该值设置得越小，reduce 操作启动得越快；设置的越大，reduce 操作完成得更快。加大该值会增加 Hadoop 框架的开销，但能够使负载更加均衡。如果设置为 0，则不执行 reduce 操作，mapper 的输出将作为整个 MapReduce 作业的输出
Enable Blocking	如果选中，作业将等待每一个作业项完成后再继续下一个作业项，这是 Kettle 感知 Hadoop 作业状态的唯一方式。如果不选，MapReduce 作业会自己执行，而 Kettle 在提交 MapReduce 作业后立即会执行下一个作业项。除非选中该项，否则 Kettle 的错误处理在这里将无法工作
Logging Interval	日志消息间隔的秒数

步骤03 将作业保存为 aggregate_mr.kjb。

（5）执行作业并验证输出。

步骤01 执行下面的命令启动 Hadoop 的 historyserver。

```
$HADOOP_HOME/sbin/mr-jobhistory-daemon.sh start historyserver
```

步骤02 执行 aggregate_mr.kjb 作业。

步骤03 检查 Hadoop 的输出文件，结果如下所示。

```
[root@cdh1~]#hadoop dfs -cat /user/grid/aggregate_mr/part-00000
DEPRECATED: Use of this script to execute hdfs command is deprecated.
Instead use the hdfs command for it.

11.308.46.48     2012    06    1
13.35.602.684    2012    06    11
13.626.41.322    2012    06    1
13.640.53.680    2012    06    2
14.323.74.653    2012    06    5
14.683.628.625   2012    06    1
14.688.668.57    2012    06    2
15.681.378.78    2012    06    2
322.38.361.71    2012    06    4
322.76.611.36    2012    06    2
325.83.602.85    2012    06    1
325.87.75.336    2012    06    1
361.631.17.30    2012    06    21
363.652.18.65    2012    06    5
368.10.43.678    2012    06    1
43.60.688.623    2012    06    1
45.84.87.7               2012    06    1
57.618.684.654   2012    06    3
58.40.07.17              2012    06    7
612.57.72.653    2012    06    7
654.02.7.70              2012    06    4
665.81.321.668   2012    06    8
```

```
682.3.16.08          2012    06       3
81.306.600.82  2012    06       6
```

可以看到，/user/grid/aggregate_mr 目录下生成了名为 part-00000 的输出文件，文件中包含以 IP 和年月分组的 PV 数。

5.6　Kettle 提交 Spark 作业

Kettle 不但支持 MapReduce 作业，还可以通过"Spark Submit"作业项，向 CDH 5.3 以上、HDP 2.3 以上、Amazon EMR 3.10 以上的 Hadoop 平台提交 Spark 作业。在本示例中，我们先在 Hadoop 集群中安装 Spark，然后修改并执行 Kettle 安装包中自带的 wordcount 作业例子，说明如何在 Kettle 中提交 Spark 作业。

5.6.1　安装 Spark

1. 安装前准备

（1）参考 4.2 节安装 Apache Hadoop 集群。我们将在 4.2 节安装好的 Hadoop 集群环境上安装 Spark。

（2）参考 5.2 节安装 Hive。我们将用 SparkSQL 查询 Hive 表中的数据。

（3）从 http://spark.apache.org/downloads.html 下载 Spark 安装包。注意，如果要用 SparkSQL 查询 Hive 的数据，一定要注意 Spark 和 Hive 的版本兼容性问题，在 Hive 源码包的 pom.xml 文件中可以找到匹配的 spark 版本。

2. 安装配置 Spark

```
# 解压缩安装包
tar -zxvf spark-1.6.0-bin-hadoop2.6.tgz

# 建立软连接
ln -s spark-1.6.0-bin-hadoop2.6 spark

# 配置环境变量
vi /etc/profile.d/spark.sh
# 增加如下两行
export SPARK_HOME=/home/grid/spark-1.6.0-bin-hadoop2.6
export PATH=$PATH:$SPARK_HOME/bin:$SPARK_HOME/sbin

# 建立 spark-env.sh
cd /home/grid/spark/conf/
cp spark-env.sh.template spark-env.sh
vi spark-env.sh
# 增加如下配置
export JAVA_HOME=/home/grid/jdk1.7.0_75
```

```
export HADOOP_HOME=/home/grid/hadoop-2.7.2
export HADOOP_CONF_DIR=$HADOOP_HOME/etc/hadoop
export SPARK_HOME=/home/grid/spark-1.6.0-bin-hadoop2.6
SPARK_MASTER_IP=master
SPARK_LOCAL_DIRS=/home/grid/spark
SPARK_DRIVER_MEMORY=1G

# 配置slaves
cd /home/grid/spark/conf/
vi slaves
# 增加如下两行
slave1
slave2

# 将配置好的spark-1.6.0-bin-hadoop2.6文件远程复制到相对应的从机中：
scp -r spark-1.6.0-bin-hadoop2.6 slave1:/home/grid/
scp -r spark-1.6.0-bin-hadoop2.6 slave2:/home/grid/

#配置yarn
vi /home/grid/Hadoop-2.7.2/etc/hadoop/yarn-site.xml
# 修改如下属性
<property>
    <name>yarn.nodemanager.resource.memory-mb</name>
    <value>2048</value>
</property>
```

3. 启动Spark

```
$SPARK_HOME/sbin/start-all.sh
```

启动完成后查看spark UI，如图5-29所示。

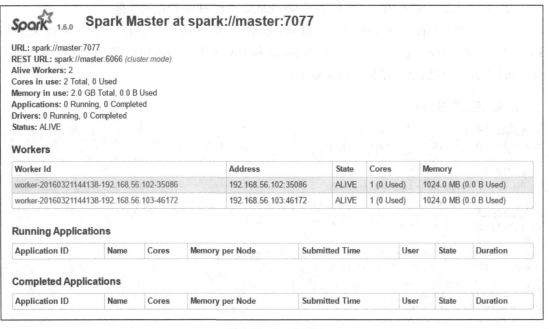

图5-29　Spark UI

4. 测试 Spark

```
# 把一个本地文本文件上传到 HDFS，命名为 input
hadoop fs -put /home/grid/hadoop-2.7.2/README.txt input

# 登录 Spark 的 Master 节点，进入 spark-shell
cd $SPARK_HOME/bin
./spark-shell
# 运行 wordcount
scala> val file=sc.textFile("hdfs://master:9000/user/grid/input")
16/03/21 15:07:16 INFO storage.MemoryStore: Block broadcast_3 stored as values in memory
(estimated size 323.2 KB, free 349.6 KB)
16/03/21 15:07:16 INFO storage.MemoryStore: Block broadcast_3_piece0 stored as bytes in
memory (estimated size 19.7 KB, free 369.3 KB)
16/03/21 15:07:16 INFO storage.BlockManagerInfo: Added broadcast_3_piece0 in memory on
localhost:54879 (size: 19.7 KB, free: 517.4 MB)
16/03/21 15:07:16 INFO spark.SparkContext: Created broadcast 3 from textFile at <console>:27
file: org.apache.spacr.rdd.RDD[String] = MapPartitionsRDD[6] at textFile at <console>:27

scala> val count=file.flatMap(line => line.split(" ")).map(word => (word,1)).reduceByKey(_+_)
16/03/21 15:09:38 INFO mapred.FileInputFormat: Total input paths to process : 1
count: org.apache.spark.rdd.RDD[(String, Int)] = ShuffledRDD[9] at reduceByKey at
<console>:29

scala> count.collect()
res1: Array[(String, Int)] = Array((Hadoop,1), (Commodity,1), (For,1), (this,3), (country,1),
(under,1), (it,1), (The,4), (Jetty,1), (Software,2), (Technology,1),
(<http://www.wassenaar.org/>,1), (have,1), (http://wiki.apache.org/hadoop/,1), (BIS,1),
(classified,1), (This,1), (following,1), (which,2), (security,1), (See,1), (encryption,3),
(Number,1), (export,1), (reside,1), (for,3), ((BIS,,1), (any,1), (at:,2), (software,2),
(makes,1), (algorithms.,1), (re-export,2), (latest,1), (your,1), (SSL,1), (the,8),
(Administration,1), (includes,2), (import,,2), (provides,1), (Unrestricted,1), (country's,1),
(if,1), (740,13),1), (Commerce,,1), (country,,1), (software.,2), (concerning,1), (laws,,1),
(source,1), (possession,,2), (Apache,1), (our,2), (written,1), (as,1), (License,1),
(regulations,...
```

5. 测试 SparkSQL

在 $SPARK_HOME/conf 目录下创建 hive-site.xml 文件，然后在该配置文件中添加 hive.metastore.uris 属性：

```
<configuration>
  <property>
    <name>hive.metastore.uris</name>
    <value>thrift://master:9083</value>
  </property>
</configuration>
```

启动 hive metastore 服务：

```
hive --service metastore > /tmp/grid/hive_metastore.log 2>&1 &
```

启动 SparkSQL CLI：

```
spark-sql --master spark://master:7077 --executor-memory 1g
```

使用 HQL 语句对 Hive 数据进行查询：

```
spark-sql> create database test;
16/03/22 16:53:33 WARN ObjectStore: Failed to get database test, returning
NoSuchObjectException
OK
spark-sql> use test;
OK
spark-sql> create table t1 (name string);
OK
load data local inpath '/home/grid/a.txt' into table t1;
Loading data to table test.t1
Table test.t1 status: [numFiles=1, totalSize=4]
OK
spark-sql> select * from t1;
aaa
spark-sql> select count(*) from t1;
1
spark-sql> drop table t1;
OK
```

5.6.2　配置 Kettle 向 Spark 集群提交作业

1. 环境

4 台 CentOS release 6.4 虚拟机，IP 地址为：192.168.56.101、192.168.56.102、192.168.56.103、192.168.56.104。

- 192.168.56.101 是 Spark 集群的主机，运行 Master 进程。
- 192.168.56.102、192.168.56.103 是 Spark 的从机，运行 Worker 进程。
- 192.168.56.104 安装 Kettle，安装目录为/home/grid/data-integration。

Hadoop 版本：2.7.2。

Spark 版本：1.5.0。

Kettle 版本：6.0。

2. 配置

（1）在 PDI 主机上安装 Spark 客户端

将 Spark 的安装目录和相关系统环境设置文件复制到 PDI 所在主机。在 192.168.56.101 上执行以下命令：

```
scp -r /home/grid/spark 192.168.56.104:/home/grid/
scp /etc/profile.d/spark.sh 192.168.56.104:/etc/profile.d/
```

下面的配置均在 192.168.56.104 上执行。

（2）编辑相关配置文件

在/etc/hosts 文件中加如下两行用于域名解析，master 和 kettle 为各自主机的 hostname：

```
192.168.56.101 master
192.168.56.104 kettle
```

编辑 spark-env.sh 文件，设置环境变量，写如下两行：

```
export HADOOP_CONF_DIR=/home/grid/data-integration/plugins/pentaho-big-data-plugin/hadoop-
configurations/cdh54
export SPARK_HOME=/home/grid/spark
```

编辑 spark.sh，设置环境变量，写如下三行：

```
export SPARK_HOME=/home/grid/spark
export PATH=$PATH:$SPARK_HOME/bin:$SPARK_HOME/sbin
export HADOOP_CONF_DIR=/home/grid/data-integration/plugins/pentaho-big-data-plugin/hadoop-
configurations/cdh54
```

3. 测试

（1）修改 Kettle 自带的 wordcount 作业例子。

```
cp /home/grid/data-integration/samples/jobs/Spark\ Submit/Spark\ submit.kjb /home/grid/data-
integration/test/Spark\ Submit\ Sample.kjb
```

在 Kettle 中打开/home/grid/data-integration/test/Spark\ Submit\ Sample.kjb 文件，如图 5-30
所示。

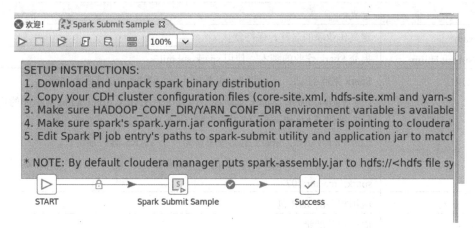

图 5-30　Kettle 自带的 Spark 例子

（2）编辑 Spark Submit Sample 作业项，填写如图 5-31 所示的信息。

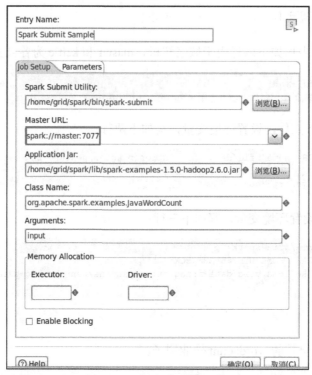

图 5-31　Spark Submit 作业项

Job Setup 标签页的配置选项及定义如表 5-8 所示。

表 5-8　Spark Submit 作业项选项

选项	定义
Entry Name	定义作业项的名称，保持默认
Spark-Submit Utility	提交 Spark 作业的脚本，使用 spark-submit
Master URL	Spark 集群的 URL，如果 Spark 部署在 YARN 上，支持两个选项： （1）Yarn-Cluster，Spark 驱动程序作为一个 YARN Application Master 的线程运行，类似于 MapReduce 的工作方式。 （2）Yarn-Client，Spark 驱动程序作为一个 YARN 客户端运行。 我们使用的 Spark 自带的 standalone 部署方式，所以这里填写 spark://master:7077
Application Jar	应用相关的 JAR 包
Class Name	应用相关的类名
Arguments	传给 main 方法的参数，这里就是需要统计词频的文件名
Executor	分配给每个执行器进程的内存大小，使用 JVM 格式，如 512m、2g 等
Driver	每个 Spark 驱动程序使用的内存大小，使用 JVM 格式，如 512m、2g 等
Enable Blocking	如果选中，后续作业项将等待，直到 Spark 作业运行完。如果不选，Spark 作业一旦提交，Kettle 作业就会继续执行下面的作业项

（3）执行例子。

在 HDFS 上准备测试文件/user/grid/input，执行 Spark Submit Sample 作业。Spark UI 控制台如图 5-32 所示。

```
hadoop fs -put /home/grid/hadoop-2.7.2/README.txt input
```

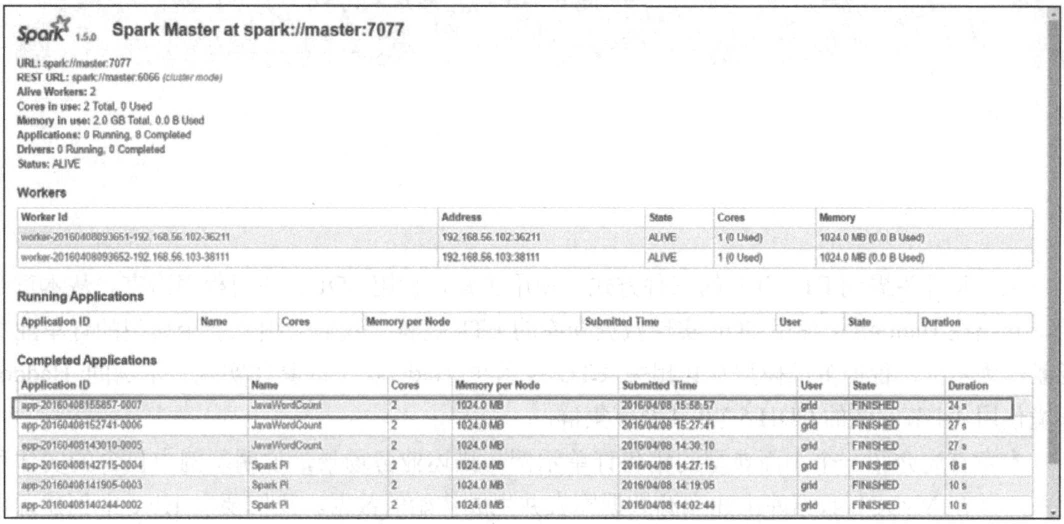

图 5-32　Spark UI 看到提交的 Spark 作业

5.7　小结

（1）通过提交适当的参数，Kettle 可以连接 Hadoop 的 HDFS、MapReduce、Zookeeper、Oozie 和 Spark 服务。

（2）Kettle 的数据库连接类型中支持 Hive、Hive2 和 Impala。

（3）可以使用 Kettle 导出导入 Hadoop 集群中（HDFS、Hive 等）的数据。

（4）Kettle 支持执行 Hive 的 HiveQL 语句。

（5）可以使用"Pentaho MapReduce"作业项在 Hadoop 中执行基于 MapReduce 的 Kettle 转换。

（6）Kettle 支持向 Spark 集群提交作业。

第 6 章

◀ 建立数据仓库示例模型 ▶

上一章开头提到 ETL 开发的三种方式：使用工具、使用 SQL、使用程序语言。从本章开始，介绍在 Hadoop 上使用 SQL 实现数据仓库的 ETL 过程。我们会引入一个典型的订单业务场景作为示例，说明多维模型及其相关 ETL 技术在 Hadoop 上的具体实现。示例的 Hadoop 环境使用 4.4 节安装的 CDH 5.7.0 4 节点集群。

本章首先介绍一个小而典型的销售订单示例，描述业务场景，说明示例中包含的实体和关系，并在 MySQL 数据库上建立源数据库表并生成初始的数据。我们要在 Hive 中创建源数据过渡区和数据仓库的表，因此需要了解与 Hive 创建表相关的技术问题，包括使用 Hive 建立传统多维数据仓库时，如何选择适当的文件格式，Hive 支持哪些表类型，向不同类型的表中装载数据时具有哪些不同特性。我们将以实验的方式对这些问题加以说明。在此基础上，我们就可以编写 Hive 的 HiveQL 脚本，建立过渡区和数据仓库中的表。本章最后会说明日期维度的数据装载方式及其实现脚本。

6.1　业务场景

1. 操作型数据源

示例的操作型系统是一个销售订单系统，初始时只有产品、客户、销售订单三个表，实体关系图如图 6-1 所示。

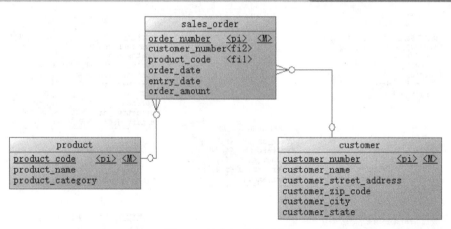

图 6-1 销售订单源系统

这个场景中的表及其属性都很简单。产品表和客户表属于基本信息表，分别存储产品和客户的信息。产品只有产品编号、产品名称、产品分类 3 个属性，产品编号是主键，唯一标识一个产品。客户有 6 个属性，除客户编号和客户名称外，还包含省、市、街道、邮编 4 个客户所在地区属性。客户编号是主键，唯一标识一个客户。在实际应用中，基本信息表通常由其他后台系统维护。销售订单表有 6 个属性，订单号是主键，唯一标识一条销售订单记录。产品编号和客户编号是两个外键，分别引用产品表和客户表的主键。另外三个属性是订单时间、登记时间和订单金额。订单时间指的是客户下订单的时间，订单金额属性指的是该笔订单需要花费的金额，这些属性的含义很清楚。订单登记时间表示订单录入的时间，大多数情况下它应该等同于订单时间。如果由于某种情况需要重新录入订单，还要同时记录原始订单的时间和重新录入的时间，或者出现某种问题，订单登记时间滞后于下订单的时间（11.5 节"迟到的事实"会讨论这种情况），这两个属性值就会不同。

源系统采用关系模型设计，为了减少表的数量，这个系统只做到了 2NF。地区信息依赖于邮编，所以这个模型中存在传递依赖。

2. 销售订单数据仓库模型设计

我们使用 2.2 节介绍的 4 步建模法设计星型数据仓库模型。

（1）选择业务流程。在本示例中只涉及一个销售订单的业务流程。

（2）声明粒度。ETL 处理时间周期为每天一次，事实表中存储最细粒度的订单事务记录。

（3）确认维度。显然产品和客户是销售订单的维度。日期维度用于业务集成，并为数据仓库提供重要的历史视角，每个数据仓库中都应该有一个日期维度。订单维度是特意设计的，用于后面说明退化维度技术。我们将在 10.5 节详细介绍退化维度。

（4）确认事实。销售订单是当前场景中唯一的事实。

示例数据仓库的实体关系图如图 6-2 所示。

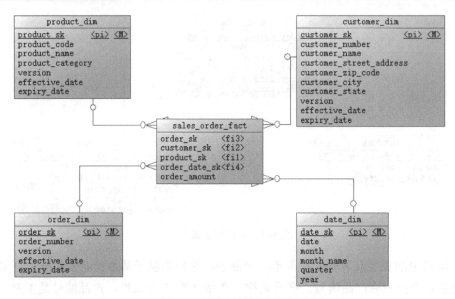

图 6-2 销售订单数据仓库

　　作为演示示例，上面实体关系图中的实体属性都很简单，看属性名字便知其含义。除了日期维度外，其他三个维度都在源数据的基础上增加了代理键、版本号、生效日期、过期日期四个属性，用来描述维度变化的历史。当维度属性发生变化时，依据不同的策略，或生成一条新的维度记录，或直接修改原记录。日期维度有其特殊性，该维度数据一旦生成就不会改变，所以不需要版本号、生效日期和过期日期。代理键是维度表的主键。事实表引用维度表的代理键作为自己的外键，4 个外键构成了事实表的联合主键。订单金额是当前事实表中的唯一度量。

6.2　Hive 相关配置

　　在 3.5 节曾经提到 Hive 可以用于原始数据和转换后的数据仓库数据存储。使用 Hive 作为多维数据仓库的主要挑战是处理渐变维（SCD）和生成代理键。处理渐变维需要配置 Hive 支持行级更新，并在建表时选择适当的文件格式。生成代理键在关系数据库中一般都是用自增列（如 MySQL）或序列对象（如 Oracle），但 Hive 中没有这样的机制，必须用其他方法实现。在第 8 章"数据转换与装载"中将说明渐变维的概念和 Hive 中生成代理键的方法。

6.2.1　选择文件格式

　　Hive 是 Hadoop 上的数据仓库组件，便于查询和管理分布式存储上的大数据集。Hive 提供了一种称为 HiveQL 的语言，允许用户进行类似于 SQL 的查询。和普遍使用的所有 SQL 方言一样，它不完全遵守任何一种 ANSI SQL 标准，并对标准 SQL 进行了扩展。HiveQL 和 MySQL 的方言最为接近，但是两者还是存在显著差异。HiveQL 只处理结构化数据，并且不区分大小写。默认时 Hive 使用内建的 derby 数据库存储元数据，也可以配置 Hive 使用 MySQL、Oracle 等关系数据库存储元数据，生产环境建议使用外部数据库存储 Hive 元数据。Hive 里的数据最终存储在 HDFS 的文件中，常用的数据文件格式有以下 4 种：

- TEXTFILE
- SEQUENCEFILE
- RCFILE
- ORCFILE

在深入讨论各种类型的文件格式前，先看一下什么是文件格式。所谓文件格式是一种信息被存储或编码成计算机文件的方式。在 Hive 中文件格式指的是记录以怎样的编码格式被存储到文件中。当我们处理结构化数据时，每条记录都有自己的结构。记录在文件中是如何编码的就定义了文件格式。不同文件格式的主要区别在于它们的数据编码、压缩率、使用的空间和磁盘 I/O。

当用户向传统数据库中增加数据的时候，系统会检查写入的数据与表结构是否匹配，如果不匹配则拒绝插入数据，这就是所谓的写时模式。Hive 与此不同，它使用的是读时模式，就是直到读取时再进行数据校验。在向 Hive 装载数据时，它并不验证数据与表结构是否匹配，但这时它会检查文件格式是否和表定义相匹配。

1. TEXTFILE

TEXTFILE 就是普通的文本型文件，是 Hadoop 里最常用的输入输出格式，也是 Hive 的默认文件格式。如果表定义为 TEXTFILE，则可以向该表中装载以逗号、TAB 或空格作为分隔符的数据，也可以导入 JSON 格式的数据。

文本文件中除了可以包含普通的字符串、数字、日期等简单数据类型外，还可以包含复杂的集合数据类型。如表 6-1 所示是 Hive 支持 STRUCT、MAP 和 ARRAY 三种集合数据类型。

表 6-1 集合数据类型

数据类型	描述	语法示例
STRUCT	结构类型可以通过"点"符号访问元素内容。例如，某个列的数据类型是 STRUCT{first STRING,last STRING}，那么第一个元素可以通过*字段名*.first 来引用	columnname struct(first string, last string)
MAP	MAP 是一组键/值对元组集合，使用数组表示法可以访问元素。例如，如果某个列的数据类型是 MAP，其中键/值对是 first'/John' 和 last'/Doe'，那么可以通过*字段名*['last']获取最后一个元素的值	columnname map(string, string)

（续表）

数据类型	描述	语法示例
ARRAY	数组是一组具有相同类型和名称的变量集合。这些变量被称为数组的元素，每个数组元素都有一个编号，编号从 0 开始。例如，数组值为['John','Doe']，那么第 2 个元素可以通过字段名[1]进行引用	columnname array(string)

Hive 中默认的记录和字段分隔符如表 6-2 所示。TEXTFILE 格式每一行被默认为一条记录。

表 6-2　Hive 中默认的记录和字段分隔

分隔符	描述
\n	对文本文件来说，每行都是一条记录，因此换行符可以分隔记录
^A（Ctrl+A）	用于分隔字段。在 CREATE TABLE 语句中可以使用八进制编码的\001 表示
^B（Ctrl+B）	用于分隔 ARRARY 或 STRUCT 中的元素，或用于 MAP 中键/值对之间的分隔。在 CREATE TABLE 语句中可以使用八进制编码的\002 表示
^C（Ctrl+C）	用于 MAP 中键和值之间的分隔。在 CREATE TABLE 语句中可以使用八进制编码的\003 表示

TEXTFILE 格式的输入输出包是：

```
org.apache.hadoop.mapred.TextInputFormat
org.apache.hadoop.mapred.TextOutputFormat
```

示例 1：以 TAB 为列间分隔符的文本文件

创建一个文本文件/root/data.csv，录入四列两行数据，列之间用 TAB 符号作为分隔符，文件内容如下：

```
a1      1       b1      c1
a2      2       b2      c2
```

执行下面的语句创建表、装载数据、查询表。

```
-- 建立 TEXTFILE 格式的表:
use test;
create table t_textfile(c1 string, c2 int, c3 string, c4 string)
row format delimited fields terminated by '\t' stored as textfile;
-- 向表中导入数据:
load data local inpath '/root/data.csv' into table t_textfile;
-- 查询表:
select * from t_textfile;
```

查询结果如下所示：

```
hive> select * from t_textfile;
OK
a1      1       b1      c1
```

```
a2        2         b2        c2
Time taken: 0.493 seconds, Fetched: 2 row(s)
```

示例2：JSON 格式的数据文件

建立一个 json 文件/root/simple.json，内容如下：

```
{"foo":"abc","bar":"20090101100000","quux":{"quuxid":1234,"quuxname":"sam"}}
```

执行下面的语句创建表、装载数据、查询表。

```
-- 根据实际目录添加 hive-hcatalog-core.jar 包:
add jar /opt/cloudera/parcels/CDH-5.7.0-1.cdh5.7.0.p0.45/lib/oozie/libtools/hive-hcatalog-
core.jar;
-- 建立测试表:
use test;
create table my_table(
foo      string,
     bar      string,
     quux     struct<quuxid:int, quuxname:string>)
row format serde 'org.apache.hive.hcatalog.data.JsonSerDe'
stored as textfile;
-- 装载数据:
load data local inpath '/root/simple.json' into table my_table;
-- 查询:
select foo, bar, quux.quuxid, quux.quuxname from my_table;
```

查询结果如下所示：

```
OK
abc     20090101100000    1234     sam
Time taken: 22.051 seconds, Fetched: 1 row(s)
```

再看一个复杂些的例子，complex_json 表中含有结构类型嵌套和结构、数组、结构三层嵌套。建立一个 json 文件/root/complex.json，内容如下：

```
{"docid":"abc","user":{"id":1234,"username":"sam1234","name":"sam","shippingaddress":{"addres
s1":"123 main
st.","address2":"","city":"durham","state":"nc"},"orders":[{"itemid":6789,"orderdate":"11/11/
2012"},{"itemid":4352,"orderdate":"12/12/2012"}]}}
```

执行下面的语句创建表、装载数据、查询表。

```
-- 建立测试表:
use test;
create table complex_json (
    docid       string,
    user      struct<id:       int,
         username: string,
         name:              string,
         shippingaddress:struct<address1:string,
                                        address2:string,
                                        city: string,
                                        state:          string>,
          orders:array<struct<itemid:int,
```

```
orderdate:string>>>
)
row format serde 'org.apache.hive.hcatalog.data.JsonSerDe'
stored as textfile;
-- 装载数据:
load data local inpath '/root/complex.json' overwrite into table complex_json;
-- 查询:
select docid, user.id, user.shippingaddress.city as city,
       user.orders[0].itemid as order0id,
       user.orders[1].itemid as order1id
from complex_json;
```

查询结果如下所示：

```
OK
abc    1234    durham  6789    4352
Time taken: 18.744 seconds, Fetched: 1 row(s)
```

查询：

```
select docid, user.id, user.orders.itemid from complex_json;
```

查询结果如下所示：

```
OK
abc    1234    [6789,4352]
Time taken: 17.755 seconds, Fetched: 1 row(s)
```

以上例子中，json 串的结构是固定的，然而实际应用中结构可能是动态变化的，我们再看一个用 MAP 类型存储动态键/值对的例子。创建文件/root/a.json 文件，内容如下：

```
{"conflict":{"liveid":123,"zhuboid":456,"media":789,"proxy":"abc","result":1000}}
{"conflict":{"liveid":123,"zhuboid":456,"media":789,"proxy":"abc"}}
{"conflict":{"liveid":123,"zhuboid":456,"media":789}}
{"conflict":{"liveid":123,"zhuboid":456}}
{"conflict":{"liveid":123}}
```

执行下面的语句创建表、装载数据、查询表。

```
-- 动态 map
use test;
drop table json_tab;
add jar /opt/cloudera/parcels/CDH-5.7.0-1.cdh5.7.0.p0.45/lib/oozie/libtools/hive-hcatalog-
core.jar;
create table json_tab (
    conflict  map<string, string>
)
row format serde 'org.apache.hive.hcatalog.data.JsonSerDe'
stored as textfile;
-- 装载数据
load data local inpath '/root/a.json' overwrite into table json_tab;
-- 查询
select * from json_tab;
```

查询结果如下所示：

```
hive> select * from json_tab;
OK
{"liveid":"123","zhuboid":"456","media":"789","proxy":"abc","result":"1000"}
{"liveid":"123","zhuboid":"456","media":"789","proxy":"abc"}
{"liveid":"123","zhuboid":"456","media":"789"}
{"liveid":"123","zhuboid":"456"}
{"liveid":"123"}
{"liveid":"123"}
Time taken: 0.134 seconds, Fetched: 6 row(s)
```

查询：

```
select conflict["media"] from json_tab;
```

查询结果如下所示：

```
OK
789
789
789
NULL
NULL
NULL
Time taken: 19.629 seconds, Fetched: 6 row(s)
```

2. SEQUENCEFILE

我们知道 Hadoop 处理少量大文件比大量小文件的性能要好。如果文件小于 Hadoop 定义的块尺寸（Hadoop 2.x 默认是 128MB），可以认为是小文件。元数据的增长将转化为 NameNode 的开销。如果有大量小文件，NameNode 会成为性能瓶颈。为了解决这个问题，Hadoop 引入了 sequence 文件，将 sequence 作为存储小文件的容器。

Sequence 文件是由二进制键值对组成的平面文件。Hive 将查询转换成 MapReduce 作业时，决定一个给定记录的哪些键/值对被使用。Sequence 文件是可分割的二进制格式，主要的用途是联合多个小文件。

SEQUENCEFILE 格式的输入输出包是：

```
org.apache.hadoop.mapred.SequenceFileInputFormat
org.apache.hadoop.hive.ql.io.HiveSequenceFileOutputFormat
```

示例：

```
-- 建立 SEQUENCEFILE 格式的表
use test;
create table t_sequencefile(c1 string, c2 int, c3 string, c4 string)
row format delimited fields terminated by '\t' stored as sequencefile;
-- 向表中导入数据
-- 与 TEXTFILE 有些不同，因为 SEQUENCEFILE 是二进制格式，所以需要从其他表向 SEQUENCEFILE 表插入数据。
insert overwrite table t_sequencefile select * from t_textfile;
-- 查询表
select * from t_sequencefile;
```

3. RCFILE

RCFILE 指的是 Record Columnar File,是一种高压缩率的二进制文件格式,被用于在一个时间点操作多行的场景。RCFILEs 是由二进制键/值对组成的平面文件,这点与 SEQUENCEFILE 非常相似。RCFILE 以记录的形式存储表中的列,即列存储方式。它先分割行做水平分区,然后分割列做垂直分区。RCFILE 把一行的元数据作为键,把行数据作为值。这种面向列的存储在执行数据分析时更高效。

RCFILE 格式的输入输出包是:

```
org.apache.hadoop.hive.ql.io.RCFileInputFormat
org.apache.hadoop.hive.ql.io.RCFileOutputFormat
```

示例:

```
-- 建立 RCFILE 格式的表
use test;
create table t_rcfile(c1 string, c2 int, c3 string, c4 string)
row format delimited fields terminated by '\t' stored as rcfile;
-- 向表中导入数据
-- 不能直接向 RCFILE 表中导入数据,需要从其他表向 RCFILE 表插入数据。
insert overwrite table t_rcfile select * from t_textfile;
-- 查询表
select * from t_rcfile;
```

4. ORCFILE

ORC 指的是 Optimized Record Columnar,就是说相对于其他文件格式,它以更优化的方式存储数据。ORC 能将原始数据的大小缩减 75%,从而提升了数据处理的速度。ORC 比 Text、Sequence 和 RC 文件格式有更好的性能,而且 ORC 是目前 Hive 中唯一支持事务的文件格式。

ORCFILE 格式的输入输出包是:

```
org.apache.hadoop.hive.ql.io.orc
```

示例:

```
-- 建立 ORCFILE 格式的表
use test;
create table t_orcfile(c1 string, c2 int, c3 string, c4 string)
row format delimited fields terminated by '\t' stored as orcfile;
-- 向表中导入数据
-- 不能直接向 ORCFILE 表中导入数据,需要从其他表向 ORCFILE 表插入数据。
insert overwrite table t_orcfile select * from t_textfile;
-- 查询表
select * from t_orcfile;
```

应该依据数据需求选择适当的文件格式,例如:

- 如果数据有参数化的分隔符,那么可以选择 TEXTFILE 格式。
- 如果数据所在文件比块尺寸小,可以选择 SEQUENCEFILE 格式。

- 如果想执行数据分析，并高效地存储数据，可以选择 RCFILE 格式。
- 如果希望减小数据所需的存储空间并提升性能，可以选额 ORCFILE 格式。

多维数据仓库需要处理渐变维（SCD），必然要用到行级更新，而当前的 Hive 只有 ORCFILE 文件格式可以支持此功能。因此在我们的销售订单示例中，所有数据仓库里的表，除日期维度表外，其他表都使用 ORCFILE 格式。日期维度表数据一旦生成就不会修改，所以使用 TEXTFILE 格式。原始数据存储里的表数据是从源数据库直接导入的，只有追加和覆盖两种导入方式，不存在数据更新的问题，因此使用默认的 TEXTFILE 格式。

6.2.2　支持行级更新

前面多次提到，HDFS 是一个不可更新的文件系统，其中只能创建、删除文件或目录，文件一旦创建，只能从它的末尾追加数据，已存在数据不能修改。Hive 以 HDFS 为基础，Hive 表里的数据最终会物理存储在 HDFS 上，因此原生的 Hive 是不支持 insert ... values、update、delete 等事务处理或行级更新的。这种情况直到 Hive 0.14 才有所改变。该版本具有一定的事务处理能力，在此基础上支持行级数据更新。

为了在 HDFS 上支持事务，Hive 将表或分区的数据存储在基础文件中，而将新增的、修改的、删除的记录存储在一种称为 delta 的文件中。每个事务都将产生一系列 delta 文件。在读取数据时 Hive 合并基础文件和 delta 文件，把更新或删除操作应用到基础文件中。

Hive 已经支持完整 ACID 特性的事务语义，因此功能得到了扩展，增加了以下使用场景：

- 获取数据流。很多用户在 Hadoop 集群中使用了诸如 Apache Flume、Apache Storm 或者 Apache Kafka 进行流数据处理。这些工具每秒可能写数百行甚至更多的数据。在支持事务以前，Hive 只能通过增加分区的方式接收流数据。通常每隔 15 分钟~1 小时新建一个分区，快速的数据载入会导致表中产生大量的分区。这种方案有两个明显的问题。一是当前述的流数据处理工具向已存在的分区中装载数据时，可能会对正在读取数据的用户产生脏读，也就是说，用户可能读取到他们在开始查询时间点后写入的数据。二是会在表目录中遗留大量的小数据文件，这将给 NameNode 造成很大压力。支持事务功能后，应用就可以向 Hive 表中持续插入数据行，避免产生太多的文件，并且向用户提供数据的一致性读。
- 处理渐变维（Slow Changing Dimensions，SCD）。在一个典型的星型模式数据仓库中，维度表随时间的变化很缓慢。例如，一个零售商开了一家新商店，需要将新店数据加到商店表，或者一个已有商店的营业面积或其他需要跟踪的特性改变了。这些改变会导致插入或修改个别记录（依赖于选择的策略）。从 0.14 版开始，Hive 支持了事务及行级更新，从而能够处理各种 SCD 类型。
- 数据修正。有时候我们需要修改已有的数据。如先前收集的数据是错误的，或者第一次得到的可能只是部分数据（例如 90%的服务器报告），而完整的数据会在后面提供，或者业务规则可能要求某些事务因为后续事务而重新启动（例如，一个客户购买了商品后，又购买了一张会员卡，因此获得了包括之前所购买商品在内的折扣价格。），或者在合作关系结束后，依据合同需要删除客户的数据等。这些数据处理都需要执行 insert、update 或 delete 操作。

Hive 0.14 后开始支持事务，但默认是不支持的，需要一些附加的配置。

1. 配置 Hive 支持事务

CDH 5.7.0 包含的 Hive 版本是 1.1.0，该版本可以支持事务及行级更新，但中文支持问题较多。

（1）编辑 hive-site.xml 配置文件，添加支持事务的属性。

```
vi /etc/hive/conf.cloudera.hive/hive-site.xml
<!-- 添加如下 6 个属性以支持事务 -->
<property>
    <name>hive.support.concurrency</name>
    <value>true</value>
</property>
<property>
    <name>hive.exec.dynamic.partition.mode</name>
    <value>nonstrict</value>
</property>
<property>
    <name>hive.txn.manager</name>
    <value>org.apache.hadoop.hive.ql.lockmgr.DbTxnManager</value>
</property>
<property>
    <name>hive.compactor.initiator.on</name>
    <value>true</value>
</property>
<property>
    <name>hive.compactor.worker.threads</name>
    <value>1</value>
</property>
<property>
    <name>hive.enforce.bucketing</name>
    <value>true</value>
</property>
```

各个属性的说明如下。

- hive.support.concurrency：默认值为 false，0.7.0 版本新增。

指示 Hive 是否支持并发。为了支持 insert ... values、update、delete 事务，该值需要设置为 true。

- hive.exec.dynamic.partition.mode：默认值为 strict，0.6.0 版本新增。

如果设置为 strict，向分区表装载数据时，为了防止用户意外覆盖所有分区，必须指定至少一个静态分区。如果设置成 nonstrict，则所有分区都允许动态生成。为了支持 insert ...

values、update、delete 事务，该值需要设置为 nonstrict。

- hive.txn.manager：默认值为 org.apache.hadoop.hive.ql.lockmgr.DummyTxnManager。

有 org.apache.hadoop.hive.ql.lockmgr.DummyTxnManager 和 org.apache.hadoop.hive.ql.lockmgr.DbTxnManager 两种取值。前者是 Hive 0.13 之前版本的锁管理器，不提供事务支持。后者是 Hive 0.13.0 版本为了支持事务新加的属性值。

- hive.compactor.initiator.on：默认值为 false，0.13 版本新增。

是否在 metastore 实例上运行 initiator 和 cleaner 进程。initiator 进程负责查找哪些表或分区的 delta 文件应该压缩以获得更好的性能。cleaner 进程负责删除已经不再需要的 delta 文件。为了支持事务，需要在运行 Thrift metastore 服务的实例上设置为 true。

- hive.compactor.worker.threads：默认值为 0，0.13 版本新增。

有多少工作线程在 Thrift metastore 实例上运行。为了支持事务，需要在运行 Thrift metastore 服务的一个或多个实例上设置为正整数。工作线程启动 MapReduce 作业压缩的准备工作，但它们并不执行真正的压缩。增加该值会减少表或分区在压缩时需要的时间，但同时会增加 Hadoop 集群的后台负载，因为会有更多的 MapReduce 作业在后台运行。

- hive.enforce.bucketing：Hive 0.x 和 Hive 1.x 的默认值为 false，Hive 2.x 已将该属性移除，效果等同于该属性的值恒为 true。

是否强制使用数据分桶。如果设置为 true，在向表中插入数据时强制分桶。必须设置这个属性，Hive 才会按照设置的桶的个数去生成数据。桶是更为细粒度的数据范围划分，它能使一些特定的查询效率更高，比如对于具有相同的桶划分并且连接的列刚好就是在桶里的连接查询。分桶还有一个用途是查询示例数据（TABLESAMPLE），对于一个庞大的数据集我们经常需要拿出来一小部分作为样例，然后在样例上验证并优化查询。为了支持 insert ... values、update、delete 事务，该值需要设置为 true。

（2）在 MySQL 中添加 Hive 元数据。

```
mysql -u root -p hive
mysql> insert into next_lock_id values(1);
mysql> insert into next_compaction_queue_id values(1);
mysql> insert into next_txn_id values(1);
mysql> commit;
```

注意，如果这三个表没有数据，执行行级更新时会报以下错误：org.apache.hadoop.hive.ql.lockmgr.DbTxnManager FAILED: Error in acquiring locks: Error communicating with the metastore。

配置 Hive 支持事务后，需要重启 Hive 服务。可以登录 Cloudera Manager 管理控制台执行重启 Hive 服务的操作。单击"Hive"→"操作"→"重启"即可。

2. 测试

使用 hive 命令行工具登录 Hive。

执行下面的 HiveQL 语句，建立测试表 t1。

```
use test;
-- 建立测试表
create table t1(id int, name string)
clustered by (id) into 8 buckets
stored as orc tblproperties ('transactional'='true');
```

说明：

- 必须存储为 ORC 格式。
- 建表语句必须带有 into buckets 子句和 stored as orc tblproperties ('transactional'='true')子句，并且不能带有 sorted by 子句。
- 关键字 clustered 声明划分桶的列和桶的个数，这里以 id 来划分桶，划分 8 个桶。Hive 会计算 id 列的 hash 值再以桶的个数取模来计算某条记录属于哪个桶。

测试 insert ... values 语句：

```
insert into t1 values (1,'aaa');
insert into t1 values (2,'bbb');
select * from t1;
```

查询结果如下所示：

```
hive> select * from t1;
OK
1       aaa
2       bbb
Time taken: 0.067 seconds, Fetched: 2 row(s)
```

测试 update 语句：

```
update t1 set name='ccc' where id=1;
select * from t1;
```

查询结果如下所示：

```
hive> select * from t1;
OK
1       ccc
2       bbb
Time taken: 0.103 seconds, Fetched: 2 row(s)
```

测试 delete 语句：

```
delete from t1 where id=2;
select * from t1;
```

查询结果如下所示：

```
hive> select * from t1;
OK
1       ccc
Time taken: 0.089 seconds, Fetched: 1 row(s)
```

测试从已有非 ORC 表装载数据。

```
-- 创建本地文本文件/root/a.txt 文件，内容如下：
1,a,us,ca
2,b,us,cb
3,c,ca,bb
4,d,ca,bc

-- 建立非分区表并装载数据
use test;
drop table if exists t1;
create table t1 (id int, name string, cty string, st string) row format delimited fields
terminated by ',';
load data local inpath '/root/a.txt' into table t1;

-- 建立外部分区事务表并装载数据
create external table t2 (id int, name string) partitioned by (country string, state string)
clustered by (id) into 8 buckets
stored as orc tblproperties ('transactional'='true');
insert into t2 partition (country, state) select * from t1;
select * from t2;
```

查询结果如下所示：

```
hive> select * from t2;
OK
3       c       ca      bb
4       d       ca      bc
1       a       us      ca
2       b       us      cb
Time taken: 0.167 seconds, Fetched: 4 row(s)
```

修改数据：

```
insert into table t2 partition (country, state) values (5,'e','dd','dd');
update t2 set name='f' where id=1;
delete from t2 where name='b';
select * from t2;
```

查询结果如下所示：

```
hive> select * from t2;
OK
3       c       ca      bb
4       d       ca      bc
5       e       dd      dd
1       f       us      ca
Time taken: 0.149 seconds, Fetched: 4 row(s)
```

说明:

- 对分区表执行 insert 时,表名后要跟 partition 子句。
- 不能修改 bucket 列的值,否则会报以下错误: FAILED: SemanticException [Error 10302]: Updating values of bucketing columns is not supported. Column id.
- 对已有非 ORC 表的转换,只能通过新建 ORC 表再向新表迁移数据的方式,直接修改原表的文件格式属性是不行的(有兴趣的读者可以自己试一试,我是踩过坑了)。

6.2.3 Hive 事务支持的限制

现在的 Hive 虽然已经支持了事务,但是并不完善,存在很多限制。还不能像使用关系数据库那样来操作 Hive,这是由 MapReduce 计算框架和 CAP 理论所决定的(3.5 节有对 CAP 理论的介绍)。Hive 事务处理的局限性体现在以下几个方面。

- 暂不支持 BEGIN、COMMIT 和 ROLLBACK 语句,所有 HiveQL 语句都是自动提交的。Hive 计划在未来版本支持这些语句。
- 现有版本只支持 ORC 文件格式,未来可能会支持所有存储格式。Hive 计划给表中的每行记录增加显式或隐式的 row id,用于行级的 update 或 delete 操作。这项功能很值得期待,但目前来看进展不大。
- 默认配置下,事务功能是关闭的,必须进行一些配置才能使用事务,易用性不理想。
- 使用事务的表必须分桶,而相同系统上不使用事务和 ACID 特性的表则没有此限制。
- 外部表的事务特性有可能失效。
- 不允许从一个非 ACID 的会话读写事务表。换句话说,会话中的锁管理器变量必须设置成 org.apache.hadoop.hive.ql.lockmgr.DbTxnManager,才能与事务表一起工作。
- 当前版本只支持快照级别的事务隔离。当一个查询开始执行后,Hive 提供给它一个查询开始时间点的数据一致性快照。传统事务的脏读、读提交、可重复读或串行化隔离级别都不支持。计划引入的 BEGIN 语句,目的就是在事务执行期间支持快照隔离级别,而不仅仅是面向单一语句。Hive 官方称会依赖用户需求增加其他隔离级别。
- ZooKeeper 和内存锁管理器与事务不兼容。

6.3 Hive 表分类

1. 管理表

我们前面创建的大部分表是管理表,有时也被称为内部表。因为 Hive 会控制这些表中数据的生命周期。默认情况下,Hive 会将这些表的数据存储在由 hive-site.xml 文件中属性

hive.metastore.warehouse.dir 所定义目录的子目录下。当我们删除一个管理表时，Hive 也会删除这个表中的数据。

管理表的主要问题是只能用 Hive 访问，不方便和其他系统共享数据。例如，假如有一份由 Pig 或其他工具创建并且主要由这一工具使用的数据，同时希望使用 Hive 在这份数据上执行一些查询，可是并没有给予 Hive 对数据的所有权，这时就不能使用管理表了。我们可以创建一个外部表指向这份数据，而并不需要对其具有所有权。

2. 外部表

前面对已有非 ORC 表的转换示例中已经创建过一个外部表。我们再来看一个 Hive 文档中外部表的例子。

```
create external table page_view(viewtime int, userid bigint,
    page_url string, referrer_url string,
    ip string comment 'ip address of the user',
    country string comment 'country of origination')
comment 'this is the staging page view table'
row format delimited fields terminated by '\054'
stored as textfile
location '<hdfs_location>';
```

上面的语句建立一个名为 page_view 的外部表。EXTERNAL 关键字告诉 Hive 这是一个外部表，后面的 LOCATION 子句指示数据位于 HDFS 的哪个路径下，而不使用 hive.metastore.warehouse.dir 定义的默认位置。外部表方便对已有数据的集成。

因为表是外部的，所以 Hive 并不认为其完全拥有这个表的数据。在对外部表执行删除操作时，只是删除掉描述表的元数据信息，并不会删除表数据。

我们需要清楚的重要一点是管理表和外部表之间的差异要比看起来的小得多。即使对于管理表，用户也可以指定数据是存储在哪个路径下的，因此用户也可以使用其他工具（如 hdfs 的 dfs 命令等）来修改甚至删除管理表所在路径下的数据。从严格意义上说，Hive 是管理着这些目录和文件，但是并不具有对它们的完全控制权。Hive 实际上对于所存储的文件的完整性以及数据内容是否和表结构一致并没有支配能力，甚至管理表都没有给用户提供这些管理能力。

用户可以在 DESCRIBE FORMATTED tablename 语句的输出中看到表是管理表还是外部表。对于管理表，用户可以看到如下信息：

```
...
Table Type:          MANAGED_TABLE
...
```

对于外部表，用户可以看到如下信息：

```
...
Table Type:          EXTERNAL_TABLE
...
```

用户还可以对一张存在的表只复制其表结构而不复制数据：

```
create external table if not exists mydb.empty_key_value_store
like mydb.key_value_store
location '/path/to/data';
```

注意，如果上面语句中省略掉 EXTERNAL 关键字而且源表是外部表的话，那么生成的新表也将是外部表。如果语句中省略掉 EXTERNAL 关键字而且源表是管理表的话，那么生成的新表也将是管理表。但是，如果语句中包含有 EXTERNAL 关键字而且源表是管理表的话，那么生成的新表将是外部表。即使在这种场景下，LOCATION 子句同样是可选的。

3. 分区表

和其他数据库类似，Hive 中也有分区表的概念。分区表的优势体现在可维护性和性能两方面，而且分区表还可以将数据以一种符合业务逻辑的方式进行组织，因此是数据仓库中经常使用的一种技术。管理表和外部表都可以创建相应的分区表，分别称之为管理分区表和外部分区表。

（1）管理分区表

先看一个管理分区表的例子：

```
create table page_view(viewtime int, userid bigint,
    page_url string, referrer_url string,
    ip string comment 'ip address of the user')
 comment 'this is the page view table'
 partitioned by (dt string, country string)
 row format delimited fields terminated by '\001'
stored as sequencefile;
```

CREATE TABLE 语句的 PARTITIONED BY 子句用于创建分区表。上面的语句创建一个名为 page_view 的分区表。这是一个常见的页面浏览记录表，包含浏览时间、浏览用户 ID、浏览页面的 URL、上一个访问的 URL 和用户的 IP 地址五个字段。该表以日期和国家作为分区字段，存储为 SEQUENCEFILE 文件格式。文件中的数据分别使用默认的 Ctrl-A 和换行符作为列和行的分隔符。

DESCRIBE FORMATTED 命令会显示出分区键：

```
hive> DESCRIBE FORMATTED page_view;
# col_name              data_type               comment

viewtime                int
userid                  bigint
page_url                string
referrer_url            string
ip                      string                  IP Address of the User

# Partition Information
# col_name              data_type               comment

dt                      string
```

country	string

输出信息中把表字段和分区字段分开显示。这两个分区键当前的注释都是空，我们也可以像给普通字段增加注释一样给分区字段增加注释。

分区表改变了 Hive 对数据存储的组织方式。如果是一个非分区表，那么只会有一个 page_view 目录与之对应，而对于分区表，当向表中装载数据后，Hive 将会创建好可以反映分区结构的子目录。在之后的 6.4 节将会看到分区结构目录的例子。分区字段一旦创建好，表现得就和普通字段一样。事实上，除非需要优化查询性能，否则用户不需要关心字段是否是分区字段。需要注意的是，分区字段的值包含在目录名称中，而不在它们目录下的文件中。也有分区字段的值不包含在目录名称中的情况，6.4 节将看到一个这样的例子。

对数据进行分区，最重要的原因就是为了更快地查询。如果用户的查询包含"where dt = '...' and country = '...'"这样的条件，查询优化器只需要扫描一个分区目录即可。即使有很多日期和国家的目录，除了一个目录其他的都可以忽略不计，这就是所谓的"分区消除"。对于非常大的数据集，利用分区消除特性可以显著地提高查询性能。当我们在 WHERE 子句中增加谓词来按照分区值进行过滤时，这些谓词被称为分区过滤器。

当然，如果用户需要做一个查询，查询中不带分区过滤器，甚至查询的是表中的全部数据，那么 Hive 不得不读取表目录下的每个子目录，这种宽范围的磁盘扫描是应该尽量避免的。如果表中的数据以及分区个数都非常大的话，执行这样一个包含所有分区的查询可能会触发一个巨大的 MapReduce 任务。一个强烈建议的安全措施是将 Hive 设置为严格 mapred 模式，这样如果对分区表进行查询而 WHERE 子句没有加分区过滤的话，将会禁止提交这个查询。

```
hive> set hive.mapred.mode=strict;
hive> select * from page_view;
FAILED: SemanticException [Error 10041]: No partition predicate found for Alias "page_view"
Table "page_view"
hive> set hive.mapred.mode=nonstrict;
```

创建分区表时，普通字段与分区字段不能重名，否则将报如下错误。

```
hive> create table table_name (
    >   id int,
    >   date string,
    >   name string
    > )
    > partitioned by (date string);
FAILED: SemanticException [Error 10035]: Column repeated in partitioning columns
```

（2）外部分区表

外部表同样可以使用分区，事实上，这是管理大型生产数据集最常见的情况。这种结合给用户提供了一个可以和其他工具共享数据的方式，同时也可以优化查询性能。由于用户能够自己定义目录结构，因此用户对于目录结构的使用具有更多的灵活性。日志文件分析就非常适合这种场景。

例如我们有一个用户下载手机 APP 的日志文件，其中记录了手机操作系统、下载时间、下载渠道、下载的 APP、下载用户和其他杂项信息，杂项信息使用一个 JSON 字符串表示。应用程序每天会生成一个新的日志文件。我们可以按照如下方式来定义对应的 Hive 表：

```
create external table logs(
platform                      string,
    createtime                string,
    channel                   string,
    product                   string,
    userid                    string,
    content                   map<string,string>)
partitioned by (dt int)
row format delimited fields terminated by '\t'
location 'hdfs://cdh2/logs';
```

我们建立了一个外部分区表，dt 是分区字段，它是日期的整数表示。将日志数据按天进行分区，划分的数据量大小合适，而且按天这个粒度进行查询也能满足需求。每天定时执行以下的 shell 脚本，把前一天生成的日志文件装载进 Hive。脚本执行后，就可以使用 Hive 表分析前一天的日志数据了。脚本中使用 hive 命令行工具的-e 参数执行 HiveQL 语句。关于 Hive 的命令行工具，将会在第 8 章详细介绍。

```
#!/bin/bash
# 设置环境变量
source /home/work/.bash_profile
# 取得前一天的日期，格式为 yyyymmdd，作为分区的目录名
dt=$(date -d last-day +%Y%m%d)
# 建立 HDFS 目录
hadoop fs -mkdir -p /logs/$dt
# 将前一天的日志文件上传到 HDFS 的相应目录中
hadoop fs -put /data/statsvr/tmp/logs_$dt /logs/$dt
# 给 Hive 表增加一个新的分区，指向刚建的目录
hive --database logs -e "alter table logs add partition(dt=$dt) location
'hdfs://cdh2/logs/$dt'"
```

Hive 并不关心一个分区对应的分区目录是否存在或者分区目录下是否有文件。如果分区目录不存在或分区目录下没有文件，则对于这个分区的查询将没有返回结果。当用户想在另外一个进程开始往分区中写数据之前创建好分区时，这样处理是很方便的。数据一旦存在，对它的查询就会有返回结果。

这个功能所具有的另一个好处是，可以将新数据写入到一个专用的目录中，并与位于其他目录中的数据存在明显的区别。不管用户是将旧数据转移到一个归档位置还是直接删除掉，新数据被篡改和误删除的风险被降低了，因为新数据位于不同的目录下。

和非分区外部表一样，Hive 并不控制数据，即使表被删除，数据也不会被删除。

6.4 向 Hive 表装载数据

在 6.2 节我们尝试了对支持事务的 Hive 表进行行级数据插入和更新,这使得用 Hive 处理多维数据仓库的渐变维成为可能。本节讨论 Hive 里更加普遍的数据装载方式。我们将用示例分别说明非分区表和分区表的数据装载,还将说明如何进行动态分区插入。为了体现通用性,本节使用的示例尽量简单,而且不带有任何业务含义,只是用于演示 Hive 的功能。

1. 向非分区表中装载数据

（1）使用 load

我们先准备一个本地文本文件 a.txt,其中只有一行记录'aaa'。

```
mkdir test
cd test
echo 'aaa' > a.txt
```

然后将这行记录装载到一个表中,并查看 HDFS 上生成的数据文件。

```
hive> use test;
hive> drop table if exists t1;
hive> create table t1(name string);
hive> load data local inpath '/root/test' into table t1;
hive> select * from t1;
aaa
hive> dfs -ls /user/hive/warehouse/test.db/t1;
Found 1 items
-rwxrwxrwt   3 root hive          4 2016-10-20 13:52 /user/hive/warehouse/test.db/t1/a.txt
hive> dfs -cat /user/hive/warehouse/test.db/t1/a.txt;
aaa
```

可以看到,hive 命令行中除了可以执行 HiveQL 语句,还可以执行 Hadoop 的 dfs 命令。Load 语句实际执行的是一个复制文件的操作。通常我们在 load 语句中指定的路径是一个目录,而不是单个独立的文件。Hive 会将该目录下的所有文件都复制到目标位置。这使得用户将更方便地组织数据到多个文件中,同时可以在不修改 Hive 脚本的前提下修改文件命名规则。文件会被复制到目标路径下而且文件名保持不变。

上面的 HiveQL 语句向 t1 表中装载了数据'aaa',并在默认的数据仓库目录下生成了数据文件/user/hive/warehouse/test.db/t1/a.txt,实际上数据文件是纯文本格式,内容就是'aaa'。

在本地文件 a.txt 中添加一行'bbb'。

```
echo 'bbb' >> a.txt
```

然后再执行下面的 HiveQL 语句并查看结果:

```
hive> load data local inpath '/root/test' into table t1;
hive> select * from t1;
```

```
aaa
aaa
bbb
hive> dfs -ls /user/hive/warehouse/test.db/t1;
Found 2 items
-rwxrwxrwxt   3 root hive            4 2016-10-20 13:52 /user/hive/warehouse/test.db/t1/a.txt
-rwxrwxrwxt   3 root hive            8 2016-10-20 14:18
/user/hive/warehouse/test.db/t1/a_copy_1.txt
hive> dfs -cat /user/hive/warehouse/test.db/t1/a.txt;
aaa
hive> dfs -cat /user/hive/warehouse/test.db/t1/a_copy_1.txt;
aaa
bbb
```

可以看到，现在表中有三条数据，并且新生成了数据文件 a_copy_1.txt。原来的 a.txt 文件中的内容还是'aaa'，新生成的 a_copy_1.txt 文件中的内容是第二次装载的两行数据。也就是说，如果目标中装载的文件已经存在，那么再次装载会生成一个原文件的复制，表中数据对应的是表目录下的所有文件的内容。

（2）load overwrite

这次在 load 语句中增加了 overwrite 关键字，情况会有所不同。执行下面的语句并查看结果：

```
hive> drop table if exists t2;
hive> create table t2 (name string);
hive> load data local inpath '/root/test' overwrite into table t2;
hive> select * from t2;
aaa
bbb
hive> dfs -ls /user/hive/warehouse/test.db/t2;
Found 1 items
-rwxrwxrwxt   3 root hive            8 2016-10-20 14:43 /user/hive/warehouse/test.db/t2/a.txt
hive> dfs -cat /user/hive/warehouse/test.db/t2/a.txt;
aaa
bbb
```

可以看到，现在 t2 表中有两条数据，在表目录下生成了数据文件 a.txt。现在编辑本地文件 a.txt，使其只有一行'ccc'。

```
echo 'ccc' > a.txt
```

然后再执行下面的语句：

```
hive> load data local inpath '/root/test' overwrite into table t2;
hive> select * from t2;
ccc
hive> dfs -ls /user/hive/warehouse/test.db/t2;
Found 1 items
-rwxrwxrwxt   3 root hive            4 2016-10-20 14:50 /user/hive/warehouse/test.db/t2/a.txt
hive> dfs -cat /user/hive/warehouse/test.db/t2/a.txt;
ccc
```

可以看到，现在表中只有一条数据'ccc'，数据文件名没变，但其内容重新生成。

2. 向分区表中装载数据

（1）load

准备本地文本文件 a.txt，其中只有一行'aaa'，然后执行下面的语句并查看结果：

```
hive> create table t1 (name string) partitioned by (country string, state string);
hive> dfs -ls /user/hive/warehouse/test.db/t1;
hive> load data local inpath '/root/test' into table t1 partition (country = 'us', state = 'ca');
hive> select * from t1;
aaa us  ca
hive> dfs -ls /user/hive/warehouse/test.db/t1/country=us/state=ca;
Found 1 items
-rwxrwxrwt   3 root hive           4 2016-10-20 15:10
/user/hive/warehouse/test.db/t1/country=us/state=ca/a.txt
```

可以看到，建立 t1 表后，装载数据前，表目录下没有任何文件。load 语句创建了分区目录 country=us/state=ca，并将本地文件复制到分区目录下。从查询的角度看，向 t1 表中装载了数据'aaa'。查询结果显示了三列，除了原始的文本文件中的数据，还包括两个分区列的值。分区列总是在表的最后显示。

load overwrite 装载数据与非分区表类似，不再赘述。

（2）alter table tablename add partition

执行下面的语句：

```
hive> alter table t1 add partition(country = 'us', state = 'cb') location '/a';
hive> dfs -ls /user/hive/warehouse/test.db/t1/country=us;
Found 1 items
drwxrwxrwt   - root hive           0 2016-10-20 15:40
/user/hive/warehouse/test.db/t1/country=us/state=ca
hive> select * from t1;
aaa us  ca
hive> dfs -cp /user/hive/warehouse/test.db/t1/country=us/state=ca/a.txt /a;
hive> select * from t1;
aaa us  ca
aaa us  cb
hive> dfs -ls /user/hive/warehouse/test.db/t1/country=us;
Found 1 items
drwxrwxrwt   - root hive           0 2016-10-20 15:40
/user/hive/warehouse/test.db/t1/country=us/state=ca
hive> dfs -ls /a;
Found 1 items
-rw-r--r--   3 root supergroup           4 2016-10-20 15:41 /a/a.txt
hive> dfs -rm /user/hive/warehouse/test.db/t1/country=us/state=ca/a.txt;
hive> select * from t1;
aaa us  cb
```

说明：表中原有一条数据'aaa'。添加一个新分区，并指定位置为'/a'。把已经存在的数据文件 a.txt 复制到目录'/a'里。此时查询表已经有属于不同分区的两条数据。删除 country = 'us' 且 state = 'ca'分区的数据文件。此时查询表只有属于 country = 'us'且 state = 'cb'分区的一条数据。整个过程中 HDFS 上都没有存在过 country = 'us'/state = 'cb'的子目录。

通过以上的演示示例，我们对Hive表的数据装载特性总结如下：

- load与load overwrite的区别是：load每次执行生成新的数据文件，文件中是本次装载的数据。load overwrite如表（或分区）的数据文件不存在则生成，存在则重新生成数据文件内容。
- 分区表比非分区表多了一种alter table ... add partition的数据装载方式。
- 对于分区表（无论内部还是外部），load与load overwrite会自动建立名为分区键值的目录，而alter table ... add partition，只要用location指定数据文件所在的目录即可。
- 对于外部表，除了在删除表时只删除元数据而保留表数据目录外，其数据装载行为与内部表相同（外部表的实验没有列出）。

3. 动态分区插入

前面的示例都是静态分区，也就是说在装载数据前，分区键的值是已知的。在这种情况下，如果需要建立的分区非常多，那么就不得不写很多的HiveQL语句。不过Hive提供了一个动态分区功能，可以基于查询的参数推断出需要创建的分区名称。下面用一个示例验证分区表的动态分区插入功能，并验证是否可以使用load进行动态分区插入。

（1）在本地文件/root/test/a.txt中写入以下4行数据：

```
aaa,US,CA
aaa,US,CB
bbb,CA,BB
bbb,CA,BC
```

（2）建立非分区表并装载数据，HiveQL语句及其执行结果显示如下：

```
hive> drop table if exists t1;
hive> create table t1 (name string, cty string, st string) row format delimited fields
terminated by ',';
hive> load data local inpath '/root/test' into table t1;
hive> select * from t1;
aaa US  CA
aaa US  CB
bbb CA  BB
bbb CA  BC
hive> dfs -ls /user/hive/warehouse/test.db/t1;
Found 1 items
-rwxrwxrwt   3 root hive          40 2016-10-20 16:16 /user/hive/warehouse/test.db/t1/a.txt
```

（3）建立外部分区表并动态装载数据。

```
hive> create external table t2 (name string) partitioned by (country string, state string);
hive> set hive.exec.dynamic.partition=true;
hive> set hive.exec.dynamic.partition.mode=nonstrict;
hive> set hive.exec.max.dynamic.partitions.pernode=1000;
hive> insert into table t2 partition (country, state) select name, cty, st from t1;
hive> insert into table t2 partition (country, state) select name, cty, st from t1;
hive> select * from t2;
bbb CA  BB
bbb CA  BB
```

```
bbb CA  BC
bbb CA  BC
aaa US  CA
aaa US  CA
aaa US  CB
aaa US  CB
hive> dfs -ls /user/hive/warehouse/test.db/t2/;
Found 2 items
drwxrwxrwt   - root hive            0 2016-10-20 16:19
/user/hive/warehouse/test.db/t2/country=CA
drwxrwxrwt   - root hive            0 2016-10-20 16:19
/user/hive/warehouse/test.db/t2/country=US
```

执行了两次同样的 insert 语句，可以看到，向外部分区表中装载了 8 条数据，动态建立了两个分区目录。

动态分区功能默认情况下是不开启的。分区以"严格"模式执行，在这种模式下要求至少有一个分区列是静态的。这有助于阻止因设计错误导致查询产生大量的分区。还有一些属性用于限制资源使用。表 6-3 所示描述了这些属性。

表 6-3 限制资源使用的属性

属性名称	默认值	描述
hive.exec.dynamic.partition	false	设置成 true，表示开启动态分区功能
hive.exec.dynamic.partition.mode	strict	设置成 nonstrict，表示允许所有分区都是动态的
hive.exec.max.dynamic.partitions.pernode	100	每个 mapper 或 reducer 可以创建的最大动态分区个数。如果某个 mapper 或 reducer 尝试创建大于这个值得分区的话，会抛出一个致命错误信息
hive.exec.max.dynamic.partitions	1000	一个动态分区创建语句可以创建的最大动态分区个数。如果超过这个值，会抛出一个致命错误信息
hive.exec.max.created.files	100000	全局可以创建的最大文件个数。有一个 Hadoop 计数器会跟踪记录创建了多少个文件，如果超过这个值，会抛出一个致命错误信息

（4）编辑 a.txt，使其有以下 4 行数据，然后执行后面的语句并查看结果。

```
aaa,US,CD
aaa,US,CE
ccc,CB,BB
ccc,CB,BC
hive> load data local inpath '/root/test' overwrite into table t1;
hive> insert overwrite table t2 partition (country, state) select name, cty, st from t1;
hive> select * from t2;
bbb CA  BB
bbb CA  BB
bbb CA  BC
bbb CA  BC
ccc CB  BB
ccc CB  BC
aaa US  CA
aaa US  CA
aaa US  CB
```

```
aaa US  CB
aaa US  CD
aaa US  CE
hive> dfs -ls /user/hive/warehouse/test.db/t2/;
Found 3 items
drwxrwxrwt   - root hive          0 2016-10-20 16:19
/user/hive/warehouse/test.db/t2/country=CA
drwxrwxrwt   - root hive          0 2016-10-20 16:47
/user/hive/warehouse/test.db/t2/country=CB
drwxrwxrwt   - root hive          0 2016-10-20 16:47
/user/hive/warehouse/test.db/t2/country=US
hive> dfs -ls /user/hive/warehouse/test.db/t2/country=US;
Found 4 items
drwxrwxrwt   - root hive          0 2016-10-20 16:19
/user/hive/warehouse/test.db/t2/country=US/state=CA
drwxrwxrwt   - root hive          0 2016-10-20 16:19
/user/hive/warehouse/test.db/t2/country=US/state=CB
drwxrwxrwt   - root hive          0 2016-10-20 16:47
/user/hive/warehouse/test.db/t2/country=US/state=CD
drwxrwxrwt   - root hive          0 2016-10-20 16:47
/user/hive/warehouse/test.db/t2/country=US/state=CE
```

可以看到，现在表中有 12 条数据，OVERWRITE 并没有覆盖原来的分区，而是追加了 4 条数据，并且动态建立了新的分区目录。在动态分区插入功能上，管理分区表和外部分区表的行为相同，演示从略。

（5）使用 load 做动态分区插入。

```
hive> load data local inpath '/root/test' into table t2 partition (country, state);
FAILED: SemanticException org.apache.hadoop.hive.ql.metadata.HiveException:
MetaException(message:Invalid partition key & values; keys [country, state, ], values [])
```

可以看到，load 命令不支持动态分区插入。

通过以上的示例，我们对 Hive 表的动态分区插入总结如下：

- OVERWRITE 不会删除已有的分区目录，只会追加新分区，并覆盖已有分区的非分区数据。
- 不能使用 LOAD 进行动态分区插入。

6.5　建立数据库表

本章前面做了很多 Hive 表上的实验，目的都是为了在 Hive 中建立数据仓库相关的表做技术准备。现在我们已经清楚了 Hive 支持的文件格式和表类型，以及如何支持事务和装载数据等问题，下面就来创建 6.1 节销售订单数据仓库中的表。在这个场景中，源数据库表就是操作型系统的模拟。我们在 cdh1 上的 MySQL 中建立源数据库表。RDS 存储原始数据，作为源数据到数据仓库的过渡，在 cdh2 上的 Hive 中建立 RDS 库表。TDS 即为转化后的多维数仓库，在 cdh2 上的 Hive 中建立 TDS 库表。

有几点需要说明，我们假设读者有 SQL 的使用经验，所以不会对基本的 SQL 语句做过多的解释。Hive 表我们没有使用外部表和分区表，只是用了最普通的表类型，这出于两点考虑。一是本示例的目的是说明 Hadoop 生态圈的工具可以满足建设传统多维数据仓库的技术要求，而不是展示某一种工具的全部特性；二是本示例更像是一个 POC 验证，我们尽量简化用例，不过多涉及性能优化、缓存、安全或其他复杂主题。

1. 执行下面的 SQL 语句在 MySQL 中建立源数据库表

```sql
-- 建立源数据库
drop database if exists source;
create database source;

use source;
-- 建立客户表
create table customer (
    customer_number int not null auto_increment primary key comment '客户编号，主键',
    customer_name varchar(50) comment '客户名称',
    customer_street_address varchar(50) comment '客户住址',
    customer_zip_code int comment '邮编',
    customer_city varchar(30) comment '所在城市',
    customer_state varchar(2) comment '所在省份'
);
-- 建立产品表
create table product (
    product_code int not null auto_increment primary key comment '产品编码，主键',
    product_name varchar(30) comment '产品名称',
    product_category varchar(30) comment '产品类型'
);
-- 建立销售订单表
create table sales_order (
    order_number int not null auto_increment primary key comment '订单号，主键',
    customer_number int comment '客户编号',
    product_code int comment '产品编码',
    order_date datetime comment '订单日期',
    entry_date datetime comment '登记日期',
    order_amount decimal(10 , 2 ) comment '销售金额',
    foreign key (customer_number)
        references customer (customer_number)
        on delete cascade on update cascade,
    foreign key (product_code)
        references product (product_code)
        on delete cascade on update cascade
);
```

2. 执行下面的 SQL 语句生成源库测试数据

```sql
use source;
-- 生成客户表测试数据
insert into customer
(customer_name,customer_street_address,customer_zip_code,
customer_city,customer_state)
values
('really large customers', '7500 louise dr.',17050, 'mechanicsburg','pa'),
('small stores', '2500 woodland st.',17055, 'pittsburgh','pa'),
```

```
('medium retailers','1111 ritter rd.',17055,'pittsburgh','pa'),
('good companies','9500 scott st.',17050,'mechanicsburg','pa'),
('wonderful shops','3333 rossmoyne rd.',17050,'mechanicsburg','pa'),
('loyal clients','7070 ritter rd.',17055,'pittsburgh','pa'),
('distinguished partners','9999 scott st.',17050,'mechanicsburg','pa');

-- 生成产品表测试数据
insert into product (product_name,product_category)
values
('hard disk drive', 'storage'),
('floppy drive', 'storage'),
('lcd panel', 'monitor');

-- 生成100条销售订单表测试数据
drop procedure if exists generate_sales_order_data;
delimiter //
create procedure generate_sales_order_data()
begin
    drop table if exists temp_sales_order_data;
    create table temp_sales_order_data as select * from sales_order where 1=0;

    set @start_date := unix_timestamp('2016-03-01');
    set @end_date := unix_timestamp('2016-07-01');
    set @i := 1;

    while @i<=100 do
        set @customer_number := floor(1 + rand() * 6);
        set @product_code := floor(1 + rand() * 2);
        set @order_date := from_unixtime(@start_date + rand() * (@end_date - @start_date));
        set @amount := floor(1000 + rand() * 9000);

        insert into temp_sales_order_data values
(@i,@customer_number,@product_code,@order_date,@order_date,@amount);
        set @i:=@i+1;
    end while;

    truncate table sales_order;
    insert into sales_order
    select null,customer_number,product_code,order_date,entry_date,order_amount from
temp_sales_order_data order by order_date;
    commit;

end
//
delimiter ;

call generate_sales_order_data();
```

说明：

- 客户表和产品表的测试数据取自 *Dimensional Data Warehousing with MySQL* 一书。
- 创建了一个 MySQL 存储过程生成 100 条销售订单测试数据。为了模拟实际订单的情况，订单表中的客户编号、产品编号、订单时间和订单金额都取一个范围内的随机值，订单时间与登记时间相同。因为订单表的主键是自增的，为了保持主键值和订单时间字段的值顺序一致，引入了一个名为 temp_sales_order_data 的表，存储中间临时数据。在后面章节中都是使用此方案生成订单测试数据。

3. 执行下面的 HiveQL 语句在 Hive 中建立 RDS 库表

```sql
-- 建立 rds 数据库
drop database if exists rds cascade;
create database rds;

use rds;
-- 建立客户过渡表
create table customer (
    customer_number int comment 'number',
    customer_name varchar(30) comment 'name',
    customer_street_address varchar(30) comment 'address',
    customer_zip_code int comment 'zipcode',
    customer_city varchar(30) comment 'city',
    customer_state varchar(2) comment 'state'
);
-- 建立产品过渡表
create table product (
    product_code int comment 'code',
    product_name varchar(30) comment 'name',
    product_category varchar(30) comment 'category'
);
-- 建立销售订单过渡表
create table sales_order (
    order_number int comment 'order number',
    customer_number int comment 'customer number',
    product_code int comment 'product code',
    order_date timestamp comment 'order date',
    entry_date timestamp comment 'entry date',
    order_amount decimal(10 , 2 ) comment 'order amount'
);
```

说明：

- RDS 中表与 MySQL 里的源表完全对应，其字段与源表相同。
- 使用 Hive 默认的文件格式。
- HiveQL 脚本中的列注释没有使用中文，这是因为 Hive 1.1.0 中，中文注释会在 show create table 命令中显示乱码，要解决这个问题需要重新编译 Hive 的源码，简单起见，这里都使用了英文列注释。关于 1.1.0 中的这个 bug，可参考 https://issues.apache.org/jira/browse/HIVE-11837。示例数据中没有使用中文，也有类似的原因。

4. 执行下面的 HiveQL 语句在 Hive 中建立 TDS 库表

```sql
-- 建立数据仓库数据库
drop database if exists dw cascade;
create database dw;

use dw;
-- 建立日期维度表
create table date_dim (
    date_sk int comment 'surrogate key',
    date date comment 'date,yyyy-mm-dd',
    month tinyint comment 'month',
    month_name varchar(9) comment 'month name',
    quarter tinyint comment 'quarter',
    year smallint comment 'year'
```

```
)
comment 'date dimension table'
row format delimited fields terminated by ','
stored as textfile;

-- 建立客户维度表
create table customer_dim (
    customer_sk int comment 'surrogate key',
    customer_number int comment 'number',
    customer_name varchar(50) comment 'name',
    customer_street_address varchar(50) comment 'address',
    customer_zip_code int comment 'zipcode',
    customer_city varchar(30) comment 'city',
    customer_state varchar(2) comment 'state',
    version int comment 'version',
    effective_date date comment 'effective date',
    expiry_date date comment 'expiry date'
)
clustered by (customer_sk) into 8 buckets
stored as orc tblproperties ('transactional'='true');

-- 建立产品维度表
create table product_dim (
    product_sk int comment 'surrogate key',
    product_code int comment 'code',
    product_name varchar(30) comment 'name',
    product_category varchar(30) comment 'category',
    version int comment 'version',
    effective_date date comment 'effective date',
    expiry_date date comment 'expiry date'
)
clustered by (product_sk) into 8 buckets
stored as orc tblproperties ('transactional'='true');

-- 建立订单维度表
create table order_dim (
    order_sk int comment 'surrogate key',
    order_number int comment 'number',
    version int comment 'version',
    effective_date date comment 'effective date',
    expiry_date date comment 'expiry date'
)
clustered by (order_sk) into 8 buckets
stored as orc tblproperties ('transactional'='true');

-- 建立销售订单事实表
create table sales_order_fact (
    order_sk int comment 'order surrogate key',
    customer_sk int comment 'customer surrogate key',
    product_sk int comment 'product surrogate key',
    order_date_sk int comment 'date surrogate key',
    order_amount decimal(10 , 2 ) comment 'order amount'
)
clustered by (order_sk) into 8 buckets
stored as orc tblproperties ('transactional'='true');
```

说明:

● 按照图 6-2 所示的实体关系建立多维数据仓库中的维度表和事实表。

- 除日期维度表外，其他表都使用 ORC 文件格式，并设置表属性支持事务。
- 日期维度表只会追加数据而从不更新，所以使用以逗号作为列分隔符的文本文件格式。
- 维度表虽然使用了代理键，但不能将它设置为主键，在数据库级也不能确保其唯一性。Hive 中并没有主键、外键、唯一性约束、非空约束这些关系数据库的概念。

6.6　装载日期维度数据

日期维度在数据仓库中是一个特殊角色。日期维度包含时间概念，而时间是最重要的，因为数据仓库的主要功能之一就是存储历史数据，所以每个数据仓库里的数据都有一个时间特征。装载日期数据有三个常用方法：预装载、每日装载一天、从源数据装载日期。

在三种方法中，预装载最为常见也最容易实现，本示例就采用此方法，生成一个时间段里的所有日期。我们预装载 21 年的日期维度数据，从 2000 年 1 月 1 日到 2020 年 12 月 31 日。使用这个方法，在数据仓库生命周期中，只需要预装载日期维度一次。预装载的缺点是：提早消耗磁盘空间（这点空间占用通常是可以忽略的）；可能不需要所有的日期（稀疏使用）。

在数据库中生成日期维度数据很简单，因为数据库一般都提供了丰富的日期时间函数，而且可以在存储过程的循环中插入数据。例如下面的 MySQL 脚本可以用于生成日期维度数据。

```
-- 建立日期维度数据生成的存储过程
delimiter //
drop procedure if exists pre_populate_date //
create procedure pre_populate_date (in start_dt date, in end_dt date)
begin
    while start_dt <= end_dt do
        insert into date_dim(date_sk, date, month, month_name, quarter, year)
        values(null, start_dt, month(start_dt), monthname(start_dt), quarter(start_dt), year
(start_dt));
        set start_dt = adddate(start_dt, 1);
end while;
commit;
end
//
delimiter ;

-- 生成日期维度数据
set foreign_key_checks=0;
truncate table date_dim;
call pre_populate_date('2000-01-01', '2020-12-31');
set foreign_key_checks=1;
```

目前 Hive 中只能写 HiveQL 语句，还不支持 SQL 的过程化语言编程，因此在本示例中我们编写了一个名为 date_dim_generate.sh 的 shell 脚本文件，它从命令行接收起始日期和终止日期参数，按日期维度表的定义生成期间的日期数据文本文件，最后将生成的文本文件上传到日期维度表对应的 HDFS 目录下，以这种方式生成日期维度表的数据。date_dim_generate.sh 文件内容如下：

```bash
#!/bin/bash
date1="$1"
date2="$2"
tempdate=`date -d "$date1" +%F`
tempdateSec=`date -d "$date1" +%s`
enddateSec=`date -d "$date2" +%s`
min=1
max=`expr \( $enddateSec - $tempdateSec \) / \( 24 \* 60 \* 60 \) + 1`
cat /dev/null > ./date_dim.csv

while [ $min -le $max ]
do
  month=`date -d "$tempdate" +%m`
  month_name=`date -d "$tempdate" +%B`
  quarter=`echo $month | awk '{print int(($0-1)/3)+1}'`
  year=`date -d "$tempdate" +%Y`
  echo ${min}","${tempdate}","${month}","${month_name}","${quarter}","${year}
>> ./date_dim.csv
  tempdate=`date -d "+$min day $date1" +%F`
  tempdateSec=`date -d "+$min day $date1" +%s`
  min=`expr $min + 1`
done

hdfs dfs -put -f date_dim.csv /user/hive/warehouse/dw.db/date_dim/
```

该 shell 文件在生成记录前先会清空 date_dim.csv 文件，并且在向 HDFS 上传时使用了-f 参数，因此可以反复执行，即实现了所谓的"幂等操作"。现在执行下面的 shell 命令生成从 2000 年 1 月 1 日到 2020 年 12 月 31 日的日期维度表数据。

```
./date_dim_generate.sh 2000-01-01 2020-12-31
```

至此，我们的示例数据仓库模型搭建完成，后面章节将实现 ETL。

6.7 小结

（1）使用一个简单而典型的销售订单示例，建立数据仓库模型。

（2）Hive 常用的四种文件格式为 TEXTFILE、SEQUENCEFILE、RCFILE、ORCFILE，其中只有 ORCFILE 支持事务和行级更新，因此是多维数据仓库 Hive 存储类型的唯一选择。

（3）配置 Hive 支持事务需要在 hive-site.xml 文件中增加相关属性，还要向 3 个 Hive 元数据表预先插入数据。

（4）Hive 中的表分为管理表和外部表，两者都可以进行分区。

（5）load 与 load overwrite 语句用来向 Hive 表装载数据，前者追加，后者覆盖。

（6）分区表比非分区表多了一种 alter table ... add partition 的数据装载方式。

（7）对于外部表，除了在删除表时只删除元数据而保留表数据目录外，其数据装载行为与内部表相同。

（8）本示例模型在 MySQL 中建立源库表，在 Hive 中建立 RDS 和 TDS 库表。

（9）Hive 还不支持 SQL 的过程化语言编程，因此编写 shell 脚本预装载日期维度表数据。

第 7 章

◀ 数据抽取 ▶

本章将介绍如何利用 Hadoop 提供的工具实现数据仓库中的数据抽取，即 ETL 过程中的 Extract 部分。

首先我们会介绍逻辑数据映射的概念，它是实现 ETL 系统的基础。然后我们会用多个示例说明如何捕获变化的数据，实现增量数据抽取，以及将数据库中的数据导出成文本文件的各种技术。业务系统可能同时使用多种数据库系统，这些系统在物理上彼此独立，在逻辑上又互相联系。如果能够在一种数据库中访问其他数据库，将会给数据集成带来极大的便利。这种情况下就会用到本章介绍的分布式查询技术。Hadoop 生态圈中的 Sqoop 工具可以直接在关系数据库和 HDFS 或 Hive 之间互导数据。在本章最后我们使用 Sqoop 实现销售订单示例的数据抽取过程，将 MySQL 中的源数据抽取到 Hive 的 rds 数据库中。

7.1 逻辑数据映射

设计 ETL 过程的首要步骤是建立一个有效的逻辑数据映射。逻辑数据映射有时也叫做血统报告，是整个 ETL 过程实现的基础。

简单说逻辑数据映射就是指源系统中的对象和目标数据仓库中的对象之间的对应关系，通常用一个表或者电子表格的形式来表示。它包括以下特定的组成部分：

- 目标组件。包括数据仓库中出现的物理表名称、表类型（事实表、维度表和子维度表等）、列名称、列的数据类型（字符串、数字等）和 SCD 类型。对于维度表，SCD 表示是类型 1、类型 2 或者类型 3 的缓慢变化维度。这个指标对一个维度表中的不同列可以是不同的。比如在客户维度中，客户地址可能属于类型 2（保留历史信息），而姓名可能属于类型 1（覆盖）。这些 SCD 类型将在下一节展开详细探讨。

- 源系统组件。包括数据源名称、源表名、源列名及其数据类型。数据源名称可以是源数据所在的数据库实例的名称，它通常是指连接源数据库所需的连接字符串。如果数据出现在文件系统中，数据源名称也可以是一个文件名。这时还需要包含这个文件的完整路径。源表名指的是源数据所在表的名称。很多时候源数据库中有很多表，但只需列出与生成目标数据仓库表相关的所有表即可。源列名是生成目标表所需的相关列。只需简单列出装载目标列需要的所有列。源列与目标列之间的关联在转换部分记录。

- 转换。源数据与期望的目标数据仓库格式对应所需的详细操作。这部分通常用伪代码来编写。逻辑数据映射中的列有时是组合的。比如，源数据库、表名称和列名称可能被组合在一个源列中。这个组合列的信息可以用圆点来分隔，如 ORDERS.STATUS.STATUS_CODE。有时候转换在逻辑数据映射中是空的，这意味着不需要进行转换，数据就可以直接装载到数据仓库中。逻辑数据映射文档的内容提供了进行有效 ETL 过程的所有关键信息。

逻辑数据映射中的某些部分看起来很简单并且很直接。然而，当仔细研究的时候，该文档就会揭示许多 ETL 开发者可能忽略的隐藏需求。这个文档的主要目标是为 ETL 开发者提供一个清晰的蓝图，精确地说明可以从 ETL 过程获得什么。逻辑数据映射表必须清晰地描述转换过程中包含的动作流程，不能有任何存疑的地方。

逻辑数据映射为 ETL 开发人员传送更为清晰的数据流信息。映射关系包括有关数据在存储到数据仓库前所经历的各种变化信息，这对于开发过程中对数据的追踪审查非常重要。把 ETL 过程的信息归纳为元数据，将数据源结构、目标结构、数据转换规则、映射关系、数据的上下文等元数据保存在文档中，为开发 ETL 系统提供了很好的参考信息。追踪数据来源与转换信息，有助于设计人员理解系统环境变化所造成的影响。逻辑数据映射中还会标识一些需要引起重视的操作，比如隐式数据转换。在把源数据类型转换成目标数据类型时，可能会因为字符集或其他的原因引起字节数量增减，比如从 utf8 变为 latin1 时，字段数据类型定义的长度也会发生相应的变化，并且有时这种变化是隐含的。在这种情况下可能会丢失数据。为了提醒开发人员注意，应该在文档中标记隐式数据转换。

一般按如下步骤建立逻辑数据映射。

（1）识别数据源。

通常源系统的数据模型仅仅指出了主要数据源。如果开发团队继续向下挖掘，会发现每一个可能用到的数据源。然而标识数据源有时会非常复杂，如有很多是遗留系统，同一含义的数据经过多次迭代形成很多份，它们对应的数据库也可能有各种各样的名字。对此，一种较为可靠的解决方案是使用一个中心知识库管理所有的数据源。

（2）收集源系统文档。

（3）建立源系统跟踪报告。

报告应该显示每个数据源的负责人、生成者和使用者。它还包含很多数据源的特性：所属主题域、接口名称、业务名称、业务属主、技术属主、数据库管理系统、生产服务器、数据大小、数据复杂性、每天事务数、优先级、日常使用数量、部门或公司使用情况、系统平台和其他说明。

（4）建立目标数据仓库实体关系图。

实体关系图显示两个或者更多的实体相互之间的关系。关系通过实体之间的连线表示。实体关系图的内容除了必需的实体及其属性，还应该包括：

- 每个实体的唯一标识。
- 每个属性的数据类型。
- 实体之间的关系。这是一个非常重要的属性，会影响数据抽取的顺序。

（5）建立模型映射。

从源系统到目标数据仓库模型之间的映射类型有：

- 一对一。一个源系统的数据实体只对应一个目标模型的数据实体。如果源类型与目标类型一致，则直接映射。如果两者间类型不一样，则必须经过转换再映射。
- 一对多。一个源系统的数据实体对应多个目标模型的数据实体，是将一个源实体拆分为多个目标实体的情况。
- 一对零。源系统的数据实体没有与目标模型的数据实体对应，它不在处理的计划范围之内。
- 零对一。一个目标模型的数据实体没有与任何一个源数据实体对应起来。例如典型的时间维度表等。
- 多对一。多个源系统的数据实体只对应一个目标模型的数据实体。
- 多对多。多个源系统的数据实体对应多个目标模型的数据实体。

（6）建立属性映射。

- 一对一。源实体的一个数据属性列只对应目标实体的一个数据属性列。如果源类型与目标类型一致，则直接映射。如果两者间类型不一样，则必须经过转换映射。
- 一对多。源实体的一个数据属性列对应目标实体的多个数据属性列，是将一个源属性列拆分为多个目标属性列的情况。
- 一对零。源实体的数据属性列没有与目标实体的数据属性列对应，它不在处理的计划范围之内。
- 零对一。一个目标实体的数据属性列没有与任何一个源数据属性列对应起来。例如典型的维表和事实表中的代理键，SCD 的版本号、起始时间、过期时间等。
- 多对一。源实体的多个数据属性列只对应目标实体的一个数据属性列。
- 多对多。源实体的多个数据属性列对应目标实体的多个数据属性列。

按照上述步骤建立了一个逻辑数据映射后，只是有了数据结构的模型，我们还必须对数据内容本身进行分析，并收集所有的业务规则。例如，是否存在非日期类型的列中的存储日期值的情况，或者数据是否允许为空。要检查源数据库中每一个外键是否有 NULL 值。如果存在 NULL 值，必须对表进行外关联。如果 NULL 不是外键而是一个普通列，那么必须有一个处理 NULL 数据的业务规则。作为一个设计原则，只要允许，数据仓库加载数据一定要用默认值代替 NULL。

逻辑数据映射是建立 ETL 物理工作计划的指南。它明确了源数据组件和目标组件，并标识了它们之间的对应关系。逻辑数据映射还可能是一个提交给数据仓库最终用户的交付物。

7.2 数据抽取方式

抽取数据是 ETL 处理过程的第一个步骤，也是数据仓库中最重要和最具有挑战性的部分，适当的数据抽取是成功建立数据仓库的关键。

从源抽取数据导入数据仓库或过渡区有两种方式，可以从源把数据抓取出来（拉），也可以请求源把数据发送（推）到数据仓库。影响选择数据抽取方式的一个重要因素是操作型系统的可用性和数据量，这是抽取整个数据还是仅仅抽取自最后一次抽取以来的变化数据的基础。我们考虑以下两个问题：

- 需要抽取哪部分源数据加载到数据仓库？有两种可选方式，完全抽取和变化数据捕获。
- 数据抽取的方向是什么？有两种方式，拉模式，即数据仓库主动去源系统拉取数据；推模式，由源系统将自己的数据推送给数据仓库。

对于第二个问题来说，通常要改变或增加操作型业务系统的功能是非常困难的，这种困难不仅是技术上的，还有来自于业务系统用户及其开发者的阻力。理论上讲，数据仓库不应该要求对源系统做任何改造，实际上也很少由源系统推数据给数据仓库。因此对这个问题的答案比较明确，大都采用拉数据模式。下面我们着重讨论第一个问题。

如果数据量很小并且易处理，一般来说采取完全源数据抽取，就是将所有的文件记录或所有的数据库表数据抽取至数据仓库。这种方式适合基础编码类型的源数据，比如邮政编码、学历、民族等。基础编码型源数据通常是维度表的数据来源。如果源数据量很大，抽取全部数据是不可行的，那么只能抽取变化的源数据，即最后一次抽取以来发生了变化的数据。这种数据抽取模式称为变化数据捕获，简称 CDC，常被用于抽取操作型系统的事务数据，比如销售订单、用户注册，或各种类型的应用日志记录等。

CDC 大体可以分为两种，一种是侵入式的，另一种是非侵入式的。所谓侵入式的是指 CDC 操作会给源系统带来性能的影响。只要 CDC 操作以任何一种方式对源库执行了 SQL 语句，就可以认为是侵入式的 CDC。常用的四种 CDC 方法是：基于时间戳的 CDC、基于触发器的 CDC、基于快照的 CDC、基于日志的 CDC，其中前三种是侵入性的。表 7-1 总结了 4 种 CDC 方案的特点。

表 7-1　四种 CDC 方案比较

	时间戳	触发器	快照	日志
能区分插入/更新	否	是	是	是
周期内，检测到多次更新	否	是	否	是
能检测到删除	否	是	是	是
不具有侵入性	否	否	否	是
支持实时	否	是	否	是
不依赖数据库	是	否	是	否

1. 基于时间戳的 CDC

基于源数据的 CDC 要求源数据里有相关的属性列，抽取过程可以利用这些属性列来判断哪些数据是增量数据。最常见的属性列有以下两种。

- 时间戳：这种方法至少需要一个更新时间戳，但最好有两个，一个插入时间戳，表示记录何时创建；一个更新时间戳，表示记录最后一次更新的时间。
- 序列：大多数数据库系统都提供自增功能。如果数据库表列被定义成自增的，就可以很容易地根据该列识别出新插入的数据。

这种方法的实现较为简单，假设表 t1 中有一个时间戳字段 last_inserted，t2 表中有一个自增序列字段 id，则下面 SQL 语句的查询结果就是新增的数据，其中 {last_load_time} 和 {last_load_id} 分别表示 ETL 系统中记录的最后一次数据装载时间和最大自增序列号。

```
select * from t1 where last_inserted > {last_load_time};
select * from t2 where id > {last_load_id};
```

通常需要建立一个额外的数据库表存储上一次更新时间或上一次抽取的最后一个序列号。在实践中，一般是在一个独立的模式下或在数据过渡区里创建这个参数表。基于时间戳和自增序列的方法是 CDC 最简单的实现方式，也是最常用的方法，但它的缺点也很明显，主要如下：

- 不能区分插入和更新操作。只有当源系统包含了插入时间戳和更新时间戳两个字段，才能区别插入和更新，否则不能区分。
- 不能记录删除记录的操作。不能捕获到删除操作，除非是逻辑删除，即记录没有被真的删除，只是做了逻辑上的删除标志。
- 无法识别多次更新。如果在一次同步周期内，数据被更新了多次，只能同步最后一次更新操作，中间的更行操作都丢失了。
- 不具有实时能力。时间戳和基于序列的数据抽取一般适用于批量操作，不适合于实时场景下的数据抽取。

这种方法是具有侵入性的，如果操作型系统中没有时间戳或时间戳信息是不可用的，那么不得不通过修改源系统把时间戳包含进去，首先要求修改操作型系统的表包含一个新的时间戳列，然后建立一个触发器，在修改一行时更新时间戳列的值。在实施这些操作前必须被源系统的拥有者所接受，并且要仔细评估对源系统产生的影响。下面是一个 Oracle 数据库的例子。当 t1 表上执行了 insert 或 update 操作时，触发器会将 last_updated 字段更新为当前系统时间。

```
alter table t1 add last_updated date;

create or replace trigger trigger_on_t1_change
    before insert or update
    on t1
    for each row
begin
    :new.last_updated := sysdate;
end;
/
```

2. 基于触发器的 CDC

当执行 INSERT、UPDATE、DELETE 这些 SQL 语句时，可以激活数据库里的触发器，并执行一些动作，就是说触发器可以用来捕获变更的数据并把数据保存到中间临时表里。然后这些变更的数据再从临时表中取出，被抽取到数据仓库的过渡区里。但在大多数场合下，不允许向操作型数据库里添加触发器（业务数据库的变动通常都异常慎重），而且这种方法会降低系统的性能，所以此方法用的并不是很多。

作为直接在源数据库上建立触发器的替代方案，可以使用源数据库的复制功能，把源数据库上的数据复制到备库上，在备库上建立触发器以提供 CDC 功能。尽管这种方法看上去过程冗余，且需要额外的存储空间，但实际上这种方法非常有效，而且没有侵入性。复制是大部分数据库系统的标准功能，如 MySQL、Oracle 和 SQL Server 等都有各自的数据复制方案。

一个类似于内部触发器的例子是 Oracle 的物化视图日志。这种日志被物化视图用来识别改变的数据，并且这种日志对象能够被最终用户访问。一个物化视图日志可以建立在每一个需要捕获变化数据的源表上。之后任何时间在源表上对任何数据行做修改时，都有一条记录插入到物化视图日志中表示这一行被修改了。如果想使用基于触发器的 CDC 机制，并且源数据库是 Oracle，这种物化视图日志方案是很方便的。物化视图日志依赖于触发器，但是它们提供了一个益处是，建立和维护这个变化数据捕获系统已经由 Oracle 自动管理了。我们甚至可以在物化视图上建立自己的触发器，每次物化视图刷新时，触发器基于刷新时间点的物化视图日志归并结果，在一些场景下（只要记录两次刷新时间点数据的差异，不需要记录两次刷新之间的历史变化）可以简化应用处理。下面是一个 Oracle 物化视图的例子。每条数据的变化可以查询物化视图日志表 mlog$_tbl1，两个刷新时间点之间的数据差异，可以查询 mv_tbl1_tri 表。

```
-- 建立 mv 测试表
create table tbl1(a number,b varchar2 (20));
```

```
create unique index tbl1_pk on tbl1 (a);
alter table tbl1 add (constraint tbl1_p1 primary key(a));
-- 建立 mv 日志，单一表聚合视图的快速刷新需要指定 including new values 子句
create materialized view log on tbl1 including new values;
-- 建立 mv
create materialized view mv_tbl1 build immediate refresh fast
start with to_date('2013-06-01 08:00:00','yyyy-mm-dd hh24:mi:ss')
next sysdate + 1/24
as select * from tbl1;
-- 建立 trigger 测试表
create table mv_tbl1_tri (a number,b varchar (20),c varchar (20));
-- 建立 trigger
create or replace trigger tri_mv
   after delete or insert or update
   on mv_tbl1
   referencing new as new old as old
   for each row
begin
   case
      when inserting then
         insert into mv_tbl1_tri values (:new.a, :new.b, 'insert');
      when updating then
         insert into mv_tbl1_tri values (:new.a, :new.b, 'update');
      when deleting then
         insert into mv_tbl1_tri values (:old.a, :old.b, 'delete');
   end case;
exception
   when others then
      raise;
end tri_mv;
/
-- 对表 tbl1 进行一系列增删改操作
-- ...

-- 手工刷新 mv
exec dbms_mview.refresh('mv_tbl1');
-- 查看物化视图日志
select * from mlog$_tbl1;
-- 检查 trigger 测试表
select * from mv_tbl1_tri;
```

3. 基于快照的 CDC

如果没有时间戳，也不允许使用触发器，就要使用快照表了。可以通过比较源表和快照表来获得数据变化。快照就是一次性抽取源系统中的全部数据，把这些数据装载到数据仓库的过渡区中。下次需要同步时，再从源系统中抽取全部数据，并把这些全部数据也放到数据仓库的过渡区中，作为这个表的第二个版本，然后再比较这两个版本的数据，从而找到变化。

有多个方法可以获得这两个版本数据的差异。假设表有两个列 id 和 name，id 是主键列。该表的第一、第二个版本的快照表名为 snapshot_1、snapshot_2。下面的 SQL 语句在主键 id 列上做全外链接，并根据主键比较的结果增加一个标志字段，I 表示新增，U 表示更新，D 代表删除，N 代表没有变化。外层查询过滤掉没有变化的记录。

```
select * from
```

```
(select case when t2.id is null then 'D'
              when t1.id is null then 'I'
              when t1.name <> t2.name then 'U'
              else 'N'
       end as flag,
       case when t2.id is null then t1.id else t2.id end as id,
       t2.name
  from snapshot_1 t1 full outer join snapshot_2 t2 on t1.id = t2.id) a
 where flag <> 'N';
```

当然，这样的 SQL 语句需要数据库支持全外链接，对于 MySQL 这样不支持全外链接的数据库，可以使用类似下面的 SQL 语句：

```
select 'U' as flag, t2.id as id, t2.name as name
  from snapshot_1 t1 inner join snapshot_2 t2 on t1.id = t2.id
 where t1.name != t2.name
 union all
select 'D' as flag, t1.id as id, t1.name as name
  from snapshot_1 t1 left join snapshot_2 t2 on t1.id = t2.id
 where t2.id is null
 union all
select 'I' as flag, t2.id as id, t2.name as name
  from snapshot_2 t2 left join snapshot_1 t1 on t2.id = t1.id
 where t1.id is null;
```

基于快照的 CDC 可以检测到插入、更新和删除的数据，这是相对于基于时间戳的 CDC 方案的优点。它的缺点是需要大量的存储空间来保存快照。另外，当表很大时，这种查询会有比较严重的性能问题。

4. 基于日志的 CDC

最复杂的和最没有侵入性的 CDC 方法是基于日志的方式。数据库会把每个插入、更新、删除操作记录到日志里。如使用 MySQL 数据库，只要在数据库服务器中启用二进制日志（设置 log_bin 服务器系统变量），之后就可以实时从数据库日志中读取到所有数据库写操作，并使用这些操作来更新数据仓库中的数据。这种方式需要把二进制日志转为可以理解的格式，然后再把里面的操作按照顺序读取出来。

MySQL 提供了一个叫做 mysqlbinlog 的日志读取工具。这个工具可以把二进制的日志格式转换为可读的格式，然后就可以把这种格式的输出保存到文本文件里，或者直接把这种格式的日志应用到 MySQL 客户端用于数据还原操作。mysqlbinlog 工具有很多命令行参数，其中最重要的一组参数可以设置开始/截止时间戳，这样能够从日志里截取一段时间的日志。另外，日志里的每个日志项都有一个序列号，也可以用来做偏移操作。MySQL 的日志提供了上述两种方式来防止 CDC 过程发生重复或丢失数据的情况。下面是使用 mysqlbinlog 的两个例子。

```
mysqlbinlog --start-position=120 jbms_binlog.000002 | mysql -u root -p123456
mysqlbinlog --start-date="2011-02-27 13:10:12" --stop-date="2011-02-27 13:47:21"
jbms_binlog.000002 > temp/002.txt
```

第一条命令将 jbms_binlog.000002 文件中从 120 偏移量以后的操作应用到一个 MySQL 数

据库中。第二条命令将 jbms_binlog.000002 文件中一段时间的操作格式化输出到一个文本文件中。

其他数据库也有类似的方法，下面再来看一个使用 Oracle 日志分析的例子。假设有个项目提出的需求是这样的：部署两个相同的 Oracle 数据库 A、B，两个库之间没有网络连接，要定期把 A 库里的数据复制到 B 库。要求：第一应用程序不做修改。第二实现增量数据更新，并且不允许重复数据导入。

分析：Oracle 提供了 DBMS_LOGMNR 系统包可以分析归档日志。我们只要将 A 库的归档日志文件通过离线介质复制到 B 库中，再在 B 库上使用 DBMS_LOGMNR 解析归档日志，最后将格式化后的输出应用于 B 库。使用 DBMS_LOGMNR 分析归档日志并 redo 变化的方案如下：

（1）A 库上线前数据库需要启用归档日志。

（2）每次同步数据时对 A 库先执行一次日志切换，然后复制归档日志文件到 B 库，复制后删除 A 库的归档日志。

（3）在 B 库上使用 DBMS_LOGMNR 分析归档日志文件并重做变化。

因为网不通，手工复制文件的工作不可避免，所以可以认为上述步骤均为手工操作。第（1）步为上线前的数据库准备，是一次性工作；第（2）、（3）步为周期性工作。对于第（3）步，可以用 PL/SQL 脚本实现。首先在 B 库机器上规划好目录，这里 D:\logmine 为主目录，D:\logmine\redo_log 存放从 A 库复制来的归档日志文件。然后在 B 库上执行一次初始化对象脚本，建立一个外部表，存储归档日志文件名称。

```
create or replace directory logfilename_dir as 'D:\logmine\';
grant read, write on directory logfilename_dir to u1;

conn user1/password1

begin
   excute immediate 'create table logname_ext (logfile_name varchar2(300)) organization
external (type oracle_loader default directory data_dir logfilename_dir location
(''log_file_name.txt''))';
exception when others then
   if sqlcode = -955 then -- 名称已由现有对象使用
     null;
   else
     raise;
   end if;
end;
/
```

每次数据同步时要做的工作是：

（1）复制 A 库归档日志文件到 B 的 D:\logmine\redo_log 目录。

（2）执行 D:\logmine\create_ext_table.bat。

（3）前面步骤成功执行后，删除第（1）步复制的归档日志文件。

create_ext_table.bat 脚本文件内容如下：

```
echo off
dir /a-d /b /s D:\logmine\redo_log\*.log > D:\logmine\log_file_name.txt
sqlplus user1/password1 @D:\logmine\create_ext_table.sql
```

create_ext_table.sql 脚本文件的内容如下：

```
begin
    for x in (select logfile_name from logname_ext) loop
        dbms_logmnr.add_logfile(x.logfile_name);
    end loop;
end;
/

execute dbms_logmnr.start_logmnr(options => dbms_logmnr.committed_data_only);

begin
    for x in (select sql_redo
                from v$logmnr_contents
            -- 只应用 U1 用户模式的数据变化，一定要按提交的 SCN 排序
            where table_space != 'SYSTEM' and instr(sql_redo,'"U1".') > 0
            order by commit_scn)
    loop
        execute immediate x.sql_redo;
    end loop;
end;
/

exit;
```

使用基于数据库的日志工具也有缺陷，即只能用来处理一种特定的数据库，如果要在异构的数据库环境下使用基于日志的 CDC 方法，就要使用 Oracle GoldenGate 之类的商业软件。

7.3 导出成文本文件

前面讨论了多种 CDC 的方法，也针对每种方法分别给出了实现的例子。目前为止只是解决了需要抽取哪些数据的问题，下面讨论如何抽取数据的问题。

要回答如何抽取数据的问题，我们需要从源系统和目标数据仓库两端的数据存储形式入手。在传统数据仓库环境下，源系统的数据通常来自组织中的事务类应用系统。大部分这类系统都是把数据存储在关系数据库中，如 MySQL、Oracle 或 SQL Server 等。而我们的目标数据仓库及其过渡区是建立在 Hive 中的数据库，数据最终会以某种文件格式存储于 Hadoop 的 HDFS 上。

最直接的想法是，ETL 系统直连源数据库，然后编写应用程序或者使用某种工具，如第5 章介绍的 Kettle，或后面即将介绍的 Sqoop 等，将数据抽取到 HDFS 或 Hive 表中。这种方法的一个主要好处是可以有效利用工具本身提供的特性，提高 ETL 的性能。比如 Kettle 可以

多线程执行一个步骤，并且多个步骤也是以数据流的方式并行执行的，这种方式会大大加快数据操作执行的速度，其效果用 SQL 是难以实现的。但如果源数据库没有可用的驱动程序，或者因为安全问题不能直连，在这种情况下，一般就需要将源数据库中的数据导出成以预定义好的分隔符，如逗号分隔的文本文件，然后用 Hadoop 的 dfs 命令将文件上传到 Hive 表对应的目录中，或者使用 Hive 的 load data local inpath 语句将数据装载到目标表中。以文本文件的形式交换数据是一种可行的通用方法，虽然大多数关系数据库系统支持 BLOB 这样的二进制数据类型，但这种类型的数据很少被用于分析场景，数据仓库中的数据基本都能表示成纯文本的形式。因此，下面我们重点讨论将关系数据库中的数据导出成文本文件的方法。

大多数数据库系统都提供数据导出或者卸载数据的工具或命令，从一个数据库内部格式导出成文本文件。使用最多的文本文件类型是分隔符文件，在这种文件里，每个字段或列都由特定字符如逗号或 TAB 符号分隔。通常这类文件也称为 CSV（逗号分隔值）文件或 TAB符分隔文件。

很多时候数据抽取并不需要将整个数据库的数据卸载到文本文件。有些情况下，适合卸载整个数据库表和对象，而另外一些情况，可能更适合卸载一个给定表的子集，这个源系统上表的子集包含最后一次抽取后发生了变化的表，或者是多表连接的结果。不同的抽取技术在这两种场景下表现出不同的能力。

如果源系统是 Oracle 数据库，可以使用 SQL*Plus 中的 spool 命令完成数据导出。SQL*Plus 是 Oracle 的命令行工具，在 SQL*Plus 中不仅能执行 SQL 命令，还可以执行SQL*Plus 自己的命令，spool 就是其中之一。通过 spool 命令可以将 select 查询的结果保存到文件中。下面是一个 spool 导出文件的例子。

```
set echo off;
set heading off;
set line 1000;
set pagesize 0;
set numwidth 12;
set termout off;
set trimout on;
set trimspool on;
set feedback off;
set timing off;

spool result.lst
select * from mytable;
spool off
```

将上面的语句保存成文件 a.sql，再建立一个 a.sh 脚本调用这个 SQL 脚本文件。

```
#!/bin/bash
export NLS_LANG=american_america.AL32UTF8
sqlplus user1/password1 << !
start a.sql
exit;
!
```

执行 a.sh，就生成了一个名为 result.lst 的文本文件，内容就是查询语句的结果，以默认的空格作为列之间的分隔符。a.sql 中的多个 set 命令设置 SQL*Plus 系统变量，用于控制输出文件的格式。具体含义可查阅 Oracle 相关文档，这里不再过多说明。使用 spool 需要注意的一个地方是字符集问题，如果客户端设置不当，导出的中文可能出现乱码。使用如下语句查询数据库字符集：

```sql
select property_value from database_properties where property_name like 'NLS_CHAR%';
```

比如查询结果是 AL32UTF8，那么在进入 sqlplus 之前要设置：

```
export NLS_LANG=american_america.AL32UTF8
```

这种抽取技术的好处在于能够抽取任意 SQL 查询语句的输出，并且只要写 SQL 查询语句就行了，不需要任何编程工作。但它的缺点也很明显，如果表的数据量很大，导出过程将慢到无法容忍的程度。此时就得采用其他的数据导出方式，比如使用 Oracle 的 UTL_FILE 系统包，就可以实现快速导出，当数据量巨大并要求在一个较短的时间内导出数据时，推荐使用这种方案。下面看一个实际的例子。

有个需求要从 Oracle 表里导出数据，存成 CSV 文本文件。数据量有 4 亿多行、25GB。最普通的解决方案是在 SQL*PLUS 使用 spool。尽管该方案在某些情况下可行，但它的速度太慢，输出大约每秒 1MB 字节，全部导出需要 7 个多小时，这是不可接受的。解决这个问题的总体思路是：自定义一个函数，调用 UTL_FILE 包输出数据，并且使用 PIPELINE 函数并行输出。使用这种方案的好处是：

- 它是很简单的 SQL，无须大量的 SQL*PLUS 命令，不用指定行尺寸或 ON/OFF 切换。
- 因为它是 SQL，所以可以从几乎任何地方执行它，甚至可以插入到 PL/SQL 里。
- 最重要的一点，它执行很快，如果使用并行，可以到达很高的速度。

以下是实现代码，DATA_UNLOAD 是一个自定义函数，函数的结尾加一个 pipelined 关键字，说明这是一个管道函数。该函数的返回参数类型为集合，这是为了使其能作为表函数使用。表函数在 from 子句中以 table(dump_ntt)调用的，dump_ntt 就是一个集合类型的参数。PARALLEL_ENABLE 使得管道函数可以多进程同时执行。并行执行还有一个好处，就是将数据插入方式从常规路径转换为直接路径。直接路径可以大量减少 redo 日志的生成量。UTL_FILE 包将结果行数据输出到指定文件中。

```sql
-- 建立目录
create or replace directory "mydir" as '/home/oracle/';
-- 建立对象
create or replace type dump_ot as object
(
   file_name varchar2 (128),
   directory_name varchar2 (128),
   no_records number
);
-- 建立对象表
```

```
create or replace type dump_ntt as table of dump_ot;
-- 建立函数
create or replace function data_unload (
    p_source            in sys_refcursor, -- 查询语句，查询结果是一个字符串列
    p_filename          in varchar2,            -- 生成的文件名
    p_directory         in varchar2 )     -- 生成文件所在目录
    return dump_ntt                       -- 返回对象表
    pipelined                             -- 定义为管道函数
    parallel_enable(partition p_source by any) -- 开启并行执行
as
    type row_ntt is table of varchar2 (32767);
    v_rows              row_ntt;
    v_file              utl_file.file_type;
    v_buffer            varchar2 (32767);
    v_name              varchar2 (255);
    v_lines             pls_integer := 0;

    c_eol       constant varchar2 (1) := chr (10);
    c_eollen    constant pls_integer := lengthb (c_eol);
    c_maxline   constant pls_integer := 32767;
begin
    v_name := p_filename;
    v_file := utl_file.fopen (p_directory, v_name, 'w', c_maxline);

    loop
        fetch p_source bulk collect into v_rows limit 10000;
        for i in 1 .. v_rows.count
        loop
            if lengthb (v_buffer) + c_eollen + lengthb (v_rows (i)) <= c_maxline then
                v_buffer := v_buffer || c_eol || v_rows (i);
            else if v_buffer is not null then utl_file.put_line (v_file, v_buffer); end if;
                v_buffer := v_rows (i);
            end if;
        end loop;

        v_lines := v_lines + v_rows.count;
        exit when p_source%notfound;

    end loop;

    close p_source;

    utl_file.put_line (v_file, v_buffer);
    utl_file.fclose (v_file);

    pipe row (dump_ot (v_name, p_directory, v_lines));
    return;
end;
/
-- 调用函数
select * from table (
data_unload ( cursor ( select table_name||','||column_name||','||column_name from u1.mytable
u),
 'a.txt',
'mydir'
));
```

　　测试结果是，411079803 行、25GB 数据导出成文本文件，用时 7 分 56 秒，导出速度比 spool 方法提高近 60 倍。需要强调的一点是，只要数据源是 9i 及其以后版本的 Oracle 数据

库，此 PL/SQL 代码普遍适用。

如果数据源是 MySQL 数据库，可以使用 select ... into outfile 语句实现数据导出功能。例如下面的语句将 t1 表的数据导出到/tmp/t1.txt 文件中，字段以逗号分隔。

```
select * into outfile '/tmp/t1.txt' fields terminated by ',' from t1;
```

如果希望导出不带任何查询条件的整个表的数据，甚至导出整个数据库的数据，可以有更简便的方法。例如使用 mysqldump 命令行工具，可以一次性导出多个表、多个库或所有库的数据。

```
mysqldump -uuser1 -ppassword1 test tree -t -T d:\\ --fields-terminated-by=,
```

在上面的 mysqldump 命令中，test 是导出的数据库，tree 是导出的数据表，-t 参数表示不导出 create 信息，-T 参数指定导出文件的位置，--fields-terminated-by=,表示以逗号作为字段分隔符。上面命令执行后，在 D 盘根目录下会生成名为 tree.txt 的文件，文件内容就是表 tree 的全部数据。

前面演示了一个 Oracle 并行执行的实例，可以大幅提高查询性能。但它利用的是 Oracle 数据库本身提供的功能特性，换成别的数据库就无法执行了。有没有一种比较通用的并行执行多个导出过程的方法呢？每种数据库都提供命令行接口执行 SQL 语句，因此最容易想到的就是通过初始化多个并发的会话并行执行，每个会话运行一个单独的查询，用来抽取不同的数据部分。

还以 Oracle 为例，假设要从订单表抽取数据，订单表已经是按月做了范围分区，分区名称是 orders_jan2008、orders_feb2008 等。要从订单表抽取一年的数据，可以初始化 12 个并发的 SQL*Plus 会话，每个抽取一个分区。每个会话执行的 SQL 脚本应该类似：

```
spool order_jan.dat
select * from orders partition (orders_jan2008);
spool off
```

这 12 个 SQL*Plus 进程将并行导出数据到 12 个文件。如果需要，还可以在抽取后使用操作系统命令将 12 个文件合并起来（如 Linux 的 cat 命令）。

即使订单表没有分区，仍然可以基于逻辑条件执行并行抽取。逻辑方法是基于列值的逻辑范围，例如：

```
select ... where order_date
between to_date('2008-01-01','yyyy-mm-dd') and to_date('2008-01-31','yyyy-mm-dd');
```

回想一下刚才执行 a.sh 脚本导出了 mytable 表的数据，现在对 a.sh 稍加修改，在其中多次调用 a.sql，并且使这些调用并行执行，从命令行接收并行度参数。

```
#!/bin/bash
export NLS_LANG=american_america.AL32UTF8
for(( i = 0; i < $1; i++ ))
do
{
```

```
sqlplus user1/password1 << !
start a.sql
exit;
!
cat ./result.lst >> aa.txt
} &
done
wait
date
```

脚本中使用了&符号，使得{}内的命令在后台并行执行，并将每次生成的文本文件 result.lst 合并到一个新的文件 aa.txt 中。等到循环里面的命令都结束之后才执行接下来的 date 命令。我们用这个示例说明并行执行多个 SQL 脚本文件（这里多次执行同一个文件 a.sql，当然实际中应该是多个不同的 SQL 文件）。mytable 表有 57606 行记录，如果执行两次，文件中应该有 115212 行记录。

```
[oracle@data-01 ~]$ ./a.sh 2
...
[oracle@data-01 ~]$ cat result.lst | wc -l
57606
[oracle@data-01 ~]$ cat aa.txt | wc -l
115212
```

换做 MySQL 数据库，整体思路是一样的，只要把 sqlplus 换成 mysql 客户端，再针对 MySQL 的语法做相应的修改即可。

并行抽取一个复杂的 SQL 查询有时是可行的，尽管将一个单一查询分成多个部分可能是一个挑战。在并行模式下，协调多个独立的进程，保证一个整体一致的视图可能是非常困难的，而且所有并行技术都会使用更多的 CPU 和 I/O 资源，因此在执行任何并行抽取技术前需要评估对系统性能的影响。我们应该控制并发进程的个数，不然会影响系统其他进程的运行。

7.4 分布式查询

源系统可能会使用了多种关系数据库系统，它们往往是独立的，并处于远程系统中，这种情况很常见。如果能够从一个单一数据库访问其他的数据库系统，比如从 Oracle 访问 SQL Server 和 MySQL，或者从 SQL Server 访问 Oracle 和 MySQL，无疑会最小化编程需要，给数据抽取的开发带来极大的便利。

Oracle 和 SQL Server 都提供分布式查询功能。Oracle 通过透明网关和数据库链（Database Link）实现分布式查询。SQL Server 则使用链接服务器。它们可以建立不同的数据库系统之间的联系，并可作为数据集成的重要工具之一。现分别以 Oracle 和 SQL Server 为例进行说明。

1. 建立 Oracle 到 MySQL 的连接

需求是从 Oracle 10.2.0.1 访问 MySQL 5.1.34，两种数据库系统都安装在 Linux 系统上，我们要在 Oracle 所在主机上做一些配置。

（1）安装 UNIX ODBC 驱动、MySQL ODBC 和 Oracle 透明网关三个软件包

用 root 用户安装 unixODBC：

```
rpm -Uvh unixODBC-2.2.12-1.el4s1.1.i386.rpm
```

用 root 用户安装 MySQL ODBC：

```
rpm -Uvh mysql-connector-odbc-5.1.5-0.i386.rpm
```

用 oracle 用户安装 Oracle Gateway，安装方法和 oracle db 软件一样，把 gateway 和 db 装一起了，共用一个 OracleHOME：

```
unzip 10201_gateways_linux32.zip
cd gateways
./runInstaller
```

（2）配置 ODBC 数据源

用 root 用户配置 ODBC 数据源：

```
vi /etc/odbc.ini
```

编辑该文件，根据实际情况填写：

```
[DSName]
Driver       = /usr/lib/libmyodbc5.so
Description  = MySQL
Server       = xxx.xxx.xxx.xxx
Port         = 3306
User         = root
UID          = root
Password     = mypass
Database     = mysqldbname
Option       = 3
Socket       =
charset      = utf8
```

测试 ODBC：

```
isql -v DSName root mypass
```

用 oracle 用户配置网关的 ODBC 数据源：

```
vi $ORACLE_HOME/hs/admin/initDSName.ora
```

编辑该文件内容如下：

```
HS_FDS_CONNECT_INFO = DSName
HS_FDS_TRACE_LEVEL = 0
HS_FDS_SHAREABLE_NAME = /usr/lib/libmyodbc5.so
```

（3）配置 Oracle 监听器和客户端网络服务名

编辑 listener.ora 文件，按实际情况添加如下的描述部分：

```
(SID_DESC =
     (SID_NAME = phpcms)
     (ORACLE_HOME = /usr/u01/app/oracle/product/10.2.0/db_1)
     (PROGRAM = hsodbc)
)
```

编辑 tnsnames.ora，按实际情况添加如下部分：

```
DSName =
(DESCRIPTION =
     (ADDRESS_LIST =
         (ADDRESS = (PROTOCOL = TCP)(HOST = 192.168.0.125)(PORT = 1521))
     )
     (CONNECT_DATA = (SERVICE_NAME = DSName))
     (HS = OK)
)
```

重启监听器并测试：

```
lsnrctl reload
lsnrctl service
tnsping DSName
```

（4）建立数据库链

```
create public database link linkname
 connect to "root"
 identified by <pwd>
 using 'dsname';
```

测试，现在就可以执行 Oracle 和 MySQL 的分布式查询了：

```
select "name" from t1@linkname;
```

Oracle 网关的 HSODBC 驱动程序对 MySQL 的支持还不是很完善，如字符集问题，最好将 Oracle 和 MySQL 的字符集都设置成 utf8，否则查询中文会显示乱码，再有查询 MySQL 表中 text 数据类型的字段会报错。

```
select "textcol" from t1@linkname;
ORA-28500: 连接 ORACLE 到非 Oracle 系统时返回此信息：
[Generic Connectivity Using ODBC][MySQL][ODBC 5.1 Driver][mysqld-5.1.34-community]You have an
error in your SQL syntax; check the manual that corresponds to your MySQL server version for
the right syntax to use near '"t1" WHERE "id"=1' at line 1 (SQL State: 37000; SQL Code: 1064)
ORA-02063: 紧接着 2 lines (起自 DSName)
```

2. 建立 SQL Server 到 Oracle 的连接

通过链接服务器建立一个从 SQL Server 2005 到 Oracle 11G 的连接，并从 Oracle 数据库查询数据。在此 SQL Server 2005 为目标数据库服务器，而 Oracle 为源数据库服务器。

（1）在 SQL Server 所在的服务器安装 Oracle 客户端软件。

（2）配置 tnsnames.ora 文件，示例如下。

```
MYDB =
  (DESCRIPTION =
    (ADDRESS_LIST =
      (ADDRESS = (PROTOCOL = TCP)(HOST = 192.168.0.125)(PORT = 1521))
    )
    (CONNECT_DATA =
      (SERVICE_NAME = mydb)
    )
  )
```

（3）从 SQL Server 上运行一个系统过程软件包 sp_addlinkedserver，建立链接服务器。

```
exec master.dbo.sp_addlinkedserver @server = N'linkoracle',
    @srvproduct = N'oracle', @provider = N'OraOLEDB.Oracle',
    @datasrc = N'mydb'
```

其中，链接服务器名为 linkoracle，OraOLEDB.Oracle 为 Oracle 的 OLE DB，mydb 为 tnsnames.ora 文件中定义的服务别名。

（4）运行一个系统过程软件包 sp_addlinkedsrvlogin 建立登录。

```
exec master.dbo.sp_addlinkedsrvlogin @rmtsrvname = N'linkoracle',
    @useself = N'False', @locallogin = N'sa', @rmtuser = N'user1',
    @rmtpassword = 'password1'
```

其中，user1、password1 分别为 Oracle 数据库的用户名和口令。

（5）在建立连接服务器之后，可以用两种 SQL 查询语句进行分布式查询：

```
-- 第一种，select * from 链接服务器..用户名.表名，语法简单，性能较差
select * from linkoracle..USER1.TAB;
-- 第二种，openquery 函数
select * from openquery(linkoracle, 'select * from tab');
```

为方便对链接服务器的访问，可以在 SQL Server 中建立如下函数：

```
create function fn1 (@table_name varchar(30))
returns table
as return (select * from linkoracle..USER1.TAB where tname = @table_name)
```

然后可以直接从 SQL Server 调用表函数以获取外部数据：

```
select * from fn1 ('T1');
```

7.5 使用 Sqoop 抽取数据

有了前面的讨论和实验，我们现在已经可以处理从源系统获取数据的各种情况。回想上一章建立的销售订单示例，源系统的 MySQL 数据库中已经添加好测试数据，Hive 中建立了 rds 数据库作为过渡区，dw 库存储维度表和事实表。这里我们将使用一种新的工具将 MySQL 数据抽取到 Hive 的 rds 库中，它就是 Sqoop。

7.5.1 Sqoop 简介

Sqoop 是一个在 Hadoop 与结构化数据存储（如关系数据库）之间高效传输大批量数据的工具。它在 2012 年 3 月被成功孵化，现在已是 Apache 的顶级项目。Sqoop 有 Sqoop1 和 Sqoop2 两代，Sqoop1 最后的稳定版本是 1.4.6，Sqoop2 最后版本是 1.99.6。需要注意的是，1.99.6 与 1.4.6 并不兼容，而且截至目前为止，1.99.6 并不完善，不推荐在生产环境中部署。

Sqoop1 和 Sqoop2 的架构分别如图 7-1、图 7-2 所示。

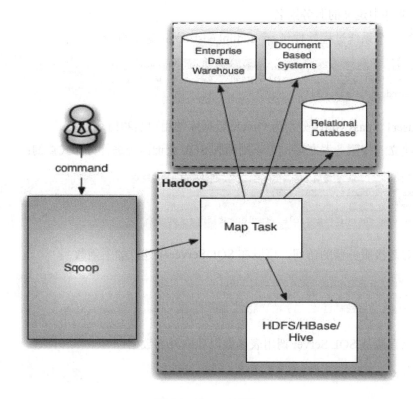

图 7-1　Sqoop1 架构

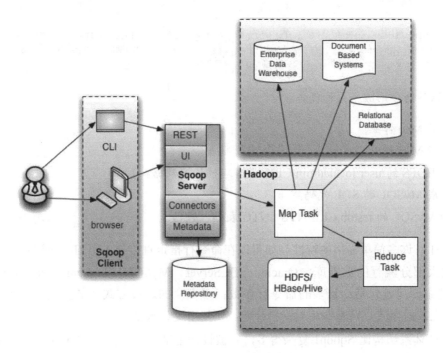

图 7-2　Sqoop2 架构

第一代 Sqoop 的设计目标很简单:

- 在企业级数据仓库、关系数据库、文档系统和 HDFS、HBase 或 Hive 之间导入导出数据。
- 基于客户端的模型。
- 连接器使用厂商提供的驱动。
- 没有集中的元数据存储。
- 只有 Map 任务,没有 Reduce 任务,数据传输和转化都由 Mappers 提供。
- 可以使用 Oozie 调度和管理 Sqoop 作业。

Sqoop1 是用 Java 开发的,完全客户端驱动,严重依赖于 JDBC,可以使用简单的命令行命令导入导出数据。例如:

```
# 把 MySQL 中 testdb.PERSON 表的数据导入 HDFS
sqoop import --connect jdbc:mysql://localhost/testdb --table PERSON --username test --
password ****
```

上面这条命令形成一系列任务:

- 生成 MySQL 的 SQL 代码。
- 执行 MySQL 的 SQL 代码。
- 生成 Map 作业。
- 执行 Map 作业。
- 数据传输到 HDFS。

```
# 将 HDFS 上/user/localadmin/CLIENTS 目录下的文件导出到 MySQL 的 testdb.CLIENTS_INTG 表中
sqoop export --connect jdbc:mysql://localhost/testdb --table CLIENTS_INTG --username test --
password **** --export-dir /user/localadmin/CLIENTS
```

上面这条命令形成一系列任务：

- 生成 Map 作业。
- 执行 Map 作业。
- 从 HDFS 的/user/localadmin/CLIENTS 路径传输数据。
- 生成 MySQL 的 SQL 代码。
- 向 MySQL 的 testdb.CLIENTS_INTG 表插入数据。

Sqoop1 有许多简单易用的特性，如可以在命令行指定直接导入至 Hive 或 HDFS。连接器可以连接大部分流行的数据库：Oracle、SQLServer、MySQL、Teradata、PostgreSQL 等。Sqoop1 的主要问题包括：繁多的命令行参数；不安全的连接方式，如直接在命令行写密码等；没有元数据存储，只能本地配置和管理，使复用受到限制。

Sqoop2 体系结构比 Sqoop1 复杂得多，它被设计用来解决 Sqoop1 的问题，主要体现在易用性、可扩展性和安全性三个方面：

1. 易用性

Sqoop1 需要客户端的安装和配置，而 Sqoop2 是在服务器端安装和配置。这意味着连接器只在一个地方统一配置，由管理员角色管理，操作员角色使用。类似地，只需要在一台服务器上配置 JDBC 驱动和数据库连接。Sqoop2 还有一个基于 Web 的服务：前端是命令行接口（CLI）和浏览器，后端是一个元数据知识库。用户可以通过交互式的 Web 接口进行导入导出，避免了错误选项和繁冗步骤。Sqoop2 还在服务器端整合了 Hive 和 HBase。Oozie 通过 REST API 管理 Sqoop 任务，这样当安装一个新的 Sqoop 连接器后，无须在 Oozie 中安装它。

2. 可扩展性

在 Sqoop2 中，连接器不再受限于 JDBC 的 SQL 语法，如不必指定 database、table 等，甚至可以定义自己使用的 SQL 方言。例如，Couchbase 不需要指定表名，只需在填充或卸载操作时重载它。通用的功能将从连接器中抽取出来，使之只负责数据传输。在 Reduce 阶段实现通用功能，确保连接器可以从将来的功能性开发中受益。连接器不再需要提供与其他系统整合等下游功能，因此，连接器的开发者不再需要了解所有 Sqoop 支持的特性。

3. 安全性

Sqoop1 用户是通过执行 sqoop 命令运行 Sqoop。Sqoop 作业的安全性主要由是否对执行 Sqoop 的用户信任所决定。Sqoop2 将作为基于应用的服务，通过按不同角色连接对象，支持对外部系统的安全访问。为了进一步安全，Sqoop2 不再允许生成代码、请求直接访问 Hive

或 HBase，也不对运行的作业开放访问所有客户端的权限。Sqoop2 将连接作为一级对象，包含证书的连接一旦生成，可以被不同的导入导出作业多次使用。连接由管理员生成，被操作员使用，因此避免了最终用户的权限泛滥。此外，连接可以被限制只能进行某些基本操作，如导入导出，还可通过限制同一时间打开连接的总数和一个禁止连接的选项来管理资源。

7.5.2 CDH 5.7.0 中的 Sqoop

CDH 5.7.0 中既包含 Sqoop1 又包含 Sqoop2，Sqoop1 的版本是 1.4.6，Sqoop2 的版本是 1.99.5。当前的 Sqoop2 还缺少 Sqoop1 的某些特性，因此 Cloudera 的建议是，只有当 Sqoop2 完全满足需要的特性时才使用它，否则继续使用 Sqoop1。CDH 5.7.0 中的 Sqoop1 和 Sqoop2 的特性区别如表 7-2 所示。

表 7-2 Sqoop1 与 Sqoop2 特性比较

特性	Sqoop1	Sqoop2
所有主要 RDBMS 的连接器	支持	不支持 变通方案：使用通用的 JDBC 连接器，它已经在 Microsoft SQL Server、PostgreSQL、MySQL 和 Oracle 数据库上测试过。这个连接器应该可以在任何 JDBC 兼容的数据库上使用，但性能比不上 Sqoop1 的专用连接器
Kerberos 整合	支持	不支持
数据从 RDBMS 传输到 Hive 或 HBase	支持	不支持 变通方案：用下面两步方法。 1. 数据从 RDBMS 导入 HDFS 2. 使用适当的工具或命令（如 Hive 的 LOAD DATA 语句）手工把数据导入 Hive 或 HBase
数据从 Hive 或 HBase 传输到 RDBMS	不支持 变通方案：用下面两步方法。 1. 从 Hive 或 HBase 抽出数据到 HDFS（文本文件或 Avro 文件） 2. 使用 Sqoop 将上一步的输出导入 RDBMS	不支持 变通方案如 Sqoop1

7.5.3 使用 Sqoop 抽取数据

在销售订单示例中使用 Sqoop1 进行数据抽取。表 7-3 汇总了示例中维度表和事实表用到的源数据表及其抽取模式。

表7-3 销售订单抽取模式

源数据表	rds 库中的表	dw 库中的表	抽取模式
customer	customer	customer_dim	整体、拉取
product	product	product_dim	整体、拉取
sales_order	sales_order	order_dim、sales_order_fact	基于时间戳的 CDC、拉取

1. 覆盖导入

对于 customer、product 这两个表采用整体拉取的方式抽取数据。ETL 通常是按一个固定的时间间隔，周期性定时执行的，因此对于整体拉取的方式而言，每次导入的数据需要覆盖上次导入的数据。Sqoop 中提供了 hive-overwrite 参数实现覆盖导入。hive-overwrite 的另一个作用是提供了一个幂等操作的选择。所谓幂等操作指的是其执行任意多次所产生的影响均与一次执行的影响相同。这样就能在导入失败或修复 bug 后可以再次执行该操作，而不用担心重复执行会对系统造成数据混乱。具体 Sqoop 命令如下，其中 hive-import 参数表示向 hive 表导入，hive-table 参数指定目标 hive 库表。

```
sqoop import --connect jdbc:mysql://cdh1:3306/source?useSSL=false --username root --password
mypassword --table customer --hive-import --hive-table rds.customer --hive-overwrite
sqoop import --connect jdbc:mysql://cdh1:3306/source?useSSL=false --username root --password
mypassword --table product --hive-import --hive-table rds.product --hive-overwrite
```

2. 增量导入

Sqoop 提供增量导入模式，用于只导入比已经导入行新的数据行。表 7-4 所示参数用来控制增量导入。

表7-4 Sqoop 增量导入模式

参数	描述
--check-column	在确定应该导入哪些行时，指定被检查的列。列不能是 CHAR/NCHAR/VARCHAR/VARNCHAR/LONGVARCHAR/LONGNVARCHAR 数据类型
--incremental	指定 Sqoop 怎样确定哪些行是新行。有效值是 append 和 lastmodified
--last-value	指定已经导入数据的被检查列的最大值

Sqoop 支持两种类型的增量导入：append 和 lastmodified。可以使用--incremental 参数指定增量导入的类型。

当被导入表的新行具有持续递增的行 id 值时，应该使用 append 模式。指定行 id 为--check-column 的列。Sqoop 导入那些被检查列的值比--last-value 给出的值大的数据行。

Sqoop 支持的另一个表修改策略叫做 lastmodified 模式。当源表的数据行可能被修改，并且每次修改都会更新一个 last-modified 列为当前时间戳时，应该使用 lastmodified 模式。那些被检查列的时间戳比--last-value 给出的时间戳新的数据行被导入。

增量导入命令执行后，在控制台输出的最后部分，会打印出后续导入需要使用的 last-value。当周期性执行导入时，应该用这种方式指定--last-value 参数的值，以确保只导入新的或修改过的数据。可以通过一个增量导入的保存作业自动执行这个过程，这是适合重复执行增量导入的方式。

有了对 Sqoop 增量导入的基本了解，下面看一下如何在本示例中使用它抽取数据。对于 sales_order 这个表采用基于时间戳的 CDC 拉取方式抽取数据。这里假设源系统中销售订单记录一旦入库就不再改变，或者可以忽略改变，也就是说销售订单是一个随时间变化单向追加数据的表。sales_order 表中有两个关于时间的字段，order_date 表示订单时间，entry_date 表示订单数据实际插入表里的时间，在后面 11.5 节讨论"迟到的事实"时就会看到两个时间可能不同。那么用哪个字段作为 CDC 的时间戳呢？设想这样的情况，一个销售订单的订单时间是 2015 年 1 月 1 日，实际插入表里的时间是 2015 年 1 月 2 日，ETL 每天 0 点执行，抽取前一天的数据。如果按 order_date 抽取数据，条件为 where order_date >= '2015-01-02' AND order_date < '2015-01-03'，则 2015 年 1 月 3 日 0 点执行的 ETL 不会捕获到这个新增的订单数据。所以应该以 entry_date 作为 CDC 的时间戳。

下面测试一下增量导入：

（1）建立 sqoop 增量导入作业。

```
sqoop job --create myjob_1 \
-- \
import \
--connect "jdbc:mysql://cdh1:3306/source?useSSL=false&user=root&password=mypassword" \
--table sales_order \
--columns "order_number, customer_number, product_code, order_date, entry_date, order_amount" \
--where "entry_date < current_date()" \
--hive-import \
--hive-table rds.sales_order \
--incremental append \
--check-column entry_date \
--last-value '1900-01-01'
```

说明：上面的语句建立一个名为 myjob_1 的 Sqoop 作业。使用--where 参数是为了只导入前一天的数据。例如，在 2 点执行此作业，则不会导入 0 点到 2 点这两个小时产生的销售订单数据。

（2）查看此时作业中保存的 last-value，结果如下所示。

```
[root@cdh2~]#sqoop job --show myjob_1 | grep last.value
16/07/04 09:03:29 INFO sqoop.Sqoop: Running Sqoop version: 1.4.6-cdh5.7.0
incremental.last.value = 1900-01-01
```

可以看到，last-value 的值为初始的'1900-01-01'。

（3）首次执行作业。

```
sqoop job --exec myjob_1
```

因为 last-value 的值为'1900-01-01'，所以这次会导入全部数据，查询 rds.sales_order，最

后结果如下所示。

```
| 96  | 4 | 1 | 2016-06-27 01:11:38.0 | 2016-06-27 01:11:38.0 | 3602 |
| 97  | 2 | 1 | 2016-06-27 02:25:04.0 | 2016-06-27 02:25:04.0 | 7374 |
| 98  | 3 | 1 | 2016-06-27 19:25:15.0 | 2016-06-27 19:25:15.0 | 6775 |
| 99  | 3 | 2 | 2016-06-28 02:10:23.0 | 2016-06-28 02:10:23.0 | 4327 |
| 100 | 4 | 2 | 2016-06-30 05:20:47.0 | 2016-06-30 05:20:47.0 | 6893 |
+-----+---+---+-----------------------+-----------------------+------+
100 rows selected (0.191 seconds)
```

（4）查看此时作业中保存的 last-value，结果如下所示。

```
[root@cdh2~]#sqoop job --show myjob_1 | grep last.value
16/07/04 09:12:02 INFO sqoop.Sqoop: Running Sqoop version: 1.4.6-cdh5.7.0
incremental.last.value = 2016-06-30 05:20:47.0
```

可以看到，last-value 的值为当前最大值'2016-06-30 05:20:47'。

（5）源库增加两条数据。

```
use source;
set @customer_number := floor(1 + rand() * 6);
set @product_code := floor(1 + rand() * 2);
set @order_date := from_unixtime(unix_timestamp('2016-07-03') + rand() *
(unix_timestamp('2016-07-04') - unix_timestamp('2016-07-03')));
set @amount := floor(1000 + rand() * 9000);

insert into sales_order
values (101,@customer_number,@product_code,@order_date,@order_date,@amount);

set @customer_number := floor(1 + rand() * 6);
set @product_code := floor(1 + rand() * 2);
set @order_date := from_unixtime(unix_timestamp('2016-07-04') + rand() *
(unix_timestamp('2016-07-05') - unix_timestamp('2016-07-04')));
set @amount := floor(1000 + rand() * 9000);

insert into sales_order
values (102,@customer_number,@product_code,@order_date,@order_date,@amount);

commit;
```

上面的语句向 sales_order 插入了两条记录，一条是 7 月 3 日的，另一条是 7 月 4 日的。

（6）再次执行 sqoop 作业，因为 last-value 的值为'2016-06-30 05:20:47'，所以这次只会导入 entry_date 比'2016-06-30 05:20:47'大的数据。

```
sqoop job --exec myjob_1
```

（7）查看此时作业中保存的 last-value，结果如下所示。

```
[root@cdh2~]#sqoop job --show myjob_1 | grep last.value
16/07/04 09:34:34 INFO sqoop.Sqoop: Running Sqoop version: 1.4.6-cdh5.7.0
incremental.last.value = 2016-07-03 22:45:46.0
```

可以看到，last-value 的值已经变为'2016-07-03 22:45:46'

（8）在 hive 的 rds 库里查询，前两行记录如下所示。

```
select * from rds.sales_order order by order_number desc;
...
| 101 | 3 | 1 | 2016-07-03 22:45:46.0 | 2016-07-03 22:45:46.0 | 6010 |
| 100 | 4 | 2 | 2016-06-30 05:20:47.0 | 2016-06-30 05:20:47.0 | 6893 |
```

可以看到 rds.sales_order 表中只新增了一条数据，因为当前日期是 7 月 4 日，所以 7 月 4 日的订单记录被作业中的 where 参数过滤掉了。

（9）还原数据。

```
-- 还原 MySQL 的 sales_order 表
use source;
delete from sales_order where order_number in(101,102);
alter table sales_order auto_increment=101;
```

现在我们已经测试了用 Sqoop 执行数据抽取的过程，下一节将把 sqoop 命令放到一个 shell 脚本文件中，并使用 Hive 进行数据的转换与装载。

7.5.4　Sqoop 优化

当使用 Sqoop 在关系数据库和 HDFS 之间传输数据时，有多个因素影响其性能。可以通过调整 Sqoop 命令行参数或数据库参数优化 Sqoop 的性能。本小节简要描述这两种优化方法。

1. 调整 Sqoop 命令行参数

可以调整下面的 Sqoop 参数优化性能。

* batch

该参数的语法是--batch，指示使用批处理模式执行底层的 SQL 语句。在导出数据时，该参数能够将相关的 SQL 语句组合在一起批量执行。也可以使用有效的 API 在 JDBC 接口中配置批处理参数。

* boundary-query

指定导入数据的范围值。当仅使用 split-by 参数指定的分隔列不是最优时，可以使用 boundary-query 参数指定任意返回两个数字列的查询。它的语法如下：--boundary-query select min(id), max(id) from <tablename>。在配置 boundary-query 参数时，查询语句中必须连同表名一起指定 min(id)和 max(id)。如果没有配置该参数，默认时 Sqoop 使用 select min(<split-by>), max(<split-by>) from <tablename>查询找出分隔列的边界值。

* direct

该参数的语法是--direct，指示在导入数据时使用关系数据库自带的工具（如果存在的话），如 MySQL 的 mysqlimport。这样可以比 jdbc 连接的方式更为高效地将数据导入到关系数据库中。

- Dsqoop.export.records.per.statement

在导出数据时，可以将 Dsqoop.export.records.per.statement 参数与批处理参数结合在一起使用。该参数指示在一条 insert 语句插入的行数。当指定了这个参数时，Sqoop 运行下面的插入语句：INSERT INTO table VALUES (...), (...), (...),...;某些情况下这可以提升近一倍的性能。

- fetch-size

导入数据时，指示每次从数据库读取的记录数。使用下面的语法：--fetch-size=<n>，其中<n>表示 Sqoop 每次必须取回的记录数，默认值为 1000。可以基于读取的数据量、可用的内存和带宽大小适当增加 fetch-size 的值。某些情况下这可以提升 25%的性能。

- num-mappers

该参数的语法为--num-mappers <number of map tasks>，用于指定并行数据导入的 map 任务数，默认值为 4。应该将该值设置成低于数据库所支持的最大连接数。

- split-by

该参数的语法为--split-by <column name>，指定用于 Sqoop 分隔工作单元的列名，不能与--autoreset-to-one-mapper 选项一起使用。如果不指定列名，Sqoop 基于主键列分隔工作单元。

2. 调整数据库

为了优化关系数据库的性能，可执行下面的任务：

- 为精确调整查询，分析数据库统计信息。
- 将不同的表空间存储到不同的物理硬盘。
- 预判数据库的增长。
- 使用 explain plan 类似的语句调整查询语句。
- 导入导出数据时禁用外键约束。
- 导入数据前删除索引，导入完成后再重建。
- 优化 JDBC URL 连接参数。
- 确定使用最好的连接接口。

7.6 小结

（1）建立一个有效的逻辑数据映射是实现 ETL 系统的基础。

（2）从源抽取数据导入数据仓库有两种方式，可以从源把数据抓取出来（拉），也可以请求源把数据发送（推）到数据仓库。

（3）时间戳、触发器、快照表、日志是常用的四种变化数据捕获方法。

（4）以文本文件的形式交换数据是一种可行的通用方法。有多种将数据导出成文本文件的方式，其性能差别很大。

（5）分布式查询可以建立不同的数据库系统之间的联系，并可作为数据集成的重要工具之一。

（6）Sqoop 是一个在 Hadoop 与结构化数据存储（如关系数据库）之间高效传输大批量数据的工具，支持全量和增量数据抽取。

第 8 章

◀ 数据转换与装载 ▶

本章重点是针对销售订单示例编写并测试 HiveQL 转换脚本。在此之前，我们先简要介绍一下数据清洗的概念和常见的数据清洗工作。之后对 Hive 做一个概括的介绍，包括它的体系结构、工作流程、命令行和安全性。最后用大量 HiveQL 代码演示如何实现销售订单数据仓库的数据转换与装载。

8.1　数据清洗

对大多数用户来说，ETL 的核心价值在 "T" 所代表的转换部分。这个阶段要做很多工作，数据清洗就是其中一项重点任务。数据清洗是对数据进行重新审查和校验的过程，目的在于删除重复信息、纠正存在的错误，并提供数据一致性。

1. 处理 "脏数据"

数据仓库中的数据是面向某一主题数据的集合，这些数据从多个业务系统中抽取而来，并且包含历史数据，因此就不可避免地出现某些数据是错误的，或者数据相互之间存在冲突的情况。这些错误的或有冲突的数据显然不是我们想要的，被称为 "脏数据"。我们要按照一定的规则处理脏数据，这个过程就是数据清洗。数据清洗的任务是过滤那些不符合要求的数据，将过滤的结果交给业务主管部门，确认是直接删除掉，还是修正之后再进行抽取。不符合要求的数据主要是残缺的数据、错误的数据、重复的数据、差异的数据四大类。

- 残缺数据。这一类数据主要是一些应该有的信息缺失，如产品名称、客户名称、客户的区域信息，还包括业务系统中由于缺少外键约束所导致的主表与明细表不能匹配等。
- 错误数据。这一类错误产生的原因多是业务系统不够健全，在接收输入后没有进行合法性检查或检查不够严格，将有问题的数据直接写入后台数据库造成的，比如用字符串存储数字、超出合法的取值范围、日期格式不正确、日期越界等。

- 重复数据。源系统中相同的数据存在多份。
- 差异数据。本来具有同一业务含义的数据，因为来自不同的操作型数据源，造成数据不一致。这时需要将非标准的数据转化为在一定程度上的标准化数据。

来自操作型数据源的数据如果含有不洁成分或不规范的格式，将对数据仓库的建立和维护，特别是对联机分析处理的使用，造成很多问题和麻烦。这时必须在 ETL 过程中加以处理，不同类型的数据，处理的方式也不尽相同。对于残缺数据，ETL 将这类数据过滤出来，按缺失的内容向业务数据的所有者提交，要求在规定的时间内补全，之后才写入数据仓库。对于错误数据，一般的处理方式是通过数据库查询的方式找出来，并将脏数据反馈给业务系统用户，由业务用户确定是抛弃这些数据，还是修改后再次进行抽取，修改的工作可以是业务系统相关人员配合 ETL 开发者来完成。对于重复数据的处理，ETL 系统本身应该具有自动查重去重的功能。而差异数据，则需要协调 ETL 开发者与来自多个不同业务系统的人员共同确认参照标准，然后在 ETL 系统中建立一系列必要的方法和手段实现数据一致性和标准化。

2. 数据清洗原则

保障数据清洗处理顺利进行的原则是优先对数据清洗处理流程进行分析和系统化的设计，针对数据的主要问题和特征，设计一系列数据对照表和数据清洗程序库的有效组合，以便面对不断变化的、形形色色的数据清洗问题。数据清洗流程通常包括如下内容。

- 预处理。对于大的数据加载文件，特别是新的文件和数据集合，要进行预先诊断和检测，不能贸然加载。有时需要临时编写程序进行数据清洁检查。
- 标准化处理。应用建于数据仓库内部的标准字典，对于地区名、人名、公司名、产品名、分类名以及各种编码信息进行标准化处理。
- 查重。应用各种数据库查询技术和手段，避免引入重复数据;
- 出错处理和修正。将出错的记录和数据写入到日志文件，留待进一步处理。

3. 数据清洗实例

（1）身份证号码格式检查

身份证号码格式校验是很多系统在数据集成时的一个常见需求，我们以 18 位身份证为例，使用一个 Hive 查询实现身份证号码的合法性验证。该查询结果是所有不合规的身份证号码。按以下身份证号码的定义规则建立查询。

身份证 18 位分别代表的含义，从左到右方分别表示：

- 1~2，省级行政区代码。
- 3~4，地级行政区划分代码。
- 5~6，县区行政区分代码。
- 7~10、11~12、13~14，出生年、月、日。

- 15~17，顺序码，同一地区同年、同月、同日出生人的编号，奇数是男性，偶数是女性。
- 18 校验码，如果是 0~9 则用 0~9 表示，如果是 10 则用 X（罗马数字 10）表示。

身份证校验码的计算方法：

步骤01 将前面的身份证号码 17 位数分别乘以不同的系数。从第 1 位到第 17 位的系数分别为：$7-9-10-5-8-4-2-1-6-3-7-9-10-5-8-4-2$。

步骤02 将这 17 位数字和系数相乘的结果相加。

步骤03 用加出来和除以 11，看余数是多少。

步骤04 余数只可能有 $0-1-2-3-4-5-6-7-8-9-10$ 这 11 个数字。其分别对应的最后一位身份证的号码为 $1-0-X-9-8-7-6-5-4-3-2$。

假设字段 t.idcard 存储身份证号码，Hive 查询语句如下：

```
-- Hive 18 位身份证号码验证
select * from
(select trim(upper(idcard)) idcard from t) t1
 where -- 号码位数不正确
        length(idcard) <> 18
        -- 省份代码不正确
        or substr(idcard,1,2) not in
        ('11','12','13','14','15','21','22','23','31',
         '32','33','34','35','36','37','41','42','43',
         '44','45','46','50','51','52','53','54','61',
         '62','63','64','65','71','81','82','91')
        -- 身份证号码的正则表达式判断
        or (if(pmod(cast(substr(idcard, 7, 4) as int),400) = 0 or
              (pmod(cast(substr(idcard, 7, 4) as int),100) <> 0 and
               pmod(cast(substr(idcard, 7, 4) as int),4) = 0), -- 闰年
           if(idcard regexp '^[1-9][0-9]{5}19[0-9]{2}((01|03|05|07|08|10|12)(0[1-9]|[1-2][0-
9]|3[0-1])|(04|06|09|11)(0[1-9]|[1-2][0-9]|30)|02(0[1-9]|[1-2][0-9]))[0-9]{3}[0-9X]$',1,0),
           if(idcard regexp '^[1-9][0-9]{5}19[0-9]{2}((01|03|05|07|08|10|12)(0[1-9]|[1-2][0-
9]|3[0-1])|(04|06|09|11)(0[1-9]|[1-2][0-9]|30)|02(0[1-9]|1[0-9]|2[0-8]))[0-9]{3}[0-
9X]$',1,0))) = 0
        -- 校验位不正确
        or substr('10X98765432',pmod(
 (cast(substr(idcard,1,1) as int)+cast(substr(idcard,11,1) as int))*7
+(cast(substr(idcard,2,1) as int)+cast(substr(idcard,12,1) as int))*9
+(cast(substr(idcard,3,1) as int)+cast(substr(idcard,13,1) as int))*10
+(cast(substr(idcard,4,1) as int)+cast(substr(idcard,14,1) as int))*5
+(cast(substr(idcard,5,1) as int)+cast(substr(idcard,15,1) as int))*8
+(cast(substr(idcard,6,1) as int)+cast(substr(idcard,16,1) as int))*4
+(cast(substr(idcard,7,1) as int)+cast(substr(idcard,17,1) as int))*2
+cast(substr(idcard, 8,1) as int)*1
+cast(substr(idcard, 9,1) as int)*6
+cast(substr(idcard,10,1) as int)*3,11)+1,1)
<> cast(substr(idcard,18,1) as int);
```

这条查询语句虽然有些复杂，但条理还是比较清楚的。子查询将字符串转为大写，并去掉左右两边的空格，外层查询的 where 条件筛选出四种不符合规则的身份证号码。首先判断

号码长度和省份代码，然后利用 Hive 的正则表达式匹配函数对整个号码逐位判断，最后检查校验位是否正确。各种违规条件之间使用 or 逻辑运算符，前面的条件一旦满足即可返回数据行，而不会再继续判断后面的条件。

（2）去除重复数据

有两个意义上的重复记录，一是完全重复的记录，也即所有字段均都重复，二是部分字段重复的记录。对于第一种重复，比较容易解决，只需在查询语句中使用 distinct 关键字去重，几乎所有数据库系统都支持 distinct 操作。发生这种重复的原因主要是表设计不周，通过给表增加主键或唯一索引列即可避免。

```
select distinct * from t;
```

对于第二类重复问题，通常要求查询出重复记录中的任一条记录。假设表 t 有 id、name、address 三个字段，id 是主键，有重复的字段为 name、address，要求得到这两个字段唯一的结果集。

```
-- Oracle、MySQL，使用相关子查询
select * from t t1
 where t1.id =
  (select min(t2.id)
     from t t2
   where t1.name = t2.name and t1.address = t2.address);

-- Hive 只支持在 FROM 子句中使用子查询，子查询必须有名字，并且列必须唯一
select t1.*
  from t t1,
      (select name, address, min(id) id from t group by name, address) t2
 where t1.id = t2.id;

-- 还可以使用 Hive 的 row_number() 分析函数
select t.id, t.name, t.address
  from (select id, name, address,
row_number() over (distribute by name, address sort by id) as rn
          from t) t
 where t.rn=1;
```

（3）建立标准数据对照表

这是一个真实数据仓库项目中的案例。某公司要建立一个员工数据仓库，需要从多个业务系统集成员工相关的信息。由于历史的原因，该公司现存的四个业务系统中都包含员工数据，这四个业务系统是 HR、OA、考勤和绩效考核系统。这些系统是彼此独立的，有些是采购的商业软件，有些是公司自己开发的。每个系统中都有员工和组织机构表，存储员工编号、姓名、所在部门等属性，各个系统的员工数据并不一致。例如，员工入职或离职时，HR系统会更新员工数据，但 OA 系统的更新可能会滞后很长时间。项目的目标是建立一个全公司唯一的、一致的人员信息库。

我们的思路是利用一系列经过仔细定义的参照表或转换表取代那些所谓硬编码的转换程

序。其优点是很明显的：转换功能动态化，并能适应多变的环境。对于建立在许多不同数据源之上的数据仓库来说，这是一项非常重要的基础工作。具体方案如下：

- 建立标准码表用以辅助数据转换处理。
- 建立与标准值转化有关的函数或子程序。
- 建立非标准值与标准值对照的映像表，或者别名与标准名的对照表。

下面的问题是确定标准值的来源。从业务的角度看，HR 系统的数据相对来说是最准确的，因为员工或组织机构的变化，最先反映到该系统的数据更新中。以 HR 系统中的员工表数据为标准是比较合适的选择。有了标准值后，还要建立一个映像表，把其他系统的员工数据和标准值对应起来。比方说有一个员工的编号在 HR 系统中为 101，在其他三个系统中的编号分别是 102、103、104，我们建立的映像表应该与表 8-1 类似。

表 8-1　标准值映像表

DW 条目名称	DW 标准值	业务系统	数据来源	源值
员工编号	101	HR	HR 库.表名.列名	101
员工编号	101	OA	OA 库.表名.列名	102
员工编号	101	考勤	考勤库.表名.列名	103
员工编号	101	绩效	绩效库.表名.列名	104

这张表建立在数据仓库的模式中，人员数据从各个系统抽取出来以后，与标准值映像表关联，从而形成统一的标准数据。映像表被其他源数据引用，是数据一致性的关键，其维护应该与 HR 系统同步。因此在 ETL 过程中应该首先处理 HR 表和映像表。

数据清洗在实际 ETL 开发中是不可缺少的重要一步。即使为了降低复杂度，在我们的销售订单示例中没有涉及数据清洗，读者还是应该了解相关内容，这会对实际工作有所启发。

8.2　Hive 简介

让我们回到实践中来。本章开篇就说明我们要用 Hive 开发销售订单示例的数据转换和装载过程。在前面的章节中已经多次进行了 Hive 试验，也介绍了 Hive 支持的文件格式以及如何支持事务处理。为了能够更好地使用 Hive 完成 ETL 工作，有必要系统了解一下 Hive 的基本概念及其体系结构。

Hive 是 Hadoop 生态圈的数据仓库软件，使用类似于 SQL 的语言读、写、管理分布式存储上的大数据集。它建立在 Hadoop 之上，具有以下功能和特点：

- 通过 HiveQL 方便地访问数据，适合执行 ETL、报表查询、数据分析等数据仓库任务。

- 提供一种机制，给各种各样的数据格式添加结构。
- 直接访问 HDFS 的文件，或者访问如 HBase 的其他数据存储。
- 可以通过 MapReduce、Spark 或 Tez 等多种计算框架执行查询。

Hive 提供标准的 SQL 功能，包括 2003 以后的标准和 2011 标准中的分析特性。Hive 中的 SQL 还可以通过用户定义的函数（UDFs）、用户定义的聚合函数（UDAFs）、用户定义的表函数（UDTFs）进行扩展。Hive 内建连接器支持 CSV 文本文件、Parquet、ORC 等多种数据格式，用户也可以扩展支持其他格式的连接器。Hive 被设计成一个可扩展的、高性能的、容错的、与输入数据格式松耦合的系统，适合于数据仓库中的汇总、分析、批处理查询等任务，而不适合联机事务处理的工作场景。Hive 包括 HCatalog 和 WebHCat 两个组件。HCatalog 是 Hadoop 的表和存储管理层，允许使用 Pig 和 MapReduce 等数据处理工具的用户更容易读写集群中的数据。WebHCat 提供了一个服务，可以使用 HTTP 接口执行 MapReduce（或 YARN）、Pig、Hive 作业或元数据操作。

8.2.1 Hive 的体系结构

Hive 的体系结构如图 8-1 所示。

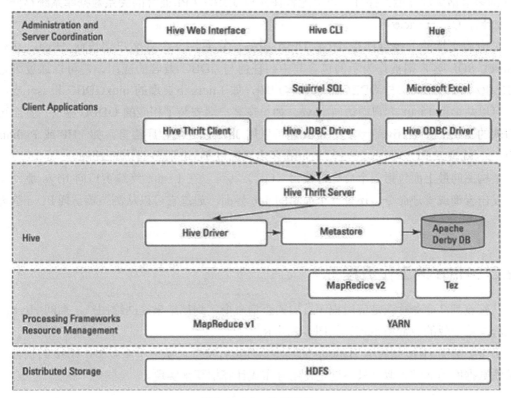

图 8-1 Hive 体系结构

Hive 建立在 Hadoop 的分布式文件系统（HDFS）和 MapReduce 之上。上图中显示了

Hadoop 1 和 Hadoop 2 中的两种 MapReduce 组件。在 Hadoop 1 中，Hive 查询被转化成 MapReduce 代码，并且使用第一版的 MapReduce 框架执行，如 JobTracker 和 TaskTracker。在 Hadoop 2 中，YARN 将资源管理和调度从 MapReduce 框架中解耦。Hive 查询仍然被转化为 MapReduce 代码并执行，但使用的是 YARN 框架和第二版的 MapReduce。

为了更好地理解 Hive 如何与 Hadoop 的基本组件一起协同工作，可以把 Hadoop 看作一个操作系统，HDFS 和 MapReduce 是这个操作系统的组成部分，而像 Hive、HBase 这些组件，则是操作系统的上层应用或功能。Hadoop 生态圈的通用底层架构是 HDFS 提供分布式存储，MapReduce 为上层功能提供并行处理能力。

在 HDFS 和 MapReduce 之上，图中显示了 Hive 驱动程序和元数据存储。Hive 驱动程序及其编译器负责编译、优化和执行 HiveQL。依赖于具体情况，Hive 驱动程序可能选择在本地执行 Hive 语句或命令，也可能是产生一个 MapReduce 作业。Hive 驱动程序把元数据存储在数据库中。

默认配置下，Hive 在内建的 Derby 关系数据库系统中存储元数据，这种方式被称为嵌入模式。在这种模式下，Hive 驱动程序、元数据存储和 Derby 全部运行在同一个 Java 虚拟机中（JVM）。这种配置适合于学习目的，它只支持单一 Hive 会话，所以不能用于多用户的生产环境。Hive 还允许将元数据存储于本地或远程的外部数据库中，这种设置可以更好地支持 Hive 的多会话生产环境。并且，可以配置任何与 JDBC API 兼容的关系数据库系统存储元数据，如 MySQL、Oracle 等。

对应用支持的关键组件是 Hive Thrift 服务，它允许一个富客户端访问 Hive，开源的 SQuirreL SQL 客户端被作为示例包含其中。任何与 JDBC 兼容的应用，都可以通过绑定的 JDBC 驱动访问 Hive。与 ODBC 兼容的客户端，如 Linux 下典型的 unixODBC 和 isql 应用程序，可以从远程 Linux 客户端访问 Hive。如果在客户端安装了相应的 ODBC 驱动，甚至可以从微软的 Excel 访问 Hive。通过 Thrift 还可以用 Java 以外的程序语言，如 PHP 或 Python 访问 Hive。就像 JDBC、ODBC 一样，Thrift 客户端通过 Thrift 服务器访问 Hive。

架构图的最上面包括一个命令行接口（CLI），可以在 Linux 终端窗口向 Hive 驱动程序直接发出查询或管理命令。还有一个简单的 Web 界面，通过它可以从浏览器访问 Hive 管理表及其数据。

8.2.2 Hive 的工作流程

从接收到从命令行或是应用程序发出的查询命令，到把结果返回给用户，期间 Hive 的工作流程（第一版的 MapReduce）如图 8-2 所示。

表 8-2 说明 Hive 如何与 Hadoop 的基本组件进行交互。从中不难看出，Hive 的执行过程与关系数据库的非常相似，只不过是使用分布式计算框架来实现。

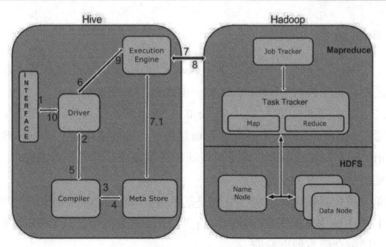

图 8-2　Hive 工作流

表 8-2　Hive 执行流程

步骤	操作
1	执行查询 从 Hive 的 CLI 或 Web UI 发查询命令给驱动程序（任何 JDBC、ODBC 数据库驱动）执行
2	获得计划 驱动程序请求查询编译器解析查询、检查语法、生成查询计划或者查询所需要的资源
3	获取元数据 编译器向元数据存储数据库发送元数据请求
4	发送元数据 作为响应，元数据存储数据库向编译器发送元数据
5	发送计划 编译器检查需要的资源，并把查询计划发送给驱动程序。至此，查询解析完成
6	执行计划 驱动程序向执行引擎发送执行计划
7	执行作业 执行计划的处理是一个 MapReduce 作业。执行引擎向 Name node 上的 JobTracker 进程发送作业，JobTracker 把作业分配给 Data node 上的 TaskTracker 进程。此时，查询执行 MapReduce 作业
7.1	操作元数据 执行作业的同时，执行引擎可能会执行元数据操作，如 DDL 语句等
8	取回结果 执行引擎从 Data node 接收结果
9	发送结果 执行引擎向驱动程序发送合成的结果值
10	发送结果 驱动程序向 Hive 接口（CLI 或 Web UI）发送结果

8.2.3　Hive 服务器

我们在 5.2 节中已经提到过 Hive 有 HiveServer 和 HiveServer2 两版服务器，并指出了两个版本的主要区别，这里再对 HiveServer2 做一些深入的补充说明。

HiveServer2（后面简称 HS2）是从 Hive 0.11 版本开始引入的，它提供了一个服务器接口，允许客户端在 Hive 中执行查询并取回查询结果。当前的实现是一个 HiveServer 的改进版本，它基于 Thrift RPC，支持多客户端身份认证和并发操作，其设计对 JDBC、ODBC 这样的开放 API 客户端提供了更好的支持。

HS2 使用单一进程提供两种服务，分别是基于 Thrift 的 Hive 服务和一个 Jetty Web 服务器。基于 Thrift 的 Hive 服务是 HS2 的核心，它对 Hive 查询（例如从 Beeline 里发出的查询语句，下一小节会详细介绍）做出响应。

Thrift 是提供跨平台服务的 RPC 框架，允许客户端使用包括 Java、C++、Ruby 和其他很多语言，通过编程的方式远程访问 Hive。它由服务器、传输、协议和处理器四层组成。

- 服务器。对于 TCP 请求，HS2 使用 Thrift 中的 TthreadPoolServer 服务器提供响应，对于 HTTP 请求，会通过 Jetty 服务器做出响应。TThreadPoolServer 会为每个 TCP 连接分配一个工作线程，该线程和相关的连接绑定在一起，即便是空连接也会分配一个线程。如果因并发连接过多使得线程数太大，会有潜在的性能问题。未来的 HS2 会可能为 TCP 请求提供其他类型的服务器，例如 TThreadedSelectorServer。
- 传输。有 TCP 和 HTTP 两种传输模式。如果在客户端和服务器之间存在代理服务器（如因为负载均衡或安全方面的需要），那么只能通过 HTTP 模式访问 Hive。这也就是 HS2 除了 TCP 方式外，还支持 HTTP 的原因。可以使用 hive.server2.transport.mode 配置参数指定 Thrift 服务的传输模式。
- 协议。协议的实现是为了进行序列化和反序列化。HS2 当前使用 TBinaryProtocol 作为它的 Thrift 序列化协议。将来可能会基于性能评估考虑其他协议，如 TCompactProtocol。
- 处理器。负责处理应用逻辑的请求，例如，ThriftCLIService.ExecuteStatement()方法实现编译和执行 Hive 查询的逻辑。

Hive 通过 Thrift 提供 Hive 元数据存储的服务。通常来说，用户不能够调用元数据存储方法来直接对元数据进行修改，而应该通过 HiveQL 语言让 Hive 来执行这样的操作。用户应该只能通过只读方式来获取表的元数据信息。在 5.6 节我们配置了 SparkSQL 通过 HS2 服务访问 Hive 的元数据。

1. 配置 HS2

不同版本的 HS2，配置属性可能会有所不同。最基本的配置是在 hive-site.xml 文件中设置如下属性：

- hive.server2.thrift.min.worker.threads: 默认值是 5,最小工作线程数。
- hive.server2.thrift.max.worker.threads: 默认值是 500,最大工作线程数。
- hive.server2.thrift.port: 默认值是 10000,监听的 TCP 端口号。
- hive.server2.thrift.bind.host: TCP 接口绑定的主机。

除了在 hive-site.xml 配置文件中设置属性,还可以使用环境变量设置相关信息。环境变量的优先级别要高于配置文件,相同的属性如果在环境变量和配置文件中都有设置,则会使用环境变量的设置,就是说环境变量或覆盖掉配置文件里的设置。可以配置如下环境变量:

- HIVE_SERVER2_THRIFT_BIND_HOST: 用于指定 TCP 接口绑定的主机。
- HIVE_SERVER2_THRIFT_PORT: 指定监听的 TCP 端口号,默认值是 10000。

HS2 支持通过 HTTP 协议传输 Thrift RPC 消息(Hive 0.13 以后的版本),这种方式特别用于支持客户端和服务器之间存在代理层的情况。当前 HS2 可以运行在 TCP 模式或 HTTP 模式下,但是不能同时使用两种模式。使用下面的属性设置启用 HTTP 模式:

- hive.server2.transport.mode: 默认值是 binary,设置为 http 启用 HTTP 传输模式。
- hive.server2.thrift.http.port: 默认值是 10001,监听的 HTTP 端口号。
- hive.server2.thrift.http.max.worker.threads: 默认值是 500,服务器池中的最大工作线程数。
- hive.server2.thrift.http.min.worker.threads: 默认值是 5,服务器池中的最小工作线程数。

可以配置 hive.server2.global.init.file.location 属性指定一个全局初始化文件的位置(Hive 0.14 以后版本),它或者是初始化文件本身的路径,或者是一个名为".hiverc"的文件所在的目录。在这个初始化文件中可以包含的一系列命令,这些命令会在 HS2 实例中运行,例如注册标准的 JAR 包或函数等。

如下参数配置 HS2 的操作日志:

- hive.server2.logging.operation.enabled: 默认值是 true,当设置为 true 时,HS2 会保存对客户端的操作日志。
- hive.server2.logging.operation.log.location:默认值是 ${java.io.tmpdir}/${user.name}/operation_logs,指定存储操作日志的顶级目录。
- hive.server2.logging.operation.verbose: 默认值是 false,如果设置为 true,HS2 客户端将会打印详细信息。
- hive.server2.logging.operation.level: 默认值是 EXECUTION,该值允许在客户端的会话级进行设置。有四种日志级别,NONE 忽略任何日志;EXECUTION 记录完整的任务日志;PERFORMANCE 在 EXECUTION 加上性能日志;VERBOSE 记录全部日志。

默认情况下，HS2 以连接服务器的用户的身份处理查询，但是如果将下面的属性设置为 false，那么查询将以运行 HS2 进程的用户身份执行。当遇到无法创建临时表一类的错误时，可以尝试设置此属性：

- hive.server2.enable.doAs：作为连接用户的身份，默认值为 true。

为了避免不安全的内存溢出，可以通过将以下参数设置为 true，禁用文件系统缓存：

- fs.hdfs.impl.disable.cache：禁用 HDFS 缓存，默认值为 false。
- fs.file.impl.disable.cache：禁用本地文件系统缓存，默认值为 false。

2. 启动 HS2

下面两条命令都可以用于启动 HS2：

```
$HIVE_HOME/bin/hiveserver2
$HIVE_HOME/bin/hive --service hiveserver2
```

3. 临时目录管理

HS2 允许配置临时目录，这些目录被 Hive 用于存储中间临时输出。临时目录相关的配置属性如下。

- hive.scratchdir.lock：默认值是 false。如果设置为 true，临时目录中会持有一个锁文件。如果一个 Hive 进程异常挂掉，可能会遗留下挂起的临时目录。使用 cleardanglingscratchdir 工具能够删除挂起的临时目录。如果此参数为 false，则不会建立锁文件，cleardanglingscratchdir 工具也不能删除任何挂起的临时目录。
- hive.exec.scratchdir：指定 Hive 作业使用的临时空间目录。该目录用于存储为查询产生的不同 map/reduce 阶段计划，也存储这些阶段的中间输出。
- hive.scratch.dir.permission：默认值是 700。指定特定用户对根临时目录的权限。
- hive.start.cleanup.scratchdir：默认值是 false。指定是否在启动 HS2 时清除临时目录。在多用户环境下不使用该属性，因为可能会删除正在使用的临时目录。

4. HS2 的 Web 用户界面（Hive2.0.0 引入）

HS2 的 Web 界面提供配置、日志、度量和活跃会话等信息，其使用的默认端口是 10002。可以设置 hive-site.xml 文件中的 hive.server2.webui.host、hive.server2.webui.port、hive.server2.webui.max.threads 等属性配置 Web 接口。Web 界面如图 8-3 所示。

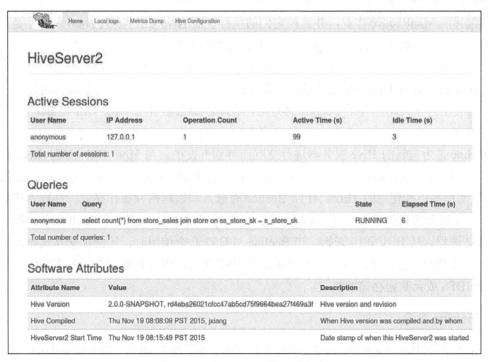

图 8-3　HiveServer2 的 Web 界面

5. 查看 Hive 版本

Hive 没有提供--version 命令行参数或者 version()函数的方式查看版本号。可以使用两种方法查看 Hive 版本。

（1）要找到 Hive 安装目录，然后查看 jar 包的版本号。

```
[root@cdh1~]#ls /opt/cloudera/parcels/CDH-5.7.0/lib/hive/lib | grep hwi
hive-hwi-1.1.0-cdh5.7.0.jar
hive-hwi.jar
[root@cdh1~]#
```

（2）查询元数据存储数据库的 version 表，例如从 MySQL 中执行的查询和结果如下。

```
mysql> select * from hive.version;
+--------+-----------------+----------------------------+
| VER_ID | SCHEMA_VERSION  | VERSION_COMMENT            |
+--------+-----------------+----------------------------+
|      1 | 1.1.0           | Hive release version 1.1.0 |
+--------+-----------------+----------------------------+
row in set (0.00 sec)
```

8.2.4　Hive 客户端

Hive 最初的形式是一个重量级的命令行工具，它接收查询指令并利用 MapReduce 执行查询。后来 Hive 采用了客户端-服务器模式，HiveServer（简称 HS1）作为服务器端，负责将查询语句编译成 MapReduce 作业，并监控它们的执行。而 Hive CLI（hive shell 命令）是一个命令行接口，负责接收用户的 HiveQL 语句，并传送到服务器。

Hive 社区在 0.11 版中引入了 HS2，并推荐使用新的 Beeline 命令行接口（beeline shell 命令），HS1 及其 Hive CLI 不再建议使用，甚至过时的 Hive CLI 客户端方案以后可能将不能与 HS2 一起使用。下面重点介绍 Beeline 客户端，在本小节最后说明 Hive CLI 和 Beeline 用法上的主要差别。

Beeline 是为与新的 Hive 服务器进行交互而特别开发的。与 Hive CLI 不同，Beeline 不是基于 Thrift 的客户端，而是一个基于 SQLLine CLI 的 JDBC 客户端，尽管用于和 HS2 通信的 JDBC 驱动程序还是使用的 Thrift API。Beeline 有嵌入和远程两种操作模式。在嵌入模式中，它运行一个嵌入的类似于 hive 的 shell 命令；而在远程模式中，它通过 Thrift 服务连接一个分离的 HS2 进程。从 Hive 0.14 开始，当 Beeline 与 HS2 联合使用时，还会在交互式查询中打印很长的 HS2 消息信息。生产系统推荐使用远程 HS2 模式，因为它更安全，不需要授予用户直接访问 HDFS 或元数据存储的权限。

1. Beeline 命令

$HIVE_HOME/bin/beeline 这个 shell 命令（后面简称为 beeline）用于连接 Hive 服务器。假定已经将$HIVE_HOME/bin 加入到环境变量 PATH 中，则只需要在 shell 提示符中输入 beeline，就可以使用户的 shell 环境如 bash 找到这个命令。下面是在示例环境 CDH 5.7.0 中的一个例子：

```
[root@cdh1~]#beeline
Beeline version 1.1.0-cdh5.7.0 by Apache Hive
beeline> !connect jdbc:hive2://cdh2:10000
scan complete in 3ms
Connecting to jdbc:hive2://cdh2:10000
Enter username for jdbc:hive2://cdh2:10000:
Enter password for jdbc:hive2://cdh2:10000:
Connected to: Apache Hive (version 1.1.0-cdh5.7.0)
Driver: Hive JDBC (version 1.1.0-cdh5.7.0)
Transaction isolation: TRANSACTION_REPEATABLE_READ
0: jdbc:hive2://cdh2:10000> show databases;
+----------------+--+
| database_name  |
+----------------+--+
| default        |
| dw             |
| olap           |
| rds            |
| test           |
+----------------+--+
5 rows selected (0.288 seconds)
```

也可以在命令行直接指定连接参数。这意味着能够在 Linux shell 的命令历史 history 中找到含有连接字符串的 beeline 命令。

```
beeline -u jdbc:hive2://cdh2:10000/test
```

命令行中的-h 或--help 参数会输出帮助信息。

```
[root@cdh1~]#beeline --help --service cli
usage: hive
 -d,--define <key=value>              Variable subsitution to apply to hive
                                      commands. e.g. -d A=B or --define A=B
    --database <databasename>         Specify the database to use
 -e <quoted-query-string>            SQL from command line
 -f <filename>                        SQL from files
 -H,--help                            Print help information
    --hiveconf <property=value>       Use value for given property
    --hivevar <key=value>             Variable subsitution to apply to hive
                                      commands. e.g. --hivevar A=B
 -i <filename>                        Initialization SQL file
 -S,--silent                          Silent mode in interactive shell
 -v,--verbose                         Verbose mode (echo executed SQL to the
                                      console)
```

2. 连接 URL

Beeline 客户端使用 URL 格式连接 Hive 数据库，HS2 的 URL 连接字符串语法如下：

```
jdbc:hive2://<host1>:<port1>,<host2>:<port2>/dbName;initFile=<file>;sess_var_list?hive_conf_l
ist#hive_var_list
```

- <host1>:<port1>,<host2>:<port2>：要连接的一个服务器实例，或者是用逗号分隔的多个服务器实例，如果为空，将使用嵌入模式。
- dbName：初始连接的数据库名称。
- <file>：初始化脚本的路径（Hive 2.2.0 及以后版本支持）。这个脚本文件中的HiveQL 语句会在连接后自动执行。该选项可以为空。
- sess_var_list：以一个逗号分隔的、会话级变量的键/值对列表。
- hive_conf_list：以一个逗号分隔的、Hive 配置变量的键/值对列表。
- hive_var_list：以一个逗号分隔的、Hive 变量的键/值对列表。

JDBC 连接具有 jdbc:hive2://前缀，驱动的类是 org.apache.hive.jdbc.HiveDriver。注意这和老的 HS1 不同。

对于远程连接模式，连接 URL 的格式为：

```
jdbc:hive2://<host>:<port>/<db>;initFile=<file>  （HS2 默认的端口是 10000）。
```

对于嵌入连接模式，连接 URL 的格式为：

```
jdbc:hive2:///;initFile=<file>（没有主机名和端口）。
```

当 HS2 以 HTTP 模式运行时，连接 URL 的格式为：

```
jdbc:hive2://<host>:<port>/<db>;transportMode=http;httpPath=<http_endpoint>，其中
<http_endpoint>对应的是 hive-site.xml 文件中配置 hive.server2.thrift.http.path 属性值，默认值为
cliservice。默认的 HTTP 传输端口为 10001。
```

当 HS2 启用了 SSL 时，连接 URL 的格式为：

```
jdbc:hive2://<host>:<port>/<db>;ssl=true;sslTrustStore=<trust_store_path>;trustStorePassword=
<trust_store_password>
```

其中<trust_store_path>是客户端信任文件所在路径，<trust_store_password>是访问信任文件所需的密码。相应 HTTP 模式的格式为：

```
jdbc:hive2://<host>:<port>/<db>;ssl=true;sslTrustStore=<trust_store_path>;trustStorePassword=
<trust_store_password>;transportMode=http;httpPath=<http_endpoint>。
```

从 Hive 2.1.0 开始，Beeline 支持命名 URL 连接串，这是通过环境变量实现的。如果使用 !connect 连接一个名称，而不是 URL，那么 Beeline 会查找一个名为 BEELINE_URL_<name>的环境变量。例如，如果命令为!connect blue，Beeline 会查找 BEELINE_URL_BLUE 环境变量，并使用该变量的值做连接。对于系统管理员来说，为用户设置环境变量相对方便些，用户也不需要在每次连接时都键入完整的 URL 字符串。

!reconnect 命令用于刷新已经建立的连接，如果已经执行!close 命令关闭了连接，则不能再刷新连接。从 Hive 2.1.0 起，Beeline 会记住一个会话最后成功连接的 URL，这样即使已经运行了!close 命令也能够重连。另外，如果用户执行了!save 命令，连接会被保存到 beeline.properties 文件中，当执行!reconnect 时，会连接到这个保存的 URL。也可以在命令行使用-r 参数，在启动 Beeline 时执行重连操作。

3. 变量和属性

--hivevar 参数可以让用户在命令行定义自己的变量以便在 Hive 脚本中引用，以满足不同情况的需要。这个功能只有 Hive 0.8.0 及其之后版本才支持。当使用这个功能时，Hive 会将键/值对放到 hivevar 命名空间，这样就能和另外三种内置的命名空间（hiveconf、system 和 env）加以区分。表 8-3 描述了 Hive 的 4 种命名空间选项。

表 8-3　Hive 中变量和属性的命名空间

命名空间	使用权限	描述
hivevar	可读写	用户自定义变量（Hive 0.8.0 及其以后版本）
hiveconf	可读写	Hive 相关的配置属性
system	可读写	Java 定义的配置属性
Env	只读	shell 环境（如 bash）定义的环境变量

变量在 Hive 内部是以 Java 字符串的方式存储的。用户可以在查询中引用变量。Hive 会先使用变量值替换掉查询的变量引用，然后才会将查询语句提交给查询处理器。在 beeline 环境中，可以使用 set 命令显示或者修改变量值。例如，下面这个会话先显示一个 env 变量的值，然后再显示所有命名空间中定义的变量。为了更清晰地表现，我们省略掉这个 Hive 会话中大量的输出信息：

```
0: jdbc:hive2://cdh2:10000/test> set env:HOME;
```

```
+------------------------+--+
|           set          |
+------------------------+--+
| env:HOME=/var/lib/hive |
+------------------------+--+
1 row selected (0.126 seconds)

0: jdbc:hive2://cdh2:10000/test>set;
...非常多的输出信息...
0: jdbc:hive2://cdh2:10000/test>set -v;
...更多的输出信息！...
```

如果不加-v 标记，set 命令会打印出 hivevar、hiveconf、system 和 env 中所有的变量。使用-v 标记，则会打印出 Hadoop 中所定义的所有属性。例如控制 HDFS 和 MapReduce 的属性。set 命令还可用于给变量赋新的值。我们特别看下 hivevar 命名空间以及如何通过命令行定义一个变量：

```
[root@cdh1~]#beeline --hivevar foo=bar
beeline> set foo;
No current connection
beeline> !connect jdbc:hive2://cdh2:10000
scan complete in 3ms
Connecting to jdbc:hive2://cdh2:10000
Enter username for jdbc:hive2://cdh2:10000:
Enter password for jdbc:hive2://cdh2:10000:
Connected to: Apache Hive (version 1.1.0-cdh5.7.0)
Driver: Hive JDBC (version 1.1.0-cdh5.7.0)
Transaction isolation: TRANSACTION_REPEATABLE_READ
0: jdbc:hive2://cdh2:10000> set foo;
+----------+--+
|   set    |
+----------+--+
| foo=bar  |
+----------+--+
1 row selected (0.123 seconds)

0: jdbc:hive2://cdh2:10000> set hivevar:foo=bar2;
No rows affected (0.005 seconds)
0: jdbc:hive2://cdh2:10000> set hivevar:foo;
+-------------------+--+
|        set        |
+-------------------+--+
| hivevar:foo=bar2  |
+-------------------+--+
1 row selected (0.007 seconds)
0: jdbc:hive2://cdh2:10000> set foo;
+-----------+--+
|   set     |
+-----------+--+
| foo=bar2  |
+-----------+--+
1 row selected (0.01 seconds)
```

可以看到，前缀 hivevar:是可选的，如果不加前缀，默认的命名空间就是 hivevar。在 beeline 环境中，查询语句的变量引用会先被替换掉，然后才提交给查询处理器。

225

```
0: jdbc:hive2://cdh2:10000> create table t1(i int,${hivevar:foo} string);
No rows affected (0.135 seconds)
0: jdbc:hive2://cdh2:10000> desc t1;
+-----------+------------+----------+--+
| col_name  | data_type  | comment  |
+-----------+------------+----------+--+
| i         | int        |          |
| bar2      | string     |          |
+-----------+------------+----------+--+
2 rows selected (0.118 seconds)

0: jdbc:hive2://cdh2:10000> create table t2(i int,${foo} string);
No rows affected (0.09 seconds)
0: jdbc:hive2://cdh2:10000> desc t2;
+-----------+------------+----------+--+
| col_name  | data_type  | comment  |
+-----------+------------+----------+--+
| i         | int        |          |
| bar2      | string     |          |
+-----------+------------+----------+--+
2 rows selected (0.119 seconds)
```

--hiveconf选项是hive 0.7版本后支持的功能,用于配置Hive行为的所有属性。我们甚至可以增加新的hiveconf属性。

```
0: jdbc:hive2://cdh2:10000> set hiveconf:y=1;
No rows affected (0.005 seconds)
0: jdbc:hive2://cdh2:10000> set hiveconf:y;
+---------------+--+
|      set      |
+---------------+--+
| hiveconf:y=1  |
+---------------+--+
1 row selected (0.008 seconds)
0: jdbc:hive2://cdh2:10000> select * from t where id=${hiveconf:y};
+-------+---------+------------+--+
| t.id  | t.name  | t.address  |
+-------+---------+------------+--+
| 1     | a1      | b1         |
+-------+---------+------------+--+
1 row selected (16.079 seconds)
```

我们还有必要了解一下 system 命名空间,它定义 Java 系统属性。Beeline 对这个命名空间内容具有可读写权利,而对于 env 命名空间的环境变量只提供读权限。

```
0: jdbc:hive2://cdh2:10000> set system:user.name;
+-----------------------+--+
|          set          |
+-----------------------+--+
| system:user.name=hive |
+-----------------------+--+
1 row selected (0.009 seconds)
0: jdbc:hive2://cdh2:10000> set system:user.name=hive2;
No rows affected (0.008 seconds)
0: jdbc:hive2://cdh2:10000> set system:user.name;
+-----------------------+--+
|          set          |
+-----------------------+--+
```

```
| system:user.name=hive2 |
+------------------------+--+
1 row selected (0.009 seconds)
0: jdbc:hive2://cdh2:10000> set env:HOME;
+------------------------+--+
|           set          |
+------------------------+--+
| env:HOME=/var/lib/hive |
+------------------------+--+
1 row selected (0.011 seconds)
0: jdbc:hive2://cdh2:10000> set env:HOME=/var/lib/hive2;
Error: Error while processing statement: null (state=,code=1)
```

和 hivevar 变量不同，用户必须使用 system:或者 env:前缀来指定系统属性和环境变量。
env 命名空间可作为向 Hive 传递变量的一个可选的方式。

```
$ [root@cdh1~]# YEAR=2106
$ [root@cdh1~]# beeline -u jdbc:hive2://cdh2:10000/test -e "select * from t where year =
${env:YEAR}";
```

查询处理器会在 where 子句中查看到实际的变量值为 2016。Hive 中所有的内置属性都在
$HIVE_HOME/conf/ hive-default.xml.template 文件中列举出来了，这是个样例配置文件，其中
还说明了这些属性的默认值。

4. 在命令行中执行 HiveQL 语句

用户有时可能希望执行一个或多个查询（使用分号分隔），执行结束后立即退出命令
行。Hive 提供了这样的功能，因为 beeline 可以接受-e 参数这种形式。例如查询表 t，我们可
以看到如下输出：

```
[root@cdh1~]#beeline -u jdbc:hive2://cdh2:10000/test -e "select * from t"
+--------+----------+-------------+--+
| t.id   | t.name   | t.address   |
+--------+----------+-------------+--+
| 1      | a1       | b1          |
| 2      | a1       | b1          |
| 3      | a2       | b2          |
| 4      | a2       | b2          |
+--------+----------+-------------+--+
4 rows selected (0.254 seconds)
Beeline version 1.1.0-cdh5.7.0 by Apache Hive
Closing: 0: jdbc:hive2://cdh2:10000/test
[root@cdh1~]#
```

5. 执行 HiveQL 文件

Hive 中可以使用-f 文件名的方式执行指定文件中的一个或者多个查询语句。按照惯例，
一般把这些 Hive 查询文件保存为具有.q 或者.hql 后缀名的文件，我们在后面的示例中仍然使
用传统的.sql 作为脚本文件后缀。

```
[root@cdh1~]#beeline -u jdbc:hive2://cdh2:10000/dw -f create_table_date_dim.hql
```

6. 杂项功能

Beeline 命令行还支持其他一些有用的功能。如果用户在输入的过程中单击 Tab 制表符键，那么命令行接口会自动补全可能的关键字或者函数名。例如用户输入 sele，然后按 Tab 键，命令行接口会自动补全这个词为 select。如果用户在提示符后面敲击 Tab 键，那么用户会看到如下回复：

```
0: jdbc:hive2://cdh2:10000/test> Display all 560 possibilities? (y or n)
```

当向命令行接口中输入语句时，如果某些行出现 Tab 键的话，就会产生一个常见的令人困惑的错误。用户这时会看到一个 "Display all 560 possibilities? (y or n)" 的提示，而且输入流后面的字符就会被认为是对这个提示的回复，也因此会导致命令执行失败。

用户可以使用上下箭头来滚动查看之前的历史命令。事实上，每一行之前的输入都是单独显示的，Beeline 不会把多行命令和查询作为一个单独的历史条目。Hive 会将最近的命令记录到文件$HOME/.beeline/history 中。如果用户想再次执行之前执行过的某条命令，只要在 Beeline 环境的提示符下，将光标滚动到那条记录，然后按回车键就可以了。如果用户需要修改这行记录后再执行，那么需要使用左右方向键将光标移动到需要修改的地方重新编辑修改，之后直接按回车键就能提交这条命令，而无须将光标移动到命令末尾。

用户还可以在 Beeline 命令行中执行 Hadoop 的 dfs 命令，只需要将命令中的关键字 hadoop 去掉，然后以分号结尾就可以了：

```
0: jdbc:hive2://cdh2:10000/test> dfs -ls /;
+---------------------------------------------------------------------+--+
|                              DFS Output                              |
+---------------------------------------------------------------------+--+
| Found 5 items                                                       |
| drwxr-xr-x   - hbase hbase          0 2016-08-18 13:42 /hbase       |
| drwxr-xr-x   - root  supergroup     0 2016-08-19 17:29 /logs        |
| drwxr-xr-x   - wxy   supergroup     0 2016-08-13 15:03 /opt         |
| drwxrwxrwt   - hdfs  supergroup     0 2016-08-13 15:12 /tmp         |
| drwxr-xr-x   - hdfs  supergroup     0 2016-08-13 14:39 /user        |
+---------------------------------------------------------------------+--+
6 rows selected (0.238 seconds)
```

这种使用 hadoop 命令的方式实际上比与其等价的在 bash shell 中执行的 hadoop dfs 命令效率更高，因为后者每次都会启动一个新的 JVM 实例，而 Hive 会在同一个进程中执行这些命令。用户可以通过如下命令查看 dfs 所提供的所有功能选项列表：

```
0: jdbc:hive2://cdh2:10000/test> dfs -help;
```

以--开头的字符串用来表示注释，命令行接口不会解析这些注释行。Hive 客户端目前还不支持/**/这种语法的多行注释。

可以使用 show functions 命令列出当前 Hive 会话中所加载的所有函数名称，其中包括内置的和用户加载的函数。函数通常都有其自身的使用文档，使用 desc function 命令可以展示对应函数的简短介绍，还可以通过增加 extended 关键字查看更详细的函数文档。这是一种很有用的联机帮助方式。

```
0: jdbc:hive2://cdh2:10000/test> show functions;
...
abs
acos
add_months
...
213 rows selected (0.178 seconds)
0: jdbc:hive2://cdh2:10000/test> desc function abs;
 abs(x) - returns the absolute value of x
0: jdbc:hive2://cdh2:10000/test> desc function extended abs;
abs(x) - returns the absolute value of x
Example:
  > SELECT abs(0) FROM src LIMIT 1;
  0
  > SELECT abs(-5) FROM src LIMIT 1;
  5
```

7. 输出格式

在 Beeline 中，查询结果能以不同的格式显示出来。显示格式可以通过 outputformat 选项设置。支持的输出格式有 table、vertical、xmlattr、xmlelements 和分隔值格式（csv、 tsv、csv2、tsv2、dsv）。以下是一些不同格式的输出示例。

```
      table 格式：
+-----+--------+------------------+
| id  | value  |     comment      |
+-----+--------+------------------+
| 1   | Value1 | Test comment 1   |
| 2   | Value2 | Test comment 2   |
| 3   | Value3 | Test comment 3   |
+-----+--------+------------------+
      vertical 格式：
id       1
value    Value1
comment  Test comment 1

id       2
value    Value2
comment  Test comment 2

id       3
value    Value3
comment  Test comment 3
      xmlattr 格式：
<resultset>
  <result id="1" value="Value1" comment="Test comment 1"/>
  <result id="2" value="Value2" comment="Test comment 2"/>
  <result id="3" value="Value3" comment="Test comment 3"/>
</resultset>
xmlelements 格式：
<resultset>
  <result>
    <id>1</id>
    <value>Value1</value>
    <comment>Test comment 1</comment>
  </result>
```

```
  <result>
    <id>2</id>
    <value>Value2</value>
    <comment>Test comment 2</comment>
  </result>
  <result>
    <id>3</id>
    <value>Value3</value>
    <comment>Test comment 3</comment>
  </result>
</resultset>
csv 格式：
'id','value','comment'
'1','Value1','Test comment 1'
'2','Value2','Test comment 2'
'3','Value3','Test comment 3'
csv2 格式：
id,value,comment
1,Value1,Test comment 1
2,Value2,Test comment 2
3,Value3,Test comment 3
tsv 格式：
'id'     'value'          'comment'
'1'              'Value1''Test comment 1'
'2'              'Value2''Test comment 2'
'3'              'Value3''Test comment 3'
tsv2 格式：
id      value    comment
1       Value1   Test comment 1
2       Value2   Test comment 2
3       Value3   Test comment 3
dsv 格式：
id|value|comment
1|Value1|Test comment 1
2|Value2|Test comment 2
3|Value3|Test comment 3
```

8. Hive CLI 和 Beeline 使用上的主要差别

随着 Hive 从原始的 HS1 服务器进化为新的 HS2，用户和开发者也需要将客户端工具从原来的 Hive CLI 切换为新的 Beeline，然而这种切换并不只是将"hive"命令换成"beeline"命令这么简单。下面介绍两种客户端用法上的主要差异。

- Hive CLI 提供了一个可以打印 RCFile 格式文件内容的工具，如：

```
hive --service rcfilecat /user/hive/warehouse/columntable/000000_0
```

Beeline 没有此项功能。

- Hive CLI 可以使用 source 命令来执行脚本文件，如：

```
hive> source /path/to/file/queries.hql;
```

Beeline 没有此项功能。

- Hive CLI 可以配置 hive.cli.print.current.db 属性，在命令行提示符前打印当前数据库名，如：

```
$hive -hiveconf hive.cli.print.current.db=true
hive (default)> set hive.cli.print.current.db;
hive.cli.print.current.db=true
```

Beeline 使用--showDbInPrompt 命令行参数实现此功能（2.2.0 版本新增）。

● Hive CLI 可以使用 "!" 操作符执行 shell 命令，如：

```
hive> ! pwd;
/home/root
```

Beeline 中不能执行 shell 命令，其中的 "!" 符号是用来执行 Beeline 命令的，如：

```
beeline> !connect jdbc:hive2://cdh2:10000
```

● 在 Hive CLI 中，默认时在查询结果中不显示字段名称，需要设置 hive.cli.print.header 选项打印字段名称，如：

```
hive> set hive.cli.print.header=true;
```

而 Beeline 不需要此项设置就会在输出中显示字段名称。

● Hive CLI 中可以使用--define 命令行参数设置变量，它和--hivevar 是相同的，如：

```
hive --define foo=bar
```

而在 Beeline 中--define 参数是无效的，只能使用--hivevar 参数。

● Hive CLI 可以使用-S 选项开启静默模式，这样可以在输出结果中去掉额外的输出信息，而 Beeline 虽然提供了-silent 参数，似乎能起到相同的效果，但实际上不行（至少在 CDH 5.7.0 上，该参数和 hive 的-S 作用是不同的）。

● Hive CLI 支持管道符。例如，用户没有记清楚哪个属性指定了管理表的 "warehouse" 路径，通过如下的命令可以查看到：

```
hive -e "set" | grep warehouse
```

上面的命令换成 beeline 则不会得到想要的结果。

Beeline 需要在客户端脚本中添加设置支持事务的 set 命令，即使在服务器端的 hive-site.xml 文件中已经设置，而 Hive CLI 则不需要。

8.3 初始装载

对 Hive 的服务器结构和命令行有一定了解后，开始进行销售订单示例数据仓库的数据转换和装载过程的设计与编程。在编写 HiveQL 脚本时，我们会用到 Hive 客户端的相关知识。

在数据仓库可以使用前，需要装载历史数据。这些历史数据是导入进数据仓库的第一个数据集合。首次装载被称为初始装载，一般是一次性工作。由最终用户来决定有多少历史数据进入数据仓库。例如，数据仓库使用的开始时间是 2015 年 3 月 1 日，而用户希望装载两年的历史数据，那么应该初始装载 2013 年 3 月 1 日到 2015 年 2 月 28 日之间的源数据。在 2015 年 3 月 2 日装载 2015 年 3 月 1 日的数据（假设执行频率是每天一次），之后周期性地每天装载前一天的数据。在装载事实表前，必须先装载所有的维度表。因为事实表需要引用维度的代理键。这不仅针对初始装载，也针对定期装载。本节说明执行初始装载的步骤，包括标识源数据、维度历史的处理、使用 HiveQL 开发和验证初始装载过程。

设计开发初始装载步骤前需要识别数据仓库的每个事实表和每个维度表用到的并且是可用的源数据，还要了解数据源的特性，例如文件类型、记录结构和可访问性等。表 8-4 显示的是销售订单示例数据仓库需要的源数据的关键信息，包括源数据表、对应的数据仓库目标表等属性。这类表格通常称作数据源对应图，因为它反映了每个从源数据到目标数据的对应关系。生成这个表格的过程就是前面 7.1 节讨论的逻辑数据映射。在本示例中，客户和产品的源数据直接与其数据仓库里的目标表 customer_dim 和 product_dim 表相对应，而销售订单事务表是多个数据仓库表的数据源。

表 8-4　销售订单数据源映射

源数据	源数据类型	文件名/表名	数据仓库中的目标表
客户	MySQL 表	customer	customer_dim
产品	MySQL 表	product	product_dim
销售订单	MySQL 表	sales_order	order_dim、sales_order_fact

标识出了数据源，现在要考虑维度历史的处理。大多数维度值是随着时间改变的，如客户改变了姓名，产品的名称或分类变化等。当一个维度改变，比如当一个产品有了新的分类时，有必要记录维度的历史变化信息。在这种情况下，product_dim 表里必须既存储产品老的分类，也存储产品当前的分类。并且，老的销售订单里的产品引用老的分类。渐变维（SCD）即是一种在多维数据仓库中实现维度历史的技术。有三种不同的 SCD 技术：SCD 类型 1（SCD1），SCD 类型 2（SCD2），SCD 类型 3（SCD3）。

- SCD1：通过更新维度记录直接覆盖已存在的值，它不维护记录的历史。SCD1 一般用于修改错误的数据。
- SCD2：在源数据发生变化时，给维度记录建立一个新的"版本"记录，从而维护维度历史。SCD2 不删除、修改已存在的数据。
- SCD3：通常用作保持维度记录的几个版本。它通过给某个数据单元增加多个列来维护历史。例如，为了记录客户地址的变化，customer_dim 维度表有一个 customer_address 列和一个 previous_customer_address 列，分别记录当前和上一个版本的地址。SCD3 可以有效维护有限的历史，而不像 SCD2 那样保存全部历史。SCD3 很少使用。它只适用于数据的存储空间不足并且用户接受有限维度历史的情况。

同一维度表中的不同字段可以有不同的变化处理方式。在本示例中，客户维度历史的客户名称使用 SCD1，客户地址使用 SCD2，产品维度的两个属性，产品名称和产品类型都使用 SCD2 保存历史变化数据。

多维数据仓库中的维度表和事实表一般都需要有一个代理键，作为这些表的主键，代理键一般由单列的自增数字序列构成。Hive 没有关系数据库中的自增列，但它也有一些对自增序列的支持，通常有两种方法生成代理键：使用 row_number()窗口函数或者使用一个名为UDFRowSequence 的用户自定义函数（UDF）。

假设有维度表 tbl_dim 和过渡表 tbl_stg，现在要将 tbl_stg 的数据装载到 tbl_dim，装载的同时生成维度表的代理键。

- 用 row_number()函数生成代理键

```
insert into tbl_dim
select row_number() over (order by tbl_stg.id) + t2.sk_max, tbl_stg.*
from tbl_stg
cross join (select coalesce(max(sk),0) sk_max from tbl_dim) t2;
```

上面语句中，先查询维度表中已有记录最大的代理键值，如果维度表中还没有记录，利用 coalesce 函数返回 0。然后使用 cross join 连接生成过渡表和最大代理键值的笛卡尔集，最后使用 row_number()函数生成行号，并将行号与最大代理键值相加的值，作为新装载记录的代理键。

- 用 UDFRowSequence 生成代理键

```
add jar hdfs:///user/hive-contrib-2.0.0.jar;
create temporary function row_sequence as
'org.apache.hadoop.hive.contrib.udf.udfrowsequence';

insert into tbl_dim
select row_sequence() + t2.sk_max, tbl_stg.*
from tbl_stg
cross join (select coalesce(max(sk),0) sk_max from tbl_dim) t2;
```

hive-contrib-2.0.0.jar 中包含一个生成记录序号的自定义函数 udfrowsequence。上面的语句先加载 JAR 包，然后创建一个名为 row_sequence()的临时函数作为调用 UDF 的接口，这样可以为查询的结果集生成一个自增伪列。之后就和 row_number()写法类似了，只不过将窗口函数 row_number()替换为 row_sequence()函数。

因为窗口函数的方法比较通用，而且无须引入额外的 JAR 包，所以我们在示例中使用row_number()函数生成代理键。

现在可以编写用于初始装载的脚本了。假设数据仓库从 2016 年 7 月 4 日开始使用，用户希望装载所有的历史数据。我们建立一个名为 init_etl.sh 的 shell 脚本用于完成初始装载过程，该脚本先使用 Sqoop 抽取源库的数据，然后调用一个名为 init_etl.sql 的 HiveQL 脚本执行数据装载，init_etl.sh 的内容如下：

```
#!/bin/bash
# 建立 Sqoop 增量导入作业，以 order_number 作为检查列，初始的 last-value 是 0
sqoop job --delete myjob_incremental_import
sqoop job --create myjob_incremental_import \
-- \
import \
```

```
--connect "jdbc:mysql://cdh1:3306/source?useSSL=false&user=root&password=mypassword" \
--table sales_order \
--columns "order_number, customer_number, product_code, order_date, entry_date, order_amount" \
--hive-import \
--hive-table rds.sales_order \
--incremental append \
--check-column order_number \
--last-value 0
# 首次抽取，将全部数据导入RDS库
sqoop import --connect jdbc:mysql://cdh1:3306/source?useSSL=false --username root --password
mypassword --table customer --hive-import --hive-table rds.customer --hive-overwrite
sqoop import --connect jdbc:mysql://cdh1:3306/source?useSSL=false --username root --password
mypassword --table product --hive-import --hive-table rds.product --hive-overwrite
beeline -u jdbc:hive2://cdh2:10000/dw -e "TRUNCATE TABLE rds.sales_order"
# 执行增量导入，因为last-value初始值为0，所以此次会导入全部数据
sqoop job --exec myjob_incremental_import
# 调用init_etl.sql文件执行初始装载
beeline -u jdbc:hive2://cdh2:10000/dw -f init_etl.sql
```

在 init_etl.sh 文件的开头建立了一个名为 myjob_incremental_import、用于增量抽取数据的 Sqoop 作业。把建立 Sqoop 作业的命令放到初始脚本中的好处是，允许多次运行这个脚本文件，实现幂等操作。这个 Sqoop 作业和上一章中测试增量抽取时建立的 myjob_1 作业有三点区别。首先我们并没有加--where "entry_date < current_date()"这个参数。之所以这样做，是为了避免将严格过滤前一天数据的逻辑放到抽取过程中。增量抽取只需要将所有的新增数据装载到过渡区中即可，严格过滤前一天数据的逻辑放到 Hive 中执行。在后面的 HiveQL 脚本中将看到，我们是使用 where 过滤条件实现这个逻辑的。其次，这回使用--check-column order_number，将订单号而不是时间戳作为检查列。在 MySQL 的源库中，order_number 列是自增主键，并且假设订单数据是不会删除的，因此是可以用该列检查到新增数据的。最后是使用--last-value 0，将初始检查值设置为 0。由于源数据的订单号都会大于 0，因此首次执行将抽取全部销售订单数据。

建立增量导入作业后，执行三个 sqoop 命令，前两个全量抽取客户和产品数据，它们将会用源数据全部覆盖 rds 库中的 customer 和 product 表，第三个执行增量抽取作业，装载 rds.sales_order 表的数据，在此之前先用 beeline 命令行清空 rds.sales_order 表，也是为了能够重复执行脚本但不重复装载数据。

前面的操作是初始数据抽取，将源数据导入到过渡区数据库。脚本中最后一条语句是调用 init_etl.sql 文件执行数据仓库的表装载。该文件中的 HiveQL 脚本如下：

```
use dw;
-- 清空表
truncate table customer_dim;
truncate table product_dim;
truncate table order_dim;
truncate table sales_order_fact;
-- 装载客户维度表
insert into customer_dim
select
  row_number() over (order by t1.customer_number) + t2.sk_max,
t1.customer_number, t1.customer_name, t1.customer_street_address,
```

```
t1.customer_zip_code, t1.customer_city, t1.customer_state, 1,
'2016-03-01', '2200-01-01'
from rds.customer t1
cross join (select coalesce(max(customer_sk),0) sk_max
from customer_dim) t2;
-- 装载产品维度表
insert into product_dim
select
  row_number() over (order by t1.product_code) + t2.sk_max,
product_code, product_name, product_category, 1,
'2016-03-01', '2200-01-01'
from rds.product t1
cross join (select coalesce(max(product_sk),0) sk_max
from product_dim) t2;
-- 装载订单维度表
insert into order_dim
select
row_number() over (order by t1.order_number) + t2.sk_max,
order_number, 1, order_date, '2200-01-01'
from rds.sales_order t1
cross join (select coalesce(max(order_sk),0) sk_max from order_dim) t2;
-- 装载销售订单事实表
insert into sales_order_fact
select  order_sk, customer_sk, product_sk, date_sk, order_amount
from rds.sales_order a, order_dim b, customer_dim c,
product_dim d, date_dim e
where  a.order_number = b.order_number
and a.customer_number = c.customer_number
and a.product_code = d.product_code
and to_date(a.order_date) = e.date;
```

说明：

- 为实现幂等操作，装载数据前先要清空表。

- 时间粒度为每天，也就是说，一天内发生的数据变化将被忽略，以一天内最后的数据版本为准。

- 使用了窗口函数 row_number() 实现生成代理键。

- 客户和产品维度的生效日期是 2016 年 3 月 1 日。装载的销售订单不会早于该日期，也就是说，不需要更早的客户和产品维度数据。

- 订单维度的生效日期显然就是订单生成的日期（order_date 字段）。为了使所有维度表具有相同的粒度，使用 to_date 函数将订单维度的生效日期字段只保留到日期，忽略时间部分。

- 销售订单事实表的外键列引用维度表的代理键。这里说的外键只是逻辑上的外键，Hive 并不支持创建表的物理主键或外键。

- date_dim 维度表的数据已经预生成，日期从 2000 年 1 月 1 日到 2020 年 12 月 31 日（参见 6.6 节）。

可以使用下面的查询验证初始装载的正确性。

```
use dw;
select order_number,customer_name,product_name,date,
```

```
order_amount amount
  from sales_order_fact a, customer_dim b, product_dim c,
order_dim d, date_dim e
 where a.customer_sk = b.customer_sk
   and a.product_sk = c.product_sk
   and a.order_sk = d.order_sk
   and a.order_date_sk = e.date_sk
 order by order_number;
```

8.4 定期装载

初始装载只在开始数据仓库使用前执行一次,然而,必须要按时调度定期执行装载源数据的过程。与初始装载不同,定期装载一般都是增量的,需要捕获并且记录数据的变化历史。本节说明执行定期装载的步骤,包括识别源数据与装载类型、使用 HiveQL 开发和测试定期装载过程。

定期装载首先要识别数据仓库的每个事实表和每个维度表用到的并且是可用的源数据。然后要决定适合装载的抽取模式和维度历史装载类型。表 8-5 汇总了本示例的这些信息。

表 8-5　销售订单定期装载

数据源	源数据存储	数据仓库	抽取模式	维度历史装载类型
customer	customer	customer_dim	整体、拉取	address 列上 SCD2,name 列上 SCD1
product	product	product_dim	整体、拉取	所有属性均为 SCD2
sales_order	sales_order	order_dim	CDC(每天)、拉取	唯一订单号
		sales_order_fact	CDC(每天)、拉取	N/A
N/A	N/A	date_dim	N/A	预装载

本示例中 order_dim 维度表和 sales_order_fact 事实表使用基于时间戳的 CDC 装载模式。为此在 rds 库中建立一个名为 cdc_time 的时间戳表,这个表里有 last_load 和 current_load 两个字段。之所以需要两个字段,是因为抽取到的数据可能会多于本次需要处理的数据。比如,两点执行 ETL 过程,则零点到两点这两个小时的数据不会在本次处理。为了确定这个截止时间点,需要给时间戳设定一个上限条件,即这里的 current_load 字段值。本示例的时间粒度为每天,所以时间戳只要保留日期部分即可,因此数据类型选为 date。这两个字段的初始值是“初始加载”执行日期的前一天,本示例中为'2016-07-04'。当开始装载时,current_load 设置为当前日期。在开始定期装载实验前,先使用下面的脚本建立时间戳表。

```
use rds;
```

```
drop table if exists cdc_time ;
create table cdc_time
( last_load date, current_load date);

set hivevar:last_load = date_add(current_date(),-1);
insert overwrite table cdc_time select ${hivevar:last_load}, ${hivevar:last_load} ;
```

在上面的语句中定义了一个变量 hivevar:last_load，赋值当前日期的前一天。向 cdc_time
表中插入初始数据时引用了该变量。

使用下面的 regular_etl.sh shell 脚本完成定期装载过程。

```
#!/bin/bash
# 整体拉取 customer、product 表数据
sqoop import --connect jdbc:mysql://cdh1:3306/source?useSSL=false --username root --password
mypassword --table customer --hive-import --hive-table rds.customer --hive-overwrite
sqoop import --connect jdbc:mysql://cdh1:3306/source?useSSL=false --username root --password
mypassword --table product --hive-import --hive-table rds.product --hive-overwrite
# 执行增量导入
sqoop job --exec myjob_incremental_import
# 调用 regular_etl.sql 文件执行定期装载
beeline -u jdbc:hive2://cdh2:10000/dw -f regular_etl.sql
```

这个文件与前面初始装载的 shell 脚本基本相同，只是去掉了创建 Sqoop 作业和清空
rds.sales_order 表的语句，并调用了一个新的 regular_etl.sql 文件，该文件中的 HiveQL 脚本用于
装载维度表和事实表。因为文件较长，将该文件分成以下 7 个部分，每一部分分别进行说明。

1. 设置支持事务的 hive 属性

我们使用的是 Beeline 命令行，因此需要在客户端脚本中添加设置支持事务的 set 语句。

```
-- 设置变量以支持事务
set hive.support.concurrency=true;
set hive.exec.dynamic.partition.mode=nonstrict;
set hive.txn.manager=org.apache.hadoop.hive.ql.lockmgr.DbTxnManager;
set hive.compactor.initiator.on=true;
set hive.compactor.worker.threads=1;
```

2. 设置数据处理时间窗口

对于事实表，我们采用基于时间戳的 CDC 增量装载模式，时间粒度为天。因此需要两
个时间点，分别是本次装载的起始时间点和终止时间点，这两个时间点定义了本次处理的时
间窗口，即装载这个时间区间内的数据。还要说明一点，这个区间是左包含的，就是处理的
数据包括起始时间点，但不包括终止时间点。这样设计的原因是，我们既要处理完整的数
据，不能有遗漏，又不能重复装载数据，这就要求时间处理窗口既要连续，又不能存在重叠
的部分。对于维度表，除了要求相邻两个数据版本的时间段连续且不重叠之外，为了表示当
前版本的截止时间，还需要一个很大的时间值，大到足以满足数据仓库整个生命周期的需
要，本示例设置的是 2200 年 1 月 1 日。

为此我们在脚本中设置三个变量，分别赋予起始时间点、终止时间点、最大时间点的
值，并且将时间戳表 rds.cdc_time 的 last_load 和 current_load 字段分别设置为起始时间点和终

237

止时间点。这些变量会在后面的脚本中多次引用。顺便提一下，这样设计还有一个好处是，如果因为某种原因需要手工执行一个时间段内的数据装载，只需改变变量的赋值，而不用修改脚本的执行逻辑。

```
-- 设置 scd 的生效时间和过期时间
set hivevar:cur_date = current_date();
set hivevar:pre_date = date_add(${hivevar:cur_date},-1);
set hivevar:max_date = cast('2200-01-01' as date);

-- 设置 cdc 的上限时间
insert overwrite table rds.cdc_time select last_load, ${hivevar:cur_date} from rds.cdc_time;
```

3. 装载客户维度表

客户维度表的 customer_street_addresses 字段值变化时采用 SCD2，需要新增版本，customer_name 字段值变化时采用 SCD1，直接覆盖更新。如果一个表的不同字段有的采用 SCD2，有的采用 SCD1，就像客户维度表这样，那么是先处理 SCD2，还是先处理 SCD1 呢？为了回答这个问题，我们看一个简单的例子。假设有一个维度表包含 c1，c2、c3、c4 四个字段，c1 是代理键，c2 是业务主键，c3 使用 SCD1，c4 使用 SCD2。源数据从 1、2、3 变为 1、3、4。如果先处理 SCD1，后处理 SCD2，则维度表的数据变化过程是先从 1、1、2、3 变为 1、1、3、3，再新增一条记录 2、1、3、4。此时表中的两条记录是 1、1、3、3 和 2、1、3、4。如果先处理 SCD2，后处理 SCD1，则数据的变化过程是先新增一条记录 2、1、2、4，再把 1、1、2、3 和 2、1、2、4 两条记录变为 1、1、3、3 和 2、1、3、4。可以看出，无论谁先谁后，最终的结果是一样的，而且结果中都会出现一条实际上从未存在过的记录：1、1、3、3。因为 SCD1 本来就不保存历史变化，所以单从 c2 字段的角度看，任何版本的记录值都是正确的，没有差别。而对于 c3 字段，每个版本的值是不同的，需要跟踪所有版本的记录。我们从这个简单的例子可以得出以下结论：SCD1 和 SCD2 的处理顺序不同，但最终结果是相同的，并且都会产生实际不存在的临时记录。因此从功能上说，SCD1 和 SCD2 的处理顺序并不关键，只需要记住对 SCD1 的字段，任意版本的值都正确，而 SCD2 的字段需要跟踪所有版本。但在性能上看，先处理 SCD1 应该更好些，因为更新的数据行更少。本示例我们先处理 SCD2。

```
-- 装载 customer 维度
-- 设置已删除记录和 customer_street_addresses 列上 scd2 的过期
update customer_dim
   set expiry_date = ${hivevar:pre_date}
 where customer_dim.customer_sk in
 (select a.customer_sk
    from (select customer_sk,customer_number,customer_street_address
            from customer_dim where expiry_date = ${hivevar:max_date}) a left join
               rds.customer b on a.customer_number = b.customer_number
          where b.customer_number is null or a.customer_street_address <>
b.customer_street_address);
```

上面的语句将老版本的过期时间列从‘2200-01-01’更新为执行装载的前一天。内层的查询获取所有当前版本的数据。外层查询使用一个左外连接查询出地址列发生变化的记录的代理键，然后在 update 语句的 where 子句中用 IN 操作符，更新这些记录的过期时间列。left join 的逻辑查询处理顺序是：

（1）执行 a 和 b 两个表的笛卡尔积。

（2）应用 on 过滤器：on a.customer_number = b.customer_number。

（3）添加外部行：a 为保留表，将不满足 on 条件的 a 表记录添加到结果集中。

（4）应用 where 过滤器：where b.customer_number is null or a.customer_street_address <> b.customer_street_address，其中 b.customer_number is null 过滤出源数据中已经删除但维度表还存在的记录，a.customer_street_address <> b.customer_street_address 过滤出源数据修改了地址信息的记录。

HiveQL 的 select 查询语句支持内连接、外连接、笛卡尔连接等各种连接方式，也支持嵌套子查询，并提供了非常丰富的内建函数。总之，Hive 对 select 语句的支持比较完善，这点上已经和传统关系数据库的 SQL 非常相似了。表 8-6 总结了各种数据库表的连接方式。

表 8-6　数据库查询中的连接

连接类型	定义	例子
内连接	只返回匹配的行	select A.c1,B.c2 from A join B on A.c3 = B.c3;
左外连接	包含左边表的全部行（不管右边的表中是否存在与它们匹配的行）以及右边表中全部匹配的行	select A.c1,B.c2 from A left join B on A.c3 = B.c3;
右外连接	包含右边表的全部行（不管左边的表中是否存在与它们匹配的行）以及左边表中全部匹配的行	select A.c1,B.c2 from A right join B on A.c3 = B.c3;
全外连接	包含左、右两个表的全部行，不管在另一边的表中是否存在与它们匹配的行	select A.c1,B.c2 from A full join B on A.c3 = B.c3;
theta 连接	使用等值以外的条件来匹配左、右两个表中的行	select A.c1,B.c2 from A join B on A.c3 != B.c3;
交叉连接	生成笛卡尔积，它不使用任何匹配或者选取条件，而是直接将一个数据源中的每个行与另一个数据源的每个行——匹配	select A.c1,B.c2 from A,B;

```
-- 处理 customer_street_addresses 列上 scd2 的新增行
insert into customer_dim
select
    row_number() over (order by t1.customer_number) + t2.sk_max,
    t1.customer_number,
    t1.customer_name,
    t1.customer_street_address,
    t1.customer_zip_code,
    t1.customer_city,
    t1.customer_state,
    t1.version,
    t1.effective_date,
    t1.expiry_date
from
(
```

```
select
    t2.customer_number customer_number,
    t2.customer_name customer_name,
    t2.customer_street_address customer_street_address,
    t2.customer_zip_code,
    t2.customer_city,
    t2.customer_state,
    t1.version + 1 version,
    ${hivevar:pre_date} effective_date,
    ${hivevar:max_date} expiry_date
 from customer_dim t1
inner join rds.customer t2
   on t1.customer_number = t2.customer_number
  and t1.expiry_date = ${hivevar:pre_date}
 left join customer_dim t3
   on t1.customer_number = t3.customer_number
  and t3.expiry_date = ${hivevar:max_date}
where t1.customer_street_address <> t2.customer_street_address and t3.customer_sk is null) t1
cross join
(select coalesce(max(customer_sk),0) sk_max from customer_dim) t2;
```

上面这条语句插入 SCD2 的新增版本行。子查询中用 inner join 获取当期版本号和源数据信息。left join 连接是必要的，否则如果多次执行该语句，会生成多条重复的记录。最后用 row_number()方法生成新记录的代理键。新记录的版本号加 1，开始日期为执行时的前一天，过期日期为"2200-01-01"。

```
-- 处理 customer_name 列上的 scd1
-- 因为 scd1 本身就不保存历史数据，所以这里更新维度表里的
-- 所有 customer_name 改变的记录，而不是仅仅更新当前版本的记录
drop table if exists tmp;
create table tmp as
select
    a.customer_sk,
    a.customer_number,
    b.customer_name,
    a.customer_street_address,
    a.customer_zip_code,
    a.customer_city,
    a.customer_state,
    a.version,
    a.effective_date,
    a.expiry_date
 from customer_dim a, rds.customer b
 where a.customer_number = b.customer_number and (a.customer_name <> b.customer_name);
delete from customer_dim where customer_dim.customer_sk in (select customer_sk from tmp);
insert into customer_dim select * from tmp;
```

上面的语句处理 SCD1。在关系数据库中，SCD1 非常好处理，如在 MySQL 中使用类似如下的语句即可：

```
update customer_dim a, customer_stg b set a.customer_name = b.customer_name
where a.customer_number = b.customer_number
and a.customer_name <> b.customer_name ;
```

但是 hive 里不能在 update 后跟多个表，也不支持在 set 子句中使用子查询，它只支持

SET column = value 的形式，其中 value 只能是一个具体的值或者是一个标量表达式。所以这里使用了一个临时表存储需要更新的记录，然后将维度表和这个临时表关联，用先 delete 再用 insert 代替 update。为简单起见也不考虑并发问题（典型数据仓库应用的并发操作基本都是只读的，很少并发写，而且 ETL 通常是一个单独在后台运行的程序，如果用 SQL 实现，并不存在并发执行的情况，所以并发导致的问题并不像 OLTP 那样严重）。

```
-- 处理新增的 customer 记录
insert into customer_dim
select
    row_number() over (order by t1.customer_number) + t2.sk_max,
    t1.customer_number,
    t1.customer_name,
    t1.customer_street_address,
    t1.customer_zip_code,
    t1.customer_city,
    t1.customer_state,
    1,
    ${hivevar:pre_date},
    ${hivevar:max_date}
from
(
select t1.* from rds.customer t1 left join customer_dim t2 on t1.customer_number =
t2.customer_number
 where t2.customer_sk is null) t1
cross join
(select coalesce(max(customer_sk),0) sk_max from customer_dim) t2;
```

上面的语句装载新增的客户记录。内层子查询使用 rds.customer 和 dw.customer_dim 的左外链接获取新增的数据。新数据的版本号为 1，开始日期为执行时的前一天，过期日期为"2200-01-01"。同样使用 row_number()方法生成代理键。到这里，客户维度表的装载处理代码已完成。

4. 装载产品维度表

产品维度表的所有属性都使用 SCD2，处理方法和客户表类似。

```
-- 装载 product 维度
-- 设置已删除记录和 product_name、product_category 列上 scd2 的过期
update product_dim
   set expiry_date = ${hivevar:pre_date}
 where product_dim.product_sk in
(select a.product_sk
   from (select product_sk,product_code,product_name,product_category
           from product_dim where expiry_date = ${hivevar:max_date}) a left join
               rds.product b on a.product_code = b.product_code
         where b.product_code is null or (a.product_name <> b.product_name or
a.product_category <> b.product_category));

-- 处理 product_name、product_category 列上 scd2 的新增行
insert into product_dim
select
    row_number() over (order by t1.product_code) + t2.sk_max,
    t1.product_code,
    t1.product_name,
```

```
    t1.product_category,
    t1.version,
    t1.effective_date,
    t1.expiry_date
from
(
select
    t2.product_code product_code,
    t2.product_name product_name,
    t2.product_category product_category,
    t1.version + 1 version,
    ${hivevar:pre_date} effective_date,
    ${hivevar:max_date} expiry_date
 from product_dim t1
inner join rds.product t2
   on t1.product_code = t2.product_code
  and t1.expiry_date = ${hivevar:pre_date}
 left join product_dim t3
   on t1.product_code = t3.product_code
  and t3.expiry_date = ${hivevar:max_date}
where (t1.product_name <> t2.product_name or t1.product_category <> t2.product_category) and
t3.product_sk is null) t1
cross join
(select coalesce(max(product_sk),0) sk_max from product_dim) t2;

-- 处理新增的 product 记录
insert into product_dim
select
    row_number() over (order by t1.product_code) + t2.sk_max,
    t1.product_code,
    t1.product_name,
    t1.product_category,
    1,
    ${hivevar:pre_date},
    ${hivevar:max_date}
from
(
select t1.* from rds.product t1 left join product_dim t2 on t1.product_code = t2.product_code
 where t2.product_sk is null) t1
cross join
(select coalesce(max(product_sk),0) sk_max from product_dim) t2;
```

5. 装载订单维度表

订单维度表的装载比较简单，因为不涉及维度历史变化，只要将新增的订单号插入
rds.order_dim 表就可以了。

```
-- 装载 order 维度
insert into order_dim
select
    row_number() over (order by t1.order_number) + t2.sk_max,
    t1.order_number,
    t1.version,
    t1.effective_date,
    t1.expiry_date
  from
(
select
    order_number order_number,
```

```
    1 version,
    order_date effective_date,
    '2200-01-01' expiry_date
  from rds.sales_order, rds.cdc_time
 where entry_date >= last_load and entry_date < current_load ) t1
cross join
(select coalesce(max(order_sk),0) sk_max from order_dim) t2;
```

上面语句的子查询中，将过渡区库的订单表和时间戳表关联，用时间戳表中的两个字段值作为时间窗口区间的两个端点，用 entry_date >= last_load AND entry_date < current_load 条件过滤出上次执行定期装载的日期到当前日期之间的所有销售订单，装载到 order_dim 维度表。

6. 装载销售订单事实表

```
-- 装载销售订单事实表
insert into sales_order_fact
select
    order_sk,
    customer_sk,
    product_sk,
    date_sk,
    order_amount
  from
    rds.sales_order a,
    order_dim b,
    customer_dim c,
    product_dim d,
    date_dim e,
    rds.cdc_time f
 where
    a.order_number = b.order_number
and a.customer_number = c.customer_number
and a.order_date >= c.effective_date
and a.order_date < c.expiry_date
and a.product_code = d.product_code
and a.order_date >= d.effective_date
and a.order_date < d.expiry_date
and to_date(a.order_date) = e.date
and a.entry_date >= f.last_load and a.entry_date < f.current_load ;
```

为了装载 dw.sales_order_fact 事实表，需要关联 rds.sales_order 与 dw 库中的四个维度表，获取维度表的代理键和源数据的度量值。这里只有销售金额字段 order_amount 一个度量。和订单维度一样，也要关联时间戳表，获取时间窗口作为确定新增数据的过滤条件。

7. 更新数据处理时间窗口

最后更新时间戳表的数据，将最后装载时间改为当前日期。

```
-- 更新时间戳表的 last_load 字段
insert overwrite table rds.cdc_time select current_load, current_load from rds.cdc_time;
```

将以上 7 步里的 HiveQL 语句合并，就是 regular_etl.sql 文件的全部内容。现在我们销售订单示例的定期数据装载开发已经完成，下面进行一些测试，验证一下数据的正确性。

测试步骤如下：

步骤01 在 MySQL 的 source 源数据库中准备客户、产品和销售订单测试数据。

```
use source;

/*** 客户数据的改变如下：
客户 6 的街道号改为 7777 ritter rd。（原来是 7070 ritter rd）
客户 7 的姓名改为 distinguished agencies。（原来是 distinguished partners）
新增第 8 个客户。
***/
update customer set customer_street_address = '7777 ritter rd.' where customer_number = 6 ;
update customer set customer_name = 'distinguished agencies' where customer_number = 7 ;
insert into customer (customer_name, customer_street_address, customer_zip_code,
customer_city, customer_state)
values ('subsidiaries', '10000 wetline blvd.', 17055, 'pittsburgh', 'pa') ;

/*** 产品数据的改变如下：
产品 3 的名称改为 flat panel。（原来是 lcd panel）
新增第四个产品。
***/
update product set product_name = 'flat panel' where product_code = 3 ;
insert into product (product_name, product_category)
values ('keyboard', 'peripheral') ;

/*** 新增订单日期为 2016 年 7 月 4 日的 16 条订单。 ***/
set @start_date := unix_timestamp('2016-07-04');
set @end_date := unix_timestamp('2016-07-05');
drop table if exists temp_sales_order_data;
create table temp_sales_order_data as select * from sales_order where 1=0;

set @order_date := from_unixtime(@start_date + rand() * (@end_date - @start_date));
set @amount := floor(1000 + rand() * 9000);
insert into temp_sales_order_data values (101, 1, 1, @order_date, @order_date, @amount);

... 共插入 16 条数据 ...

insert into sales_order
select null,customer_number,product_code,order_date,entry_date,order_amount from
temp_sales_order_data order by order_date;

commit ;
```

步骤02 执行 regular_etl.sh 脚本进行定期装载。

```
./regular_etl.sh
```

步骤03 验证结果。

```
use dw;
select * from customer_dim;
```

查询的部分结果如下：

```
...
6        6        loyal clients              7070 Ritter Rd.    17055     Pittsburgh        PA        1
2016-03-01        2016-07-04
8        6        loyal clients              7777 Ritter Rd.    17055     Pittsburgh        PA        2
2016-07-04        2200-01-01
```

7 2016-03-01	7 2200-01-01	Distinguished Agencies	9999 Scott St.	17050	Mechanicsburg	PA	1
9 2016-07-04	8 2200-01-01	Subsidiaries	10000 wetline blvd.	17055	Pittsburgh	PA	1

可以看到，客户 6 因为地址变更新增了一个版本，而客户 7 的姓名变更直接覆盖了原来的值，新增了客户 8。注意客户 6 第一个版本的到期日期和第二个版本的生效日期同为"2016-07-04"，这是因为任何一个 SCD 的有效期是一个"左闭右开"的区间，以客户 6 为例，其第一个版本的有效期大于等于"2016-03-01"，小于"2016-07-04"，即为"2016-03-01"到"2016-07-03"。

```
select * from product_dim;
```

查询的部分结果如下：

```
...
3    3    LCD Panel      Monitor 1    2016-03-01    2016-07-04
4    3    Flat Panel     Monitor 2    2016-07-04    2200-01-01
5    4    KeyboardPeripheral    1    2016-07-04    2200-01-01
```

可以看到，产品 3 的名称变更使用 SCD2 增加了一个版本，新增了产品 4 的记录。

```
select * from order_dim;
```

查询的部分结果如下：

```
...
111    111    1    2016-07-04    2200-01-01
112    112    1    2016-07-04    2200-01-01
113    113    1    2016-07-04    2200-01-01
114    114    1    2016-07-04    2200-01-01
115    115    1    2016-07-04    2200-01-01
116    116    1    2016-07-04    2200-01-01
116 rows selected (0.237 seconds)
```

现在有 116 个订单，100 个是"初始导入"装载的，16 个是本次定期装载的。

```
select * from sales_order_fact;
```

查询的部分结果如下：

```
...
110    8    2    6030    3616
111    9    5    6030    8046
112    7    4    6030    4978
113    4    5    6030    7454
114    4    5    6030    7325
115    5    1    6030    5081
116    5    2    6030    8391
116 rows selected (0.196 seconds)
```

可以看到，2017 年 7 月 4 日的 16 个销售订单被添加，产品 3 的代理键是 4 而不是 3，客户 6 的代理键是 8 而不是 6。

```
select * from rds.cdc_time;
```

查询结果如下：

```
cdc_time.last_load        cdc_time.current_load
2016-07-05                    2016-07-05
1 rows selected (0.165 seconds)
```

可以看到，两个字段值都已更新为当前日期。

以上示例说明了如何用 Sqoop 和 HiveQL 实现初始装载和定期装载。需要指出的一点是，就本示例的环境和数据量而言装载执行速度很慢，一次定期装载就需要二十多分钟，比关系数据库慢多了。但考虑到 Hive 本身就只适合大数据量的批处理任务，再加上 Hive 的性能问题一直就被诟病，也就不必再吐槽了。至此，ETL 过程已经实现，下一章将介绍如何定期自动执行这个过程。

8.5　Hive 优化

Hive 的执行依赖于底层的 MapReduce 作业，因此对 Hadoop 作业的优化或者对 MapReduce 作业的调整是提高 Hive 性能的基础。大多数情况下，用户不需要了解 Hive 内部是如何工作的。但是当对 Hive 具有越来越多的经验后，学习一些 Hive 的底层实现细节和优化知识，会让用户更加高效地使用 Hive。如果没有适当的调整，那么即使查询 Hive 中的一个小表，有时也会耗时数分钟才得到结果。也正是因为这个原因，Hive 对于 OLAP 类型的应用有很大的局限性，它不适合需要立即返回查询结果的场景。然而，通过实施下面一系列的调优方法，Hive 查询的性能会有大幅提高。

1. 启用压缩

压缩可以使磁盘上存储的数据量变小，例如，文本文件格式能够压缩 40%甚至更高比例，这样可以通过降低 I/O 来提高查询速度。除非产生的数据用于外部系统，或者存在格式兼容性问题，建议总是启用压缩。压缩与解压缩会消耗 CPU 资源，但 Hive 产生的 MadReduce 作业往往是 I/O 密集型的，因此 CPU 开销通常不是问题。

为了启用压缩，需要查出所使用的 Hive 版本支持的压缩编码方式，下面的 set 命令列出可用的编解码器（CDH 5.7.0 中的 Hive）。

```
hive> set io.compression.codecs;
io.compression.codecs=org.apache.hadoop.io.compress.DefaultCodec,org.apache.hadoop.io.compres
s.GzipCodec,org.apache.hadoop.io.compress.BZip2Codec,org.apache.hadoop.io.compress.DeflateCod
ec,org.apache.hadoop.io.compress.SnappyCodec,org.apache.hadoop.io.compress.Lz4Codec
hive>
```

一个复杂的 Hive 查询在提交后，通常被转换为一系列中间阶段的 MapReduce 作业，Hive 引擎将这些作业串联起来完成整个查询。可以将这些中间数据进行压缩。这里所说的中间数据指的是上一个 MapReduce 作业的输出，这些输出将被下一个 MapReduce 作业作为输入数据使用。我们可以在 hive-site.xml 文件中设置 hive.exec.compress.intermediate 属性以启用中间数据压缩。

```
<property>
<name>hive.exec.compress.intermediate</name>
<value>true</value>
<description> This controls whether intermediate files produced by Hive between
multiple map-reduce jobs are compressed. The compression codec and other options
are determined from hadoop config variables mapred.output.compress* </description>
</property>
<property>
<name>hive.intermediate.compression.codec</name>
<value>org.apache.hadoop.io.compress.SnappyCodec</value>
<description/>
</property>
<property>
<name>hive.intermediate.compression.type</name>
<value>BLOCK</value>
<description/>
</property>
```

也可以在 Hive 客户端中使用 set 命令设置这些属性。

```
hive> set hive.exec.compress.intermediate=true;
hive> set hive.intermediate.compression.codec=org.apache.hadoop.io.compress.SnappyCodec;
hive> set hive.intermediate.compression.type=BLOCK;
hive>
```

当 Hive 将输出写入到表中时，输出内容同样可以进行压缩。我们可以设置 hive.exec.compress.output 属性启用最终输出压缩。

```
<property>
<name>hive.exec.compress.output</name>
<value>true</value>
<description> This controls whether the final outputs of a query
(to a local/hdfs file or a Hive table) is compressed. The compression
codec and other options are determined from hadoop config variables
mapred.output.compress* </description>
</property>
```

或者

```
hive> set hive.exec.compress.output=true;
hive> set mapreduce.output.fileoutputformat.compress=true;
hive> set
mapreduce.output.fileoutputformat.compress.codec=org.apache.hadoop.io.compress.SnappyCodec;
hive> set mapreduce.output.fileoutputformat.compress.type=BLOCK;
hive>
```

2. 优化连接

可以通过配置 Map 连接和倾斜连接的相关属性提升连接查询的性能。

（1）自动 Map 连接

当连接一个大表和一个小表时，自动 Map 连接是一个非常有用的特性。如果启用了该特性，小表将保存在每个节点的本地缓存中，并在 Map 阶段与大表进行连接。开启自动 Map 连接提供了两个好处。首先，将小表装进缓存将节省每个数据节点上的读取时间。其次，它避免了 Hive 查询中的倾斜连接，因为每个数据块的连接操作已经在 Map 阶段完成了。设置下面的属性启用自动 Map 连接属性。

```
<property>
    <name>hive.auto.convert.join</name>
    <value>true</value>
</property>
<property>
    <name>hive.auto.convert.join.noconditionaltask</name>
    <value>true</value>
</property>
<property>
    <name>hive.auto.convert.join.noconditionaltask.size</name>
    <value>10000000</value>
</property>
<property>
    <name>hive.auto.convert.join.use.nonstaged</name>
    <value>true</value>
</property>
```

说明：

- hive.auto.convert.join：是否启用基于输入文件的大小，将普通连接转化为 Map 连接的优化机制。

- hive.auto.convert.join.noconditionaltask：是否启用基于输入文件的大小，将普通连接转化为 Map 连接的优化机制。假设参与连接的表（或分区）有 N 个，如果打开这个参数，并且有 N-1 个表（或分区）的大小总和小于 hive.auto.convert.join.noconditionaltask.size 参数指定的值，那么会直接将连接转为 Map 连接。

- hive.auto.convert.join.noconditionaltask.size：如果 hive.auto.convert.join.noconditionaltask 是关闭的，则本参数不起作用。否则，如果参与连接的 N 个表（或分区）中的 N-1 个的总大小小于这个参数的值，则直接将连接转为 Map 连接。默认值为 10MB。

- hive.auto.convert.join.use.nonstaged：对于条件连接，如果从一个小的输入流可以直接应用于 join 操作而不需要过滤或者投影，那么不需要通过 MapReduce 的本地任务在分布式缓存中预存。当前该参数在 vectorization 或 tez 执行引擎中不工作。

（2）倾斜连接

两个大表连接时，会先基于连接键分别对两个表进行排序，然后连接它们。Mapper 将特定键值的所有行发送给同一个 Reducer。例如，表 A 的 id 列有 1、2、3、4 四个值，表 B 的 id 列有 1、2、3 三个值。查询语句如下：

```
select A.id from A join B on A.id = B.id
```

一系列 Mapper 读取表中的数据并基于键值发送给 Reducer。如 id=1 行进入 Reducer R1，id=2 的行进入 Reducer R2 等。这些 Reducer 产生 A、B 的交集并输出。Reducer R4 只从 A 获取行，不会产生查询结果。

现在假设 id=1 的数据行是高度倾斜的，则 R2 和 R3 会很快完成，而 R1 需要很长时间，将成为整个查询的瓶颈。配置倾斜连接的相关属性可以有效优化倾斜连接。

```xml
<property>
    <name>hive.optimize.skewjoin</name>
    <value>true</value>
</property>
<property>
    <name>hive.skewjoin.key</name>
    <value>100000</value>
</property>
<property>
    <name>hive.skewjoin.mapjoin.map.tasks</name>
    <value>10000</value>
</property>
<property>
    <name>hive.skewjoin.mapjoin.min.split</name>
    <value>33554432</value>
</property>
```

说明：

- hive.optimize.skewjoin：是否为连接表中的倾斜键创建单独的执行计划。它基于存储在元数据中的倾斜键。在编译时，Hive 为倾斜键和其他键值生成各自的查询计划。
- hive.skewjoin.key：决定如何确定连接中的倾斜键。在连接操作中，如果同一键值所对应的数据行数超过该参数值，则认为该键是一个倾斜连接键。
- hive.skewjoin.mapjoin.map.tasks：指定倾斜连接中，用于 Map 连接作业的任务数。该参数应该与 hive.skewjoin.mapjoin.min.split 一起使用，执行细粒度的控制。
- hive.skewjoin.mapjoin.min.split：通过指定最小 split 的大小，确定 Map 连接作业的任务数。该参数应该与 hive.skewjoin.mapjoin.map.tasks 一起使用，执行细粒度的控制。

（3）桶 Map 连接

如果连接中使用的表是按特定列分桶的，可以开启桶 Map 连接提升性能。

```xml
<property>
    <name>hive.optimize.bucketmapjoin</name>
    <value>true</value>
</property>
<property>
    <name>hive.optimize.bucketmapjoin.sortedmerge</name>
```

```
    <value>true</value>
</property>
```

说明：

- hive.optimize.bucketmapjoin：是否尝试桶 Map 连接。
- hive.optimize.bucketmapjoin.sortedmerge：是否尝试在 Map 连接中使用归并排序。

3. 避免使用 order by 全局排序

Hive 中使用 order by 子句实现全局排序。order by 只用一个 Reducer 产生结果，对于大数据集，这种做法效率很低。如果不需要全局有序，则可以使用 sort by 子句，该子句为每个 reducer 生成一个排好序的文件。如果需要控制一个特定数据行流向哪个 reducer，可以使用 distribute by 子句，例如：

```
select id, name, salary, dept from employee
distribute by dept sort by id asc, name desc;
```

属于一个 dept 的数据会分配到同一个 reducer 进行处理，同一个 dept 的所有记录按照 id、name 列排序。最终的结果集是全局有序的。在 10.3 节还会讨论 Hive 中几种不同的数据排序方法。

4. 启用 Tez 执行引擎

使用 Tez 执行引擎代替传统的 MapReduce 引擎会大幅提升 Hive 查询的性能。在安装好 Tez 后，配置 hive.execution.engine 属性指定执行引擎。

```
<property>
    <name>hive.execution.engine</name>
    <value>tez</value>
    <description>
    Expects one of [mr, tez, spark].
    Chooses execution engine. Options are:
mr (Map reduce, default), tez (hadoop 2 only), spark
    </description>
</property>
```

5. 优化 limit 操作

默认时 limit 操作仍然会执行整个查询，然后返回限定的行数。在有些情况下这种处理方式很浪费，因此可以通过设置下面的属性避免此行为。

```
<property>
    <name>hive.limit.optimize.enable</name>
    <value>true</value>
</property>
<property>
    <name>hive.limit.row.max.size</name>
    <value>100000</value>
</property>
<property>
```

```
    <name>hive.limit.optimize.limit.file</name>
    <value>10</value>
</property>
<property>
    <name>hive.limit.optimize.fetch.max</name>
    <value>50000</value>
</property>
```

说明：

- hive.limit.optimize.enable：是否启用 limit 优化。当使用 limit 语句时，对源数据进行抽样。
- hive.limit.row.max.size：在使用 limit 做数据的子集查询时保证的最小行数据量。
- hive.limit.optimize.limit.file：在使用 limit 做数据子集查询时，采样的最大文件数。
- hive.limit.optimize.fetch.max：使用简单 limit 数据抽样时，允许的最大行数。

6. 启用并行执行

每条 HiveQL 语句都被转化成一个或多个执行阶段，可能是一个 MapReduce 阶段、采样阶段、归并阶段、限制阶段等。默认时，Hive 在任意时刻只能执行其中一个阶段。如果组成一个特定作业的多个执行阶段是彼此独立的，那么它们可以并行执行，从而整个作业得以更快完成。通过设置下面的属性启用并行执行。

```
<property>
    <name>hive.exec.parallel</name>
    <value>true</value>
</property>
<property>
    <name>hive.exec.parallel.thread.number</name>
    <value>8</value>
</property>
```

说明：

- hive.exec.parallel：是否并行执行作业。
- hive.exec.parallel.thread.number：最多可以并行执行的作业数。

7. 启用 MapReduce 严格模式

Hive 提供了一个严格模式，可以防止用户执行那些可能产生负面影响的查询。通过设置下面的属性启用 MapReduce 严格模式。

```
<property>
    <name>hive.mapred.mode</name>
    <value>strict</value>
</property>
```

严格模式禁止 3 种类型的查询。

- 对于分区表，where 子句中不包含分区字段过滤条件的查询语句不允许执行。
- 对于使用了 order by 子句的查询，要求必须使用 limit 子句，否则不允许执行。

- 限制笛卡尔积查询。

8. 使用单一 Reduce 执行多个 Group By

通过为 group by 操作开启单一 reduce 任务属性，可以将一个查询中的多个 group by 操作联合在一起发送给单一 MapReduce 作业。

```
<property>
    <name>hive.multigroupby.singlereducer</name>
    <value>true</value>
    <description>
        Whether to optimize multi group by query to generate single M/R  job plan.
If the multi group by query has common group by keys,
it will be optimized to generate single M/R job.
    </description>
</property>
```

9. 控制并行 Reduce 任务

Hive 通过将查询划分成一个或多个 MapReduce 任务达到并行的目的。确定最佳的 mapper 个数和 reducer 个数取决于多个变量，例如输入的数据量以及对这些数据执行的操作类型等。如果有太多的 mapper 或 reducer 任务，会导致启动、调度和运行作业过程中产生过多的开销，而如果设置的数量太少，那么就可能没有充分利用好集群内在的并行性。对于一个 Hive 查询，可以设置下面的属性来控制并行 reduce 任务的个数。

```
<property>
    <name>hive.exec.reducers.bytes.per.reducer</name>
    <value>256000000</value>
</property>
<property>
    <name>hive.exec.reducers.max</name>
    <value>1009</value>
</property>
```

说明：

- hive.exec.reducers.bytes.per.reducer：每个 reducer 的字节数，默认值为 256MB。Hive 是按照输入的数据量大小来确定 reducer 个数的。例如，如果输入的数据是 1GB，将使用 4 个 reducer。
- hive.exec.reducers.max：将会使用的最大 reducer 个数。

10. 启用向量化

向量化特性在 Hive 0.13.1 版本中被首次引入。通过查询执行向量化，使 Hive 从单行处理数据改为批量处理方式，具体来说是一次处理 1024 行而不是原来的每次只处理一行，这大大提升了指令流水线和缓存的利用率，从而提高了表扫描、聚合、过滤和连接等操作的性能。可以设置下面的属性启用查询执行向量化。

```
<property>
```

```
    <name>hive.vectorized.execution.enabled</name>
    <value>true</value>
</property>
<property>
    <name>hive.vectorized.execution.reduce.enabled</name>
    <value>true</value>
</property>
<property>
    <name>hive.vectorized.execution.reduce.groupby.enabled</name>
    <value>true</value>
</property>
```

说明：

- hive.vectorized.execution.enabled：如果该标志设置为 true，则开启查询执行的向量模式，默认值为 false。
- hive.vectorized.execution.reduce.enabled：如果该标志设置为 true，则开启查询执行 reduce 端的向量模式，默认值为 true。
- hive.vectorized.execution.reduce.groupby.enabled：如果该标志设置为 true，则开启查询执行 reduce 端 group by 操作的向量模式，默认值为 true。

11. 启用基于成本的优化器

Hive 0.14 版本开始提供基于成本优化器（CBO）特性。使用过 Oracle 数据库的读者对 CBO 一定不会陌生。与 Oracle 类似，Hive 的 CBO 也可以根据查询成本制定执行计划，例如确定表连接的顺序、以何种方式执行连接、使用的并行度等。设置下面的属性启用基于成本优化器。

```
<property>
    <name>hive.cbo.enable</name>
    <value>true</value>
</property>
<property>
    <name>hive.compute.query.using.stats</name>
    <value>true</value>
</property>
<property>
    <name>hive.stats.fetch.partition.stats</name>
    <value>true</value>
</property>
<property>
    <name>hive.stats.fetch.column.stats</name>
    <value>true</value>
</property>
```

说明：

- hive.cbo.enable：控制是否启用基于成本的优化器，默认值是 true。Hive 的 CBO 使用 Apache Calcite 框架实现。
- hive.compute.query.using.stats：该属性的默认值为 false。如果设置为 true，Hive 在执

行某些查询时，例如 select count(1)，只利用元数据存储中保存的状态信息返回结果。为了收集基本状态信息，需要将 hive.stats.autogather 属性配置为 true。为了收集更多的状态信息，需要运行 analyze table 查询命令。

- hive.stats.fetch.partition.stats：该属性的默认值为 true。操作树中所标识的统计信息，需要分区级别的基本统计，如每个分区的行数、数据量大小和文件大小等。分区统计信息从元数据存储中获取。如果存在很多分区，要为每个分区收集统计信息可能会消耗大量的资源。这个标志可被用于禁止从元数据存储中获取分区统计。当该标志设置为 false 时，Hive 从文件系统获取文件大小，并根据表结构估算行数。

- hive.stats.fetch.column.stats：该属性的默认值为 false。操作树中所标识的统计信息，需要列统计。列统计信息从元数据存储中获取。如果存在很多列，要为每个列收集统计信息可能会消耗大量的资源。这个标志可被用于禁止从元数据存储中获取列统计。

可以使用 HiveQL 的 analyze table 语句收集一个表中所有列相关的基本统计信息，例如下面的语句收集 sales_order_fact 表的统计信息。

```
analyze table sales_order_fact compute statistics for columns;
analyze table sales_order_fact compute statistics for columns order_number, customer_sk;
```

12. 使用 ORC 文件格式

ORC 文件格式可以有效提升 Hive 查询的性能。图 8-4 由 Hortonworks 公司提供，显示了 Hive 不同文件格式的大小对比。

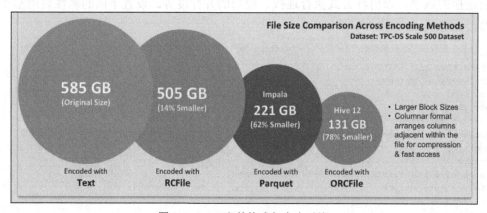

图 8-4　Hive 文件格式与大小对比

8.6　小结

（1）数据清洗是转换过程的一个重要步骤。它是对数据进行重新审查和校验的过程，目的在于删除重复信息、纠正存在的错误，并提供数据一致性。

（2）Hive 是 Hadoop 生态圈的数据仓库软件，使用类似于 SQL 的语言读、写、管理分布式存储上的大数据集。

（3）HiveServer2 提供基于 Thrift 的 Hive 服务和一个 Jetty Web 服务器，基于 Thrift 的 Hive 服务是 HS2 的核心。

（4）Hive 通过 Thrift 提供 Hive 元数据存储服务。

（5）Beeline 是为与 HiveServer2 服务器进行交互而开发的新命令行工具。Hive 建议使用新的 Beeline 代替老版本的 Hive CLI 客户端。

（6）使用 row_number()窗口函数或者使用一个名为 UDFRowSequence 的用户自定义函数可以生成代理键。

（7）用 Sqoop 和 HiveQL 能够实现多维数据仓库的初始装载和定期装载。

（8）通过适当地配置相关属性，可以有效优化 Hive 查询。

第 9 章

◀ 定期自动执行ETL作业 ▶

一旦数据仓库开始使用，就需要不断从源系统给数据仓库提供新数据。为了确保数据流的稳定，需要使用所在平台上可用的任务调度器来调度 ETL 定期执行。调度模块是 ETL 系统必不可少的组成部分，它不但是数据仓库的基本需求，也对项目的成功起着举足轻重的作用。

操作系统一般都为用户提供调度作业的功能，如 Windows 的"计划任务"和 UNIX/Linux 的 cron 系统服务。绝大多数 Hadoop 系统都运行在 Linux 之上，因此本章详细讨论两种 Linux 上定时自动执行 ETL 作业的方案。一种是经典的 crontab，这是操作系统自带的功能，二是 Hadoop 生态圈中的 Oozie 组件。为了演示 Hadoop 对数据仓库的支持能力，我们的示例将使用后者实现 ETL 执行自动化。

9.1　crontab

上一章我们已经准备好用于定期装载的 regular_etl.sh shell 脚本文件，可以很容易地用 crontab 命令创建一个任务，定期运行此脚本。

```
# 修改文件属性为可执行
chmod 755 /root/regular_etl.sh
# 编辑 crontab 文件内容
crontab -e
# 添加如下一行，指定每天 2 点执行定期装载作业，然后保存退出
0 2 * * * /root/regular_etl.sh
```

这就可以了，需要用户做的就是如此简单，其他的事情交给 cron 系统服务去完成。提供 cron 服务的进程名为 crond，这是 Linux 下一个用来周期性执行某种任务或处理某些事件的守护进程。当安装完操作系统后，会自动启动 crond 进程，它每分钟会定期检查是否有要执行的任务，如果有则自动执行该任务。

Linux 下的任务调度分为两类，系统任务调度和用户任务调度。

- 系统任务调度：系统需要周期性执行的工作，比如写缓存数据到硬盘、日志清理等。在/etc目录下有一个crontab文件，这个就是系统任务调度的配置文件。
- 用户任务调度：用户要定期执行的工作，比如用户数据备份、定时邮件提醒等。用户可以使用crontab命令来定制自己的计划任务。所有用户定义的crontab文件都被保存在/var/spool/cron目录中，其文件名与用户名一致。

1. crontab 权限

Linux系统使用一对allow/deny文件组合判断用户是否具有执行crontab的权限。如果用户名出现在/etc/cron.allow文件中，则该用户允许执行crontab命令。如果此文件不存在，那么如果用户名没有出现在/etc/cron.deny文件中，则该用户允许执行crontab命令。如果只存在cron.deny文件，并且该文件是空的，则所有用户都可以使用crontab命令。如果这两个文件都不存在，那么只有root用户可以执行crontab命令。allow/deny文件由每行一个用户名构成。

2. crontab 命令

通过crontab命令，我们可以在固定间隔的时间点执行指定的系统指令或shell脚本。时间间隔的单位可以是分钟、小时、日、月、周及以上的任意组合。crontab命令格式如下：

```
crontab [-u user] file
crontab [-u user] [ -e | -l | -r ]
```

说明：

- -u user：用来设定某个用户的crontab服务，此参数一般由root用户使用。
- file：file是命令文件的名字，表示将file作为crontab的任务列表文件并载入crontab。如果在命令行中没有指定这个文件，crontab命令将接受标准输入，通常是键盘上键入的命令，并将它们载入crontab。
- -e：编辑某个用户的crontab文件内容。如果不指定用户，则表示编辑当前用户的crontab文件。如果文件不存在，则创建一个。
- -l：显示某个用户的crontab文件内容，如果不指定用户，则表示显示当前用户的crontab文件内容。
- -r：从/var/spool/cron目录中删除某个用户的crontab文件，如果不指定用户，则默认删除当前用户的crontab文件。

注意：如果不经意地输入了不带任何参数的crontab命令，不要使用Control-d退出，因为这会删除用户所对应的crontab文件中的所有条目。代替的方法是用Control-c退出。

3. crontab 文件

用户所建立的crontab文件中，每一行都代表一项任务，每行的每个字段代表一项设置。它的格式共分为六个字段，前五段是时间设定段，第六段是要执行的命令段，格式如下：

```
.---------------- 分钟 (0 - 59)
|  .------------ 小时 (0 - 23)
|  |  .---------- 日期 (1 - 31)
|  |  |  .------- 月份 (1 - 12)
|  |  |  |  .---- 星期 (0 - 6，代表周日到周一)
|  |  |  |  |
*  *  *  *  * 要执行的命令，可以是系统命令，也可以是自己编写的脚本文件。
```

在以上各个时间字段中，还可以使用如下特殊字符：

- 星号（*）：代表所有可能的值，例如"月份"字段如果是星号，则表示在满足其他字段的制约条件后每月都执行该命令操作。
- 逗号（,）：可以用逗号隔开的值指定一个列表范围，例如，"1,2,5,7,8,9"。
- 中杠（-）：可以用整数之间的中杠表示一个整数范围，例如"2-6"表示"2,3,4,5,6"。
- 正斜线（/）：可以用正斜线指定时间的间隔频率，例如"0-23/2"表示每两小时执行一次。同时正斜线可以和星号一起使用，例如*/10，如果用在"分钟"字段，表示每十分钟执行一次。

注意，"日期"和"星期"字段都可以指定哪天执行，如果两个字段都设置了，则执行的日期是两个字段的并集。

4. crontab 示例

```
# 每 1 分钟执行一次 command
* * * * * command
# 每小时的第 3 和第 15 分钟执行
3,15 * * * * command
# 在上午 8 点到 11 点的第 3 和第 15 分钟执行
3,15 8-11 * * * command
# 每隔两天的上午 8 点到 11 点的第 3 和第 15 分钟执行
3,15 8-11 */2 * * command
# 每个星期一的上午 8 点到 11 点的第 3 和第 15 分钟执行
3,15 8-11 * * 1 command
# 每晚的 21:30 执行
30 21 * * * command
# 每月 1、10、22 日的 4:45 执行
45 4 1,10,22 * * command
# 每周六、周日的 1:10 执行
10 1 * * 6,0 command
# 每天 18:00 至 23:00 之间每隔 30 分钟执行
0,30 18-23 * * * command
# 每星期六的晚上 11:00 执行
0 23 * * 6 command
# 每一小时执行一次
* */1 * * * command
# 晚上 11 点到早上 7 点之间，每隔一小时执行一次
* 23-7/1 * * * command
# 每月的 4 号与每周一到周三的 11 点执行
0 11 4 * 1-3 command
# 一月一号的 4 点执行
0 4 1 1 * command
# 每小时执行/etc/cron.hourly 目录内的脚本
01 * * * * root run-parts /etc/cron.hourly
```

说明：`run-parts` 会遍历目标文件夹，执行第一层目录下具有可执行权限的文件。

5. crontab 环境

有时我们创建了一个 crontab 任务，但是这个任务却无法自动执行，而手动执行脚本却没有问题，这种情况一般是由于在 crontab 文件中没有配置环境变量引起的。cron 从用户所在的主目录中使用 shell 调用需要执行的命令。cron 为每个 shell 提供了一个默认的环境，Linux 下的定义如下：

```
SHELL=/bin/bash
PATH=/sbin:/bin:/usr/sbin:/usr/bin
MAILTO=用户名
HOME=用户主目录
```

在 crontab 文件中定义多个调度任务时，需要特别注意的一个问题就是环境变量的设置，因为我们手动执行某个脚本时，是在当前 shell 环境下进行的，程序能找到环境变量；而系统自动执行任务调度时，除了默认的环境，是不会加载任何其他环境变量的。因此就需要在 crontab 文件中指定任务运行所需的所有环境变量。

不要假定 cron 知道所需要的特殊环境，它其实并不知道。所以用户要保证在 shell 脚本中提供所有必要的路径和环境变量，除了一些自动设置的全局变量。以下三点需要注意：

- 脚本中涉及文件路径时写绝对路径；
- 脚本执行要用到环境变量时，通过 source 命令显式引入，例如：

```
#!/bin/sh
source /etc/profile
```

- 当手动执行脚本没问题，但是 crontab 不执行时，可以尝试在 crontab 中直接引入环境变量解决问题，例如：

```
0 * * * * . /etc/profile;/bin/sh /path/to/myscript.sh
```

6. 重定向输出邮件

默认时，每条任务调度执行完毕，系统都会将任务输出信息通过电子邮件的形式发送给当前系统用户。这样日积月累，日志信息会非常大，可能会影响系统的正常运行。因此，将每条任务进行重定向处理非常重要。可以在 crontab 文件中设置如下形式，忽略日志输出：

```
0 */3 * * * /usr/local/myscript.sh >/dev/null 2>&1
```

"`>/dev/null 2>&1`" 表示先将标准输出重定向到/dev/null，然后将标准错误重定向到标准输出。由于标准输出已经重定向到了/dev/null，因此标准错误也会重定向到/dev/null，这样日志输出问题就解决了。

7. 生成日志文件

可以将 crontab 执行任务的输出信息重定向到一个自定义的日志文件中，例如：

```
8 * * * rm /home/someuser/tmp/* > /home/someuser/cronlogs/clean_tmp_dir.log
```

9.2 Oozie 简介

除了利用操作系统提供的功能以外，Hadoop 生态圈的工具也可以完成同样的调度任务，而且更灵活，这个组件就是 Oozie。

Oozie 是一个管理 Hadoop 作业、可伸缩、可扩展、可靠的工作流调度系统，它内部定义了三种作业：工作流作业、协调器作业和 Bundle 作业。工作流作业是由一系列动作构成的有向无环图（DAGs），协调器作业是按时间频率周期性触发 Oozie 工作流的作业，Bundle 管理协调器作业。Oozie 支持的用户作业类型有 Java map-reduce、Streaming map-reduce、Pig、Hive、Sqoop 和 Distcp，及其 Java 程序和 shell 脚本或命令等特定的系统作业。

Oozie 项目经历了三个主要阶段。第一版 Oozie 是一个基于工作流引擎的服务器，通过执行 Hadoop MapReduce 和 Pig 作业的动作运行工作流作业。第二版 Oozie 是一个基于协调器引擎的服务器，按时间和数据触发工作流执行。它可以基于时间（如每小时执行一次）或数据可用性（如等待输入数据完成后再执行）连续运行工作流。第三版 Oozie 是一个基于 Bundle 引擎的服务器。它提供更高级别的抽象，批量处理一系列协调器应用。用户可以在 bundle 级别启动、停止、挂起、继续、重做协调器作业，这样可以更好地简化操作控制。

使用 Oozie 主要基于以下两点原因：

- 在 Hadoop 中执行的任务有时候需要把多个 MapReduce 作业连接到一起执行，或者需要多个作业并行处理。Oozie 可以把多个 MapReduce 作业组合到一个逻辑工作单元中，从而完成更大型的任务。
- 从调度的角度看，如果使用 crontab 的方式调用多个工作流作业，可能需要编写大量的脚本，还要通过脚本来控制好各个工作流作业的执行时序问题，不但不好维护，而且监控也不方便。基于这样的背景，Oozie 提出了 Coordinator 的概念，它能够将每个工作流作业作为一个动作来运行，相当于工作流定义中的一个执行节点，这样就能够将多个工作流作业组成一个称为 Coordinator Job 的作业，并指定触发时间和频率，还可以配置数据集、并发数等。

9.2.1 Oozie 的体系结构

Oozie 的体系结构如图 9-1 所示。

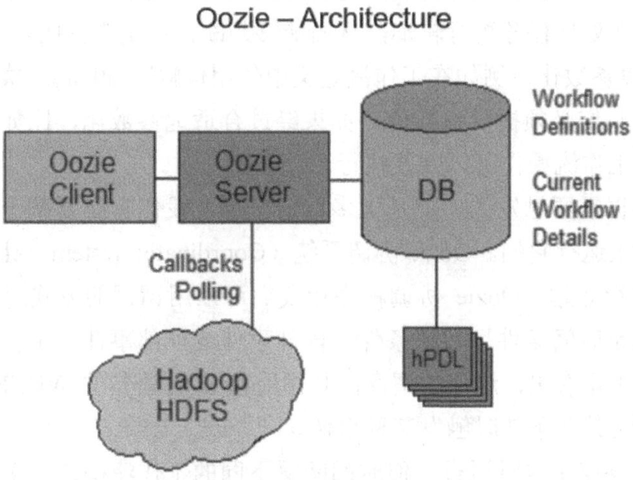

图 9-1　Oozie 体系结构

Oozie 是一种 Java Web 应用程序，它运行在 Java Servlet 容器，即 Tomcat 中，并使用数据库来存储以下内容：

- 工作流定义。
- 当前运行的工作流实例，包括实例的状态和变量。

Oozie 工作流是放置在 DAG（有向无环图 Direct Acyclic Graph）中的一组动作，例如，Hadoop 的 Map/Reduce 作业、Pig 作业等。DAG 控制动作的依赖关系，指定了动作执行的顺序。Oozie 使用 hPDL 这种 XML 流程定义语言来描述这个图。

hPDL 是一种很简洁的语言，它只会使用少数流程控制节点和动作节点。控制节点会定义执行的流程，并包含工作流的起点和终点（start、end 和 fail 节点）以及控制工作流执行路径的机制（decision、fork 和 join 节点）。动作节点是实际执行操作的部分，通过它们工作流会触发执行计算或者处理任务。Oozie 为以下类型的动作提供支持：Hadoop MapReduce、Hadoop HDFS、Pig、Java 和 Oozie 的子工作流。而 SSH 动作已经从 Oozie schema 0.2 之后的版本中移除了。

所有由动作节点触发的计算和处理任务都不在 Oozie 中运行。它们是由 Hadoop 的 MapReduce 框架执行的。这种低耦合的设计方法让 Oozie 可以有效利用 Hadoop 的负载平衡、灾难恢复等机制。这些任务主要是串行执行的，只有文件系统动作例外，它是并行处理的。这意味着对于大多数工作流动作触发的计算或处理任务类型来说，在工作流操作转换到工作流的下一个节点之前都需要等待，直到前面节点的计算或处理任务结束了之后才能够继续。Oozie 可以通过两种不同的方式来检测计算或处理任务是否完成，这就是回调和轮询。当 Oozie 启动了计算或处理任务时，它会为任务提供唯一的回调 URL，然后任务会在完成的时候发送通知给这个特定的 URL。在任务无法触发回调 URL 的情况下（可能是因为任何原因，比方说网络闪断），或者当任务的类型无法在完成时触发回调 URL 的时候，Oozie 有一种机制，可以对计算或处理任务进行轮询，从而能够判断任务是否完成。

Oozie 工作流可以参数化，例如在工作流定义中使用像${inputDir}之类的变量等。在提交工作流操作的时候，我们必须提供参数值。如果经过合适地参数化，比如使用不同的输出目录，那么多个同样的工作流操作可以并发执行。

一些工作流是根据需要触发的，但是大多数情况下，我们有必要基于一定的时间段、数据可用性或外部事件来运行它们。Oozie 协调系统（Coordinator system）让用户可以基于这些参数来定义工作流执行计划。Oozie 协调程序让我们可以用谓词的方式对工作流执行触发器进行建模，谓词可以是时间条件、数据条件、内部事件或外部事件。工作流作业会在谓词得到满足的时候启动。不难看出，这里的谓词，其作用和 SQL 语句的 WHERE 子句中的谓词类似，本质上都是在满足某些条件时触发某种事件。

有时，我们还需要连接定时运行、但时间间隔不同的工作流操作。多个以不同频率运行的工作流的输出会成为下一个工作流的输入。把这些工作流连接在一起，会让系统把它作为数据应用的管道来引用。Oozie 协调程序支持创建这样的数据应用管道。

9.2.2 CDH 5.7.0 中的 Oozie

CDH 5.7.0 中，Oozie 的版本是 4.1.0，其元数据存储使用 MySQL（4.4 节 CDH 安装中有相关配置）。关于 CDH 5.7.0 中 Oozie 的属性，参考以下链接：

https://www.cloudera.com/documentation/enterprise/latest/topics/cm_props_cdh570_oozie.html

9.3 建立定期装载工作流

对于刚接触 Oozie 的用户来说，前面介绍的概念过于抽象，不易理解，那么就让我们一步步创建销售订单示例 ETL 的工作流，在实例中学习 Oozie 的特性和用法。

1. 修改资源配置

Oozie 运行需要使用较高的内存资源，因此要将以下两个 YARN 参数的值调大：

- yarn.nodemanager.resource.memory-mb：NodeManage 总的可用物理内存。
- yarn.scheduler.maximum-allocation-mb：一个 MapReduce 任务可申请的最大内存。

如果分配的内存不足，在执行工作流作业时会报类似下面的错误：

```
org.apache.oozie.action.ActionExecutorException: JA009:
org.apache.hadoop.yarn.exceptions.InvalidResourceRequestException: Invalid resource request,
requested memory < 0, or requested memory > max configured, requestedMemory=1536,
maxMemory=1500
```

我们的实验环境中，每个 Hadoop 节点所在虚拟机的总物理内存为 8GB，所以把这两个参数都设置为 2GB。修改的方法有两种，可以编辑 yarn-site.xml 文件里的属性，如：

```
<property>
<name>yarn.nodemanager.resource.memory-mb</name>
      <value>2000</value>
</property>
<property>
      <name>yarn.scheduler.maximum-allocation-mb</name>
      <value>2000</value>
</property>
```

或者在 Cloudera Manager 中修改，yarn.nodemanager.resource.memory-mb 参数在 YARN 服务的 NodeManager 范围里，yarn.scheduler.maximum-allocation-mb 参数在 YARN 服务的 ResourceManager 范围里。无论使用哪种方法，修改后都需要保存更改并重启 Hadoop 集群。

2. 启用 Oozie Web Console

默认安装 CDH 时，Oozie Web Console 是禁用的，为了后面方便监控 Oozie 作业的执行，需要将其改为启用状态。"启用 Oozie 服务器 Web 控制台"属性在 Oozie 服务的"Oozie Server Default Group"里。具体的做法是：

步骤01 下载 ext-2.2 包，解压缩到 Oozie 服务器实例所在节点的/var/lib/oozie/目录下。

步骤02 登录 Cloudera Manager 管理控制台，进入 Oozie 服务页面。

步骤03 单击"配置"标签。

步骤04 定位"启用 Oozie 服务器 Web 控制台"属性，或者在搜索框中输入该属性名查找。

步骤05 选择"启用 Oozie 服务器 Web 控制台"的复选框。

步骤06 单击"保存更改"按钮提交所做的修改。

步骤07 重启 Oozie 服务。

3. 启动 Sqoop 的 share metastore service

定期装载工作流需要用 Oozie 调用 Sqoop 执行，这需要开启 Sqoop 的元数据共享存储，命令如下：

```
sqoop metastore > /tmp/sqoop_metastore.log 2>&1 &
```

metastore 工具配置 Sqoop 作业的共享元数据信息存储，它会在当前主机启动一个内置的 HSQLDB 共享数据库实例。客户端可以连接这个 metastore，这样允许多个用户定义并执行 metastore 中存储的 Sqoop 作业。metastore 库文件的存储位置由 sqoop-site.xml 中的 sqoop.metastore.server.location 属性配置，它指向一个本地文件。如果不设置这个属性，Sqoop 元数据默认存储在~/.sqoop 目录下。

如果碰到用 Oozie 工作流执行 Sqoop 命令是成功的，但执行 Sqoop 作业却失败的情况，可以参考"Oozie 系列(3)之解决 Sqoop Job 无法运行的问题"这篇文章。该文中对这个问题有

很详细的分析,并提供了解决方案,其访问地址是:

```
http://www.lamborryan.com/oozie-sqoop-fail/
```

4. 连接 metastore 重建 sqoop job

我们在上一章中建立了一个增量抽取 sales_order 表数据的 Sqoop 作业,但其元数据并没有存储在 shared metastore 里,所以需要使用以下的命令进行重建:

```
last_value=`sqoop job --show myjob_incremental_import | grep incremental.last.value | awk
'{print $3}'`
sqoop job --delete myjob_incremental_import
sqoop job \
--meta-connect jdbc:hsqldb:hsql://cdh2:16000/sqoop \
--create myjob_incremental_import \
-- \
import \
--connect "jdbc:mysql://cdh1:3306/source?useSSL=false&user=root&password=mypassword" \
--table sales_order \
--columns "order_number, customer_number, product_code, order_date, entry_date, order_amount"
\
--hive-import \
--hive-table rds.sales_order \
--incremental append \
--check-column order_number \
--last-value $last_value
```

在上面命令的第一行中,先用 sqoop 的--show 选项查询最后一次执行定期装载后 incremental.last.value 的值,并将这个值赋给名为 last_value 的 shell 变量。在创建作业命令的最后一行中,--last-value 选项将当前最大值作为参数。和上一章的 myjob_incremental_import 作业创建命令对比,会发现多了一行--meta-connect jdbc:hsqldb:hsql://cdh2:16000/sqoop,就是通过这个选项将作业元数据存储到 HSQLDB 数据库文件中,metastore 的默认端口是 16000,可以用 sqoop.metastore.server.port 属性设置为其他端口号。创建作业前,需要使用--delete 参数先删除已经存在的同名作业。

5. 定义工作流

建立内容如下的 workflow.xml 文件:

```
<?xml version="1.0" encoding="UTF-8"?>
<workflow-app xmlns="uri:oozie:workflow:0.1" name="regular_etl">
    <start to="fork-node"/>
    <fork name="fork-node">
        <path start="sqoop-customer" />
        <path start="sqoop-product" />
        <path start="sqoop-sales_order" />
    </fork>
    <action name="sqoop-customer">
        <sqoop xmlns="uri:oozie:sqoop-action:0.2">
            <job-tracker>${jobTracker}</job-tracker>
            <name-node>${nameNode}</name-node>
            <arg>import</arg>
            <arg>--connect</arg>
```

```
                <arg>jdbc:mysql://cdh1:3306/source?useSSL=false</arg>
                <arg>--username</arg>
                <arg>root</arg>
                <arg>--password</arg>
                <arg>mypassword</arg>
                <arg>--table</arg>
                <arg>customer</arg>
                <arg>--hive-import</arg>
                <arg>--hive-table</arg>
                <arg>rds.customer</arg>
                <arg>--hive-overwrite</arg>
                <file>/tmp/hive-site.xml#hive-site.xml</file>
                <archive>/tmp/mysql-connector-java-5.1.38-bin.jar#mysql-connector-java-5.1.38-
bin.jar</archive>
            </sqoop>
            <ok to="joining"/>
            <error to="fail"/>
        </action>
        <action name="sqoop-product">
            <sqoop xmlns="uri:oozie:sqoop-action:0.2">
                <job-tracker>${jobTracker}</job-tracker>
                <name-node>${nameNode}</name-node>
                <arg>import</arg>
                <arg>--connect</arg>
                <arg>jdbc:mysql://cdh1:3306/source?useSSL=false</arg>
                <arg>--username</arg>
                <arg>root</arg>
                <arg>--password</arg>
                <arg>mypassword</arg>
                <arg>--table</arg>
                <arg>product</arg>
                <arg>--hive-import</arg>
                <arg>--hive-table</arg>
                <arg>rds.product</arg>
                <arg>--hive-overwrite</arg>
                <file>/tmp/hive-site.xml#hive-site.xml</file>
                <archive>/tmp/mysql-connector-java-5.1.38-bin.jar#mysql-connector-java-5.1.38-
bin.jar</archive>
            </sqoop>
            <ok to="joining"/>
            <error to="fail"/>
        </action>
        <action name="sqoop-sales_order">
            <sqoop xmlns="uri:oozie:sqoop-action:0.2">
                <job-tracker>${jobTracker}</job-tracker>
                <name-node>${nameNode}</name-node>
                <command>job --exec myjob_incremental_import --meta-connect
jdbc:hsqldb:hsql://cdh2:16000/sqoop</command>
                <file>/tmp/hive-site.xml#hive-site.xml</file>
                <archive>/tmp/mysql-connector-java-5.1.38-bin.jar#mysql-connector-java-5.1.38-
bin.jar</archive>
            </sqoop>
            <ok to="joining"/>
            <error to="fail"/>
        </action>
        <join name="joining" to="hive-node"/>
        <action name="hive-node">
            <hive xmlns="uri:oozie:hive-action:0.2">
                <job-tracker>${jobTracker}</job-tracker>
                <name-node>${nameNode}</name-node>
```

```
        <job-xml>/tmp/hive-site.xml</job-xml>
        <script>/tmp/regular_etl.sql</script>
    </hive>
    <ok to="end"/>
    <error to="fail"/>
</action>
<kill name="fail">
    <message>Sqoop failed, error
message[${wf:errorMessage(wf:lastErrorNode())}]</message>
</kill>
<end name="end"/>
</workflow-app>
```

这个工作流的 DAG 如图 9-2 所示。

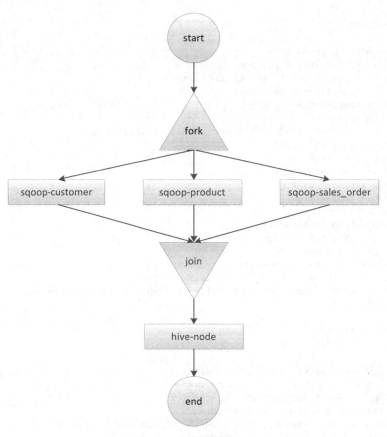

图 9-2　定期装载 DAG

上面的 XML 文件使用 hPDL 的语法定义了一个名为 regular_etl 的工作流。该工作流包括 9 个节点，其中有 5 个控制节点，4 个动作节点：工作流的起点 start、终点 end、失败处理节点 fail（DAG 图中未显示），两个执行路径控制节点 fork-node 和 joining，三个并行处理的 Sqoop 动作节点 sqoop-customer、sqoop-product、sqoop-sales_order 用作数据抽取，一个 Hive 动作节点 hive-node 用作数据转换与装载。

Oozie 的工作流节点分为控制节点和动作节点两类。控制节点控制着工作流的开始、结束和作业的执行路径。动作节点触发计算或处理任务的执行。节点的名字必须符合[a-zA-Z][\-

_a-zA-Z0-0]*这种正则表达式模式，并且不能超过 20 个字符。

（1）控制节点

控制节点又可分成两种，一种定义工作流的开始和结束，这种节点使用 start、end 和 kill 三个标签。另一种用来控制工作流的执行路径，使用 decision、fork 和 join 标签。

start 节点是一个工作流作业的入口，是工作流作业的第一个节点。当工作流开始时，它会自动转到 start 标签所标识的节点。每一个工作流定义必须包含一个 start 节点。

end 节点是工作流作业的结束，它表示工作流作业成功完成。当工作流到达这个节点时就结束了。如果在到达 end 节点时，还有一个或多个动作正在执行，这些动作将被 kill，这种场景也被认为是执行成功。每个工作流定义必须包含一个 end 节点。

kill 节点允许一个工作流作业将自己 kill 掉。当工作流作业到达 kill 节点时，表示作业以失败结束。如果在到达 kill 节点时，还有一个或多个动作正在执行，这些动作将被 kill。一个工作流定义中可以没有 kill 节点，也可以包含一个或多个 kill 节点。

decision 节点能够让工作流选择执行路径，其行为类似于一个 switch-case 语句，即按不同情况走不同分支。我们刚定义的工作流中没有 decision 节点，因此到 11.1 节用到 decision 节点时再详细讨论。

fork 节点将一个执行路径分裂成多个并发的执行路径。直到所有这些并发执行的路径都到达 join 节点后，工作流才会继续往后执行。fork 与 join 节点必须成对出现。实际上 join 节点将多条并发执行路径视作同一个 fork 节点的子节点。

（2）动作节点

动作节点是实际执行操作的部分。Oozie 支持很多种动作节点，包括 Hive 脚本、Hive Server2 脚本、Pig 脚本、Spark 程序、Java 程序、Sqoop1 命令、MapReduce 作业、shell 脚本、HDFS 命令等。ETL 工作流中使用了 Sqoop 和 Hive 两种。ok 和 error 是动作节点预定义的两个 XML 元素，它们通常被用来指定动作节点执行成功或失败时的下一步跳转节点。这些元素在 Oozie 中被称为转向元素。arg 元素包含动作节点的实际参数。sqoop-customer 和 sqoop-product 动作节点中使用 arg 元素指定 Sqoop 命令行参数。command 元素表示要执行一个 shell 命令。在 sqoop-sales_order 动作节点中使用 command 元素指定执行 Sqoop 作业的命令。file 和 archive 元素用于为执行 MapReduce 作业提供有效的文件和包。为了避免不必要的混淆，最好使用 HDFS 的绝对路径。我们的三个 Sqoop 动作节点使用这两个属性为 Sqoop 指定 Hive 的配置文件和 MySQL JDBC 驱动包的位置。必须包含这两个属性 Sqoop 动作节点才能正常执行。script 元素包含要执行的脚本文件，这个元素的值可以被参数化。我们在 hive-node 动作节点中使用 script 元素指定需要执行的定期装载 SQL 脚本文件。

（3）工作流参数化

工作流定义中可以使用形式参数。当工作流被 Oozie 执行时，所有形参都必须提供具体的值。参数定义使用 JSP 2.0 的语法，参数不仅可以是单个变量，还支持函数和复合表达式。

参数可以用于指定动作节点和 decision 节点的配置值、XML 属性值和 XML 元素值，但是不能在节点名称、XML 属性名称、XML 元素名称和节点的转向元素中使用参数。我们的工作流中使用了${jobTracker}和${nameNode}两个参数，分别指定 YARN 资源管理器的主机/端口和 HDFS NameNode 的主机/端口。

（4）表达式语言函数

Oozie 的工作流作业本身还提供了丰富的内建函数，Oozie 将它们统称为表达式语言函数（Expression Language Functions，简称 EL 函数）。通过这些函数可以对动作节点和 decision 节点的谓词进行更复杂的参数化。我们的工作流中使用了 wf:errorMessage 和 wf:lastErrorNode 两个内建函数。wf:errorMessage 函数返回特定节点的错误消息，如果没有错误则返回空字符串。错误消息常被用于排错和通知的目的。wf:lastErrorNode 函数返回最后出错的节点名称，如果没有错误则返回空字符串。

6. 部署工作流

这里所说的部署就是把相关文件上传到 HDFS 的对应目录中。我们需要上传工作流定义文件，还要上传 file、archive、script 元素中指定的文件。可以使用 hdfs dfs -put 命令将本地文件上传到 HDFS，-f 参数的作用是，如果目标位置已经存在同名的文件，则用上传的文件覆盖已存在的文件。

```
hdfs dfs -put -f workflow.xml /user/root/
hdfs dfs -put /etc/hive/conf.cloudera.hive/hive-site.xml /tmp/
hdfs dfs -put /root/mysql-connector-java-5.1.38-bin.jar /tmp/
hdfs dfs -put /root/regular_etl.sql /tmp/
```

7. 建立作业属性文件

到现在为止我们已经定义了工作流，也将运行工作流所需的所有文件上传到了 HDFS 的指定位置。但是，仍然无法运行工作流，因为还缺少关键的一步：必须定义作业的某些属性，并将这些属性值提交给 Oozie。在本地目录中，我们需要创建一个作业属性文件，这里命名为 job.properties，其中的内容如下：

```
nameNode=hdfs://cdh2:8020
jobTracker=cdh2:8032
queueName=default
oozie.use.system.libpath=true
oozie.wf.application.path=${nameNode}/user/${user.name}
```

注意，此文件不需要上传到 HDFS。这里稍微解释一下每一行的含义。nameNode 和 jobTracker 是工作流定义里面的两个形参，分别指示 NameNode 和 YARN 资源管理器的主机名/端口号。工作流定义里使用的形参，必须在作业属性文件中赋值。queueName 是 MapReduce 作业的队列名称，用于给一个特定队列命名。默认时，所有的 MR 作业都进入"default"队列。queueName 主要用于给不同目的的作业队列赋予不同的属性集来保证优先级。为了让工作流能够使用 Oozie 的共享库，要在作业属性文件中设置 oozie.use.system.libpath=true。oozie.wf.application.path 属性设置应用工作流定义文件的路径，在它的赋值中，${nameNode}是引用第一行的变量，${user.name}系统变量引用的是 Java 环境的 user.name 属性，通过该属性可以获得当前登录的操作系统用户名。

8. 运行工作流

经过一连串的配置，现在已经万事俱备，可以运行定期装载工作流了。下面的命令用于运行工作流作业。oozie 是 Oozie 的客户端命令，job 表示指定作业属性，-oozie 参数指示 Oozie 服务器实例的 URL，-config 参数指示作业属性配置文件，-run 告诉 Oozie 运行作业。

```
oozie job -oozie http://cdh2:11000/oozie -config /root/job.properties -run
```

此时从 Oozie Web 控制台可以看到正在运行的作业，如图9-3所示。

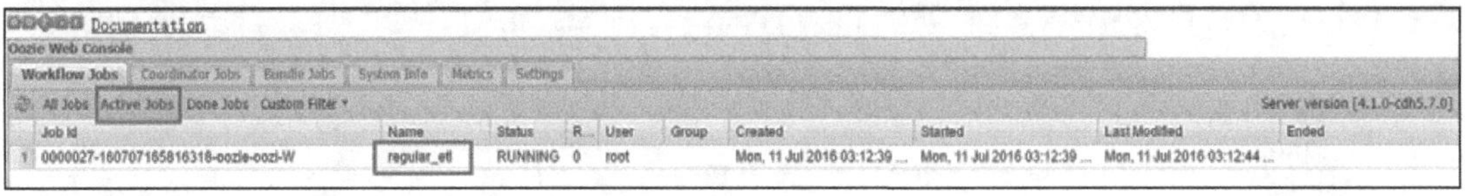

图 9-3　运行的作业

单击"Active Jobs"标签，会看到表格中只有一行，就是我们刚运行的工作流作业。Job Id 是系统生成的作业号，它唯一标识一个作业。Name 是我们在 workflow.xml 文件中定义的工作流名称，Status 为 RUNNING，表示正在运行。页面中还会显示执行作业的用户名、作业创建时间、开始时间、最后修改时间、结束时间等作业属性。

单击作业所在行，可以打开作业的详细信息窗口，如图9-4所示。

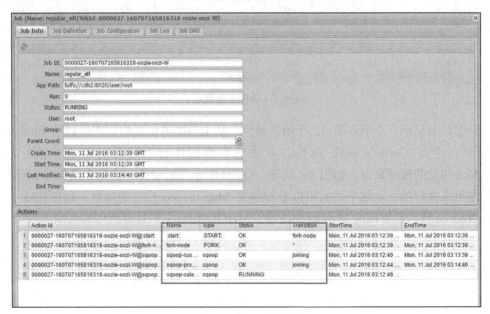

图 9-4　作业详细信息

这个页面有上下两部分组成。上面是以纵向方式显示作业属性，内容和 9-3 所示的一行相同。下面是动作的信息。在这个表格中会列出我们定义的工作流节点。从图中可以看到节点的名称和类型，分别对应 workflow.xml 文件中节点定义的属性和元素，Transition 表示转向的节点，对应工作流定义文件中"to"属性的值。从 Status 列可以看到节点执行的状态，图中表示正在运行 sqoop-sales_order 动作节点，前面的 start、fork-node、sqoop-customer、sqoop-product 都已执行成功，后面的 joining、hive-node、end 节点还没有执行到，所以图中没有显示。这个表格中只会显示已经执行或正在执行的节点。表格中还有 StartTime 和 EndTime 两列，分别表示节点的开始和结束时间，fork 节点中的三个 Sqoop 动作是并行执行的，因此起止时间上有所交叉。

单击动作所在行，可以打开动作的详细信息窗口，如图 9-5 所示。

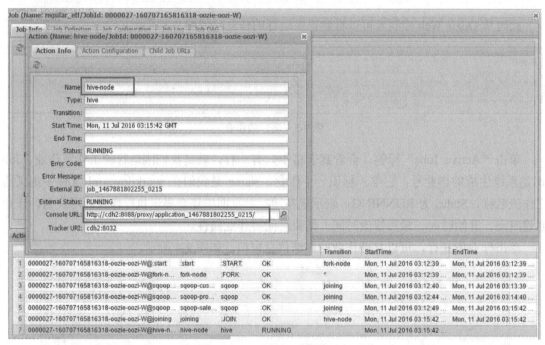

图 9-5　动作详细信息

这个窗口中显示一个节点的 12 个相关属性。从上图中可以看到正在运行的 hive-node 节点的属性，注意 Console URL 属性，单击它右侧的图标，可以打开真正执行动作的 MapReduce 作业的跟踪页面，如图 9-6 所示。Oozie 中定义的动作，实际上是作为 MapReduce 之上的应用来执行的。从这个页面可以看到相关 MapReduce 作业的属性，包括作业 ID、总的 Map/Reduce 数、已完成的 Map/Reduce 数、Map 和 Reduce 的处理进度等信息。

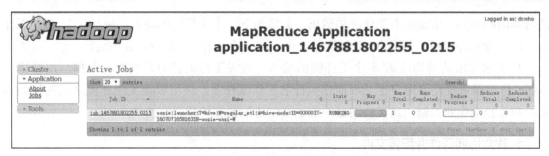

图 9-6 执行动作的 MapReduce 作业

当 Oozie 作业执行完，可以在图 9-3 所示页面的"All Jobs"标签页看到，Status 列已经从 RUNNING 变为 SUCCEEDED，如图 9-7 所示。

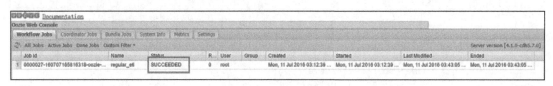

图 9-7 完成的工作流

可以看到，整个工作流执行了将近 31 分钟。细心的读者可能发现了，显示的时间点是 3 点。这个时间比较奇怪，它和我们手工执行工作流的时间相差了 8 小时。造成这个问题的原因稍后再做解释。

为了验证数据是否正确，我们查看 cdc_time 表的数据。因为整个定期装载过程的最后一条 HiveQL 语句是更新 cdc_time 表，如果它被正确更新，说明前面的语句都成功执行了（Hive 的任何一步出错都会中断退出，不会继续执行后面的语句）。查询及其结果如下所示，可以看到日期已经改为当前日期，说明定期装载工作流执行正确。

```
0: jdbc:hive2://cdh2:10000/dw> select * from rds.cdc_time;
OK
+--------------------+-----------------------+--+
| cdc_time.last_load | cdc_time.current_load |
+--------------------+-----------------------+--+
| 2016-07-11         | 2016-07-11            |
+--------------------+-----------------------+--+
row selected (0.289 seconds)
```

9.4 建立协调器作业定期自动执行工作流

工作流作业通常都是以一定的时间间隔定期执行的，例如我们的定期装载 ETL 作业需要在每天 2 点执行一次。Oozie 的协调器作业能够在满足谓词条件时触发工作流作业的执行。现在的谓词条件可以定义为数据可用、时间或外部事件，将来还可能扩展为支持其他类型的事件。协调器作业还有一种使用场景，就是需要关联多个周期性运行工作流作业。它们运行的时间间隔不同，前面所有工作流的输出一起成为下一个工作流的输入。例如，有 5 个工作流，前 4 个顺序执行，每隔 15 分钟运行一个，第 5 个工作流每隔 60 分钟运行一次，前面 4 个工作流的输出共同构成第 5 个工作流的输入。这种工作流链有时被称为数据应用管道。Oozie 协调器系统允许用户定义周期性执行的工作流作业，还可以定义工作流之间的依赖关系。和工作流作业类似，定义协调器作业也要创建配置文件和属性文件。

1. 建立协调器作业配置文件

建立内容如下的 coordinator.xml 文件：

```xml
<coordinator-app name="regular_etl-coord" frequency="${coord:days(1)}" start="${start}"
end="${end}" timezone="${timezone}" xmlns="uri:oozie:coordinator:0.1">
    <action>
        <workflow>
            <app-path>${workflowAppUri}</app-path>
            <configuration>
                <property>
                    <name>jobTracker</name>
                    <value>${jobTracker}</value>
                </property>
                <property>
                    <name>nameNode</name>
                    <value>${nameNode}</value>
                </property>
                <property>
                    <name>queueName</name>
                    <value>${queueName}</value>
                </property>
            </configuration>
        </workflow>
    </action>
</coordinator-app>
```

在上面的 XML 文件中，我们定义了一个名为 regular_etl-coord 的协调器作业。coordinator-app 元素的 frequency 属性指定工作流运行的频率。我们用 Oozie 提供的 ${coord:days(int n)} EL 函数给它赋值，该函数返回 'n' 天的分钟数，示例中的 n 为 1，也就是每隔 1440 分钟运行一次工作流。start 属性指定起始时间，end 属性指定终止时间，timezone 属性指定时区。这三个属性都赋予形参，在属性文件中定义参数值。xmlns 属性值是常量字符串 "uri:oozie:coordinator:0.1"。${workflowAppUri}形参指定应用的路径，就是工作流定义文件所在的路径。${jobTracker}、${nameNode} 和 ${queueName} 形参与前面 workflow.xml 工作流文件中的含义相同。

2. 建立协调器作业属性文件

建立内容如下的 job-coord.properties 文件：

```
nameNode=hdfs://cdh2:8020
jobTracker=cdh2:8032
queueName=default
oozie.use.system.libpath=true
oozie.coord.application.path=${nameNode}/user/${user.name}
```

```
timezone=UTC
start=2016-07-11T06:00Z
end=2020-12-31T07:15Z
workflowAppUri=${nameNode}/user/${user.name}
```

这个文件定义协调器作业的属性，并给协调器作业定义文件中的形参赋值。该文件的内容与工作流作业属性文件的内容类似。oozie.coord.application.path 参数指定协调器作业定义文件所在的 HDFS 路径。需要注意的是，start、end 变量的赋值与时区有关。Oozie 默认的时区是 UTC，而且即便在属性文件中设置了 timezone=GMT+0800 也不起作用。我们给出的起始时间点是 2016-07-11T06:00Z，实际要加上 8 个小时，才是我们所在时区真正的运行时间，即 14 点（为了便于及时验证运行效果，设置这个时间点）。因此在定义时间点时一定要注意时间的计算问题，这也就是在前面的工作流演示中，控制台页面里看到的时间是凌晨 3 点的原因，真实时间是上午 11 点。

3. 部署协调器作业

执行下面的命令将 coordinator.xml 文件上传到 oozie.coord.application.path 参数指定的 HDFS 目录中。

```
hdfs dfs -put -f coordinator.xml /user/root/
```

4. 运行协调器作业

执行下面的命令运行协调器作业：

```
oozie job -oozie http://cdh2:11000/oozie -config /root/job-coord.properties -run
```

此时从 Oozie Web 控制台可以看到准备运行的协调器作业，作业的状态为 PREP，如图 9-8 所示。PREP 状态表示已经将作业提交给 Oozie，并且准备运行。

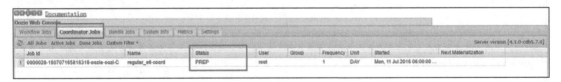

图 9-8　提交协调器作业

当时间到达 14:00 时，满足了时间谓词条件，协调器作业开始运行，作业状态由 PREP 变为 RUNNING，如图 9-9 所示。

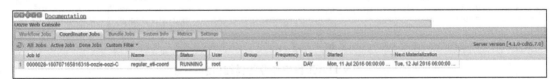

图 9-9　运行协调器作业

单击作业所在行，可以打开协调器作业的详细信息窗口，如图 9-10 所示。

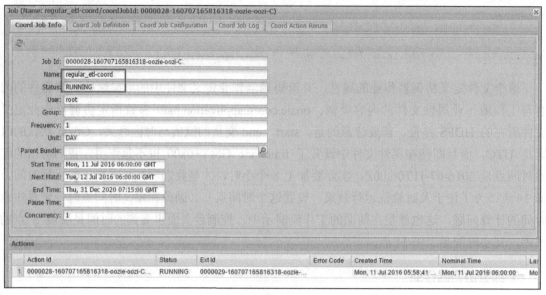

图 9-10 协调器作业详细信息

单击协调器作业所在行，可以打开调用的工作流作业的详细信息窗口，如图 9-11 所示。这个页面和图 9-4 所示的是同一个页面，但这时在"Parent Coord"字段显示了协调器作业的 Job Id。

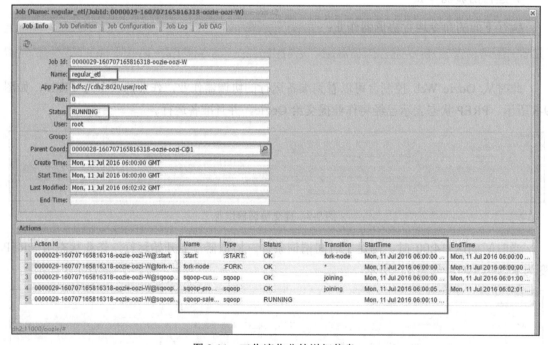

图 9-11 工作流作业的详细信息

9.5 Oozie 优化

Oozie 本身并不真正运行工作流中的动作，它在执行工作流中的动作节点时，会先启动一个发射器（Launcher）。发射器类似于一个 YARN 作业，由一个 AppMaster 和一个 Mapper 组成，只负责运行一些基本的命令，如为执行 Hive CLI 胖客户端的"hive"、Hive Beeline 瘦客户端的"hive2"、Pig CLI、Sqoop、Spark Driver、Bash shell 等。然后，由这些命令产生一系列真正执行工作流动作的 YARN 作业。

值得注意的是，YARN 并不知道发射器和它所产生的作业之间的依赖关系，这在"hive2"动作中表现得尤为明显。"hive2"动作的发射器连接到 HiveServer2，然后 HiveServer2 产生动作相关的作业。

知道了 Oozie 的运行机制，就可以有针对性地优化 Oozie 工作流的执行了。下面以 Hive 动作为例进行说明。

1. 减少给发射器作业分配的资源

发射器作业只需要一个很小的调度（记住只有一个 Mapper），因此它的 AppMaster 所需资源参数值应该设置得很低，以避免因消耗过多内存阻碍了后面工作流队列的执行。可以通过配置以下动作属性值修改发射器使用的资源。

- oozie.launcher.yarn.app.mapreduce.am.resource.mb：发射器使用的总内存大小。
- oozie.launcher.yarn.app.mapreduce.am.command-opts：需要在 Oozie 命令行显式地使用 "-Xmx"参数限制 Java 堆栈的大小，典型地配置为 80%的物理内存。如果设置的太低，可能出现 OutOfMemory 错误；如果太高，则 YARN 可能会因为限额使用不当杀死 Java 容器。

2. 减少给"hive2"发射器作业分配的资源

类似地，配置以下动作属性值：

- oozie.launcher.mapreduce.map.memory.mb
- oozie.launcher.mapreduce.map.java.opts

3. 利用 YARN 队列名

如果能够获得更高级别的 YARN 队列名称，可以为发射器配置 oozie.launcher.mapreduce.job.queuename 属性。对于实际的 Hive 查询，可以如下配置：

- 在 Oozie 动作节点中设置 mapreduce.job.queuename 属性。这种方法仅对"hive"动作有效。
- 在 HiveQL 脚本开头插入"set mapreduce.job.queuename = *** ;"命令。这种方法对

"hive"和"hive2"动作都起作用。

4. 设置 Hive 查询的 AppMaster 资源

如果默认的 AppMaster 资源对于实际的 Hive 查询来说太大了，可以修改它们的大小：

- 在 Oozie 动作节点中设置 yarn.app.mapreduce.am.resource.mb 和 yarn.app.mapreduce.am. command-opts 属性，或者 tez.am.resource.memory.mb 和 tez.am.launch.cmd-opts 属性（当 Hive 使用了 Tez 执行引擎时）。这种方法仅对"hive"动作有效。
- 在 HiveQL 脚本开头插入设置属性的 set 命令。这种方法对"hive"和"hive2"动作都起作用。

注意，对于上面的 1、2、4 条，不能配置低于 yarn.scheduler.minimum-allocation-mb 的值。

5. 合并 HiveQL 脚本

可以将某些步骤合并到同一个 HiveQL 脚本中，这会降低 Oozie 轮询 YARN 的开销。Oozie 会向 YARN 询问一个查询是否结束，如果是就启动另一个发射器，然后该发射器启动另一个 Hive 会话。当然，对于出现查询出错的情况，这种合并做法的控制粒度较粗，可能在重新启动动作前需要做一些手工清理的工作。

6. 并行执行多个步骤

在拥有足够 YARN 资源的前提下，尽量将可以并行执行的步骤放置到 Oozie Fork/Join 的不同分支中。

7. 使用 Tez 计算框架

在很多场景下，Tez 计算框架比 MapReduce 效率更高。例如，Tez 会为 Map 和 Reduce 步骤重用同一个 YARN 容器，这对于连续的查询将降低 YARN 的开销，同时减少中间处理的磁盘 I/O。

9.6 小结

（1）cron 服务是 Linux 下用来周期性地执行某种任务或处理某些事件的系统服务，默认安装并启动。

（2）通过 crontab 命令可以创建、编辑、显示或删除 crontab 文件。

（3）crontab 文件有固定的格式，其内容定义了要执行的操作，可以是系统命令，也可以是用户自己编写的脚本文件。

（4）crontab 执行要注意环境变量的设置。

（5）Oozie 是一个管理 Hadoop 作业、可伸缩、可扩展、可靠的工作流调度系统，它内部定义了三种作业：工作流作业、协调器作业和 Bundle 作业。

（6）Oozie 的工作流定义中包含控制节点和动作节点。控制节点控制着工作流的开始、结束和作业的执行路径，动作节点触发计算或处理任务的执行。

（7）Oozie 的协调器作业能够在满足谓词条件时触发工作流作业的执行。现在的谓词条件可以定义为数据可用、时间或外部事件。

（8）配置协调器作业的时间触发条件时，一定要注意进行时区的换算。

（9）通过适当配置 Oozie 动作的属性值，可以提高工作流的执行效率。

第 10 章

◄ 维度表技术 ►

前面章节中，我们用 Hadoop 工具实现了多维数据仓库的基本功能，如使用 Sqoop 和 Hive 实现 ETL 过程，使用 Oozie 定期执行 ETL 任务等。本章将继续讨论常见的维度表技术。

我们以最简单的"增加列"开始，继而讨论维度子集、角色扮演维度、层次维度、退化维度、杂项维度、维度合并、分段维度等基本的维度表技术。这些技术都是在实际应用中经常使用的。在说明这些技术的相关概念和使用场景后，我们以销售订单数据仓库为例，给出实现代码和测试过程。实现工具仍然使用 Hive 和 Sqoop，在必要时会对前面已经完成的 ETL 脚本做出适当的修改。

10.1 增加列

业务的扩展或变化是不可避免的，尤其像互联网行业，需求变更已经成为常态，唯一不变的就是变化本身，其中最常碰到的扩展是给一个已经存在的表增加列。

以销售订单为例，假设因为业务需要，在操作型源系统的客户表中增加了送货地址的 4 个字段，并在销售订单表中增加了销售数量字段。由于数据源表增加了字段，数据仓库中的表也要随之修改。本节说明如何在客户维度表和销售订单事实表上添加列，并在新列上应用 SCD2，以及对定时装载脚本所做的修改。图 10-1 显示了增加列后的数据仓库模式。

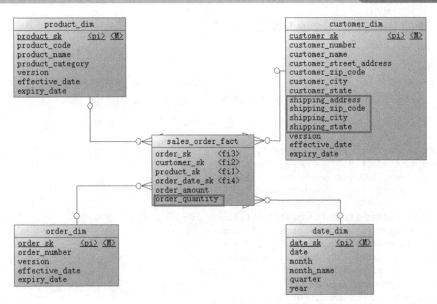

图 10-1　增加列后的数据仓库模式

1. 修改数据库模式

使用下面的 SQL 语句修改 MySQL 中的源数据库模式。

```
use source;
alter table customer
  add shipping_address varchar(50) after customer_state
, add shipping_zip_code int after shipping_address
, add shipping_city varchar(30) after shipping_zip_code
, add shipping_state varchar(2) after shipping_city ;
alter table sales_order add order_quantity int after order_amount ;
```

以上语句给客户表增加了四列，表示客户的送货地址。销售订单表在销售金额列后面增加了销售数量列。注意 after 关键字，这是 MySQL 对标准 SQL 的扩展，Hive 目前还不支持这种扩展，只能把新增列加到已有列的后面，分区列之前。在关系理论中，列是没有顺序的。

使用如下 HiveQL 语句修改 RDS 数据库模式。

```
use rds;
alter table customer add columns
 (shipping_address varchar(50) comment 'shipping_address'
, shipping_zip_code int comment 'shipping_zip_code'
, shipping_city varchar(30) comment 'shipping_city'
, shipping_state varchar(2) comment 'shipping_state') ;
alter table sales_order add columns (order_quantity int comment 'order_quantity') ;
```

上面的 DDL 语句和 MySQL 的很像，增加了对应的数据列，并添加了列的注释。RDS 库表使用的是默认的文本存储格式，因此可以直接使用 alter table 语句修改表结构。需要注意的是 RDS 表中列的顺序要和源数据库严格保持一致。因为客户表和产品表是全量覆盖抽取数据，所以如果源和目标顺序不一样，将产生错误的结果。

使用下面的 HiveQL 语句修改 DW 数据库模式。

```
use dw;
-- 修改客户维度表
-- 原表改名作为备份表
alter table customer_dim rename to customer_dim_old;
-- 建立新表
create table customer_dim (
    customer_sk int comment 'surrogate key',
    customer_number int comment 'number',
    customer_name varchar(50) comment 'name',
    customer_street_address varchar(50) comment 'address',
    customer_zip_code int comment 'zipcode',
    customer_city varchar(30) comment 'city',
    customer_state varchar(2) comment 'state',
    shipping_address varchar(50) comment 'shipping_address',
    shipping_zip_code int comment 'shipping_zip_code',
    shipping_city varchar(30) comment 'shipping_city',
    shipping_state varchar(2) comment 'shipping_state',
    version int comment 'version',
    effective_date date comment 'effective date',
    expiry_date date comment 'expiry date'
)
clustered by (customer_sk) into 8 buckets
stored as orc tblproperties ('transactional'='true');
-- 导入备份表数据
insert into customer_dim
select customer_sk,customer_number,customer_name,
customer_street_address,customer_zip_code,customer_city,
        customer_state,null,null,null,null,
version,effective_date,expiry_date
  from customer_dim_old;
-- 删除备份表
drop table customer_dim_old;

-- 修改销售订单事实表
alter table sales_order_fact rename to sales_order_fact_old;
create table sales_order_fact (
    order_sk int comment 'order surrogate key',
    customer_sk int comment 'customer surrogate key',
    product_sk int comment 'product surrogate key',
    order_date_sk int comment 'date surrogate key',
    order_amount decimal(10 , 2 ) comment 'order amount',
    order_quantity int comment 'order_quantity'
)
clustered by (order_sk) into 8 buckets
stored as orc tblproperties ('transactional'='true');
insert into sales_order_fact select *,null from sales_order_fact_old;
drop table sales_order_fact_old;
```

上面这段代码修改 DW 数据库模式，它比之前的 RDS 表修改语句要复杂。读者不免产生这样的疑问：明明可以直接在表上添加列，为何要新建一个表，再把数据装载到新表中呢？原因是老版本的 Hive 对 ORC 格式表的模式修改，尤其是增加列的支持有很多问题，只有通过新建表并重新组织数据的方式才能正常执行。看下面的简单例子就会更清楚了。

```
use test;
drop table if exists t1;
```

```
create table t1(c1 int, c2 string)
clustered by (c1) into 8 buckets
stored as orc tblproperties ('transactional'='true');
insert into t1 values (1,'aaa');
alter table t1 add columns (c3 string) ;
update t1 set c2='ccc' where c1=1;
select * from t1;
```

上面的代码建了一个 ORC 表，插入一行数据，添加一列，修改数据，最后再查询数据。这些在关系数据库中很普通的操作，最后一步查询居然显示如下出错信息：

```
Error: java.io.IOException: java.lang.ArrayIndexOutOfBoundsException: 9 (state=,code=0)
```

本示例是在 Hive 1.1.0 上执行的，JIRA 上说 2.0.0 修复了 ORC 表模式修改的问题，可以参考以下链接的说明：https://issues.apache.org/jira/browse/HIVE-11981。

注意，在低版本的 Hive 上修改 ORC 表的模式，特别是增加列时一定要慎重。当数据量很大时，这会是一个相当费时并会占用大量空间的操作。

2. 重建 Sqoop 作业

由于增加了数据列，销售订单表的增量抽取作业要把销售数量这个新增列的数据抽取过来，因此需要重建。使用下面的脚本重建 Sqoop 作业，增加 order_quantity 列。

```
last_value=`sqoop job --show myjob_incremental_import --meta-connect
jdbc:hsqldb:hsql://cdh2:16000/sqoop | grep incremental.last.value | awk '{print $3}'`
sqoop job --delete myjob_incremental_import --meta-connect
jdbc:hsqldb:hsql://cdh2:16000/sqoop
sqoop job \
--meta-connect jdbc:hsqldb:hsql://cdh2:16000/sqoop \
--create myjob_incremental_import \
-- \
import \
--connect "jdbc:mysql://cdh1:3306/source?useSSL=false&user=root&password=mypassword" \
--table sales_order \
--columns "order_number, customer_number, product_code, order_date, entry_date, order_amount,
order_quantity" \
--hive-import \
--hive-table rds.sales_order \
--incremental append \
--check-column order_number \
--last-value $last_value
```

这段命令的意思已经在 9.2 节"建立定期装载工作流"中解释过了，这里只是在--columns 参数的最后增加了 order_quantity 列。和维度表一样，要注意源表和目标表的顺序保持一致。

3. 修改定期装载 regular_etl.sql 文件

修改数据库模式后，还要修改已经使用的定期装载 HiveQL 脚本，增加对新增数据列的处理。我们只需要对 regular_etl.sql 文件中客户维度表和销售订单事实表的部分进行修改。

```
-- 装载 customer 维度
```

```
-- 设置已删除记录和地址相关列上 scd2 的过期，用<=>运算符处理 null 值。
update customer_dim set expiry_date = ${hivevar:pre_date}
 where customer_dim.customer_sk in (select a.customer_sk
   from (select customer_sk,customer_number,customer_street_address,
customer_zip_code,customer_city,customer_state,
      shipping_address,shipping_zip_code,shipping_city,shipping_state
        from customer_dim where expiry_date = ${hivevar:max_date}) a
      left join rds.customer b on a.customer_number = b.customer_number
        where b.customer_number is null or
        (!(a.customer_street_address <=> b.customer_street_address)
        or !(a.shipping_address <=> b.shipping_address) ));
```

同客户地址一样，新增的送货地址列也是用 SCD2 新增历史版本。与 8.4 节建立的定期装载脚本中相同部分比较，会发现这里使用了一个新的关系操作符"<=>"，这是因为原来的脚本中少判断了一种情况。在源系统库中，客户地址和送货地址列都是允许为空的，这样的设计是出于灵活性和容错性的考虑。我们以送货地址为例进行讨论。

使用"t1.shipping_address <> t2.shipping_address"条件判断送货地址是否更改，根据不等号两边的值是否为空，会出现以下三种情况：

（1）t1.shipping_address 和 t2.shipping_address 都不为空。这种情况下如果两者相等则返回 false，说明地址没有变化；否则返回 true，说明地址改变了，逻辑正确。

（2）t1.shipping_address 和 t2.shipping_address 都为空。两者的比较会演变成 null<>null，根据 Hive 对"<>"操作符的定义，会返回 NULL。因为查询语句中只会返回判断条件为 true 的记录，所以不会返回数据行，这符合我们的逻辑，说明地址没有改变。

（3）t1.shipping_address 和 t2.shipping_address 只有一个为空。就是说地址列从 NULL 变成非 NULL，或者从非 NULL 变成 NULL，这种情况明显应该新增一个版本，但根据"<>"的定义，此时返回值是 NULL，查询不会返回行，不符合我们的需求。

现在使用"!(a.shipping_address <=> b.shipping_address)"作为判断条件，我们先看一下 Hive 里是怎么定义"<=>"操作符的：A <=> B — Returns same result with EQUAL(=) operator for non-null operands, but returns TRUE if both are NULL, FALSE if one of the them is NULL。从这个定义可知，当 A 和 B 都为 NULL 时返回 TRUE，其中一个为 NULL 时返回 FALSE，其他情况与等号返回相同的结果。下面再来看这三种情况：

（1）t1.shipping_address 和 t2.shipping_address 都不为空。这种情况下如果两者相等则返回!(true)，即 false，说明地址没有变化，否则返回!(false)，即 true，说明地址改变了，符合我们的逻辑。

（2）t1.shipping_address 和 t2.shipping_address 都为空。两者的比较会演变成!(null<=>null)，根据"<=>"的定义，会返回!(true)，即返回 false。因为查询语句中只会返回判断条件为 true 的记录，所以查询不会返回行，这符合我们的逻辑，说明地址没有改变。

（3）t1.shipping_address 和 t2.shipping_address 只有一个为空。根据"<=>"的定义，此时会返回!(false)，即 true，查询会返回行，符合我们的需求。

空值的逻辑判断有其特殊性，为了避免不必要的麻烦，数据库设计时应该尽量将字段设计成非空，必要时用默认值代替 NULL，并将此作为一个基本的设计原则。

```
-- 处理地址列上 scd2 的新增行
insert into customer_dim
select row_number() over (order by t1.customer_number) + t2.sk_max,
t1.customer_number,t1.customer_name,t1.customer_street_address,
t1.customer_zip_code,t1.customer_city,t1.customer_state,
t1.shipping_address,t1.shipping_zip_code,
t1.shipping_city,t1.shipping_state,
t1.version,t1.effective_date,t1.expiry_date
from (select t2.customer_number customer_number,
    t2.customer_name customer_name,
    t2.customer_street_address customer_street_address,
    t2.customer_zip_code customer_zip_code,
    t2.customer_city customer_city,
    t2.customer_state customer_state,
    t2.shipping_address shipping_address,
    t2.shipping_zip_code shipping_zip_code,
    t2.shipping_city shipping_city,
    t2.shipping_state shipping_state,
    t1.version + 1 version,
    ${hivevar:pre_date} effective_date,
    ${hivevar:max_date} expiry_date
 from customer_dim t1
inner join rds.customer t2 on t1.customer_number = t2.customer_number
  and t1.expiry_date = ${hivevar:pre_date}
 left join customer_dim t3 on t1.customer_number = t3.customer_number
  and t3.expiry_date = ${hivevar:max_date}
where (!(t1.customer_street_address <=> t2.customer_street_address)
      or !(t1.shipping_address <=> t2.shipping_address) )
  and t3.customer_sk is null) t1
cross join
(select coalesce(max(customer_sk),0) sk_max from customer_dim) t2;
```

上面的语句生成 SCD2 的新增版本行，增加了送货地址的处理，注意列的顺序要正确。

```
-- 处理 customer_name 列上的 scd1
drop table if exists tmp;
create table tmp as
select a.customer_sk,a.customer_number,b.customer_name,
a.customer_street_address,a.customer_zip_code,
a.customer_city,a.customer_state,
        a.shipping_address,a.shipping_zip_code,
a.shipping_city,a.shipping_state,
        a.version,a.effective_date,a.expiry_date
  from customer_dim a, rds.customer b
 where a.customer_number = b.customer_number
and !(a.customer_name <=> b.customer_name);
delete from customer_dim where customer_dim.customer_sk in
(select customer_sk from tmp);
insert into customer_dim select * from tmp;
```

customer_name 列上的 scd1 处理只是在 select 语句中增加了送货地址的四列，并出于同样的原因使用了"<=>"关系操作符。

```
-- 处理新增的 customer 记录
insert into customer_dim
select row_number() over (order by t1.customer_number) + t2.sk_max,
t1.customer_number,t1.customer_name,t1.customer_street_address,
t1.customer_zip_code,t1.customer_city,t1.customer_state,
```

```
t1.shipping_address,t1.shipping_zip_code,
t1.shipping_city,t1.shipping_state,
1,${hivevar:pre_date},${hivevar:max_date}
from
(select t1.* from rds.customer t1
left join customer_dim t2 on t1.customer_number = t2.customer_number
 where t2.customer_sk is null) t1
cross join
(select coalesce(max(customer_sk),0) sk_max from customer_dim) t2;
```

对于新增的客户，也只是在 select 语句中增加了送货地址的 4 列，其他没有变化。

```
-- 装载销售订单事实表
insert into sales_order_fact
select order_sk,customer_sk,product_sk,date_sk,order_amount,order_quantity
  from rds.sales_order a,order_dim b,customer_dim c,
product_dim d,date_dim e,rds.cdc_time f
 where a.order_number = b.order_number
and a.customer_number = c.customer_number
and a.order_date >= c.effective_date
and a.order_date < c.expiry_date
and a.product_code = d.product_code
and a.order_date >= d.effective_date
and a.order_date < d.expiry_date
and to_date(a.order_date) = e.date
and a.entry_date >= f.last_load and a.entry_date < f.current_load ;
```

对于装载销售订单事实表的修改很简单，只要将新增的销售数量列添加到查询语句中即可。修改完成以后，保存 regular_etl.sql 文件。定期装载脚本的其他部分无须修改。

4. 测试

（1）执行下面的 SQL 脚本，在 MySQL 的源数据库中增加客户和销售订单测试数据。

```
use source;
update customer set shipping_address = customer_street_address,
shipping_zip_code = customer_zip_code,
shipping_city = customer_city,
shipping_state = customer_state ;
insert into customer
(customer_name,
customer_street_address,
customer_zip_code,
customer_city,
customer_state,
shipping_address,
shipping_zip_code,
shipping_city,
shipping_state)
values ('online distributors',
'2323 louise dr.',
17055,
'pittsburgh',
'pa',
        '2323 louise dr.',
17055,
'pittsburgh',
```

```
'pa') ;

-- 新增订单日期为 2016 年 7 月 12 日的 9 条订单。
set @start_date := unix_timestamp('2016-07-12');
set @end_date := unix_timestamp('2016-07-13');
drop table if exists temp_sales_order_data;
create table temp_sales_order_data as select * from sales_order where 1=0;

set @order_date := from_unixtime(@start_date + rand() * (@end_date - @start_date));
set @amount := floor(1000 + rand() * 9000);
set @quantity := floor(10 + rand() * 90);
insert into temp_sales_order_data
values (117, 1, 1, @order_date, @order_date, @amount, @quantity);

... 新增 9 条订单 ...
insert into sales_order
select null,
customer_number,
product_code,
order_date,
entry_date,
order_amount,
order_quantity
from temp_sales_order_data
order by order_date;
commit ;
```

上面的语句生成了两个表的测试数据。客户表更新了已有 8 个客户的送货地址，并新增编号为 9 的客户。销售订单表新增了 9 条记录。

（2）执行定期装载并查看结果。

使用下面的命令执行定期装载。

```
./regular_etl.sh
```

命令成功执行后查询 dw.customer_dim 表，应该看到已存在客户的新记录有了送货地址，老的过期记录的送货地址为空。9 号客户是新加的，具有送货地址。查询 dw.sales_order_fact 表，应该只有 9 个订单有销售数量，老的销售数据数量字段为空。

10.2 维度子集

有些需求不需要最细节的数据。例如更想要某个月的销售汇总，而不是某天的数据。再比如相对于全部的销售数据，可能对某些特定状态的数据更感兴趣等。此时事实数据需要关联到特定的维度，这些特定维度包含在从细节维度选择的行中，所以叫维度子集。维度子集比细节维度的数据少，因此更易使用，查询也更快。

有时称细节维度为基本维度，维度子集为子维度，基本维度表与子维度表具有相同的属性或内容，我们称这样的维度表具有一致性。一致的维度具有一致的维度关键字、一致的属性列名字、一致的属性定义以及一致的属性值。如果属性的含义不同或者包含不同的值，维度表就不是一致的。

子维度是一种一致性维度，由基本维度的列与行的子集构成。当构建聚合事实表，或者需要获取粒度级别较高的数据时，需要用到子维度。例如，有一个进销存业务系统，零售过程获取原子产品级别的数据，而预测过程需要建立品牌级别的数据。无法跨两个业务过程模式，共享单一产品维度表，因为它们需要的粒度是不同的。如果品牌表属性是产品表属性的严格的子集，则产品和品牌维度仍然是一致的。在这个例子中需要建立品牌维度表，它是产品维度表的子集。对基本维度和子维度表来说，属性（例如，品牌和分类描述）是公共的，其标识和定义相同，两个表中的值相同，然而，基本维度和子维度表的主键是不同的。注意：如果子维度的属性是基本维度属性的真子集，则子维度与基本维度保持一致。

还有另外一种情况，就是当两个维度具有同样粒度级别的细节数据，但其中一个仅表示行的部分子集时，也需要一致性维度子集。例如，某公司产品维度包含跨多个不同业务的所有产品组合，如服装类、电器类等。对不同业务的分析可能需要浏览企业级维度的子集，需要分析的维度仅包含部分产品行。与该子维度连接的事实表必须被限制在同样的产品子集。如果用户试图使用子集维度，访问包含所有产品的集合，则因为违反了参照完整性，他们可能会得到预料之外的查询结果。需要认识到这种造成用户混淆或错误的维度行子集的情况。

ETL 数据流应当根据基本维度建立一致性子维度，而不是独立于基本维度，以确保一致性。本节中将准备两个特定子维度，月份维度与 Pennsylvania 州客户维度。它们均取自现有的维度，月份维度是日期维度的子集，Pennsylvania 州客户维度是客户维度的子集。

1. 建立包含属性子集的子维度

当事实表获取比基本维度更高粒度级别的度量时，需要上卷到子维度。在销售订单示例中，当除了需要日销售数据外，还需要月销售数据时，会出现这样的需求。我们修改日期数据装载脚本，创建月份维度表并向其装载数据。

为了从日期维度同步导入月份维度，要把月份装载嵌入到日期维度的预装载脚本中。因此需要修改 6.6 节里生成日期维度数据的 date_dim_generate.sh 文件。下面是修改后的 date_dim_generate.sh 文件内容（省略了没有修改的部分）。

```
#!/bin/bash
beeline -u jdbc:hive2://cdh2:10000/dw -f create_table_date_dim.sql

date1="$1"
...定义变量...
while [ $min -le $max ]
do
...生成日期文件...
done

hdfs dfs -put -f date_dim.csv /user/hive/warehouse/dw.db/date_dim_tmp/
beeline -u jdbc:hive2://cdh2:10000/dw -f append_date.sql
```

在装载日期维度数据的脚本中，先调用了一个名为 create_table_date_dim.sql 的 HiveQL

文件，这是一个新建的脚本文件。然后用 shell 生成日期文本文件，这部分没有变化。生成的日期文件被上传到 HDFS 的 date_dim_tmp 目录，而不是原来的 date_dim 目录。最后调用名为 append_date.sql 的 HiveQL 文件追加日期数据。append_date.sql 是另一个新创建的脚本文件。

create_table_date_dim.sql 文件内容如下：

```
use dw;
-- 日期维度临时表
create table if not exists date_dim_tmp (
date_sk int comment 'surrogate key',
    date date comment 'date,yyyy-mm-dd',
    month tinyint comment 'month',
    month_name varchar(9) comment 'month name',
    quarter tinyint comment 'quarter',
    year smallint comment 'year'
) comment 'date dimension table'
row format delimited fields terminated by ',' stored as textfile;
-- 建立日期维度表
create table if not exists date_dim (
    date_sk int comment 'surrogate key',
    date date comment 'date,yyyy-mm-dd',
    month tinyint comment 'month',
    month_name varchar(9) comment 'month name',
    quarter tinyint comment 'quarter',
    year smallint comment 'year'
) comment 'date dimension table'
clustered by (date_sk) into 8 buckets stored as orc tblproperties ('transactional'='true');
-- 建立月份维度表
create table if not exists month_dim (
    month_sk int comment 'surrogate key',
    month tinyint comment 'month',
    month_name varchar(9) comment 'month name',
    quarter tinyint comment 'quarter',
    year smallint comment 'year'
) comment 'month dimension table'
clustered by (month_sk) into 8 buckets stored as orc tblproperties ('transactional'='true') ;
```

以上的 HiveQL 语句建立了三个表，date_dim_tmp 是存储日期维度数据的临时表，使用默认的文本文件格式，shell 脚本生成的日期文件会先装载到这个表中。这个临时表的结构与日期维度表完全相同。date_dim 和 month_dim 分别是日期维度表和月份维度表。可以看到，月份维度表除了代理键列，其他属性都包含在日期维度表中。子维度的主键必须独立构建，不能依赖于基本维度的主键。日期和月份维度表都使用 ORC 文件格式，这是为了支持以后可能出现的数据更新需求。

create_table_date_dim.sql 文件会在 shell 脚本中的第一个 beeline 命令中引用。shell 脚本可能会多次执行（比如追加日期数据）。因此我们在建表语句中使用了 if not exists 子句，目的是在首次执行 shell 脚本时创建表。如果以后再次执行 shell，虽然依然会调用 create_table_date_dim.sql 文件，但因为表已经存在，这些建表语句会被忽略而不报任何错误，使得后面的 shell 命令继续执行。

新增的 append_date.sql 文件内容如下：

```
use dw;
```

```
-- 向日期维度表追加数据
insert into date_dim
select row_number() over (order by date) + t2.sk_max,
       t1.date,
       t1.month,
       t1.month_name,
       t1.quarter,
       t1.year
  from (select date,month,month_name,quarter,year from date_dim_tmp) t1
cross join (select coalesce(max(date_sk),0) sk_max from date_dim) t2;
-- 向月份维度表追加数据
insert into month_dim
select row_number() over (order by t1.year,t1.month) + t2.sk_max,
       t1.month,
       t1.month_name,
       t1.quarter,
       t1.year
 from (select distinct month, month_name, quarter, year from date_dim_tmp) t1  cross join
(select coalesce(max(month_sk),0) sk_max from month_dim) t2;
```

上面的语句从 date_dim_tmp 表查询数据，并追加到日期维度表和月份维度表。使用 row_number()函数生成维度表的代理键。月份维度数据是用 distinct 关键字对 date_dim_tmp 表的数据去重得到的。

了解了所有这些代码以后，就可以总结出生成日期维度和月份维度数据的整个流程。只需要执行 date_dim_generate.sh 脚本文件就可以生成维度表数据，这种设计将暴露给外部的接口尽量简单化，而将复杂的逻辑封装在脚本内部。每次执行时，如果相关表不存在则首先创建表，然后生成一个日期文本文件 date_dim.csv，并将此文件内容装载到临时表 date_dim_tmp 中。最后在 append_date.sql 文件中处理从临时表到日期维度和月份维度的数据装载。

之所以要用一个临时表过渡，有两点原因：一是考虑到后续可能需要追加日期，而不是重新生成所有日期维度数据。二是现在的 date_dim 和 month_dim 表是 ORC 格式的二进制文件，不能直接从文本文件 LOAD 数据，只能从一个普通文本文件格式的表插入数据。

无论何时，使用修改后的 date_dim_generate.sh 脚本增加日期记录时，如果这个日期所在的月份没在月份维度中，那么该月份就会被装载到月份维度中。下面测试一下日期和月份维度表数据的预装载。

（1）删除 date_dim_tmp、date_dim、month_dim 表：

```
use dw;
drop table if exists date_dim_tmp;
drop table if exists date_dim;
drop table if exists month_dim;
```

（2）执行预装载脚本，生成从 2000 年 1 月 1 日到 2010 年 12 月 31 日的日期数据：

```
./date_dim_generate.sh 2000-01-01 2010-12-31
```

首次执行相关表都会新建，并生成 4018 行日期维度表数据，132 行月份维度表数据。

（3）再次执行预装载，追加从 2011 年 1 月 1 日到 2020 年 12 月 31 日的日期数据：

```
./date_dim_generate.sh 2011-01-01 2020-12-31
```

这次执行是向已有的维度表中追加日期，执行成功后，日期维度表共有 7671 行记录，从 2000 年 1 月 1 日到 2020 年 12 月 31 日，月份维度表共有 252 条记录，从 2000 年 1 月到 2020 年 12 月。

一致性日期和月份维度是用于展示行和列维度子集的独特实例。显然，无法简单地使用同样的日期维度访问日或月事实表，因为它们的粒度不同。月维度中要排除所有不能应用月粒度的列。例如，假设日期维度有一个促销期标志列，用于标识该日期是否属于某个促销期之中。该列不适用月层次上，因为一个月中可能有多个促销期，而且并不是一个月中的每一天都是促销期。促销标记适用于天这个层次。

2. 建立包含行子集的子维度

当两个维度处于同一细节粒度，但是其中一个仅仅是行的子集时，会产生另外一种一致性维度构造子集。例如，销售订单示例中，客户维度表包含多个州的客户信息。对于不同州的销售分析可能需要浏览客户维度的子集，需要分析的维度仅包含部分客户数据。通过使用行的子集，不会破坏整个客户集合。当然，与该子集连接的事实表必须被限制在同样的客户子集中。

月份维度是一个上卷维度，包含基本维度的上层数据。而特定维度子集是选择基本维度的行子集。执行下面的脚本建立特定维度表，并导入 Pennsylvania (PA)客户维度子集数据。

```
use dw;
create table pa_customer_dim (
    customer_sk int comment 'surrogate key',
    customer_number int comment 'number',
    customer_name varchar(50) comment 'name',
    customer_street_address varchar(50) comment 'address',
    customer_zip_code int comment 'zipcode',
    customer_city varchar(30) comment 'city',
    customer_state varchar(2) comment 'state',
    shipping_address varchar(50) comment 'shipping_address',
    shipping_zip_code int comment 'shipping_zip_code',
    shipping_city varchar(30) comment 'shipping_city',
    shipping_state varchar(2) comment 'shipping_state',
    version int comment 'version',
    effective_date date comment 'effective date',
    expiry_date date comment 'expiry date'
)
clustered by (customer_sk) into 8 buckets
stored as orc tblproperties ('transactional'='true');
```

注意，PA 客户维度子集与月份维度子集有两点区别：

- pa_customer_dim 表和 customer_dim 表有完全相同的列，而 month_dim 不包含 date_dim 表的日期列。
- pa_customer_dim 表的代理键就是客户维度的代理键，而 month_dim 表里的月份维度代理键并不来自日期维度，而是独立生成的。

通常在基本维度表装载数据后，进行包含其行子集的子维度表的数据装载。修改定期装载 regular_etl.sql 脚本文件，增加对 PA 客户维度的处理，这里只是在装载完 customer_dim 后简单重载 PA 客户维度数据，修改后的 regular_etl.sql 文件内容如下（只列出增加的部分）：

```
-- 设置变量以支持事务
...
-- 设置 scd 的生效时间和过期时间
...
-- 设置 cdc 的上限时间
...
-- 装载 customer 维度
...
-- 重载 pa 客户维度
truncate table pa_customer_dim;
insert into pa_customer_dim
select customer_sk,customer_number,customer_name,
customer_street_address,customer_zip_code,customer_city,
customer_state,shipping_address,shipping_zip_code,shipping_city,
shipping_state,version,effective_date,expiry_date
from customer_dim
where customer_state = 'pa' ;
-- 装载 product 维度
...
-- 装载 order 维度
...
-- 装载销售订单事实表
...
-- 更新时间戳表的 last_load 字段
...
```

上面的语句在处理完客户维度表后，装载 PA 客户维度。每次重新覆盖 pa_customer_dim 表中的所有数据。先用 truncate table 语句清空表，然后用 insert into ... select 语句，从客户维度表中选取 Pennsylvania 州的数据，并插入到 pa_customer_dim 表中。之所以没有使用 insert overwrite table 这种一句话的解决方案，是因为在某些版本的 Hive 中，对 ORC 表使用 overwrite 会出错。为了保持良好的兼容性，使用了比较成熟的 truncate 语句。

保存修改后的 regular_etl.sql 文件，使用以下步骤测试 PA 客户子维度的数据装载：

（1）执行下面的 SQL 脚本往客户源数据里添加一个 PA 州的客户和 4 个 OH 州（俄亥俄州）的客户。

```
use source;
insert into customer
(customer_name, customer_street_address, customer_zip_code,
 customer_city, customer_state, shipping_address,
 shipping_zip_code, shipping_city, shipping_state)
values
('pa customer', '1111 louise dr.', '17050',
'mechanicsburg', 'pa', '1111 louise dr.',
'17050', 'mechanicsburg', 'pa'),
('bigger customers', '7777 ridge rd.', '44102',
'cleveland', 'oh', '7777 ridge rd.',
'44102', 'cleveland', 'oh'),
('smaller stores', '8888 jennings fwy.', '44102',
'cleveland', 'oh', '8888 jennings fwy.',
'44102', 'cleveland', 'oh'),
```

```
('small-medium retailers', '9999 memphis ave.', '44102',
'cleveland', 'oh', '9999 memphis ave.',
'44102', 'cleveland', 'oh'),
('oh customer', '6666 ridge rd.', '44102',
'cleveland', 'oh', '6666 ridge rd.',
'44102','cleveland', 'oh') ;
commit;
```

以上代码在一条 insert into ... values 语句中插入多条数据，这种语法是 MySQL 对标准 SQL 语法的扩展。

（2）使用下面的命令执行定期装载。

```
./regular_etl.sh
```

（3）使用下面的查询验证结果。

```
select customer_name, customer_state, effective_date, expiry_date
from dw.pa_customer_dim;
```

3. 使用视图实现维度子集

为了实现维度子集，我们创建了新的子维度表，修改了日期数据预装载和 ETL 定期装载脚本，并进行了测试。除了需要较大的工作量，这种实现方式还有两个主要问题，一是需要额外的存储空间，因为新创建的子维度是物理表；二是存在数据不一致的潜在风险。本质上，只要相同的数据存储多份，就会有数据不一致的可能。这也就是为什么在数据库设计时要强调规范化以最小化数据冗余的原因之一。为了解决这些问题，还有一种常用的做法是在基本维度上建立视图生成子维度。下面是创建子维度视图的 HiveQL 语句。

```
-- 建立月份维度视图
create view month_dim as
select row_number() over (order by t1.year,t1.month) month_sk, t1.*
from (select distinct month, month_name, quarter, year
from date_dim) t1;
-- 建立 PA 维度视图
create view pa_customer_dim as
select *
from customer_dim
where customer_state = 'pa';
```

这种方法的主要优点是：实现简单，只要创建视图，不需要修改原来脚本中的逻辑；不占用存储空间，因为视图不真正存储数据；消除了数据不一致的可能，因为数据只有一份。虽然优点很多，但此方法的缺点也十分明显：当基本维度表和子维度表的数据量相差悬殊时，性能会比物理表差得多；如果定义视图的查询很复杂，并且视图很多的话，可能会对元数据存储系统造成压力，严重影响查询性能。下面我们看一下 Hive 对视图的支持。

Hive 从 0.6 版本开始支持视图功能。视图具有唯一的名字，如果所在数据库中已经存在同名的表或视图，创建语句会抛出错误信息，可以使用 CREATE ... IF NOT EXISTS 语句跳过错误。如果在视图定义中不显式写列名，视图列的名字自动从 select 表达式衍生出来。如果 select 包含没有别名的标量表达式，例如 x+y，视图的列名将会是_c0、_c1 等。重命名视图的列名时，可以给列增加注释。注释不会自动从底层表的列继承。

注意视图是与存储无关的纯粹的逻辑对象，当前的 Hive 不支持物化视图。当查询引用了一个视图，视图的定义被评估后产生一个行集，用作查询后续的处理。这只是一个概念性的描述，实际上，作为查询优化的一部分，Hive 可能把视图的定义和查询结合起来考虑，而不一定是先生成视图所定义的行集。例如，优化器可能将查询的过滤条件下推到视图中。

一旦视图建立，它的结构就是固定的，之后底层表的结构改变，如添加字段等，不会反映到视图的结构中。如果底层表被删除了，或者表结构改变成一种与视图定义不兼容的形式，视图将变为无效状态，其上的查询将失败。

视图是只读的，不能对视图使用 LOAD 或 INSERT 语句装载数据，但可以使用 alter view 语句修改视图的某些元数据。视图定义中可以包含 order by 和 limit 子句，例如，如果一个视图定义中指定了 limit 5，而查询语句为 select * from v limit 10，那么至多会返回 5 行记录。使用 SHOW CREATE TABLE 语句会显示创建视图的 CREATE VIEW 语句。在 Hive 2.2.0 中，可以使用 SHOW VIEWS 语句显示一个数据库中的视图列表。

10.3 角色扮演维度

单个物理维度可以被事实表多次引用，每个引用连接逻辑上存在差异的角色维度。例如，事实表可以有多个日期，每个日期通过外键引用不同的日期维度，原则上每个外键表示不同的日期维度视图，这样引用具有不同的含义。这些不同的维度视图具有唯一的代理键列名，被称为角色，相关维度被称为角色扮演维度。

当一个事实表多次引用一个维度表时会用到角色扮演维度。例如，一个销售订单有一个是订单日期，还有一个请求交付日期，这时就需要引用日期维度表两次。

我们期望在每个事实表中设置日期维度，因为总是希望按照时间来分析业务情况。在事务型事实表中，主要的日期列是事务日期，例如，订单日期。有时会发现其他日期也可能与每个事实关联，例如，订单事务的请求交付日期。每个日期应该成为事实表的外键。

本节将说明两类角色扮演维度的实现，分别是表别名和数据库视图。这两种实现都使用了 Hive 支持的功能。表别名是在 SQL 语句里引用维度表多次，每次引用都赋予维度表一个别名。而数据库视图，则是按照事实表需要引用维度表的次数，建立相同数量的视图。我们先修改销售订单数据库模式，添加一个请求交付日期字段，并对数据抽取和装载脚本做相应的修改。这些表结构修改好后，插入测试数据，演示别名和视图在角色扮演维度中的用法。

1. 修改数据库模式

使用下面的脚本修改数据库模式。分别给数据仓库里的事实表 sales_order_fact 和源库中销售订单表 sales_order 增加 request_delivery_date_sk 和 request_delivery_date 字段。

```
-- in hive
```

```
use dw;
-- sales_order_fact 表是orc格式,增加列需要重建数据
alter table sales_order_fact rename to sales_order_fact_old;
create table sales_order_fact (
    order_sk int comment 'order SK',
    customer_sk int comment 'customer SK',
    product_sk int comment 'product SK',
    order_date_sk int comment 'date SK',
    request_delivery_date_sk int comment 'request delivery date SK',
    order_amount decimal(10 , 2 ) comment 'order amount',
    order_quantity int comment 'order_quantity'
)
clustered by (order_sk) into 8 buckets
stored as orc tblproperties ('transactional'='true');
insert into sales_order_fact
select order_sk, customer_sk, product_sk, order_date_sk,
null, order_amount, order_quantity
  from sales_order_fact_old;
drop table sales_order_fact_old;
-- 修改过渡区的sales_order 表
use rds;
alter table sales_order add columns (request_delivery_date date comment 'request delivery
date') ;
-- in mysql
use source;
alter table sales_order add request_delivery_date date after order_date ;
```

　　增加列的过程已经在本章开头详细讨论过。DW 库的销售订单事实表是 ORC 格式，因此增加列时需要重建表，并加载已有数据。在这个表上增加请求交付日期代理键字段，数据类型是整型。已有记录在该新增字段上的值为空。过渡区的销售订单表是默认的文本格式，因此可以直接用 alter table 命令增加请求交付日期字段。与订单日期不同的是，该列的数据类型是 date，我们不考虑请求交付日期中包含时间的情况。因为不支持 after 语法，新增的字段会加到所有已存在字段的后面。最后给源数据库的销售订单事务表增加请求交付日期列，同样是 date 类型。修改后 DW 数据库模式如图 10-2 所示。

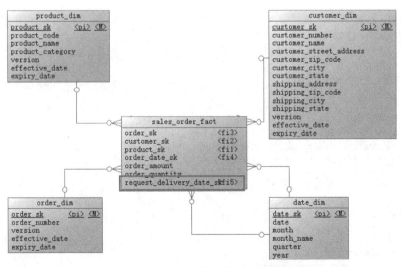

图 10-2　数据仓库中增加请求交付日期属性

从图中可以看到，销售订单事实表和日期维度表之间有两条连线，表示订单日期和请求交付日期都是引用日期维度表的外键。注意，虽然图中显示了表之间的关联关系，但 Hive 中并没有主外键数据库约束。

2. 重建 Sqoop 作业

使用下面的脚本重建 Sqoop 作业，增加 request_delivery_date 列的数据抽取。

```
last_value=`sqoop job --show myjob_incremental_import --meta-connect
jdbc:hsqldb:hsql://cdh2:16000/sqoop | grep incremental.last.value | awk '{print $3}'`
sqoop job --delete myjob_incremental_import --meta-connect
jdbc:hsqldb:hsql://cdh2:16000/sqoop
sqoop job \
--meta-connect jdbc:hsqldb:hsql://cdh2:16000/sqoop \
--create myjob_incremental_import \
-- \
import \
--connect "jdbc:mysql://cdh1:3306/source?useSSL=false&user=root&password=mypassword" \
--table sales_order \
--columns "order_number, customer_number, product_code, order_date, entry_date, order_amount,
order_quantity, request_delivery_date" \
--hive-import \
--hive-table rds.sales_order \
--incremental append \
--check-column order_number \
--last-value $last_value
```

注意 columns 参数值中列的顺序，即 MySQL 中 source.sales_order 表列的选取顺序，要和rds.sales_order 表中列定义的顺序保持一致。

3. 修改定期装载 regular_etl.sql 文件

定期装载 HiveQL 脚本需要增加对请求交付日期列的处理，修改后的脚本如下所示（只显示修改的部分）。

```
-- 设置变量以支持事务 ...
-- 设置 scd 的生效时间和过期时间 ...
-- 设置 cdc 的上限时间 ...
-- 装载 customer 维度 ...
-- 重载 pa 客户维度 ...
-- 装载 product 维度 ...
-- 装载 order 维度 ...
-- 装载销售订单事实表 ...
insert into sales_order_fact
select order_sk,customer_sk,product_sk,e.date_sk,
       f.date_sk,order_amount,order_quantity
  from rds.sales_order a,
       order_dim b,
       customer_dim c,
       product_dim d,
       date_dim e,
       date_dim f,
       rds.cdc_time g
 where a.order_number = b.order_number
   and a.customer_number = c.customer_number
```

```
and a.order_date >= c.effective_date
and a.order_date < c.expiry_date
and a.product_code = d.product_code
and a.order_date >= d.effective_date
and a.order_date < d.expiry_date
and to_date(a.order_date) = e.date
and to_date(a.request_delivery_date) = f.date
and a.entry_date >= g.last_load
and a.entry_date < g.current_load ;
-- 更新时间戳表的 last_load 字段 ...
```

如代码中的加粗部分所示，在装载销售订单事实表时，关联了日期维度表两次，分别赋予别名 e 和 f。事实表和两个日期维度表关联，取得日期代理键。e.date_sk 表示订单日期代理键，f.date_sk 表示请求交付日期的代理键。

4. 测试

（1）执行下面的 SQL 脚本在源库中增加三个带有交货日期的销售订单。

```
use source;
/*** 新增订单日期为 2016 年 7 月 17 日的 3 条订单。***/
set @start_date := unix_timestamp('2016-07-17');
set @end_date := unix_timestamp('2016-07-18');
set @request_delivery_date := '2016-07-20';
drop table if exists temp_sales_order_data;
create table temp_sales_order_data as select * from sales_order where 1=0;

set @order_date := from_unixtime(@start_date + rand() * (@end_date - @start_date));
set @amount := floor(1000 + rand() * 9000);
set @quantity := floor(10 + rand() * 90);
insert into temp_sales_order_data
values (126, 1, 1, @order_date,
@request_delivery_date, @order_date, @amount, @quantity);
... 插入 3 条订单记录 ...

insert into sales_order
select null,customer_number,product_code,order_date,
request_delivery_date,entry_date,order_amount,order_quantity
from temp_sales_order_data order by order_date;
commit ;
```

以上代码在源库中新增了三条销售订单记录，订单日期为 2016 年 7 月 17 日，请求交付日期为 2016 年 7 月 20 日。

（2）修改 rds.cdc_time 的值。

```
insert overwrite table rds.cdc_time
select '2016-07-17', '2016-07-17' from rds.cdc_time;
```

为了测试定期装载脚本，需要把最后执行日期设置为 2016 年 7 月 17 日，再执行定期装载时会处理新插入的三条记录。

（3）执行定期装载并查看结果。

使用下面的命令执行定期装载。

```
./regular_etl.sh
```

使用下面的查询验证结果。

```
use dw;
select a.order_sk, request_delivery_date_sk, c.date
  from sales_order_fact a, date_dim b, date_dim c
 where a.order_date_sk = b.date_sk
   and a.request_delivery_date_sk = c.date_sk ;
```

查询结果如下所示。

```
+------------+--------------------------+------------+
| a.order_sk | request_delivery_date_sk | c.date     |
+------------+--------------------------+------------+
| 126        | 6046                     | 2016-07-20 |
| 127        | 6046                     | 2016-07-20 |
| 128        | 6046                     | 2016-07-20 |
+------------+--------------------------+------------+
3 rows selected (45.003 seconds)
```

可以看到只有三个新的销售订单具有 request_delivery_date_sk 值，6046 对应的日期是
2016 年 7 月 20 日。

（4）使用角色扮演维度查询。

```
-- 使用表别名查询
use dw;
select order_date_dim.date order_date,
        request_delivery_date_dim.date request_delivery_date,
        sum(order_amount),count(*)
  from sales_order_fact a,
        date_dim order_date_dim,
        date_dim request_delivery_date_dim
 where a.order_date_sk = order_date_dim.date_sk
   and a.request_delivery_date_sk = request_delivery_date_dim.date_sk
 group by order_date_dim.date , request_delivery_date_dim.date
cluster by order_date_dim.date , request_delivery_date_dim.date;

-- 使用视图查询
use dw;
-- 创建订单日期视图
create view order_date_dim
(order_date_sk,
 order_date,
 month,
 month_name,
 quarter,
 year)
as select * from date_dim;
-- 创建请求交付日期视图
create view request_delivery_date_dim
(request_delivery_date_sk,
 request_delivery_date,
 month,
 month_name,
 quarter,
```

```
 year)
as select * from date_dim;
-- 查询
select order_date,request_delivery_date,sum(order_amount),count(*)
  from sales_order_fact a,order_date_dim b,request_delivery_date_dim c
 where a.order_date_sk = b.order_date_sk
   and a.request_delivery_date_sk = c.request_delivery_date_sk
 group by order_date , request_delivery_date
cluster by order_date , request_delivery_date;
```

上面两个查询是等价的。尽管不能连接到单一的日期维度表，但可以建立并管理单独的物理日期维度表，然后使用视图或别名建立两个不同日期维度的描述。注意在每个视图或别名列中需要唯一的标识。例如，订单日期属性应该具有唯一标识 order_date 以便与请求交付日期 request_delivery_date 区别。此外，HiveQL 支持使用别名，别名与视图在查询中的作用并没有本质的区别，都是为了从逻辑上区分同一个物理维度表。许多 BI 工具也支持在语义层使用别名。但是，如果有多个 BI 工具，连同直接基于 SQL 的访问，都同时在组织中使用的话，不建议采用语义层别名的方法。当某个维度在单一事实表中同时出现多次时，则会存在维度模型的角色扮演。基本维度可能作为单一物理表存在，但是每种角色应该被当成标识不同的视图展现到 BI 工具中。

在标准 SQL 中，使用 order by 子句对查询结果进行排序，而在我们的查询中使用的是 cluster by 子句，这是 Hive 有别于 SQL 的地方。

Hive 中的 order by、sort by、distribute by、cluster by 子句都用于对查询结果进行排序，但处理方式是不一样的。

Hive 中的 order by 跟传统的 SQL 语言中的 order by 作用是一样的，会对查询的结果做一次全局排序，所以如果使用了 order by，所有的数据都会发送到同一个 reducer 进行处理。不管有多少 map，也不管文件有多少 block 只会启动一个 reducer，因为多个 reducer 无法保证全局有序。对于大量数据这将会消耗很长的时间去执行。

如果 HiveQL 语句中指定了 sort by，那么在每个 reducer 端都会做排序，也就是说保证了局部有序。每个 reducer 出来的数据是有序的，但是不能保证所有数据全局有序，除非只有一个 reducer。这样做的好处是，执行了局部排序之后可以为接下去的全局排序提高不少的效率（其实就是做一次归并排序就可以做到全局有序了）。

ditribute by 是控制 map 的输出在 reducer 中是如何划分的。假设有一张名为 store 的商店表，mid 是指这个商店所属的商户，money 是这个商户的盈利，name 是商店的名字。执行 Hive 查询：

```
select mid, money, name
from store distribute by mid sort by mid asc, money asc;
```

所有 mid 相同的数据会被送到同一个 reducer 去处理，这就是因为指定了 distribute by mid，这样的话就可以统计出每个商户中各个商店盈利的排序了。这肯定是全局有序的，因为相同的商户会放到同一个 reducer 去处理。这里需要注意的是 distribute by 必须要写在 sort by 之前。

cluster by 的功能就是 distribute by 和 sort by 相结合，但是排序只能是升序（至少 Hive 1.1.0 是这样的），不能指定排序规则为 asc 或者 desc。获得与上面的查询语句一样的效果的 cluster by 写法如下：

```
select mid, money, name from store cluster by mid sort by money;
```

5. 一种有问题的设计

为处理多日期问题，一些设计者试图建立单一日期维度表，该表使用一个键表示每个订单日期和请求交付日期的组合，例如：

```
create table date_dim (date_sk int, order_date date, delivery_date date);
create table sales_order_fact (date_sk int, order_amount int);
```

这种方法存在两个方面的问题。首先，如果需要处理所有日期维度的组合情况，则包含大约每年 365 行的清楚、简单的日期维度表将会极度膨胀。例如，订单日期和请求交付日期存在如下多对多关系：

订单日期	请求交付日期
2016-07-17	2016-07-20
2016-07-18	2016-07-20
2016-07-19	2016-07-20
2016-07-17	2016-07-21
2016-07-18	2016-07-21
2016-07-19	2016-07-21
2016-07-17	2016-07-22
2016-07-18	2016-07-22
2016-07-19	2016-07-22

如果使用角色扮演维度，日期维度表中只需要 2016-07-17 到 2016-07-22 6 条记录。而采用单一日期表设计方案，每一个组合都要唯一标识，明显需要九条记录。当两种日期及其组合很多时，这两种方案的日期维度表记录数会相去甚远。

其次，合并的日期维度表不再适合其他经常使用的日、周、月等日期维度。日期维度表每行记录的含义不再指唯一一天，因此无法在同一张表中标识出周、月等一致性维度，进而无法简单地处理按时间维度的上卷、聚合等需求。

10.4 层次维度

大多数维度都具有一个或多个层次。例如，示例数据仓库中的日期维度就有一个四级层次：年、季度、月和日。这些级别用 date_dim 表里的列表示。日期维度是一个单路径层次，因为除了年-季度-月-日这条路径外，它没有任何其他层次。为了识别数据仓库里一个维度的层次，首先要理解维度中列的含义，然后识别两个或多个列是否具有相同的主题。例如，年、季度、月和日具有相同的主题，因为它们都是关于日期的。具有相同主题的列形成一个组，组中的一列必须包含至少一个组内的其他成员（除了最低级别的列），如在前面提到的组中，月包含日。这些列的链条形成了一个层次，例如，年-季度-月-日这个链条是一个日期维度的层次。除了日期维度，客户维度中的地理位置信息，产品维度的产品与产品分类，也都构成层次关系。表 10-1 显示了三个维度的层次。注意客户维度具有双路径层次。

表 10-1   销售订单数据仓库中的层次维度

customer_dim		product_dim	date_dim
customer_street_address	shipping_address	product_name	date
customer_zip_code	shipping_zip_code	product_category	month
customer_city	shipping_city		quarter
customer_state	shipping_state		year

本节描述处理层次关系的方法，包括在固定深度的层次上进行分组和钻取查询，递归层次结构的数据装载、展开与平面化，多路径层次和参差不齐层次的处理等。我们从最基本的情况开始讨论。

10.4.1   固定深度的层次

固定深度层次是一种一对多关系，例如，一年中有四个季度，一个季度包含三个月等。当固定深度层次定义完成后，层次就具有固定的名称，层次级别作为维度表中的不同属性出现。只要满足上述条件，固定深度层次就是最容易理解和查询的层次关系，固定层次也能够提供可预测的、快速的查询性能，可以在固定深度层次上进行分组和钻取查询。

分组查询是把度量按照一个维度的一个或多个级别进行分组聚合。下面的脚本是一个分组查询的例子。该查询按产品（product_category 列）和日期维度的三个层次级别（year、quarter 和 month 列）分组返回销售金额。

```
select product_category,year,quarter,month,sum(order_amount) s_amount
  from sales_order_fact a,product_dim b,date_dim c
 where a.product_sk = b.product_sk
   and a.order_date_sk = c.date_sk
group by product_category, year, quarter, month
cluster by product_category, year, quarter, month;
```

这是一个非常简单的分组查询，结果输出的每一行度量（销售订单金额）都沿着年-季度-月的层次分组。

与分组查询类似，钻取查询也把度量按照一个维度的一个或多个级别进行分组。但与分组查询不同的是，分组查询只显示分组后最低级别，即本例中月级别上的度量，而钻取查询显示分组后维度每一个级别的度量。下面使用两种方法进行钻取查询，结果显示了每个日期维度级别，即年、季度和月各级别的订单汇总金额。

```
-- 使用 union all
select product_category, time, order_amount
  from
( select product_category,
        case when sequence = 1 then concat('year: ', time)
            when sequence = 2 then concat('quarter: ', time)
                else concat('month: ', time)
        end time,
        order_amount, sequence, date
  from
( select product_category, min(date) date, year time, 1 sequence,  sum(order_amount)
order_amount
     from sales_order_fact a, product_dim b, date_dim c
   where a.product_sk = b.product_sk
     and a.order_date_sk = c.date_sk
   group by product_category , year
  union all
select product_category, min(date) date, quarter time, 2 sequence,
sum(order_amount) order_amount
     from sales_order_fact a, product_dim b, date_dim c
   where a.product_sk = b.product_sk
     and a.order_date_sk = c.date_sk
   group by product_category , year , quarter
  union all
select product_category, min(date) date, month time, 3 sequence,
sum(order_amount) order_amount
     from sales_order_fact a, product_dim b, date_dim c
   where a.product_sk = b.product_sk
     and a.order_date_sk = c.date_sk
   group by product_category , year , quarter , month) x
cluster by product_category , date , sequence , time) y;

-- 使用 grouping__id 函数
select product_category, time, order_amount
  from (select product_category,
                 case when gid = 3 then concat('year: ', year)
                      when gid = 7 then concat('quarter: ', quarter)
                 else concat('month: ', month)
                 end time,
                 order_amount, gid, date
             from ( select product_category,
year,
quarter,
month,
 min(date) date,
sum(order_amount) order_amount,
cast(grouping__id as int) gid
                          from sales_order_fact a, product_dim b, date_dim c
                        where a.product_sk = b.product_sk
and a.order_date_sk = c.date_sk
                       group by product_category,year,quarter,month with rollup
) x where gid > 1
           cluster by product_category , date , gid , time) y;
```

以上两种不同写法的查询语句结果是相同的。第一条语句的子查询中使用 union all 集合操作将年、季度、月三个级别的汇总数据联合成一个结果集。注意 union all 的每个查询必须包含相同个数和类型的字段。附加的 min(date)和 sequence 导出列用于对输出结果排序显示。这种写法使用标准的 SQL 语法，具有通用性。

第二条语句使用 HiveQL 提供的 grouping__id 函数（注意是两个下划线）和 with rollup 子句。rollup 会生成按产品类型、年、季度、月及其所有分组的聚合数据行。

with rollup 是 SQL 中通用的语法，它只能和 group by 语句一同使用。rollup 子句常被用于计算一个维度中各个层级的聚合数据。例如：

```
select a, b, c, sum(d) from tab1 group by a, b, c with rollup ;
```

这条语句假设层次是从"a"下钻到"b"再下钻到"c"。与该语句等价的 group by 语句为：

```
select a, b, c, sum(d) from tab1 group by a, b, c
union all
select a, b, null, sum(d) from tab1 group by a, b, null
union all
select a, null, null, sum(d) from tab1 group by a, null, null
union all
select null, null, null, sum(d) from tab1 ;
```

在上面的例子中，group by 后面不跟任何列求 sum 时，a、b、c 三列在聚合数据行会显示为 null。当列本身具有 null 值时，就会产生混淆，无法区分查询结果中的 null 值是属于列本身的还是聚合的结果行，因此需要一种方法识别出列中的 null 值。grouping_id 函数就是此场景下的解决方案。

这个函数为每种聚合数据行生成唯一的组 id。它的返回值看起来像整型数值，其实是字符串类型，这个值使用了位图策略（bitvector，位向量），即它的二进制形式中的每一位表示对应列是否参与分组，如果某一列参与了分组，对应位就被置为 1，否则为 0。通过这种方式可以区分出数据本身中的 null 值。考虑下面的例子：

```
Column1 (key)   Column2 (value)
1                              NULL
1                              1
2                              2
3                              3
3                              NULL
4                              5
```

下面的查询语句及其返回的结果为：

```
select key, value, grouping__id, count(*) from t1
group by key, value with rollup;
null    null 0  6
1       null 1  2
1       null 3  1
1       1    3   1
2       null 1  1
2       2    3   1
3       null 1  2
3       null 3  1
3       3    3   1
4       null 1  1
4       5    3   1
```

注意第三列是聚合列的位向量。对于第一行数据，grouping__id 的值为 0，说明这行是不按任何列分组聚合生成的行。第二行的 grouping__id 的值为 1，说明按是第一列分组生成的聚合数据行。第三行的 grouping__id 的值为 3，说明是按两列分组聚合的行，此行不是因为 rollup 生成的行，而是查询本身的结果行。据此分析，上面结果中粗体显示的两行记录中的 null 值为 value 列中的 null，而不是 rollup 行中的 null。

grouping__id 函数返回值的范围由分组的字段数决定，例如销售订单钻取查询中按 product_category、year、quarter、month 4 列分组，则位向量为四位。根据分组的顺序，全部按零列分组聚合行的 grouping__id 值为 0，按 product_category 分组聚合的行 grouping__id 值为 1，以此类推，按 year、quarter、month 分组聚合行的 grouping__id 分别是 3、7、15。查询中使用 where gid > 1 条件过滤，剩下的就是按年、季度、月分组聚合的行。min(date)和 cast(grouping__id as int)导出列也用于对输出结果排序显示。

10.4.2　递归

数据仓库中的关联实体经常表现为一种"父—子"关系。在这种类型的关系中，一个父亲可能有多个孩子，而一个孩子只能属于一个父亲。例如，通常一名企业员工只能被分配到一个部门，而一个部门会有很多员工。"父—子"之间形成一种递归型树结构，是一种比较理想和灵活的存储层次关系的数据结构。本小节说明一些递归处理的问题，包括数据装载、树的展开、递归查询、树的平面化等技术实现。销售订单数据仓库中没有递归结构，为了保持示例的完整性，本小节将会使用另一个与业务无关的通用示例。

1. 建立示例表并添加实验数据

```sql
-- 在 mysql 的 source 库中建立源表
use source;
create table tree (c_child int, c_name varchar(100),c_parent int);
create index idx1 on tree (c_parent);
create unique index tree_pk on tree (c_child);
-- 递归树结构, c_child 是主键, c_parent 是引用 c_child 的外键
alter table tree add (constraint tree_pk primary key (c_child));
alter table tree add (constraint tree_r01 foreign key (c_parent) references tree (c_child));
-- 添加数据
insert into tree (c_child, c_name, c_parent)
values (1, '节点1', null),(2, '节点2', 1),(3, '节点3', 1),(4, '节点4', 1),
       (5, '节点5', 2),(6, '节点6', 2),(7, '节点7', 3),(8, '节点8', 3),
       (9, '节点9', 3),(10, '节点10', 4),(11, '节点11', 4);
commit;

-- 在 hive 的 rds 库中建立过渡表
use rds;
create table tree (c_child int,c_name varchar(100),c_parent int);
-- 在 hive 的 dw 库中建立相关维度表
use dw;
create table tree_dim
(sk int,c_child int,c_name varchar(100),c_parent int,
  version int,effective_date date,expiry_date date)
clustered by (sk) into 8 buckets
```

```
stored as orc tblproperties ('transactional'='true');
```

以上脚本用于建立递归结构的测试数据环境。我们在 MySQL 的源库中建立了名为 tree 的表，并插入了 11 条测试数据。该表只有子节点、节点名称、父节点 3 个字段，其中父节点是引用子节点的外键，它们构成一个典型的递归结构。可以把 tree 表想象成体现员工上下级关系的一种抽象。数据仓库过渡区的表结构和源表一样，使用 Hive 表默认的文本文件格式。数据仓库维度表使用 ORC 存储格式，为演示 SCD2，除了对应源表的 3 个字段，还增加了代理键、版本号、生效时间和过期时间 4 个字段。初始时源表数据的递归树结构如图 10-3 所示。

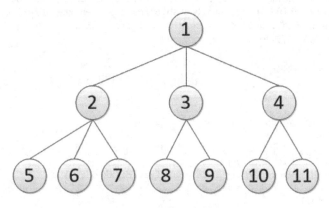

图 10-3 递归树的初始数据

2. 数据装载

递归树结构的本质是，在任意时刻，每个父—子关系都是唯一的。通常，操作型系统只维护层次树的当前视图。因此，输入数据仓库的数据通常是当前层次树的时间点快照，这就需要由 ETL 过程来确定发生了哪些变化，以便正确记录历史信息。为了检测出过时的父—子关系，必须通过孩子键进行查询，然后将父亲作为结果返回。在这个例子中，对 tree 表采用整体拉取模式抽数据，tree_dim 表的 c_name 和 c_parent 列上使用 SCD2 装载类型。也就是说，把 c_parent 当作源表的一个普通属性，当一个节点的名字或者父节点发生变化时，都增加一条新版本记录，并设置老版本的过期时间。这样的装载过程和销售订单的例子并无二致。我们创建 init_etl_tree.sh、init_etl_tree.sql、regular_etl_tree.sh、regular_etl_tree.sql 4 个脚本实现 tree_dim 维度表的初始装载和定期装载。

init_etl_tree.sh 文件用于初始装载，其内容如下：

```
#!/bin/bash
sqoop import --connect jdbc:mysql://cdh1:3306/source?useSSL=false --username root --password
myassword --table tree --hive-import --hive-table rds.tree --hive-overwrite
beeline -u jdbc:hive2://cdh2:10000/dw -f init_etl_tree.sql
```

init_etl_tree.sql 文件内容如下：
```
use dw;
-- 清空表
```

```
truncate table tree_dim;
insert into tree_dim
select row_number() over (order by t1.c_child) + t2.sk_max,
t1.c_child, t1.c_name, t1.c_parent, 1, '2016-03-01', '2200-01-01'
from rds.tree t1
cross join (select coalesce(max(sk),0) sk_max from tree_dim) t2;
```

初始装载的过程很简单，用 Sqoop 全量抽取数据到过渡区，然后装载进数据仓库，同时生成代理键和其他字段。有了前面章节的基础，这些都很好理解。

```
regular_etl_tree.sh 文件用于定期装载，其内容如下：
#!/bin/bash
sqoop import -- connect jdbc:mysql://cdh1:3306/source?useSSL=false --username root --password
myassword --table tree --hive-import --hive-table rds.tree --hive-overwrite
beeline -u jdbc:hive2://cdh2:10000/dw -f regular_etl_tree.sql
regular_etl_tree.sql 文件内容如下：
-- 设置变量以支持事务 ...
-- 设置 scd 的生效时间和过期时间 ...
-- 设置 cdc 的上限时间 ...

-- sdc2 设置过期
update tree_dim set expiry_date = ${hivevar:pre_date}
 where tree_dim.sk in
(select a.sk
   from (select sk,c_child,c_name,c_parent
           from tree_dim where expiry_date = ${hivevar:max_date}) a
left join rds.tree b on a.c_child = b.c_child
 where b.c_child is null
or (!(a.c_name <=> b.c_name) or !(a.c_parent <=> b.c_parent) ));
-- scd2 新增版本
insert into tree_dim
select row_number() over (order by t1.c_child) + t2.sk_max,
t1.c_child, t1.c_name, t1.c_parent,
t1.version, t1.effective_date, t1.expiry_date
from (select t2.c_child c_child, t2.c_name c_name, t2.c_parent c_parent,
t1.version + 1 version,
${hivevar:pre_date} effective_date, ${hivevar:max_date} expiry_date
 from tree_dim t1
inner join rds.tree t2 on t1.c_child = t2.c_child
and t1.expiry_date = ${hivevar:pre_date}
 left join tree_dim t3 on t1.c_child = t3.c_child
  and t3.expiry_date = ${hivevar:max_date}
where (!(t1.c_name <=> t2.c_name) or  !(t1.c_parent <=> t2.c_parent))
 and t3.sk is null) t1
cross join (select coalesce(max(sk),0) sk_max from tree_dim) t2;
-- 新增的记录
insert into tree_dim
select row_number() over (order by t1.c_child) + t2.sk_max,
t1.c_child, t1.c_name, t1.c_parent,
1, ${hivevar:pre_date}, ${hivevar:max_date}
from (select t1.* from rds.tree t1
left join tree_dim t2 on t1.c_child = t2.c_child where t2.sk is null) t1
cross join (select coalesce(max(sk),0) sk_max from tree_dim) t2;
-- 更新时间戳表的 last_load 字段 ...
```

上面的代码只列出了 SCD2 的处理部分，它和销售订单的处理类似。下面测试装载过程。

（1）执行初始装载。

```
./init_etl_tree.sh
```

此时查询 dw.tree_dim 表，可以看到新增了全部 11 条记录。

（2）修改源表所有节点的名称。

```
-- 修改名称
update tree set c_name = concat(c_name,'_1');
```

（3）将 regular_etl.sql 文件中的 set hivevar:cur_date = current_date();行改为 set hivevar:
cur_date = '2016-07-27';后，执行定期装载。

```
./regular_etl_tree.sh
```

此时查询 dw.tree_dim 表，可以看到维度表中共有 22 条记录，其中新增 11 条当前版本记录，老版本的 11 条记录的过期时间字段被设置为'2016-07-26'。

（4）修改源表部分节点的名称，并新增两个节点。

```
-- 修改名称
update tree set c_name = replace(c_name,'_1','_2')
where c_child in (1, 3, 5, 8, 11);
-- 增加新的根节点，并改变原来的父子关系
insert into tree values (12, '节点12', null), (13, '节点13', 12);
update tree
set c_parent = (case when c_child = 1 then 12 else 13 end)
where c_child in (1,3);
```

此时源表数据的递归树结构如图 10-4 所示：

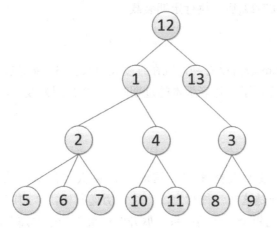

图 10-4　新增了根节点

（5）将 regular_etl.sql 文件中的 SET hivevar:cur_date = CURRENT_DATE();行改为 SET
hivevar:cur_date = '2016-07-28';后，执行定期装载。

```
./regular_etl_tree.sh
```

此时查询 dw.tree_dim 表可以看到，现在维度表中共有 29 条记录，其中新增 7 条当前版本记录（5 行因为改名新增版本，其中 1、3 既改名又更新父子关系，2 行新增节点），更新了 5 行老版本的过期时间，被设置为'2016-07-27'。

（6）修改源表部分节点的名称，并删除三个节点。

```
update tree
    set c_name = (case when c_child = 2 then '节点2_2' else '节点3_3' end)
 where c_child in (2,3);
delete from tree where c_child in (10,11,4);
```

此时源表数据的递归树结构如图 10-5 所示：

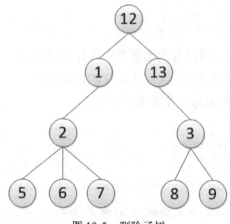

图 10-5　删除子树

（7）将 regular_etl.sql 文件中的 SET hivevar:cur_date = CURRENT_DATE();行改为 SET hivevar:cur_date = '2016-07-29';后，执行定期装载。

```
./regular_etl_tree.sh
```

此时查询 dw.tree_dim 表可以看到，现在维度表中共有 31 条记录，其中新增 2 条当前版本记录（因为改名），更新了 5 行老版本的过期时间（2 行因为改名，3 行因为节点删除），被设置为'2016-07-28'。

3. 树的展开

有些 BI 工具的前端不支持递归，这时递归层次树的数据交付技术就是"展开"（explode）递归树。展开是这样一种行为，一边遍历递归树，一边产生新的结构，该结构包含了贯穿树中所有层次的每个可能的关系。展开的结果是一个非递归的关系对表，该表也可能包含描述层次树中关系所处位置的有关属性。将树展开消除了对递归查询的需求，因为层次不再需要自连接。当按这种表格形式将数据交付时，使用简单的 SQL 查询就可以生成层次树报表。下面说明树展开的实现。

```
-- 建立展开后的目标表
```

```
create table tree_expand (c_child int,c_parent int,distance int);
```

展开后的表中不再有递归结构，每行表示一对父子关系，distance 字段表示父子之间相差的级别。许多关系数据库都提供递归查询的功能，例如在 Oracle 中，就可以使用下面的代码展开递归树。

```
-- Oracle 实现
insert into tree_expand (c_child, c_parent, distance)
with rec (c_child, c_parent, distance) as (
  select c_child, c_child, 0 from tree
  union all
  select r.c_child, s.c_parent, r.distance + 1
  from rec r join tree s on r.c_parent = s.c_child
where s.c_parent is not null)
select * from rec;
```

目前 Hive 还没有递归查询功能，但可以使用 UDTF 来实现。下面的代码取自 https://www.pythian.com/blog/recursion-in-hive/（原来的代码中缺少 import 部分），它使用 Scala 语言实现了一个 UDTF 用于展开树。关于 UDTF 的 API 说明，参考 https://hive.apache. org/javadocs/r0.10.0/api/org/apache/hadoop/hive/ql/udf/generic/GenericUDTF.html。

```
package UDF
import org.apache.hadoop.hive.ql.udf.generic.GenericUDTF
import org.apache.hadoop.hive.serde2.objectinspector.primitive
import org.apache.hadoop.hive.serde2.objectinspector.{ObjectInspectorFactory,
StructObjectInspector, ObjectInspector, PrimitiveObjectInspector}

class ExpandTree2UDTF extends GenericUDTF {
  var inputOIs: Array[PrimitiveObjectInspector] = null
  val tree: collection.mutable.Map[String,Option[String]] =
collection.mutable.Map()

  override def initialize(args: Array[ObjectInspector]): StructObjectInspector = {
    inputOIs = args.map{_.asInstanceOf[PrimitiveObjectInspector]}
    val fieldNames = java.util.Arrays.asList("id", "ancestor", "level")
    val fieldOI =
primitive.PrimitiveObjectInspectorFactory.javaStringObjectInspector.asInstanceOf[Ob
jectInspector]
    val fieldOIs = java.util.Arrays.asList(fieldOI, fieldOI, fieldOI)
    ObjectInspectorFactory.getStandardStructObjectInspector(fieldNames, fieldOIs);
  }
  def process(record: Array[Object]) {
    val id = inputOIs(0).getPrimitiveJavaObject(record(0)).asInstanceOf[String]
    val parent =
Option(inputOIs(1).getPrimitiveJavaObject(record(1)).asInstanceOf[String])
    tree += ( id -> parent )
  }
  def close {
    val expandTree = collection.mutable.Map[String,List[String]]()
    def calculateAncestors(id: String): List[String] =
      tree(id) match { case Some(parent) => id :: getAncestors(parent) ; case None
=> List(id) }
    def getAncestors(id: String) = expandTree.getOrElseUpdate(id,
calculateAncestors(id))
    tree.keys.foreach{ id =>
```

```
getAncestors(id).zipWithIndex.foreach{ case(ancestor,level) => forward(Array(id,
ancestor, level)) } }
  } }
```

将这段代码编译成 jar 包后，就可以提供给 Hive 使用。这里生成的 jar 文件名为 recursive-query.jar。使用下面的命令将相关 jar 包复制到 HDFS。

```
hdfs dfs -put recursive-query.jar /tmp/
hdfs dfs -put scala-library.jar /tmp/
```

执行下面的 HiveQL 进行测试。

```
-- 添加运行时 jar 包
add jar hdfs://cdh2:8020/tmp/recursive-query.jar;
add jar hdfs://cdh2:8020/tmp/scala-library.jar;
-- 建立函数
create function expand_tree as 'UDF.ExpandTree2UDTF';
-- 使用 UDTF 生成展开后的数据
insert overwrite table rds.tree_expand
select expand_tree(cast(c_child as string), cast(c_parent as string)) from rds.tree;
```

此时查询 rds.tree_expand 表，可以看到记录数由 rds.tree 中的 10 条变为展开后的 31 条，部分展开后记录如下所示：

```
2     2     0
2     1     1
2     12    2
12    12    0
5     5     0
5     2     1
5     1     2
5     12    3
...
```

4. 遍历查询

Hive 本身还没有递归查询功能，但正如前面提到的，使用简单的 SQL 查询递归树展开后的数据，即可生成层次树报表，例如下面的 HiveQL 语句实现了从下至上的树的遍历。

```
select c_child,
concat_ws('/',collect_set(cast(c_parent as string))) as c_path
  from tree_expand group by c_child;
```

这里 collect_set 函数的作用是对 c_parent 去重。值得注意的是，必须保证 collect_set 的参数类型是 string 类型。查询结果如下所示。

```
1     1/12
2     2/1/12
3     3/13/12
5     5/2/1/12
6     6/2/1/12
7     7/3/13/12
8     8/3/13/12
9     9/3/13/12
12    12
```

collect_set 函数返回去重的元素数组。对于非 group by 字段，可以用 Hive 的 collect_set 函数收集这些字段，返回一个数组，使用数字下标，可以直接访问数组中的元素。假设表中数据如下：

```
a        b        1
a        b        2
a        b        3
c        d        4
c        d        5
c        d        6
```

使用 collect_set 函数的查询语句及结果如下：

```
select c1, c2, collect_set(c3) from t group by c1, c2;
a        b        ["1","2","3"]
c        d        ["4","5","6"]
```

concat_ws 函数返回用指定分隔符连接的字符串，常被用于行转列的操作。它有两种形式，一种以不定个数的字符串为参数，另一种以字符串数组为参数（从 Hive 0.9.0 开始支持），分别如下所示：

```
select concat_ws('/','abc','123','cde','456');
abc/123/cde/456

select c1, c2, concat_ws('/',collect_set(c3)) from t group by c1, c2;
a        b        1/2/3
c        d        4/5/6
```

5. 递归树的平面化

递归树适合于数据仓库，而非递归结构则更适合于数据集市。前面的递归树展开用于消除递归查询，但缺点在于检索与实体相关的属性必须执行额外的连接操作。对于层次树来说，很常见的情况是，层次树元素所拥有的唯一属性就是描述属性，如本例中的 c_name 字段，并且树的最大深度是固定的，本例是 4 层。对这种情况，最好是将层次树作为平面化的 1NF 结构或者 2NF 结构交付给数据集市。这类平面化操作对于平衡的层次树发挥得最好。将缺失的层次置空可能会形成不整齐的层次树，因此它对深度未知的层次树（列数不固定）来说并不是一种有用的技术。下面说明递归树平面化的实现。

```
-- 建立展开后的目标表
create table tree_complanate
(c_0 int, c_0_name varchar(100), c_1 int, c_1_name varchar(100),
 c_2 int, c_2_name varchar(100), c_3 int, c_3_name varchar(100));
```

平面化后，表的每一行都包含全部四个层次的数据。执行下面的语句生成递归树平面化后的数据，每个叶子节点一行。

```
insert overwrite table rds.tree_complanate
```

```
select t0.c_0 c_0,t1.c_name c_0_name,t0.c_1 c_1,t2.c_name c_1_name,
       t0.c_2 c_2,t3.c_name c_2_name,t0.c_3 c_3,t4.c_name c_3_name
  from (select list[3] c_0,list[2] c_1,list[1] c_2,list[0] c_3
          from (select c_child,split(c_path,'/') list
                  from (select c_child, concat_ws('/',collect_set(cast(c_parent as string)))
as c_path
                          from tree_expand group by c_child) t) t
               where size(list) = 4) t0
  inner join (select * from tree) t1 on t0.c_0= t1.c_child
  inner join (select * from tree) t2 on t0.c_1= t2.c_child
  inner join (select * from tree) t3 on t0.c_2= t3.c_child
  inner join (select * from tree) t4 on t0.c_3= t4.c_child;
```

split函数用指定参数分隔字符串，返回值是一个数组。平面化后的数据如下所示：

12	节点12	1	节点1_2	2	节点2_2	5	节点5_2
12	节点12	1	节点1_2	2	节点2_2	6	节点6_1
12	节点12	13	节点13	3	节点3_3	7	节点7_1
12	节点12	13	节点13	3	节点3_3	8	节点8_2
12	节点12	13	节点13	3	节点3_3	9	节点9_1

需要注意的是，split函数遇到特殊字符的时候需要做转义处理。例如：

```
select split('192.168.0.1','.');
["","","","","","","","","","","",""]
select split('192.168.0.1','\.');
["","","","","","","","","","","",""]
select split('192.168.0.1','\\.');
["192","168","0","1"]
```

10.4.3 多路径层次

本小节讨论多路径层次，它是对单路径层次的扩展。现在数据仓库的月维度只有一条层次路径，即年-季度-月这条路径。在本小节中增加一个新的"促销期"级别，并且加一个新的年-促销期-月的层次路径。这时月维度将有两条层次路径，因此是多路径层次维度。

下面的脚本给 month_dim 表添加一个叫做 campaign_session 的新列，并建立 rds.campaign_session 过渡表。

```
use dw;
-- 增加促销期列
alter view month_dim rename to month_dim_old;
create table month_dim (
    month_sk int comment 'surrogate key',
    month tinyint comment 'month',
    month_name varchar(9) comment 'month name',
    campaign_session varchar(30) comment 'campaign session',
    quarter tinyint comment 'quarter',
    year smallint comment 'year'
)
comment 'month dimension table'
clustered by (month_sk) into 8 buckets
stored as orc tblproperties ('transactional'='true') ;
insert into month_dim
```

```
select month_sk,month,month_name,null,quarter,year from month_dim_old;
drop view month_dim_old;
-- 建立促销期过渡表
use rds;
create table campaign_session
(campaign_session varchar(30),month tinyint,year smallint)
row format delimited fields terminated by ',' stored as textfile;
```

假设所有促销期都不跨年，并且一个促销期可以包含一个或多个月份，但一个月份只能属于一个促销期。为了理解促销期如何工作，表 10-2 给出了一个促销期定义的示例。

表 10-2　2016 年促销期

促销期	月份
2016 年第一促销期	1 月—4 月
2016 年第二促销期	5 月—7 月
2016 年第三促销期	8 月
2016 年第四促销期	9 月—12 月

每个促销期有一个或多个月。一个促销期也许并不是正好一个季度，也就是说，促销期级别不能上卷到季度，但是促销期可以上卷至年级别。假设 2016 年促销期的数据如下，并保存在 campaign_session.csv 文件中。

```
2016 First Campaign,1,2016
2016 First Campaign,2,2016
2016 First Campaign,3,2016
2016 First Campaign,4,2016
2016 Second Campaign,5,2016
2016 Second Campaign,6,2016
2016 Second Campaign,7,2016
2016 Third Campaign,8,2016
2016 Last Campaign,9,2016
2016 Last Campaign,10,2016
2016 Last Campaign,11,2016
2016 Last Campaign,12,2016
```

现在可以执行下面的脚本把 2016 年的促销期数据装载进月维度。

```
load data local inpath '/root/campaign_session.csv' overwrite
into table rds.campaign_session;

use dw;
drop table if exists tmp;
create table tmp as
select t1.month_sk month_sk,
       t1.month month,
       t1.month_name month_name,
       t2.campaign_session campaign_session,
       t1.quarter quarter,
       t1.year year
  from month_dim t1
 inner join rds.campaign_session t2 on t1.year = t2.year
   and t1.month = t2.month;
delete from month_dim
```

```
where month_dim.month_sk in (select month_sk from tmp);
insert into month_dim select * from tmp;
```

此时查询月份维度表，可以看到 2016 年的促销期已经有数据，其他年份的 campaign_session 字段值为 null。

10.4.4　参差不齐的层次

在一个或多个级别上没有数据的层次称为不完全层次。例如在特定月份没有促销期，那么月维度就具有不完全促销期层次。本小节说明不完全层次，还有在促销期上如何应用它。

下面是一个不完全促销期的例子，数据存储在 ragged_campaign.csv 文件中。2016 年 1 月、4 月、6 月、9 月、10 月、11 月和 12 月没有促销期。

```
,1,2016
2016 Early Spring Campaign,2,2016
2016 Early Spring Campaign,3,2016
,4,2016
2016 Spring Campaign,5,2016
,6,2016
2016 Last Campaign,7,2016
2016 Last Campaign,8,2016
,9,2016
,10,2016
,11,2016
,12,2016
```

下面的命令先把 campaign_session 字段置空，然后向 month_dim 表装载促销期数据。

```
load data local inpath '/root/ragged_campaign.csv'
overwrite into table rds.campaign_session;

use dw;
update month_dim set campaign_session = null;
drop table if exists tmp;
create table tmp as
select t1.month_sk month_sk,
       t1.month month,
       t1.month_name month_name,
       case when t2.campaign_session != '' then t2.campaign_session
                 else t1.month_name
         end campaign_session,
       t1.quarter quarter,
       t1.year year
  from month_dim t1 inner join rds.campaign_session t2
on t1.year = t2.year and t1.month = t2.month;
delete from month_dim
where month_dim.month_sk in (select month_sk from tmp);
insert into month_dim select * from tmp;
```

在有促销期的月份，campaign_session 列填写促销期名称，而对于没有促销期的月份，该列填写月份名称。轻微参差不齐层次没有固定的层次深度，但层次深度有限。如地理层次深度通常包含 3~6 层。与其使用复杂的机制构建难以预测的可变深度层次，不如将其变换为固定深度位置设计，针对不同的维度属性确立最大深度，然后基于业务规则放置属性值。

10.5 退化维度

本节讨论一种称为退化维度的技术。该技术减少维度的数量，简化维度数据仓库模式。简单的模式比复杂的更容易理解，也有更好的查询性能。

有时，维度表中除了业务主键外没有其他内容。例如，在我们的销售订单示例中，订单维度表除了订单号，没有任何其他属性，而订单号是事务表的主键。我们将这种维度称为退化维度。业务系统中的主键通常是不允许修改的。销售订单只能新增，不能修改已经存在的订单号，也不会删除订单记录。因此订单维度表也不会有历史数据版本问题。退化维度常见于事务和累积快照事实表中。我们将在11.2节中讨论累积快照事实表技术。

销售订单事实表中的每行记录都包括作为退化维度的订单号代理键。在操作型系统中，销售订单表是最细节事务表，订单号是订单表的主键，每条订单都可以通过订单号定位，订单中的其他属性，如客户、产品等，都依赖于订单号。也就是说，订单号把与订单属性有关的表联系起来。但是，在维度模型中，事实表中的订单号代理键通常与订单属性的其他表没有关联。可以将订单事实表所有关心的属性分类到不同的维度中，例如，订单日期关联到日期维度，客户关联到客户维度等。在事实表中保留订单号最主要的原因是用于连接数据仓库与操作型系统，它也可以起到事实表主键的作用。某些情况下，可能会有一个或两个属性仍然属于订单而不属于其他维度。当然，此时订单维度就不再是退化维度了。

退化维度通常被保留作为操作型事务的标识符。实际上可以将订单号作为一个属性加入到事实表中。这样订单维度就没有数据仓库需要的任何数据，此时就可以退化订单维度。需要把退化维度的相关数据迁移到事实表中，然后删除退化的维度。

注意，操作型事务中的控制号码，例如，订单号码、发票号码、提货单号码等通常产生空的维度并且表示为事务事实表中的退化维度。

1. 退化订单维度

使用维度退化技术时先要识别数据，分析从来不用的数据列。例如，订单维度的 order_number 列就可能是这样的一列。如果用户想看事务的细节，还需要订单号。因此，在退化订单维度前，要把订单号迁移到 sales_order_fact 事实表。图10-6显示了修改后的模式。

按顺序执行下面的四步退化 order_dim 维度表：

（1）给 sales_order_fact 表添加 order_number 列。

（2）把 order_dim 表里的订单号迁移到 sales_order_fact 表。

（3）删除 sales_order_fact 表里的 order_sk 列。

（4）删除 order_dim 表。

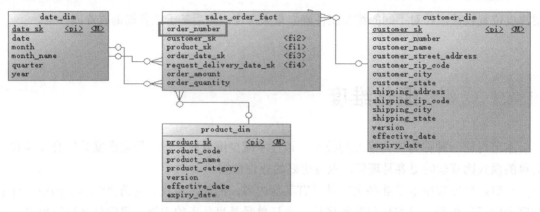

图 10-6   退化订单维度

下面的脚本完成所有退化订单维度所需的步骤。

```
use dw;
alter table sales_order_fact rename to sales_order_fact_old;
create table sales_order_fact(
    order_number int comment 'order number',
    customer_sk int comment 'customer SK',
    product_sk int comment 'product SK',
    order_date_sk int comment 'order date SK',
    request_delivery_date_sk int comment 'request delivery date SK',
    order_amount decimal(10,2) comment 'order amount',
    order_quantity int comment 'order quantity')
clustered by (order_number) into 8 buckets
stored as orc tblproperties ('transactional'='true');

insert into table sales_order_fact
select t2.order_number,
       t1.customer_sk,
       t1.product_sk,
       t1.order_date_sk,
       t1.request_delivery_date_sk,
       t1.order_amount,
       t1.order_quantity
  from sales_order_fact_old t1
 inner join order_dim t2 on t1.order_sk = t2.order_sk;

drop table sales_order_fact_old;
drop table order_dim;
```

虽然到目前为止，订单号维度表中代理键和订单号业务主键的值相同，但还是建议使用标准的方式重新生成数据，不要简单地将事实表的 order_sk 字段改名为 order_number，这种图省事的做法不值得提倡。

2. 修改定期装载脚本

退化一个维度后需要做的另一件事就是修改定期装载脚本。修改后的脚本需要把订单号加入到销售订单事实表，而不再需要导入订单维度。下面显示了修改后的 regular_etl.sql 脚本文件内容（只列出修改的部分）。

```
-- 设置变量以支持事务 ...
-- 设置 scd 的生效时间和过期时间 ...
-- 设置 cdc 的上限时间 ...
-- 装载 customer 维度 ...
-- 重载 pa 客户维度 ...
-- 装载 product 维度 ...
```
去掉装载 order_dim 维度表的语句
```
-- 装载销售订单事实表
-- 前一天新增的销售订单
insert into sales_order_fact
select a.order_number,
               customer_sk,
               product_sk,
               e.order_date_sk,
               f.request_delivery_date_sk,
               order_amount,
               order_quantity
  from rds.sales_order a,
               customer_dim c,
               product_dim d,
               order_date_dim e,
               request_delivery_date_dim f,
               rds.cdc_time g
 where a.customer_number = c.customer_number
and a.order_date >= c.effective_date
and a.order_date < c.expiry_date
and a.product_code = d.product_code
and a.order_date >= d.effective_date
and a.order_date < d.expiry_date
and to_date(a.order_date) = e.date
and to_date(a.request_delivery_date) = f.request_delivery_date
and a.entry_date >= f.last_load and a.entry_date < f.current_load ;
-- 更新时间戳表的 last_load 字段 ...
```

3. 测试修改后的定期装载

（1）准备两行销售订单测试数据。

```
use source;

set @start_date := unix_timestamp('2016-07-25');
set @end_date := unix_timestamp('2016-07-25 12:00:00');
set @order_date := from_unixtime(@start_date + rand() * (@end_date - @start_date));
set @amount := floor(1000 + rand() * 9000);
set @quantity := floor(10 + rand() * 90);

insert into sales_order values (null,1,1,@order_date,'2016-08-
01',@order_date,@amount,@quantity);

set @start_date := unix_timestamp('2016-07-25 12:00:01');
set @end_date := unix_timestamp('2016-07-26');
set @order_date := from_unixtime(@start_date + rand() * (@end_date - @start_date));
set @amount := floor(1000 + rand() * 9000);
set @quantity := floor(10 + rand() * 90);

insert into sales_order values (null,1,1,@order_date,'2016-08-
01',@order_date,@amount,@quantity);

commit ;
```

315

以上语句在源库上生成 2016 年 7 月 25 日的两条销售订单。为了保证自增订单号与订单时间顺序相同，注意一下@order_date 变量的赋值。

（2）执行定期装载。

修改定期装载时间窗口：

```
insert overwrite table rds.cdc_time
select '2016-07-25', '2016-07-26' from rds.cdc_time;
```

将 regular_etl.sql 文件中的 set hivevar:cur_date = current_date();行改为 set hivevar:cur_date = '2016-07-26';。

执行定期装载：

```
./regular_etl.sh
```

脚本执行成功后，查询 sales_order_fact 表，验证新增的两条订单是否正确装载。测试完成后，将 regular_etl.sql 文件中的 set hivevar:cur_date = current_date();行恢复。

10.6 杂项维度

本节讨论杂项维度。简单地说，杂项维度就是一种包含的数据具有很少可能值的维度。事务型商业过程通常产生一系列混杂的、低基数的标志位或状态信息。与其为每个标志或属性定义不同的维度，不如建立单独的将不同维度合并到一起的杂项维度。这些维度，通常在一个模式中标记为事务型概要维度，一般不需要所有属性可能值的笛卡尔积，但应该至少包含实际发生在源数据中的组合值。

例如，在销售订单中，可能存在有很多离散数据（yes-no 这种开关类型的值），如：

- verification_ind（如果订单已经被审核，值为 yes）。
- credit_check_flag（表示此订单的客户信用状态是否已经被检查）。
- new_customer_ind（如果这是新客户的首个订单，值为 yes）。
- web_order_flag（表示一个订单是在线上订单还是线下订单）。

这类数据常被用于增强销售分析，其特点是属性可能很多但每种属性的可能值很少。在建模复杂的操作型源系统时，经常会遭遇大量五花八门的标志或状态信息，它们包含小范围的离散值。处理这些较低基数的标志或状态位可以采用以下几种方法。

1. 忽略这些标志和指标

暂且将这种回避问题的处理方式也算作方法之一。在开发 ETL 系统时，如果它们是微不足道的，ETL 开发小组可以向业务用户询问有关忽略这些标志的必要问题；但是这样的方案通常立即就被否决了，因为有人偶尔还需要它们。如果来自业务系统的标志或状态是难以理解且不一致的，也许真的应该考虑去掉它们。

2. 保持事实表行中的标志位不变

还以销售订单为例，和源数据库一样，我们可以在事实表中也建立这四个标志位字段。在装载事实表时，除了订单号以外，同时装载这四个字段的数据，这些字段没有对应的维度表，而是作为订单的属性保留在事实表中。

这种处理方法简单直接，装载程序不需要做大量的修改，也不需要建立相关的维度表。但是一般我们不希望在事实表中存储难以识别的标志位，尤其是当每个标志位还配有一个文字描述字段时。不要在事实表行中存储包含大量字符的描述符，因为每一行都会有文字描述，它们可能会使表快速地膨胀。在行中保留一些文本标志是令人反感的，比较好的做法是分离出单独的维度表保存这些标志位字段的数据，它们的数据量很小，并且极少改变。事实表通过维度表的代理键引用这些标志。

3. 将每个标志位放入其自己的维度中

例如，为销售订单的四个标志位分别建立四个对应的维度表。在装载事实表数据前先处理这四个维度表，必要时生成新的代理键，然后在事实表中引用这些代理键。这种方法是将杂项维度当作普通维度来处理，多数情况下这也是不合适的。

首先，当类似的标志或状态位字段比较多时，需要建立很多的维度表，其次事实表的外键数也会大量增加。处理这些新增的维度表和外键需要大量修改数据装载脚本，还会增加出错的机会，同时会给 ETL 的开发、维护、测试过程带来很大的工作量。最后，杂项维度的数据有自己明显的特点，即属性多但每个属性的值少，并且极少修改，这种特点决定了它应该与普通维度的处理区分开。

作为一个经验值，如果外键的数量处于合理的范围中，即不超过 20 个，则在事实表中增加不同的外键是可以接受的。但是，若外键列表已经很长，则应该避免将更多的外键加入到事实表中。

4. 将标志位字段存储到订单维度中

可以将标志位字段添加到订单维度表中。上一节我们将订单维度表作为退化维度删除了，因为它除了订单号，没有其他任何属性。与其将订单号当成是退化维度，不如视其为将低基数标志或状态作为属性的普通维度。事实表通过引用订单维度表的代理键，关联到所有的标志位信息。

尽管该方法精确地表示了数据关系，但依然存在前面讨论的问题。在订单维度表中，每条业务订单都会存在对应的一条销售订单记录，该维度表的记录数会膨胀到跟事实表一样多，而在如此多的数据中，每个标志位字段都存在大量的冗余，需要占用很大的存储空间。通常维度表应该比事实表小得多。

5. 使用杂项维度

处理这些标志位的适当替换方法是仔细研究它们，并将它们包装为一个或多个杂项维度。杂项维度中放置各种离散的标志或状态数据，尽管为每个标志位创建专门的维度表会非常容易定位这些标志信息，但这会增加系统实现的复杂度。此外，正因为杂项维度的值很少，也不会频繁使用它们，所以不建议为保证单一目的分配存储空间。杂项维度能够合理地存放离散属性值，还能够维持其他主要维度的存储空间。在维度建模领域，杂项维度术语主要用在 DW/BI 专业人员中。在与业务用户讨论时，通常将杂项维度称为事务指示器或事务概要维度。

杂项维度是低基数标志和指标的分组。通过建立杂项维度，可以将标志和指标从事实表中移出，并将它们放入到有用的多维框架中。

对杂项维度数据量的估算也会影响其建模策略。如果某个简单的杂项维度包含 10 个二值标识，例如，现金或信用卡支付类型、是否审核、在线或离线、本国或海外等，则最多将包含 1024（2^10）行。假设由于每个标志都与其他标志一起发生作用，在这种情况下浏览单一维度内的标识可能没什么意义。但是，杂项维度可提供所有标识的存储，并用于基于这些标识的约束和报表。事实表与杂项维度之间存在一个单一的、小型的代理键。

另一方面，如果具有高度非关联的属性，包含更多的数量值，则将它们合并为单一的杂项维度是不合适的。遗憾的是，是否使用统一杂项维度的决定并不完全是公式化的，要依据具体的数据范围而定。如果存在 5 个标识，每个仅包含 3 个值，则单一杂项维度是这些属性的最佳选择，因为维度最多仅有 243（3^5）行。但是如果 5 个没有关联的标识，每个具有 100 个可能值，建议建立不同维度，因为单一杂项维度表最大可能存在 1 亿（100^5）行。

关于杂项维度的一个微妙的问题是，在杂项维度中行的组合确定并已知的前提下，是应该事先为所有组合的完全笛卡尔积建立行，还是建立杂项维度行，只用于保存那些在源系统中出现的组合情况的数据。答案要看大概有多少可能的组合，最大行数是多少。一般来说，理论上组合的数量较小，比如只有几百行时，可以预装载所有组合的数据；而如果组合的数量大，那么在数据获取时，当遇到新标志或指标时，再建立杂项维度行。当然，如果源数据中用到了全体组合时，那别无选择只能预先装载好全部杂项维度数据。

如果杂项维度的取值事先并不知道，只有在获取数据时才能确定，那么就需要在处理业务系统事务表时，建立新观察到的杂项维度行。这一过程需要聚集杂项维度属性并将它们与已经存在的杂项维度行比较，已确定该行是否已经存在。如果不存在，将组建新的维度行，建立代理键。在处理事务表过程中适时地将该行加载到杂项维度中。

解释了杂项维度之后，将它们与处理标志位作为订单维度属性的方法进行比较。如希望分析订单事实的审核情况，其订单属性包含"是否审核"标志位；如果使用杂项维度，维度表中只会有很少的记录。而这些属性如果被存储到订单维度中，针对事实表的约束将会是一个巨大的列表，因为每一条订单记录都包含"是否审核"标志。在与事实表关联查询时，这两种处理方式将产生巨大的性能差异。

下面描述销售订单示例数据仓库中杂项维度的具体实现。图 10-7 显示了增加杂项维度表后的数据仓库模式，这里只显示了和销售订单事务相关的表。

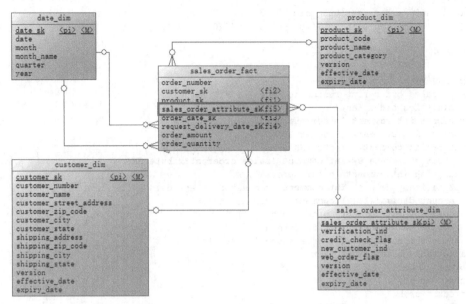

图 10-7　杂项维度

1. 新增销售订单属性杂项维度

给现有的数据仓库新增一个销售订单属性杂项维度。需要新增一个名为 sales_order_attribute_dim 的杂项维度表，该表包括四个 yes-no 列：verification_ind、credit_check_flag、new_customer_ind 和 web_order_flag，各列的含义已经在本节开头说明。每个列可以有两个可能值中的一个，Y 或 N，因此 sales_order_attribute_dim 表最多有 16（2^4）行。我们假设这 16 行已经包含了所有可能的组合，因此可以预装载这个维度，并且只需装载一次。

注意，如果知道某种组合是不可能出现的，就不需要装载这种组合。执行下面的脚本修改数据库模式。这个脚本做了四项工作：建立 sales_order_attribute_dim 表；向表中预装载全部 16 种可能的数据；给销售订单事实表添加杂项维度代理键字段；给源数据库里的 sales_order 表增加对应的四个属性列。

```
use dw;
-- 建立杂项维度表
create table sales_order_attribute_dim (
    sales_order_attribute_sk int comment 'sales order attribute SK',
    verification_ind char(1) comment 'verification index, y or n',
    credit_check_flag char(1) comment 'credit check flag, y or n',
    new_customer_ind char(1) comment 'new customer index, y or n',
    web_order_flag char(1) comment 'web order flag, y or n',
    version int comment 'version',
    effective_date date comment 'effective date',
    expiry_date date comment 'expiry date'
)
clustered by (sales_order_attribute_sk) into 8 buckets
stored as orc tblproperties ('transactional'='true');
```

```
-- 生成杂项维度数据
insert into sales_order_attribute_dim
values (1, 'y', 'n', 'n', 'n', 1,'1900-00-00', '2200-01-01');
...
-- 共插入16条记录

-- 建立杂项维度外键
alter table sales_order_fact rename to sales_order_fact_old;
create table sales_order_fact(
    order_number int comment 'order number',
    customer_sk int comment 'customer SK',
    product_sk int comment 'product SK',
    sales_order_attribute_sk int comment 'sales order attribute SK',
    order_date_sk int comment 'order date SK',
    request_delivery_date_sk int comment 'request delivery date SK',
    order_amount decimal(10,2) comment 'order amount',
    order_quantity int comment 'order quantity')
clustered by (order_number) into 8 buckets
stored as orc tblproperties ('transactional'='true');
insert into table sales_order_fact
select order_number,
       customer_sk,
       product_sk,
       null,
       order_date_sk,
       request_delivery_date_sk,
       order_amount,
       order_quantity
  from sales_order_fact_old;
drop table sales_order_fact_old;

-- 给源库的销售订单表增加对应的属性
use source;
alter table sales_order
  add verification_ind char (1) after product_code
, add credit_check_flag char (1) after verification_ind
, add new_customer_ind char (1) after credit_check_flag
, add web_order_flag char (1) after new_customer_ind ;

-- 给销售订单过渡表增加对应的属性
use rds;
alter table sales_order add columns
(
verification_ind char(1) comment 'verification index, y or n',
credit_check_flag char(1) comment 'credit check flag, y or n',
new_customer_ind char(1) comment 'new customer index, y or n',
web_order_flag char(1) comment 'web order flag, y or n'
) ;
```

和所有维度表（除日期相关维度）一样，为了处理可能的 SCD 情况，订单属性杂项维度表也具有版本号、生效日期、过期日期等列。

2. 重建 Sqoop 作业

因为源数据的销售订单表新增了 4 个属性列，所以需要在增量抽取作业中增加相应的列。

```
last_value=`sqoop job --show myjob_incremental_import --meta-connect
jdbc:hsqldb:hsql://cdh2:16000/sqoop | grep incremental.last.value | awk '{print $3}'`
sqoop job --delete myjob_incremental_import --meta-connect
jdbc:hsqldb:hsql://cdh2:16000/sqoop
sqoop job \
--meta-connect jdbc:hsqldb:hsql://cdh2:16000/sqoop \
--create myjob_incremental_import \
-- \
import \
--connect "jdbc:mysql://cdh1:3306/source?useSSL=false&user=root&password=mypassword" \
--table sales_order \
--columns "order_number, customer_number, product_code, order_date, entry_date, order_amount,
order_quantity, request_delivery_date, verification_ind, credit_check_flag, new_customer_ind,
web_order_flag" \
--hive-import \
--hive-table rds.sales_order \
--incremental append \
--check-column order_number \
--last-value $last_value
```

上面的 shell 脚本重建 Sqoop 增量数据抽取作业。注意--columns 参数后面列的顺序要和
rds.sales_order 表中列的顺序保持一致。

3. 修改定期装载脚本

由于有了一个新的维度，必须修改定期装载脚本。下面显示了修改后的 regular_etl.sql 脚
本文件内容（只列出修改的部分）。

```
-- 设置变量以支持事务 ...
-- 设置 scd 的生效时间和过期时间 ...
-- 设置 cdc 的上限时间 ...
-- 装载 customer 维度 ...
-- 重载 pa 客户维度 ...
-- 装载 product 维度 ...
-- 装载销售订单事实表 ...
-- 前一天新增的销售订单
insert into sales_order_fact
select
    a.order_number,
    customer_sk,
    product_sk,
    g.sales_order_attribute_sk,
    e.order_date_sk,
    f.request_delivery_date_sk,
    order_amount,
    order_quantity
  from
    rds.sales_order a,
    customer_dim c,
    product_dim d,
    order_date_dim e,
    request_delivery_date_dim f,
    sales_order_attribute_dim g,
    rds.cdc_time h
 where a.customer_number = c.customer_number
and a.order_date >= c.effective_date
and a.order_date < c.expiry_date
```

```
and a.product_code = d.product_code
and a.order_date >= d.effective_date
and a.order_date < d.expiry_date
and to_date(a.order_date) = e.order_date
and to_date(a.request_delivery_date) = f.request_delivery_date
and a.verification_ind = g.verification_ind
and a.credit_check_flag = g.credit_check_flag
and a.new_customer_ind = g.new_customer_ind
and a.web_order_flag = g.web_order_flag
and a.entry_date >= h.last_load and a.entry_date < h.current_load ;
-- 更新时间戳表的 last_load 字段 ...
```

注意，杂项属性维度数据已经预装载，所以在定期装载脚本中只需要修改处理事实表的部分。源数据中有四个属性列，而事实表中只对应一列，因此需要使用四列关联条件的组合确定杂项维度表的代理键值，并装载到事实表中，正如上面代码中粗体部分所示。

4. 测试修改后的定期装载

（1）使用下面的脚本添加 8 个销售订单。

```
use source;
drop table if exists temp_sales_order_data;
create table temp_sales_order_data as select * from sales_order where 1=0;

set @start_date := unix_timestamp('2016-07-31');
set @end_date := unix_timestamp('2016-08-01');

set @order_date := from_unixtime(@start_date + rand() * (@end_date - @start_date));
set @amount := floor(1000 + rand() * 9000);
set @quantity := floor(10 + rand() * 90);
insert into temp_sales_order_data
values (1, 1, 1, 'y', 'y', 'n', 'y',
@order_date, '2016-08-05', @order_date, @amount, @quantity);

...
-- 一共添加各种属性组合的 8 条记录

insert into sales_order
select null,
       customer_number,
       product_code,
       verification_ind,
       credit_check_flag,
       new_customer_ind,
       web_order_flag,
       order_date,
       request_delivery_date,
       entry_date,
       order_amount,
       order_quantity
  from temp_sales_order_data t1
 order by t1.order_date;
commit;
```

（2）执行定期装载。

```
./regular_etl.sh
```

（3）验证结果。

可以使用下面的分析性查询确认装载是否正确。该查询分析出检查了信用状态的新用户所占的比例。

```
select concat(round(checked / (checked + not_checked) * 100),' % ')
  from (select
 sum(case when credit_check_flag='y' then 1 else 0 end) checked,
         sum(case when credit_check_flag='n' then 1 else 0 end) not_checked
          from dw.sales_order_fact a, dw.sales_order_attribute_dim b
        where new_customer_ind = 'y'
         and a.sales_order_attribute_sk = b.sales_order_attribute_sk) t;
```

sum(case when...)是 SQL 中一种常用的行转列方法，用于列数固定的场景。在我们的测试数据中，以上查询语句的返回值为 75%。注意，查询中销售订单事实表与杂项维度表使用的是内连接，因此只会匹配新增的 8 条记录，而查询结果比例的分母只能出自这 8 条记录。

10.7　维度合并

在多维数据仓库建模时，如果维度属性中的两个组存在多对多关系时，应该将它们建模为不同的维度，并在事实表中构建针对这些维度的不同外键。另一种处理多对多关系的方法是，使用桥接表，将一个多对多关系转化为两个一对多关系。我们在 10.4 节中讨论的展开树也是一种典型的桥接表。事实表通过引用桥接表的一个代理键，同时关联到多个维度值。这样做的目的是消除数据冗余，保证数据一致性。多对多关系的常见示例包括：每个学生登记了许多课程，每个课程有许多学生；一名医生有许多患者，每个患者有许多医生；一个产品或服务属于多个类别，每个类别包含多个产品或服务等。从结构上来说，创建多对多维度关系的方式类似于在关系数据模型中创建多对多关系。

然而，有时会遇到一些情况，更适合将两个维度合并到单一维度中，而不是在事实表中引用两个不同维度的外键，或使用桥接表。例如，在一个飞行服务数据分析系统中，业务用户希望分析乘客购买机票的服务级别。此外，用户还希望方便地按照是否发生服务的升级或降级情况过滤并构建报表。最初的想法可能是建立两个角色扮演维度，一个表示最初购买的机票服务等级，另外一个表示实际乘机时的服务级别。可能还希望建立第三个维度表示升降级情况，否则 BI 应用需要包括用于区分众多升降级情况的逻辑，例如经济舱升级到商务舱，经济舱升级到头等舱，商务舱升级到头等舱等。但是，面对这个特殊场景，在维度表中只有用于区分头等舱、商务舱、经济舱的三行记录。同样，升降级标准维度表也仅包含三行，分别对应升级、降级、无变化。因为维度的基数太小，而且不会进行更新，所以可以选择将这些维度合并成单一服务级别变动维度，如表 10-3 所示。

表 10-3　服务级别变动维度

机票升降级主键	最初购买级别	实际乘坐级别	服务等级变动标识
1	经济舱	经济舱	无变化
2	经济舱	商务舱	升级
3	经济舱	头等舱	升级
4	商务舱	经济舱	降级
5	商务舱	商务舱	无变化
6	商务舱	头等舱	升级
7	头等舱	经济舱	降级
8	头等舱	商务舱	降级
9	头等舱	头等舱	无变化

不同维度的笛卡尔积将产生 9 行的维度表。在合并维度中还可以包含描述购买服务级别和乘坐服务级别之间的关系，例如表中的服务等级变动标识。应该将此类服务级别变动维度当成杂项维度。在此案例研究中，属性是紧密关联的。其他的航空事实表，例如，有效座位或机票购买，不可避免地需要引用包含 3 行的一致性机票等级维度表。

还有一种合并维度的情况，就是本来属性相同的维度，因为某种原因被设计成重复的维度属性。例如，在销售订单示例中，随着数据仓库中维度的增加，我们会发现有些通用的数据存在于多个维度中。例如，客户维度的客户地址相关信息、送货地址相关信息里都有邮编、城市和省份。下面说明如何把客户维度里的两个邮编相关信息合并到一个新的维度中。

1. 修改数据仓库模式

为了合并维度，需要改变数据仓库模式。图 10-8 显示了修改后的模式。新增了一个 zip_code_dim 邮编信息维度表，sales_order_fact 事实表的结构也做了相应的修改。注意图中只显示了与邮编维度相关的表。

zip_code_dim 维度表与销售订单事实表相关联。这个关系替换了事实表与客户维度的关系。sales_order_fact 表需要两个关系，一个关联到客户地址邮编；另一个关联到送货地址邮编，相应地增加了两个外键字段。再次强调，这里所说的外键是逻辑上的，Hive 没有物理外键约束。

下面说明用于修改数据仓库模式的脚本。

```
create table zip_code_dim (
    zip_code_sk int,
    zip_code int,
    city varchar(30),
    state varchar(2),
    version int,
    effective_date date,
    expiry_date date
)
clustered by (zip_code_sk) into 8 buckets
stored as orc tblproperties ('transactional'='true');
```

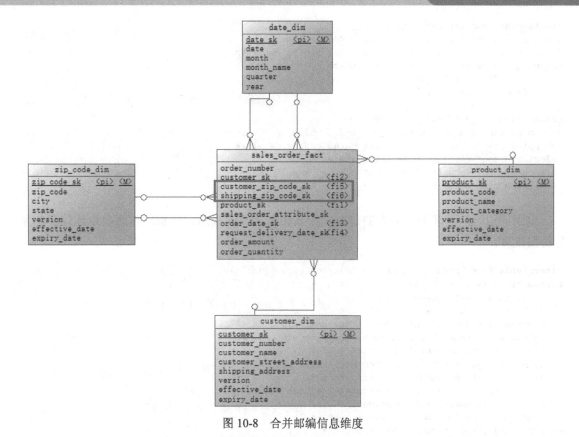

图 10-8　合并邮编信息维度

执行上面的语句创建邮编维度表。该维度表有邮编、城市、省份三个业务属性，和其他维度表一样，使用 ORC 存储类型。

```
insert into zip_code_dim
select row_number() over (order by t1.zip_code),
       customer_zip_code,
       customer_city,
       customer_state,
       1,'1900-01-01','2200-01-01'
  from (select distinct customer_zip_code, customer_city, customer_state
          from customer_dim
         where customer_zip_code is not null
         union
        select distinct shipping_zip_code, shipping_city, shipping_state
          from customer_dim
         where shipping_zip_code is not null) t1;
```

执行上面的语句初始装载邮编相关数据。初始数据是从客户维度表中来的，这只是为了演示数据装载的过程。客户的邮编信息很可能覆盖不到所有邮编，所以更好的方法是装载一个完整的邮编信息表。由于客户地址和送货地址可能存在交叉的情况，因此使用 union 联合两个查询。注意这里不能使用 union all，因为需要去除重复的数据。送货地址的三个字段是在 10.1 节后加的，在此之前数据的送货地址为空，邮编维度表中不能含有 NULL 值，所以要加上 where shipping_zip_code is not null 过滤条件去除邮编信息为 NULL 的数据行。

```
create view customer_zip_code_dim
(customer_zip_code_sk, customer_zip_code, customer_city,
 customer_state, version, effective_date, expiry_date) as
select zip_code_sk, zip_code, city, state,
version, effective_date, expiry_date
       from zip_code_dim;

create view shipping_zip_code_dim
(shipping_zip_code_sk, shipping_zip_code, shipping_city,
 shipping_state, version, effective_date, expiry_date) as
select zip_code_sk, zip_code, city, state,
version, effective_date, expiry_date
       from zip_code_dim;
```

上面的语句基于邮编维度表创建客户邮编和送货邮编视图，分别用作两个地理信息的角色扮演维度。

```
alter table sales_order_fact rename to sales_order_fact_old;
create table sales_order_fact(
   order_number int comment 'order number',
   customer_sk int comment 'customer SK',
   customer_zip_code_sk int comment 'customer zip code SK',
   shipping_zip_code_sk int comment 'shipping zip code SK',
   product_sk int comment 'product SK',
   sales_order_attribute_sk int comment 'sales order attribute SK',
   order_date_sk int comment 'order date SK',
   request_delivery_date_sk int comment 'request delivery date SK',
   order_amount decimal(10,2) comment 'order amount',
   order_quantity int comment 'order quantity')
clustered by (order_number) into 8 buckets
stored as orc tblproperties ('transactional'='true');
```

以上语句先将销售订单表改名以保存现有数据，然后新建一个销售订单事实表，增加客户邮编代理键和送货邮编代理键，引用两个邮编信息角色扮演维度。

```
insert into sales_order_fact
select t1.order_number,
       t1.customer_sk,
       t2.customer_zip_code_sk,
       t3.shipping_zip_code_sk,
       t1.product_sk,
       t1.sales_order_attribute_sk,
       t1.order_date_sk,
       t1.request_delivery_date_sk,
       t1.order_amount,
       t1.order_quantity
  from sales_order_fact_old t1
  left join
(select a.order_number order_number,
       c.customer_zip_code_sk customer_zip_code_sk
  from sales_order_fact_old a,
       customer_dim b,
       customer_zip_code_dim c
 where a.customer_sk = b.customer_sk
   and b.customer_zip_code = c.customer_zip_code) t2
  on t1.order_number = t2.order_number
  left join
(select a.order_number order_number,
```

```
         c.shipping_zip_code_sk shipping_zip_code_sk
  from sales_order_fact_old a,
       customer_dim b,
       shipping_zip_code_dim c
 where a.customer_sk = b.customer_sk
   and b.shipping_zip_code = c.shipping_zip_code) t3
  on t1.order_number = t3.order_number;
```

上面这条语句有些复杂。它是把数据备份表 sales_order_fact_old 中的数据装载回销售订单事实表，同时需要关联两个邮编角色维度视图，查询出两个代理键，装载到事实表中。注意老的事实表与新的邮编维度表是通过客户维度表关联起来的，所以在子查询中需要三表连接，然后用两个左外连接查询出所有原事实表数据，装载到新的增加了邮编维度代理键的事实表中。

```
alter table customer_dim rename to customer_dim_old;
create table customer_dim
(customer_sk int comment 'SK',
 customer_number int comment 'number',
 customer_name varchar(50) comment 'name',
 customer_street_address varchar(50) comment 'address',
 shipping_address varchar(50) comment 'shipping_address',
 version int comment 'version',
 effective_date date comment 'effective date',
 expiry_date date comment 'expiry date')
clustered by (customer_sk) into 8 buckets
stored as orc tblproperties ('transactional'='true');
insert into customer_dim
select customer_sk,
       customer_number,
       customer_name,
       customer_street_address,
       shipping_address,
       version,
       effective_date,
       expiry_date
  from customer_dim_old;
drop table customer_dim_old;

-- 修改 pa_customer_dim 表，同样将邮编相关字段删除
...
```

以上语句在客户维度表上删除客户和送货邮编及其他们的城市和省份列，因为是 ORC 表，所以需要重新组织数据。使用类似的语句修改 PA 维度子集表，代码从略。

2. 修改定期装载脚本

定期装载脚本有三个地方的修改：

（1）删除客户维度装载里所有邮编信息相关的列，因为客户维度里不再有客户邮编和送货邮编相关信息。

（2）在事实表中引用客户邮编视图和送货邮编视图中的代理键。

（3）修改 pa_customer_dim 装载，因为需要从销售订单事实表的 customer_zip_code_sk 获取客户邮编。

修改后的 regular_etl.sql 脚本如下所示（只列出修改的部分）。

```
-- 设置环境与时间窗口 ...
-- 装载 customer 维度
只需要注意去掉邮编信息的 6 个字段，别的逻辑没变
-- 装载 product 维度 ...


-- 装载销售订单事实表
-- 前一天新增的销售订单
insert into sales_order_fact
select
    a.order_number,
    c.customer_sk,
    i.customer_zip_code_sk,
    j.shipping_zip_code_sk,
    d.product_sk,
    g.sales_order_attribute_sk,
    e.order_date_sk,
    f.request_delivery_date_sk,
    order_amount,
    order_quantity
  from
    rds.sales_order a,
    customer_dim c,
    product_dim d,
    order_date_dim e,
    request_delivery_date_dim f,
    sales_order_attribute_dim g,
    customer_zip_code_dim i,
    shipping_zip_code_dim j,
    rds.customer k,
    rds.cdc_time l
 where a.customer_number = c.customer_number
and a.order_date >= c.effective_date
and a.order_date < c.expiry_date
and a.customer_number = k.customer_number
and k.customer_zip_code = i.customer_zip_code
and a.order_date >= i.effective_date
and a.order_date <= i.expiry_date
and k.shipping_zip_code = j.shipping_zip_code
and a.order_date >= j.effective_date
and a.order_date <= j.expiry_date
and a.product_code = d.product_code
and a.order_date >= d.effective_date
and a.order_date < d.expiry_date
and to_date(a.order_date) = e.order_date
and to_date(a.request_delivery_date) = f.request_delivery_date
and a.verification_ind = g.verification_ind
and a.credit_check_flag = g.credit_check_flag
and a.new_customer_ind = g.new_customer_ind
and a.web_order_flag = g.web_order_flag
and a.entry_date >= l.last_load and a.entry_date < l.current_load ;
-- 重载 pa 客户维度
truncate table pa_customer_dim;
insert into pa_customer_dim
select distinct a.*
  from customer_dim a,
       sales_order_fact b,
       customer_zip_code_dim c
 where c.customer_state = 'pa'
```

```
    and b.customer_zip_code_sk = c.customer_zip_code_sk
    and a.customer_sk = b.customer_sk;

-- 更新时间戳表的 last_load 字段
...
```

上面的脚本需要注意两个地方。装载事实表数据时，除了关联两个邮编维度视图外，还要关联过渡区的 rds.customer 表。这是因为要取得邮编维度代理键，必须连接邮编代码字段，而邮编代码已经从客户维度表中删除，只有在源数据的客户表中保留。第二个改变是 PA 子维度的装载。州代码已经从客户维度表删除，被放到了新的邮编维度表中，而客户维度和邮编维度并没有直接关系，它们是通过事实表的客户代理键和邮编代理键产生联系的，因此必须关联事实表、客户维度表、邮编维度表三个表才能取出 PA 子维度数据。这也就是把 PA 子维度的装载放到了事实表装载之后的原因。

3. 测试修改后的定期装载

按照以下步骤测试修改后的定期装载脚本。

（1）对源数据的客户邮编相关信息做一些修改。

（2）装载新的客户数据前，从 DW 库查询最后的客户和送货邮编，后面可以用改变后的信息和此查询的输出作对比。

（3）新增销售订单源数据。

（4）修改定期装载执行的时间窗口。

（5）执行定期装载。

（6）查询客户维度表、销售订单事实表和 PA 子维度表，确认数据已经正确装载。

10.8 分段维度

在客户维度中，最具有分析价值的属性就是各种分类，这些属性的变化范围比较大。对某个个体客户来说，可能的分类属性包括：性别、年龄、民族、职业、收入和状态，例如，新客户、活跃客户、不活跃客户、已流失客户等。在这些分类属性中，有一些能够定义成包含连续值的分段，例如年龄和收入这种数值型的属性，就可以分成连续的数值区间，而像状态这种描述性的属性，可能需要用户根据自己的实际业务仔细定义，通常定义的根据是某种可度量的数值。

组织还可能使用为其客户打分的方法刻画客户行为。分段维度模型通常以不同方式按照积分将客户分类，例如，基于他们的购买行为、支付行为、流失走向等。每个客户用所得的分数标记。

一个常用的客户评分及分析系统是考察客户行为的相关度（R）、频度（F）和强度（I），该方法被称为 RFI 方法。有时将强度替换为消费度（M），因此也被称为 RFM 度量。

相关度是指客户上次购买或访问网站距现在的天数。频繁度是指一段时间内客户购买或访问网站的次数，通常是指过去一年的情况。强度是指客户在某一固定时间周期中消费的总金额。在处理大型客户数据时，某个客户的行为可以按照如图 10-9 所示的 RFI 多维数据仓库建模。在此图中，每个维度形成一条数轴，某个轴的积分度量值从 1~5，代表某个分组的实际值，三条数轴组合构成客户积分立方体，每个客户的积分都在这个立方体之中。

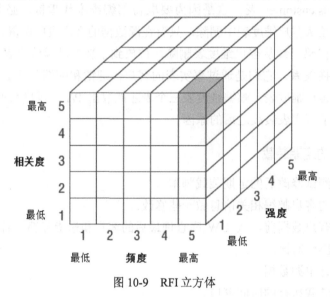

图 10-9　RFI 立方体

定义有意义的分组至关重要。应该由业务人员和数据仓库开发团队共同定义可能会利用的行为标识，更复杂的场景可能包含信用行为和回报情况，例如定义如下 8 个客户标识：

- A：活跃客户，信誉良好，产品回报多。
- B：活跃客户，信誉良好，产品回报一般。
- C：最近的新客户，尚未建立信誉等级。
- D：偶尔出现的客户，信誉良好。
- E：偶尔出现的客户，信誉不好。
- F：以前的优秀客户，最近不常见。
- G：只逛不买的客户，几乎没有效益。
- H：其他客户。

至此可以考察客户时间序列数据，并将某个客户关联到报表期间的最近分类中。例如，某个客户在最近 10 个考察期间的情况可以表示为：CCCDDAAABB。这一行为时间序列标记来自于固定周期度量过程，观察值是文本类型的，不能计算或求平均值，但是它们可以被查询。例如，可以发现在以前的第 5 个、第 4 个或第 3 个周期中获得 A 且在第 2 个或第 1 个周期中获得 B 的所有客户。通过这样的进展分析还可以发现那些可能失去的有价值的客户，进而用于提高产品回报率。

行为标记可能不会被当成普通事实存储，因为它虽然由事实表的度量所定义，但其本身不是度量值。行为标记的主要作用在于为前面描述的例子制定复杂的查询模式。推荐的处理行为标记的方法是为客户维度建立分段属性的时间序列。这样 BI 接口比较简单，因为列都在同一个表中，性能也较好，因此可以对它们建立时间戳索引。除了为每个行为标记时间周期建立不同的列，建立单一的包含多个连续行为标记的连接字符串，也是较好的一种方法，例如，CCCDDAAABB。该列支持通配符模糊搜索模式，例如，"D 后紧跟着 B"可以简单实现为"where flag like '%DB%'"。

下面以销售订单为例，说明分段维度的实现技术。分段维度包含连续的分段度量值。例如，年度销售订单分段维度可能包含有叫做"低""中""高"的三个档次，各档定义分别为消费额在 0.01 到 3000、3000.01 到 6000.00、6000.01 到 99999999.99 区间。如果一个客户的年度销售订单金额累计为 1000，则被归为"低"档。分段维度可以存储多个分段集合。例如，可能有一个用于促销分析的分段集合，另一个用于市场细分，可能还有一个用于销售区域计划。分段一般由用户定义，而且很少能从源事务数据直接获得。

1. 年度销售订单星型模式

为了实现年度订单分段维度，我们需要两个新的星型模式，如图 10-10 所示。

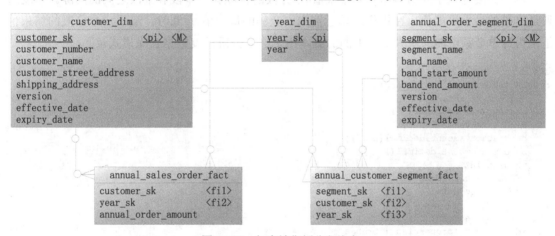

图 10-10　年度销售额分段维度

第一个星型模式由 annual_sales_order_fact 事实表、customer_dim 维度表和 year_dim 维度表构成。年维度是新建的维度表，是日期维度的子集。年度销售额事实表存储客户一年的消费总额，数据从现有的销售订单事实表汇总而来。第二个星型模式由 annual_customer_segment_fact 事实表、annual_order_segement_dim 维度表、customer_dim 维度表和 year_dim 维度表构成。客户年度分段事实表中没有度量，只有来自三个相关维度表的代理键，因此它是一个无事实的事实表，存储的数据实际上就是前面所说的行为标记时间序列。11.4 节将详细讨论无事实的事实表技术。年度订单分段维度表用于存储分段的定义，在本例中，它只与年度分段事实表有关系。

如果多个分段的属性相同，可以将它们存储到单一维度表中，因为分段通常都有很小的基数。本例中 annual_order_segment_dim 表存储了"project"和"grid"两种分段集合，它们都是按照客户的年度销售订单金额将其分类。分段维度按消费金额的定义如表 10-4 所示，project 分六段，grid 分三段。

表 10-4 客户年度消费分段维度定义

分段类别	分段名称	开始值	结束值
Project	bottom	0.01	2500.00
Project	low	2500.01	3000.00
Project	mid-low	3000.01	4000.00
Project	mid	4000.00	5500.00
Project	mid-high	5500.01	6500.00
Project	top	6500.01	99999999.99
Grid	low	0.01	3000.00
Grid	mid	3000.01	6000.00
Grid	high	6000.01	99999999.99

每一分段有一个开始值和一个结束值。 分段的粒度就是本段和下段之间的间隙。粒度必须是度量的最小可能值，在销售订单示例中，金额的最小值是 0.01。最后一个分段的结束值是销售订单金额可能的最大值。下面的脚本用于建立分段维度数据仓库模式。

```
use dw;
create table annual_order_segment_dim (
    segment_sk int,
    segment_name varchar(30),
    band_name varchar(50),
    band_start_amount decimal(10,2),
    band_end_amount decimal(10,2),
    version int,
    effective_date date,
    expiry_date date
)
clustered by (segment_sk) into 8 buckets
stored as orc tblproperties ('transactional'='true');

insert into annual_order_segment_dim
values (1, 'project', 'bottom', 0.01, 2500.00,
1, '1900-01-01', '2200-01-01');
insert into annual_order_segment_dim
values (2, 'project', 'low', 2500.01, 3000.00,
1, '1900-01-01', '2200-01-01');
insert into annual_order_segment_dim
values (3, 'project', 'mid-low', 3000.01, 4000.00,
1, '1900-01-01', '2200-01-01');
insert into annual_order_segment_dim
values (4, 'project', 'mid', 4000.01, 5500.00,
1, '1900-01-01', '2200-01-01');
insert into annual_order_segment_dim
values (5, 'project', 'mid_high', 5500.01, 6500.00,
1, '1900-01-01', '2200-01-01');
insert into annual_order_segment_dim
values (6, 'project', 'top', 6500.01, 99999999.99,
1, ' 1900-01-01', '2200-01-01');
```

```
insert into annual_order_segment_dim
values (7, 'grid', 'low', 0.01, 3000,
1, '1900-01-01', '2200-01-01');
insert into annual_order_segment_dim
values (8, 'grid', 'med', 3000.01, 6000.00,
1, ' 1900-01-01', '2200-01-01');
insert into annual_order_segment_dim
values (9, 'grid', 'high', 6000.01, 99999999.99,
1, '1900-01-01', '2200-01-01');

create table year_dim (
    year_sk int,
    year int
);

create table annual_sales_order_fact (
    customer_sk int,
    year_sk int,
    annual_order_amount decimal(10, 2)
);

create table annual_customer_segment_fact (
    segment_sk int,
    customer_sk int,
    year_sk int
);
```

上面的语句新建四个表，包括年份维度表、分段维度表、年度销售事实表和年度客户消费分段事实表。在这四个表中，只有分段维度表采用 ORC 文件格式，因此使用 insert into...values 向该表语句插入 9 条分段定义数据，并且该表需要 SCD 处理。其他三个表没有行级更新的需求，所以使用 Hive 默认的文本文件格式。

2. 初始装载

执行下面的脚本初始装载分段相关数据。

```
use dw;

insert into year_dim
select row_number() over (order by t1.year), year
  from (select distinct year year from order_date_dim) t1;

insert into annual_sales_order_fact
select a.customer_sk,
       year_sk,
       sum(order_amount)
  from sales_order_fact a,
       year_dim c,
       order_date_dim d
 where a.order_date_sk = d.order_date_sk
   and c.year = d.year
   and d.year < 2017
 group by a.customer_sk, c.year_sk;

insert into annual_customer_segment_fact
select d.segment_sk,
       a.customer_sk,
```

```
            a.year_sk
    from annual_sales_order_fact a,
         annual_order_segment_dim d
  where annual_order_amount >= band_start_amount
    and annual_order_amount <= band_end_amount;
```

初始装载脚本将订单日期角色扮演维度表（date_dim 表的一个视图）里的去重年份数据导入年份维度表，将销售订单事实表中按年客户和分组求和的汇总金额数据导入年度销售事实表。因为装载过程不能导入当年的数据，所以使用 year < 2017 过滤条件作为演示。这里是按客户代理键 customer_sk 分组求和来判断分段，实际情况可能是以 customer_number 进行分组的，因为无论客户的 SCD 属性如何变化，一般还是认为是一个客户。将年度销售事实表与分段维度表关联，把年份、客户和分段三个维度的代理键插入年度客户消费分段事实表。注意，数据装载过程中并没有引用客户维度表，因为客户代理键可以直接从销售订单事实表得到。分段定义中，每个分段结束值与下一分段的开始值是连续的，并且分段之间不存在数据重叠，所以装载分段事实表时，订单金额判断条件两端都使用闭区间。

执行初始装载脚本后，使用下面的语句查询客户分段事实表，确认装载的数据是正确的。

```
select a.customer_sk csk,
        a.year_sk ysk,
        annual_order_amount amt,
        segment_name sn,
        band_name bn
  from annual_customer_segment_fact a,
       annual_order_segment_dim b,
       year_dim c,
       annual_sales_order_fact d
 where a.segment_sk = b.segment_sk
   and a.year_sk = c.year_sk
   and a.customer_sk = d.customer_sk
   and a.year_sk = d.year_sk
cluster by csk, ysk, sn, bn;
```

3. 定期装载

除了无须装载年份表以外，定期装载与初始装载类似。年度销售事实表里的数据被导入分段事实表。每年调度执行下面的定期装载脚本，此脚本装载前一年的销售数据。

```
use dw;

insert into annual_sales_order_fact
select a.customer_sk,
       year_sk,
       sum(order_amount)
  from sales_order_fact a,
       year_dim c,
       order_date_dim d
 where a.order_date_sk = d.order_date_sk
   and c.year = d.year
   and d.year = year(current_date) - 1
 group by a.customer_sk, c.year_sk;
```

```
insert into annual_customer_segment_fact
select d.segment_sk,
       a.customer_sk,
       c.year_sk
  from annual_sales_order_fact a,
       year_dim c,
       annual_order_segment_dim d
 where a.year_sk = c.year_sk
   and c.year = year(current_date) - 1
   and annual_order_amount >= band_start_amount
   and annual_order_amount <= band_end_amount;
```

10.9 小结

（1）给 ORC 存储格式的表增加列时，不能直接使用 alter table 语句，只有通过新建表并重新组织数据的方式才能正常执行。

（2）修改数据仓库模式时，要注意空值的处理，必要时使用<=>符号代替等号。

（3）子维度通常有包含属性子集的子维度和包含行子集的子维度两种。常用视图实现子维度。

（4）单个物理维度可以被事实表多次引用，每个引用连接逻辑上存在差异的角色扮演维度。视图和表别名是实现角色扮演维度的两种常用方法。

（5）处理层次维度时，经常使用 grouping__id、rollup、collect_set、concat_ws 等函数。Hive 也可以处理递归树的平面化、树的展开、递归查询等问题。

（6）除了业务主键外没有其他内容的维度表通常是退化维度。将业务主键作为一个属性加入到事实表中是处理退化维度的适当方式。

（7）杂项维度就是一种包含的数据具有很少可能值的维度。有时与其为每个标志或属性定义不同的维度，不如建立单独的将不同维度合并到一起的杂项维度。

（8）如果几个相关维度的基数都很小，或者具有多个公共属性时，可以考虑将它们进行维度合并。

（9）分段维度的定义中包含连续的分段度量值，通常用作客户维度的行为标记时间序列，分析客户行为。

第 11 章

◀ 事实表技术 ▶

上一章里介绍了几种基本的维度表技术，并用示例演示了每种技术的实现过程。本章说明多维数据仓库中常见的事实表技术。

下面将讲述 5 种基本事实表扩展技术，分别是周期快照、累积快照、无事实的事实表、迟到的事实和累积度量。和讨论维度表技术一样，也会从概念开始认识这些技术，继而给出常见的使用场景，最后以销售订单数据仓库为例，给出实现代码和测试过程。实现中会修改数据仓库模式和相关 ETL 脚本。

11.1 事实表概述

发生在业务系统中的操作型事务，其所产生的可度量数值，存储在事实表中，从最细节粒度级别看，事实表和操作型事务表的数据有一一对应的关系。因此，数据仓库中事实表的设计应该依赖于业务系统，而不受可能产生的最终报表影响。除数字类型的度量外，事实表总是包含所引用维度表的外键，也能包含可选的退化维度键或时间戳。数据分析的实质就是基于事实表开展计算和聚合操作。

事实表中的数字度量值可划分为可加、半可加、不可加三类。可加性度量可以按照与事实表关联的任意维度汇总，就是说按任何维度汇总得到的度量和是相同的，事实表中的大部分度量属于此类。半可加度量可以对某些维度汇总，但不能对所有维度汇总。余额是常见的半可加度量，除了时间维度外，它们可以跨所有维度进行加法操作。另外，还有些度量是完全不可加的，例如比例。对不可加度量，较好的处理方法是尽可能存储构成不可加度量的可加分量，如构成比例的分子和分母，并将这些分量汇总到最终的结果集合中，而对不可加度量的计算通常发生在 BI 层或 OLAP 层。

事实表中可以存在空值度量。所有聚合函数，如 sum、count、min、max、avg 等均可针对空值度量计算，其中 sum、count(字段名)、min、max、avg 会忽略空值，而 count(1)或 count(*)在计数时会将空值包含在内。然而，事实表中的外键不能存在空值，否则会导致违反参照完整性的情况发生。关联的维度表必须用默认代理键而不是空值表示未知的条件。

很多情况下数据仓库需要装载如下三种不同类型的事实表。

- 事务事实表：以每个事务或事件为单位，例如一个销售订单记录、一笔转账记录等，作为事实表里的一行数据。这类事实表可能包含精确的时间戳和退化维度键，其度量值必须与事务粒度保持一致。销售订单数据仓库中的 sales_order_fact 表就是事务事实表。
- 周期快照事实表：这种事实表里并不保存全部数据，只保存固定时间间隔的数据，例如每天或每月的销售额，或每月的账户余额等。
- 累积快照事实表：累积快照用于跟踪事实表的变化。例如，数据仓库可能需要累积或存储销售订单从下订单的时间开始，到订单中的商品被打包、运输和到达的各阶段的时间点数据来跟踪订单生命周期的进展情况。当这个过程进行时，随着以上各种时间的出现，事实表里的记录也要不断更新。

11.2 周期快照

周期快照事实表中的每行汇总了发生在某一标准周期，如一天、一周或一月的多个度量。其粒度是周期性的时间段，而不是单个事务。周期快照事实表通常包含许多数据的总计，因为任何与事实表时间范围一致的记录都会被包含在内。在这些事实表中，外键的密度是均匀的，因为即使周期内没有活动发生，通常也会在事实表中为每个维度插入包含 0 或空值的行。

周期快照在库存管理和人力资源系统中有比较广泛的应用。商店的库存优化水平对连锁企业的获利将产生巨大影响。需要确保正确的产品处于正确的商店中，在正确的时间尽量减少出现脱销的情况，并减少总的库存管理费用。零售商希望通过产品和商店分析每天保有商品的库存水平。在这个场景下，我们希望分析的业务过程是零售商店库存的每日周期快照。在人力资源管理系统中，除了为员工建立档案外，还希望获得员工状态的例行报告，包括员工数量、支付的工资、假期天数、新增员工数量、离职员工数量，晋升人员数量等。这时需要建立一个每月员工统计周期快照。

周期快照是在一个给定的时间对事实表进行一段时期的总计。有些数据仓库用户，尤其是业务管理者或者运营部门，经常要看某个特定时间点的汇总数据。下面在示例数据仓库中创建一个月销售订单周期快照，用于按产品统计每个月总的销售订单金额和产品销售数量。

1. 修改数据仓库模式

需求是要按产品统计每个月的销售金额和销售数量。单从功能上看，此数据能够从事务事实表中直接查询得到。例如，要取得 2016 年 7 月的销售数据，可以使用以下的语句查询：

```
select b.month_sk, a.product_sk, sum(order_amount), sum(order_quantity)
  from sales_order_fact a,
               month_dim b,
        order_date_dim d
 where a.order_date_sk = d.order_date_sk
   and b.month = d.month
   and b.year = d.year
   and b.month = 7
   and b.year = 2016
 group by b.month_sk, a.product_sk ;
```

只要将年、月参数传递给这条查询语句，就可以获得任何年月的统计数据。但即便是在如此简单的场景下，我们仍然需要建立独立的周期快照事实表。事务事实表的数据量都会很大，如果每当需要月销售统计数据时，都从最细粒度的事实表查询，那么性能将会差到不堪忍受的程度。再者，月统计数据往往只是下一步数据分析的输入信息，有时把更复杂的逻辑放到一个单一的查询语句中效率会更差。因此，好的做法是将事务型事实表作为一个基石事实数据，以此为基础，向上逐层建立需要的快照事实表。图 11-1 中的模式显示了一个名为 month_end_sales_order_fact 的周期快照事实表。

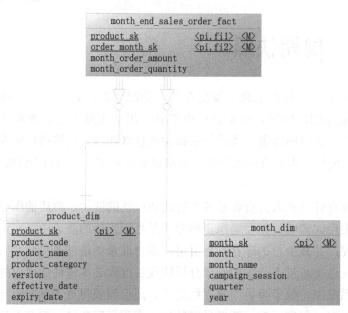

图 11-1 月销售统计周期快照事实表

新的周期快照事实表中有两个度量值，即 month_order_amount 和 month_order_quantity。这两个值是不能加到 sales_order_fact 表中的，原因是，sales_order_fact 表和新的度量值有不同的时间属性，也即数据的粒度不同。sales_order_fact 表包含的是单一事务记录。新的度量值包含的是每月的汇总数据。销售周期快照是一个普通的引用两个维度的事实表。月份维度表包含以月为粒度的销售周期描述符。产品代理键对应有效的产品维度行，也就是给定报告月的最后一天对应的产品代理键，以保证月末报表是对当前产品信息的准确描述。快照中的事实包含每月的数字度量和计数，它们是可加的。该快照事实表使用 ORC 存储格式。使用下面的脚本建立 month_end_sales_order_fact 表。

```
use dw;
create table month_end_sales_order_fact (
    order_month_sk int comment 'order month SK',
    product_sk int comment 'product SK',
    month_order_amount decimal(10,2) comment 'month order amount',
    month_order_quantity int comment 'month order quantity'
)
clustered by (order_month_sk) into 8 buckets
stored as orc tblproperties ('transactional'='true');
```

2. 编写快照表数据装载脚本

建立 month_end_sales_order_fact 表后，现在需要向表中装载数据。实际装载时，月销售周期快照事实表的数据源是已有的销售订单事务事实表，而并没有关联产品维度表。之所以可以这样做，是因为总是先处理事务事实表，再处理周期快照事实表，并且事务事实表中的产品代理键就是当时有效的产品描述。这样做还有一个好处是，不必要非在 1 号装载上月的数据，这点在后面修改工作流时会详细说明。month_sum.sql 脚本文件用于装载月销售订单周期快照事实表，该文件内容如下。

```
-- 设置变量以支持事务
set hive.support.concurrency=true;
set hive.exec.dynamic.partition.mode=nonstrict;
set hive.txn.manager=org.apache.hadoop.hive.ql.lockmgr.dbtxnmanager;
set hive.compactor.initiator.on=true;
set hive.compactor.worker.threads=1;

use dw;
-- 上月某日期
set hivevar:pre_month_date = add_months(current_date,-1);
-- 幂等操作，先删除上月数据
delete from month_end_sales_order_fact
 where month_end_sales_order_fact.order_month_sk in
 (select month_sk
    from month_dim
   where month = month(${hivevar:pre_month_date})
     and year = year(${hivevar:pre_month_date}));

-- 插入上月销售汇总数据
insert into month_end_sales_order_fact
select b.month_sk,
       nvl(a.product_sk,'N/A'),
       sum(order_amount),
       sum(order_quantity)
  from order_date_dim d
  left join sales_order_fact a on d.order_date_sk = a.order_date_sk
 inner join month_dim b on b.month = d.month and b.year = d.year
   and b.month = month(${hivevar:pre_month_date})
   and b.year = year(${hivevar:pre_month_date})
 group by b.month_sk, a.product_sk ;
```

前面曾经提到过，周期快照表的外键密度是均匀的，因此这里使用外连接关联订单日期维度和事务事实表。即使上个月没有任何销售记录，周期快照中仍然会有一行记录。在这种情况下，周期快照记录中只有月份代理键，而产品代理键的值为预定义的'N/A'，这可以通过 nvl 函数实现，度量则为空值。严格地说产品维度表中应该增加'N/A'这样一行表示没有对应产品时的默认值。

每个月给定的任何一天，在每天销售订单定期装载执行完后，执行 month_sum.sql 脚本，装载上个月的销售订单汇总数据。为此需要修改 Oozie 的工作流定义。

3. 修改工作流作业配置文件

需要在 9.3 节中创建的 workflow.xml 工作流定义文件中增加月底销售周期快照的数据装载部分，修改后的文件内容如下（只列出了增加的部分）：

```
... start 节点 ...
... fork 节点 ...
... 三个并行执行的 Sqoop 节点 ...
... join 节点 ...
... regular_etl.sql 脚本的 Hive 节点 ...

    <decision name="decision-node">
        <switch>
          <case to="month-sum">
               ${date eq 20}
          </case>
          <default to="end"/>
        </switch>
    </decision>

    <action name="month-sum">
        <hive xmlns="uri:oozie:hive-action:0.2">
            <job-tracker>${jobTracker}</job-tracker>
            <name-node>${nameNode}</name-node>
            <job-xml>/tmp/hive-site.xml</job-xml>
            <script>/tmp/month_sum.sql</script>
        </hive>
        <ok to="end"/>
        <error to="fail"/>
    </action>

... kill 节点 ...
... end 节点 ...
```

在该配置文件中增加了一个名为 decision-node 的 decision 控制节点，用来判断 date 参数的值。当 date 等于 20 时，转到 month-sum 动作节点，否则转到 end 节点结束工作流。month-sum 也是一个 Hive 动作节点，执行 month_sum.sql 文件装载周期快照事实表，成功执行后转到 end 节点结束。很明显，本例中 decision 节点的作用就是控制在并且只在一个月当中的某一天执行周期快照表的数据装载，其他日期不做这步操作。之所以这里是 20 是为了方便测试。month_sum.sql 文件中使用的是 add_months(current_date,-1)取上个月的年月，因此不必要非得 1 号执行，任何一天都可以。这个工作流定义保证了每月汇总只有在每天汇总执行完后才执行，并且每月只执行一次。工作流的 DAG 如图 11-2 所示。

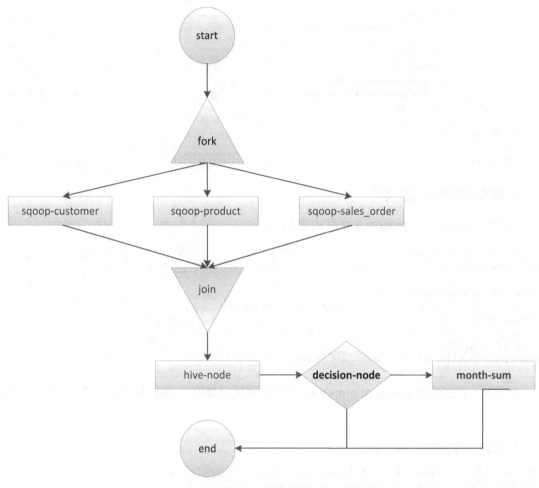

图 11-2　增加了周期快照装载的工作流

4. 修改协调作业配置文件

需要在调度作业配置文件中增加 date 属性的定义。调度执行工作流时，该属性的值会作为实参传入 workflow.xml 工作流定义文件中。修改后的 coordinator.xml 文件内容如下：

```
<coordinator-app name="regular_etl-coord" frequency="${coord:days(1)}" start="${start}"
end="${end}" timezone="${timezone}" xmlns="uri
:oozie:coordinator:0.1">
    <action>
        <workflow>
            <app-path>${workflowAppUri}</app-path>
            <configuration>
                <property>
                    <name>jobTracker</name>
                    <value>${jobTracker}</value>
                </property>
                <property>
                    <name>nameNode</name>
                    <value>${nameNode}</value>
                </property>
```

```
            <property>
                <name>queueName</name>
                <value>${queueName}</value>
            </property>
            <property>
                <name>date</name>
                <value>${date}</value>
            </property>
        </configuration>
    </workflow>
  </action>
</coordinator-app>
```

5. 修改协调作业属性文件

修改后的 job-coord.properties 文件内容如下：

```
nameNode=hdfs://cdh2:8020
jobTracker=cdh2:8032
queueName=default
oozie.use.system.libpath=true
oozie.coord.application.path=${nameNode}/user/${user.name}
timezone=UTC
start=2016-07-20T01:30Z
end=2020-12-31T01:30Z
workflowAppUri=${nameNode}/user/${user.name}
```

对比 9.3 节创建的 job-coord.properties 文件，这里只修改了 start 和 end 属性的值以用于测试。

6. 部署工作流和协调作业

```
hdfs dfs -put -f coordinator.xml /user/root/
hdfs dfs -put -f /root/workflow.xml /user/root/
hdfs dfs -put -f /etc/hive/conf.cloudera.hive/hive-site.xml /tmp/
hdfs dfs -put -f /root/mysql-connector-java-5.1.38/mysql-connector-java-5.1.38-bin.jar /tmp/
hdfs dfs -put -f /root/regular_etl.sql /tmp/
hdfs dfs -put -f /root/month_sum.sql /tmp/
```

将所有相关文件从本地上传到 HDFS 对应目录中，如果文件已经存在则覆盖。

7. 运行协调作业进行测试

执行下面的 shell 命令运行 Oozie 工作流：

```
oozie job -oozie http://cdh2:11000/oozie -config /root/job-coord.properties -run -D
date=`date +"%d"`
```

注意这里使用-D 命令行参数设置 coordinator.xml 文件中定义的 date 属性的值。命令行设置的属性值优先级高于属性文件中的设置。date +"%d" shell 命令返回按月计的日期，例如 01、20 等。到了 9 点半工作流开始运行，执行完全成功后，month_end_sales_order_fact 表中应该已经有了上个月的销售订单汇总数据。

周期快照粒度表示一种常规性的重复的度量或度量集合，比如每月报表。这类事实表通常包括一个单一日期列,表示一个周期。周期快照的事实必须满足粒度需求,仅描述适合于所定义周期的时间范围的度量。周期快照是一种常见的事实表类型,通常用于表示账户余额、每月财务报表以及库存余额等。周期快照的周期通常是天、周或月等。

周期快照具有与事务粒度事实表类似的装载特性,插入数据的过程类似。传统上,周期快照在适当的时期结束时将被装载,就像示例演示的那样。还有常见的一种做法是,滚动式地添加周期快照记录。在满足以下两个条件时,往往采用滚动式数据装载。一是事务数据量非常大,以至于装载一个月的快照需要很长时间;二是快照的度量是可增加的。例如,我们可以建立每日销售周期快照,数据从事务事实表汇总而来,然后月快照数据从每日快照汇总。这样能够把一个大的查询分散到每一天进行。

11.3 累积快照

累积快照事实表用于定义业务过程开始、结束以及期间的可区分的里程碑事件。通常在此类事实表中针对过程中的关键步骤都包含日期外键,并包含每个步骤的度量,这些度量的产生一般都会滞后于数据行的创建时间。累积快照事实表中的一行,对应某一具体业务的多个状态。例如,当订单产生时会插入一行,当该订单的状态改变时,累积事实表行被访问并修改。这种对累积快照事实表行的一致性修改在三种类型的事实表中具有独特性,对于前面介绍的两类事实表只追加数据,不会对已经存在的行进行更新操作。除了日期外键与每个关键过程步骤关联外,累积快照事实表中还可以包含其他维度和可选退化维度的外键。

累积快照事实表在库存、采购、销售、电商等业务领域都有广泛应用。比如在电商订单里面,下单的时候只有下单时间,但是在支付的时候,又会有支付时间,同理,还有发货时间,完成时间等。下面以销售订单数据仓库为例,讨论累积快照事实表的实现。

假设希望跟踪以下 5 个销售订单的里程碑:下订单、分配库房、打包、配送和收货,分别用状态 N、A、P、S、R 表示。这 5 个里程碑的日期及其各自的数量来自源数据库的销售订单表。一个订单完整的生命周期由 5 行数据描述:下订单时生成一条销售订单记录;订单商品被分配到相应库房时,新增一条记录,存储分配时间和分配数量;产品打包时新增一条记录,存储打包时间和数量;类似的,订单配送和订单客户收货时也都分别新增一条记录,保存各自的时间戳与数量。为了简化示例,不考虑每种状态出现多条记录的情况(例如,一条订单中的产品可能是在不同时间点分多次出库),并且假设这 5 个里程碑是以严格的时间顺序正向进行的。

对订单的每种状态新增记录只是处理这种场景的多种设计方案之一。如果里程碑的定义良好并且不会轻易改变,也可以考虑在源订单事务表中新增每种状态对应的数据列,例如,新增 8 列,保存每个状态的时间戳和数量。新增列的好处是仍然能够保证订单号的唯一性,并保持相对较少的记录数。但是,这种方案还需要额外增加一个 last_modified 字段记录订单的最后修改时间,用于 Sqoop 增量数据抽取。因为每条订单在状态变更时都会被更新,所以订单号字段已经不能作为变化数据捕获的比较依据。

1. 修改数据库模式

执行下面的脚本将源数据库中销售订单事务表结构做相应改变，以处理 5 种不同的状态。

```
-- mysql
use source;
-- 修改销售订单事务表
alter table sales_order
    change order_date status_date datetime,
    add order_status varchar(1) after status_date,
    change order_quantity quantity int;

-- 删除 sales_order 表的主键
alter table sales_order change order_number order_number int not null;
alter table sales_order drop primary key;

-- 建立新的主键
alter table sales_order add id int unsigned not null auto_increment
primary key comment '主键' first;
```

说明：

- 将 order_date 字段改名为 status_date，因为日期不再单纯指订单日期，而是指变为某种状态日期。
- 将 order_quantity 字段改名为 quantity，因为数量变为某种状态对应的数量。
- 在 status_date 字段后增加 order_status 字段，存储 N、A、P、S、R 等订单状态之一。它描述了 status_date 列对应的状态值，例如，如果一条记录的状态为 N，则 status_date 列是下订单的日期。如果状态是 R，status_date 列是收货日期。
- 每种状态都会有一条订单记录，这些记录具有相同的订单号，因此订单号不能再作为事务表的主键，需要删除 order_number 字段上的自增属性与主键约束。
- 新增 id 字段作为销售订单表的主键，它是表中的第一个字段。

依据源数据库事务表的结构，执行下面的脚本修改 Hive 中相应的过渡区表。

```
use rds;
alter table sales_order
change order_date status_date timestamp comment 'status date';
alter table sales_order
change order_quantity quantity int comment 'quantity';
alter table sales_order
add columns (order_status varchar(1) comment 'order status');
```

说明：

- 将销售订单事实表中 order_date 和 order_quantity 字段的名称修改为与源表一致。
- 增加订单状态字段。

- rds.sales_order 并没有增加 id 列，原因有两个：一是该列只作为增量检查列，不用在过渡表中存储；二是不需要再重新导入已有数据。

执行下面的脚本将数据仓库中的事务事实表改造成累积快照事实表。

```sql
use dw;
-- 事实表增加八列
alter table sales_order_fact rename to sales_order_fact_old;
create table sales_order_fact
(
  order_number int comment 'order number',
  customer_sk int comment 'customer SK',
  customer_zip_code_sk int comment 'customer zip code SK',
  shipping_zip_code_sk int comment 'shipping zip code SK',
  product_sk int comment 'product SK',
  sales_order_attribute_sk int comment 'sales order attribute SK',
  order_date_sk int comment 'order date SK',
  allocate_date_sk int comment 'allocate date SK',
  allocate_quantity int comment 'allocate quantity',
  packing_date_sk int comment 'packing date SK',
  packing_quantity int comment 'packing quantity',
  ship_date_sk int comment 'ship date SK',
  ship_quantity int comment 'ship quantity',
  receive_date_sk int comment 'receive date SK',
  receive_quantity int comment 'receive quantity',
  request_delivery_date_sk int comment 'request delivery date SK',
  order_amount decimal(10,2) comment 'order amount',
  order_quantity int comment 'order quantity'
)
clustered by (order_number) into 8 buckets
stored as orc tblproperties ('transactional'='true');
insert into sales_order_fact
select order_number,
       customer_sk,
       customer_zip_code_sk,
       shipping_zip_code_sk,
       product_sk,
       sales_order_attribute_sk,
       order_date_sk,
       null, null, null, null, null, null, null, null,
       request_delivery_date_sk,
       order_amount,
       order_quantity
  from sales_order_fact_old;
drop table sales_order_fact_old;

-- 建立 4 个日期维度视图
create view allocate_date_dim
(allocate_date_sk, allocate_date, month, month_name, quarter, year)
as
select date_sk, date, month, month_name, quarter, year
  from date_dim ;

create view packing_date_dim
(packing_date_sk, packing_date, month, month_name, quarter, year)
as
select date_sk, date, month, month_name, quarter, year
  from date_dim ;
```

```
create view ship_date_dim
(ship_date_sk, ship_date, month, month_name, quarter, year)
as
select date_sk, date, month, month_name, quarter, year
  from date_dim ;

create view receive_date_dim
(receive_date_sk, receive_date, month, month_name, quarter, year)
as
select date_sk, date, month, month_name, quarter, year
  from date_dim ;
```

说明：

- 在销售订单事实表中新增加 8 个字段存储 4 个状态的日期代理键和度量值。
- 新增 8 个字段的初始值为空。
- 建立 4 个日期角色扮演维度视图，用来获取相应状态的日期代理键。
- ORC 表增加字段需要重建表以重新组织数据。

2. 重建 Sqoop 作业

使用下面的脚本重建 Sqoop 作业，因为源表会有多个相同的 order_number，所以不能再用它作为检查字段，将检查字段改为 id。抽取的字段名称也要做相应修改。

```
last_value=`sqoop job --show myjob_incremental_import --meta-connect
jdbc:hsqldb:hsql://cdh2:16000/sqoop | grep incremental.last.value | awk '{print $3}'`
sqoop job --delete myjob_incremental_import --meta-connect
jdbc:hsqldb:hsql://cdh2:16000/sqoop
sqoop job \
--meta-connect jdbc:hsqldb:hsql://cdh2:16000/sqoop \
--create myjob_incremental_import \
-- \
import \
--connect "jdbc:mysql://cdh1:3306/source?useSSL=false&user=root&password=mypassword" \
--table sales_order \
--columns "order_number, customer_number, product_code, status_date, entry_date,
order_amount, quantity, request_delivery_date, verification_ind, credit_check_flag,
new_customer_ind, web_order_flag, order_status" \
--hive-import \
--hive-table rds.sales_order \
--incremental append \
--check-column id \
--last-value $last_value
```

3. 修改定期装载 regular_etl.sql 文件

需要依据数据库模式修改定期装载的 HiveQL 脚本，修改后的脚本如下所示（只列出修改的部分）。

```
-- 设置环境与时间窗口 ...
-- 装载 customer 维度 ...
-- 装载 product 维度 ...
-- 装载销售订单事实表
-- 前一天新增的销售订单
```

```
insert into sales_order_fact
select
    a.order_number,
    c.customer_sk,
    i.customer_zip_code_sk,
    j.shipping_zip_code_sk,
    d.product_sk,
    g.sales_order_attribute_sk,
    e.order_date_sk,
    null, null, null, null, null, null, null, null,
    f.request_delivery_date_sk,
    order_amount,
    quantity
  from
    rds.sales_order a,
    customer_dim c,
    product_dim d,
    order_date_dim e,
    request_delivery_date_dim f,
    sales_order_attribute_dim g,
    customer_zip_code_dim i,
    shipping_zip_code_dim j,
    rds.customer k,
    rds.cdc_time l
 where a.order_status = 'N'
and a.customer_number = c.customer_number
and a.status_date >= c.effective_date
and a.status_date < c.expiry_date
and a.customer_number = k.customer_number
and k.customer_zip_code = i.customer_zip_code
and a.status_date >= i.effective_date
and a.status_date <= i.expiry_date
and k.shipping_zip_code = j.shipping_zip_code
and a.status_date >= j.effective_date
and a.status_date <= j.expiry_date
and a.product_code = d.product_code
and a.status_date >= d.effective_date
and a.status_date < d.expiry_date
and to_date(a.status_date) = e.order_date
and to_date(a.request_delivery_date) = f.request_delivery_date
and a.verification_ind = g.verification_ind
and a.credit_check_flag = g.credit_check_flag
and a.new_customer_ind = g.new_customer_ind
and a.web_order_flag = g.web_order_flag
and a.entry_date >= l.last_load and a.entry_date < l.current_load ;

-- 更新分配库房时间代理键和度量
drop table if exists tmp;
create table tmp as
select t0.order_number order_number,
       t0.customer_sk customer_sk,
       t0.customer_zip_code_sk customer_zip_code_sk,
       t0.shipping_zip_code_sk shipping_zip_code_sk,
       t0.product_sk product_sk,
       t0.sales_order_attribute_sk sales_order_attribute_sk,
       t0.order_date_sk order_date_sk,
       t2.allocate_date_sk allocate_date_sk,
       t1.quantity allocate_quantity,
       t0.packing_date_sk packing_date_sk,
       t0.packing_quantity packing_quantity,
```

```
      t0.ship_date_sk ship_date_sk,
      t0.ship_quantity ship_quantity,
      t0.receive_date_sk receive_date_sk,
      t0.receive_quantity receive_quantity,
      t0.request_delivery_date_sk request_delivery_date_sk,
      t0.order_amount order_amount,
      t0.order_quantity order_quantity
  from sales_order_fact t0,
      rds.sales_order t1,
      allocate_date_dim t2,
      rds.cdc_time t4
 where t0.order_number = t1.order_number and t1.order_status = 'A'
   and to_date(t1.status_date) = t2.allocate_date
   and t1.entry_date >= t4.last_load and t1.entry_date < t4.current_load;

delete from sales_order_fact where sales_order_fact. order_number in (select order_number
from tmp);
insert into sales_order_fact select * from tmp;

-- 更新打包时间代理键和度量，关联 packing_date_dim 维度视图，order_status = 'P'
-- 更新配送时间代理键和度量，关联 ship_date_dim 维度视图，order_status = 'S'
-- 更新收货时间代理键和度量，关联 receive_date_dim 维度视图，order_status = 'R'

-- 重载 pa 客户维度 ...
-- 更新时间戳表的 last_load 字段 ...
```

需要修改定期数据装载中的事实表部分，针对 5 个里程碑分别处理。首先装载新增的订单。在装载事务事实表时，只用 entry_date >= last_load and entry_date < current_load 条件就可以过滤出新增的订单。但是对于累积快照，一个登记日期下会有多种状态的订单，因此需要增加订单状态 order_status = 'N'的判断。装载新增订单时要连接过渡区的销售订单表以及所有相关的维度表，从过渡表中获取订单金额和订单产品数量度量值，从维度表中获取相关维度的代理键。

其他 4 个状态的处理和新增订单有所不同。因为此时订单记录已经存在，除了与特定状态相关的日期维度代理键和状态数量需要更改，其他的信息不需要更新。例如，当一个订单的状态由新增变为分配库房时，只要使用订单号字段关联累积快照事实表和过渡区的事务表，以事务表的 order_status = 'A'为筛选条件，更新累积快照事实表的状态日期代理键和状态数量两个字段即可。对其他三个状态的处理是类似的，只要将过滤条件换成对应的状态值，并关联相应的日期维度视图获取日期代理键。

注意，本示例中的累积周期快照表仍然是以订单号字段作为逻辑上的主键，数据装载过程实际上是做了一个行转列的操作，用源数据表中的状态行信息更新累积快照的状态列。Hive 目前没有多表更新功能，所以用先删除再插入的方式替代。之所以可以这样做，是因为事务事实表中的订单号字段起到了主键的作用，它能够唯一标识一行数据。虽然处理方式相同，但对于每种状态还是需要编写单独的 HiveQL 语句进行处理。

4. 测试

可以按照以下步骤进行累积快照事实表的数据装载测试。

（1）在源数据库的销售订单事务表中新增两个销售订单记录。

（2）设置适当的 cdc_time 时间窗口。

（3）执行定期装载脚本。

（4）查询 sales_order_fact 表里的两个销售订单，确认定期装载成功。此时应该只有订单日期代理键列有值，其他状态的日期值都是 NULL，因为这两个订单是新增的，并且还没有分配库房、打包、配送或收货。

（5）在源数据库中添加销售订单作为这两个新增订单的分配库房和打包里程碑。

（6）设置适当的 cdc_time 时间窗口。

（7）执行定期装载脚本。

（8）查询 sales_order_fact 表里的两个销售订单，确认定期装载成功。此时订单应该具有了分配库房或打包的日期代理键和度量值。

（9）在源数据库中添加销售订单作为这两个订单后面的里程碑：打包、配送和收货。注意 4 个状态日期可能相同。

（10）设置适当的 cdc_time 时间窗口。

（11）执行定期装载脚本。

（12）查询 sales_order_fact 表里的两个销售订单，确认定期装载成功。此时订单应该具有了所有 4 个状态的日期代理键和度量值。

（13）还原 cdc_time 时间窗口。

累积快照粒度表示一个有明确开始和结束过程的当前发展状态。通常，这些过程持续时间较短，并且状态之间没有固定的时间间隔，因此无法将它归类到周期快照中。订单处理是一种典型的累积快照示例。累积快照的设计和管理与其他两类事实表存在较大的差异。所有累积快照事实表都包含一系列日期，用于描述典型的处理工作流。

例如，我们的销售订单示例包含订单日期、分配库房日期、打包日期、配送日期以及收货日期等，这 5 个不同的日期是以 5 个不同日期值代理键的外键出现的。当订单行首次建立时只有订单日期，因为其他的状态都还没有发生。当订单在其流水线上执行时，同一个事实行被顺序访问。每当订单状态发生改变时，累积快照事实行就被修改。日期外键被重写，各类度量被更新。通常初始的订单生成日期不会更新，因为它描述的是行被建立的时间，但是所有其他日期都可以被重写。

通常利用三种事实表类型来满足各种需要。周期历史可以通过周期快照获取，细节数据可以被保存到事务粒度事实表中，而对于具有多个定义良好里程碑的处理工作流，则可以使用累积快照。

11.4 无事实的事实表

在多维数据仓库建模中，有一种事实表叫做"无事实的事实表"。普通事实表中，通常会保存若干维度外键和多个数字型度量，度量是事实表的关键所在。然而在无事实的事实表中没有这些度量值，只有多个维度外键。表面上看，无事实的事实表是没有意义的，因为作为事实表，毕竟最重要的就是度量。但在数据仓库中，这类事实表有其特殊用途。无事实的事实表通常用来跟踪某种事件或者说明某些活动的范围。

无事实的事实表可以用来跟踪事件的发生。例如，在给定的某一天中发生的学生参加课程的事件，可能没有可记录的数字化事实，但该事实行带有一个包含日期、学生、教师、地点、课程等定义良好的外键。利用无事实的事实表可以按各种维度计数上课这个事件。

再比如学生注册事件，学校需要对学生按学期进行跟踪。维度表包括学期维度、课程维度、系维度、学生维度、注册专业维度和取得学分维度等，而事实表由这些维度的主键组成，事实只有注册数，并且恒为 1，因此没有必要用单独一列来表示。这样的事实表主要用于回答各种情况下的注册数。

无事实的事实表还可以用来说明某些活动的范围，常被用于回答"什么未发生"这样的问题。例如：促销范围事实表。通常销售事实表可以回答如促销商品的销售情况，可是无法回答的一个重要问题是：处于促销状态但尚未销售的产品包括哪些？销售事实表所记录的仅仅是实际卖出的产品。事实表行中不包括由于没有销售行为而销售数量为零的行，因为如果将包含零值的产品都加到事实表中，那么事实表将变得非常巨大。这时，通过建立促销范围事实表，将商场需要促销的商品单独建立事实表保存，然后通过这个促销范围事实表和销售事实表即可得出哪些促销商品没有销售出去。

为确定当前促销的产品中哪些尚未卖出，需要两步过程：首先，查询促销无事实的事实表，确定给定时间内促销的产品。然后从销售事实表中确定哪些产品已经卖出去了。答案就是上述两个列表的差集。这样的促销范围事实表只是用来说明促销活动的范围，其中没有任何事实度量。可能有读者会想，建立一个单独的促销商品维度表能否达到同样的效果呢？促销无事实的事实表包含多个维度的主键，可以是日期、产品、商店、促销等，将这些键作为促销商品的属性是不合适的，因为每个维度都有自己的属性集合。

促销无事实的事实表看起来与销售事实表相似。然而，它们的粒度存在显著差别。假设促销是以一周为持续期，在促销范围事实表中，将为每周每个商店中促销的产品加载一行，无论产品是否卖出。该事实表能够确保看到被促销定义的键之间的关系，而与其他事件，如产品销售无关。

下面以销售订单数据仓库为例，说明如何处理源数据中没有度量的需求。我们将建立一个无事实的事实表，用来统计每天发布的新产品数量。产品源数据不包含产品数量信息，如果系统需要得到历史某一天新增产品的数量，很显然不能简单地从数据仓库中得到。这时就要用到无事实的事实表技术。使用此技术可以通过持续跟踪产品发布事件来计算产品的数量。可以创建一个只有产品（计什么数）和日期（什么时候计数）维度代理键的事实表。之所以叫做无事实的事实表是因为表本身并没有数字型度量值。这里定义的新增产品是指在某一给定日期，源产品表中新插入的产品记录，不包括由于 SCD2 新增的产品版本记录。注意，单从这个简单需求来看，也可以通过查询产品维度表获取结果。这里只为演示无事实的事实表的实现过程。

1. 建立新产品发布的无事实的事实表

在数据仓库模式中新建一个产品发布的无事实的事实表 product_count_fact,该表中只包含两个字段,分别是引用日期维度表和产品维度表的外键,同时这两个字段也构成了无事实事实表的逻辑主键。图 11-3 显示了跟踪产品发布数量的数据仓库模式(只显示与无事实的事实表相关的表)。

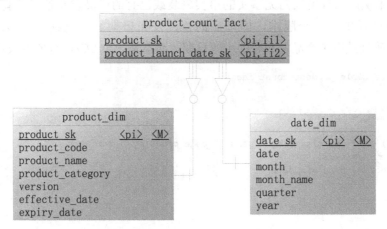

图 11-3　无事实的事实表

执行下面的脚本在数据仓库模式中创建产品发布日期视图及其无事的实事实表。

```sql
use dw;
create view product_launch_date_dim
(product_launch_date_sk,
 product_launch_date,
 month_name,
 month,
 quarter,
 year)
as
select distinct
       date_sk,
       date,
       month_name,
       month,
       quarter,
       year
  from product_dim a, date_dim b
 where a.effective_date = b.date;

create table product_count_fact (
    product_sk int,
    product_launch_date_sk int);
```

说明:

● 与之前创建的很多日期角色扮演维度不同,产品发布日期视图只获取产品生效日期,而不是日期维度里的所有记录。因此在定义视图的查询语句中关联了产品维度和日期维度两个表。product_launch_date_dim 维度表是日期维度表的子集。

- 从字段定义上看，产品维度表中的生效日期明显就是新产品的发布日期。
- 在本示例中，无事实的事实表的数据装载没有行级更新需求，所以该表使用 Hive 默认的文本存储格式。

2. 初始装载无事实的事实表

下面的脚本从产品维度表向无事实的事实表装载已有的产品发布信息。脚本里的 insert 语句添加所有产品的第一个版本，即产品的首次发布日期。这里使用 Hive 的窗口函数 row_number 正确地选取了产品发布时的生效日期，而不是一个 SCD2 行的生效日期。

```
insert overwrite table product_count_fact
select product_sk,date_sk
  from (
  select a.product_sk product_sk,
               b.date_sk date_sk,
    row_number() over (partition by a.product_code order by b.date_sk) rn
     from product_dim a,date_dim b
   where a.effective_date = b.date) t
 where rn = 1;
```

说明：

- 子查询中内连接产品维度与日期维度表，只获取产品发布的日期。
- 以产品编码分区，同一个产品编码的多个版本以发布日期排序，row_number()函数为每个版本分配序号，起别名 rn。
- 外层查询以 rn=1 作为过滤条件，得到每个产品及其首次发布日期的代理键。
- 该语句允许多次执行，每次覆盖已有数据。
- 其实利用产品维度表的版本字段，更简单的写法如下：

```
insert overwrite table product_count_fact
select a.product_sk product_sk,
         b.date_sk date_sk
   from product_dim a,date_dim b
  where a.effective_date = b.date and a.version = 1;
```

3. 修改定期装载脚本

修改了数据仓库模式后，还需要针对性地修改定期装载脚本。该脚本在处理产品维度表后增加了装载 product_count_fact 表的语句。下面显示了修改后的定期装载脚本（只列出了修改的部分）。

```
-- 设置环境与时间窗口 ...
-- 装载 customer 维度 ...

-- 装载 product 维度
-- 设置已删除记录和 product_name、product_category 列上 SCD2 的过期 ...
-- 处理 product_name、product_category 列上 SCD2 的新增行 ...
-- 处理新增的 product 记录
drop table if exists tmp;
create table tmp as
select
```

```
    row_number() over (order by t1.product_code) + t2.sk_max product_sk,
    t1.product_code product_code,
    t1.product_name product_name,
    t1.product_category product_category,
    1 version,
    ${hivevar:pre_date} effective_date,
    ${hivevar:max_date} expiry_date
from
(select t1.* from rds.product t1
   left join product_dim t2 on t1.product_code = t2.product_code
  where t2.product_sk is null) t1
cross join
(select coalesce(max(product_sk),0) sk_max from product_dim) t2;

insert into product_dim
select product_sk,
product_code,
product_name,
product_category,
version,
effective_date,
expiry_date
  from tmp;

insert into product_count_fact
select product_sk, date_sk
from tmp,
(select date_sk from dw.date_dim where date = ${hivevar:pre_date}) t;

-- 装载销售订单事实表
-- 前一天新增的销售订单
-- 更新分配库房、打包、配送、收货 4 种订单状态的时间代理键和度量
-- 重载 pa 客户维度 ...
-- 更新时间戳表的 last_load 字段 ...
```

说明：

- 处理新增产品记录时使用了一个临时表，目的是在后续装载数据时不用再重复执行复杂的多表查询。
- 临时表的结构与产品维度表完全一致，存储的是本次装载新增的产品信息，包括了代理键、版本号、生效日期和过期日期，因此只需要将临时表的数据装载到产品维度表中。
- 装载产品发布事实表时，先用一个子查询取得唯一的日期代理键，然后与临时表笛卡尔连接，将结果集中的新增产品代理键和日期代理键插入无事实的事实表中。

4. 测试定期装载

（1）修改源数据库的产品表数据，具体做两点修改：新增一个产品；更改一个已有产品的名称。

（2）执行定期装载脚本。

（3）上一步执行成功后，查询产品发布无事实的事实表，确认定期装载执行正确。此时的结果应该只是增加了一条新产品记录，原有数据没有变化。

无事实的事实表是没有任何度量的事实表，它本质上是一组维度的交集。用这种事实表记录相关维度之间存在多对多关系，但是关系上没有数字或者文本的事实。无事实的事实表为数据仓库设计提供了更多的灵活性。再次考虑学生上课的应用场景，使用一个由学生、时间、课程三个维度键组成的无事实的事实表，可以很容易地回答如下问题：

- 有多少学生在某天上了给定的一门课程？
- 在某段时间里，一名给定学生每天所上课程的平均数是多少？

11.5 迟到的事实

数据仓库通常建立于一种理想的假设情况下，这就是数据仓库的度量（事实记录）与度量的环境（维度记录）同时出现在数据仓库中。当同时拥有事实记录和正确的当前维度行时，就能够从容地首先维护维度键，然后在对应的事实表行中使用这些最新的键。然而，各种各样的原因会导致需要 ETL 系统处理迟到的事实数据。例如，某些线下的业务，数据进入操作型系统的时间会滞后于事务发生的时间。再或者出现某些极端情况，如源数据库系统出现故障，直到恢复后才能补上故障期间产生的数据。

在销售订单示例中，晚于订单日期进入源数据的销售订单可以看作是一个迟到事实的例子。销售订单数据被装载进其对应的事实表时，装载日期晚于销售订单产生的日期，因此是一个迟到的事实。本例中因为定期装载的是前一天的数据，所以这里的"晚于"指的是事务数据延迟两天及其以上才到达 ETL 系统。

必须对标准的 ETL 过程进行特殊修改以处理迟到的事实。首先，当迟到度量事件出现时，不得不反向搜索维度表历史记录，以确定事务发生时间点的有效的维度代理键，因为当前的维度内容无法匹配输入行的情况。此外，还需要调整后续事实行中的所有半可加度量，例如，由于迟到的事实导致客户当前余额的改变。迟到事实可能还会引起周期快照事实表的数据更新。例如 11.2 节讨论的月销售周期快照表，如果 2016 年 6 月的销售订单金额已经计算并存储在 month_end_sales_order_fact 快照表中，这时一个迟到的 6 月订单在 7 月某天被装载，那么 2016 年 6 月的快照金额必须因迟到事实而重新计算。

下面就以销售订单数据仓库为例，说明如何处理迟到的事实。

1. 修改数据仓库模式

回忆一下 11.2 节中建立的月销售周期快照表，其数据源自已经处理过的销售订单事务事实表。因此为了确定事实表中的一条销售订单记录是否是迟到的，需要把源数据中的登记日期列装载进销售订单事实表。为此要在销售订单事实表上添加登记日期代理键列。为了获取登记日期代理键的值，还要使用维度角色扮演技术添加登记日期维度表。

执行下面的脚本在销售订单事实表里添加名为 entry_date_sk 的日期代理键列，并且从日期维度表创建一个叫做 entry_date_dim 的数据库视图。

```
use dw;
-- 在事务事实表中添加登记日期代理键列
alter table sales_order_fact rename to sales_order_fact_old;
create table sales_order_fact
(
  order_number int comment 'order number',
  customer_sk int comment 'customer SK',
  customer_zip_code_sk int comment 'customer zip code SK',
  shipping_zip_code_sk int comment 'shipping zip code SK',
  product_sk int comment 'product SK',
  sales_order_attribute_sk int comment 'sales order attribute SK',
  order_date_sk int comment 'order date SK',
  entry_date_sk int comment 'entry date SK',
  allocate_date_sk int comment 'allocate date SK',
  allocate_quantity int comment 'allocate quantity',
  packing_date_sk int comment 'packing date SK',
  packing_quantity int comment 'packing quantity',
  ship_date_sk int comment 'ship date SK',
  ship_quantity int comment 'ship quantity',
  receive_date_sk int comment 'receive date SK',
  receive_quantity int comment 'receive quantity',
  request_delivery_date_sk int comment 'request delivery date SK',
  order_amount decimal(10,2) comment 'order amount',
  order_quantity int comment 'order quantity'
)
clustered by (order_number) into 8 buckets
stored as orc tblproperties ('transactional'='true');
insert into sales_order_fact
select order_number,
       customer_sk,
       customer_zip_code_sk,
       shipping_zip_code_sk,
       product_sk,
       sales_order_attribute_sk,
       order_date_sk,
       null,
       allocate_date_sk,
       allocate_quantity,
       packing_date_sk,
       packing_quantity,
       ship_date_sk,
       ship_quantity,
       receive_date_sk,
       receive_quantity,
       request_delivery_date_sk,
       order_amount,
       order_quantity
  from sales_order_fact_old;
drop table sales_order_fact_old;

-- 建立登记日期维度视图
create view entry_date_dim
(entry_date_sk, entry_date, month_name, month, quarter, year)
as
select date_sk, date, month_name, month, quarter, year
  from date_dim;
```

2. 修改销售订单定期装载脚本

在创建了登记日期维度视图，并给销售订单事实表添加了登记日期代理键列以后，需要修改数据仓库定期装载脚本来装载登记日期。下面显示了修改后的 regular_etl.sql 定期装载脚本（只列出修改的部分）。注意 sales_order 源数据表及其对应的过渡表中都已经含有登记日期，只是以前没有将其装载进数据仓库。

```
-- 设置环境与时间窗口 ...
-- 装载 customer 维度 ...
-- 装载 product 维度 ...
-- 装载新产品发布无事实的事实表 ...

-- 装载销售订单事实表
-- 前一天新增的销售订单
insert into sales_order_fact
select a.order_number,
       c.customer_sk,
       i.customer_zip_code_sk,
       j.shipping_zip_code_sk,
       d.product_sk,
       g.sales_order_attribute_sk,
       e.order_date_sk,
       h.entry_date_sk,
       null, null, null, null, null, null, null, null,
       f.request_delivery_date_sk,
       order_amount,
       quantity
  from rds.sales_order a,
       customer_dim c,
       product_dim d,
       order_date_dim e,
       request_delivery_date_dim f,
       sales_order_attribute_dim g,
       customer_zip_code_dim i,
       shipping_zip_code_dim j,
       entry_date_dim h,
       rds.customer k,
       rds.cdc_time l
 where a.order_status = 'N'
and a.customer_number = c.customer_number
and a.status_date >= c.effective_date
and a.status_date < c.expiry_date
and a.customer_number = k.customer_number
and k.customer_zip_code = i.customer_zip_code
and a.status_date >= i.effective_date
and a.status_date <= i.expiry_date
and k.shipping_zip_code = j.shipping_zip_code
and a.status_date >= j.effective_date
and a.status_date <= j.expiry_date
and a.product_code = d.product_code
and a.status_date >= d.effective_date
and a.status_date < d.expiry_date
and to_date(a.status_date) = e.order_date
and to_date(a.entry_date) = h.entry_date
and to_date(a.request_delivery_date) = f.request_delivery_date
and a.verification_ind = g.verification_ind
and a.credit_check_flag = g.credit_check_flag
```

```
and a.new_customer_ind = g.new_customer_ind
and a.web_order_flag = g.web_order_flag
and a.entry_date >= l.last_load and a.entry_date < l.current_load ;

-- 更新分配库房、打包、配送、收货 4 种订单状态的时间代理键和度量，
-- 也要加上 entry_date_sk 列

-- 重载 pa 客户维度 ...
-- 更新时间戳表的 last_load 字段 ...
```

本节开头曾经提到，需要为迟到的事实行获取事务发生时间点的有效的维度代理键。在装载脚本中使用销售订单过渡表的状态日期字段限定当时的维度代理键。例如，为了获取事务发生时的客户代理键，筛选条件为：

```
status_date >= customer_dim.effective_date
and status_date < customer_dim.expiry_date
```

之所以可以这样做，原因在于本示例满足以下两个前提条件：在最初源数据库的销售订单表中，status_date 存储的是状态发生时的时间；维度的生效时间与过期时间构成一条连续且不重叠的时间轴，任意 status_date 日期只能落到唯一的生效时间、过期时间区间内。

3. 修改装载月销售周期快照事实表脚本

11.2 节创建的 month_sum.sql 脚本文件用于装载月销售周期快照事实表。迟到的事实记录会对周期快照中已经生成的月销售汇总数据产生影响，因此必须做适当的修改。

月销售周期快照表存储的是某月某产品汇总的销售数量和销售金额，表中有月份代理键、产品代理键、销售金额、销售数量 4 个字段。由于迟到事实的出现，需要将事务事实表中的数据划分为三类：非迟到的事实记录；迟到的事实，但周期快照表中尚不存在相关记录；迟到的事实，并且周期快照表中已经存在相关记录。对这三类事实数据的处理逻辑各不相同，前两类数据需要汇总后插入快照表，而第三种情况需要更新快照表中的现有数据。下面我们对修改后的 month_sum.sql 文件分解说明。

```
-- 设置变量以支持事务
set hive.support.concurrency=true;
set hive.exec.dynamic.partition.mode=nonstrict;
set hive.txn.manager=org.apache.hadoop.hive.ql.lockmgr.dbtxnmanager;
set hive.compactor.initiator.on=true;
set hive.compactor.worker.threads=1;

use dw;
set hivevar:pre_month_date = add_months(current_date,-1);
```

开始部分很简单，只是设置支持事务的环境，并将上月的某个给定日期赋值给一个变量。

```
drop table if exists tmp;
create table tmp as
select a.order_month_sk order_month_sk,
       a.product_sk product_sk,
       a.month_order_amount + b.order_amount month_order_amount,
```

```
                a.month_order_quantity + b.order_quantity month_order_quantity
      from month_end_sales_order_fact a,
           (select d.month_sk month_sk,
                   a.product_sk product_sk,
                   sum(order_amount) order_amount,
                   sum(order_quantity) order_quantity
              from sales_order_fact a,
                   order_date_dim b,
                   entry_date_dim c,
                   month_dim d
             where a.order_date_sk = b.order_date_sk
               and a.entry_date_sk = c.entry_date_sk
               and c.month = month(${hivevar:pre_month_date})
               and c.year = year(${hivevar:pre_month_date})
               and b.month = d.month
               and b.year = d.year
               and b.order_date <> c.entry_date
             group by d.month_sk , a.product_sk) b
     where a.product_sk = b.product_sk
       and a.order_month_sk = b.month_sk;

delete from month_end_sales_order_fact
 where exists
  (select 1
     from tmp t2
    where month_end_sales_order_fact.order_month_sk = t2.order_month_sk
      and month_end_sales_order_fact.product_sk = t2.product_sk);

insert into month_end_sales_order_fact select * from tmp;
```

按事务发生时间的先后顺序，我们先处理第三种情况。为了更新周期快照表数据，需要创建一个临时表。子查询用于从销售订单事实表中获取所有上个月录入的，并且是迟到的数据行的汇总，用 b.order_date <> c.entry_date 作为判断迟到的条件。本示例中实际可以去掉这条判断语句，因为只有迟到事实会对已有的快照数据造成影响。外层查询把具有相同产品代理键和月份代理键的迟到事实的汇总数据加到已有的快照数据行上，临时表中存储这个查询的结果。注意产品代理键和月份代理键共同构成了周期快照表的逻辑主键，可以唯一标识一条记录；之后使用先删除再插入的方式更新周期快照表。从周期快照表删除数据的操作也是以逻辑主键匹配作为过滤条件。

```
insert into month_end_sales_order_fact
select d.month_sk, a.product_sk, sum(order_amount), sum(order_quantity)
  from sales_order_fact a,
       order_date_dim b,
       entry_date_dim c,
       month_dim d
 where a.order_date_sk = b.order_date_sk
   and a.entry_date_sk = c.entry_date_sk
   and c.month = month(${hivevar:pre_month_date})
   and c.year = year(${hivevar:pre_month_date})
   and b.month = d.month
   and b.year = d.year
   and not exists (select 1
                     from month_end_sales_order_fact p
                    where p.order_month_sk = d.month_sk
                      and p.product_sk = a.product_sk)
```

```
group by d.month_sk , a.product_sk;
```

上面这条语句将第一、二类数据统一处理。使用相关子查询获取所有上个月新录入的,并且在周期快照事实表中尚未存在的产品销售月汇总数据,插入到周期快照表中。销售订单事实表的粒度是每天,而周期快照事实表的粒度是每月,因此必须使用订单日期代理键对应的月份代理键进行比较。

4. 测试

(1)把销售订单事实表的 entry_date_sk 字段修改为 order_date_sk 字段的值。这些登记日期键是后面测试月快照数据装载所需要的。

(2)在执行定期装载脚本前先查询周期快照事实表和销售订单事实表。之后可以对比"前"(不包含迟到事实)"后"(包含了迟到事实)的数据,以确认装载的正确性。

(3)准备销售订单测试数据。例如,可以在销售订单源数据表中插入三个新的订单记录,第一个是迟到的订单,并且销售的产品在周期快照表中已经存在;第二个也是迟到的订单,但销售的产品在周期快照表中不存在;第三个是非迟到的正常订单。这里需要注意,产品维度是 SCD2 处理的,所以在添加销售订单源数据时,新增订单时间一定要在产品维度的生效与过期时间区间内。

(4)执行新的月周期快照数据装载脚本前,先执行每天定期装载脚本 regular_etl.sh,把三条新的订单数据装载进事务事实表。

(5)执行月周期快照事实表装载脚本 month_sum.sql 装载快照数据。

(6)执行与第(2)步相同的查询获取包含了迟到事实的月底销售汇总数据,对比"前""后"查询的结果,确认数据装载正确。

在本示例中,迟到事实对月周期快照表数据的影响逻辑并不是很复杂。当逻辑主键,即月份代理键和产品代理键的组合匹配时,将从销售订单事实表中获取的销售数量和销售金额汇总值累加到月周期快照表对应的数据行上,否则将新的汇总数据添加到月周期快照表中。这个逻辑非常适合使用 merge into 语句,例如在 Oracle 中,month_sum.sql 文件可以写成如下的样子:

```
declare
pre_month_date date;
month1 int;
year1 int;

begin
select add_months(sysdate,-1) into pre_month_date from dual;
select extract(month from pre_month_date),
               extract(year from pre_month_date)
       into month1, year1
 from dual;

 merge into month_end_sales_order_fact t1
 using (select d.month_sk month_sk,
               a.product_sk product_sk,
               sum(order_amount) order_amount,
```

```
                  sum(order_quantity) order_quantity
         from sales_order_fact a,
               order_date_dim b,
               entry_date_dim c,
               month_dim d
       where a.order_date_sk = b.order_date_sk
         and a.entry_date_sk = c.entry_date_sk
         and c.month = month1
         and c.year = year1
         and b.month = d.month
         and b.year = d.year
        group by d.month_sk , a.product_sk) t2
   on (  t1.order_month_sk = t2.month_sk
         and t1.product_sk = t2.product_sk)
  when matched then
       update set
  t1.month_order_amount = t1.month_order_amount + t2.order_amount,
  t1.month_order_quantity = t1.month_order_quantity + t2.order_quantity
  when not matched then
insert
(order_month_sk, product_sk, month_order_amount, month_order_quantity)
       values
      (t2.month_sk, t2.product_sk, t2.order_amount, t2.order_quantity);

commit;

end;
/
```

Hive 文档中说从 2.2 版本开始支持 merge into 语句，但似乎还是计划中，目前并没有实现。可以参考 https://issues.apache.org/jira/browse/HIVE-10924 的说明。

11.6 累积度量

累积度量指的是聚合从序列内第一个元素到当前元素的数据，例如统计从每年的一月到当前月份的累积销售额。本节说明如何在销售订单示例中实现累积月销售数量和金额，并对数据仓库模式、初始装载、定期装载脚本做相应的修改。累积度量是半可加的，而且它的初始装载比前面实现的要复杂。

1. 修改模式

建立一个新的名为 month_end_balance_fact 的事实表，用来存储销售订单金额和数量的月累积值。month_end_balance_fact 表在模式中构成了另一个星型模式。新的星型模式除了包括这个新的事实表，还包括两个其他星型模式中已有的维度表，即产品维度表与月份维度表。图 11-4 显示了新的模式。注意这里只显示了相关的表。

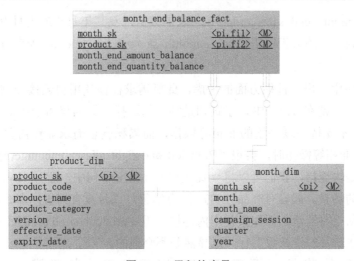

图 11-4 累积的度量

下面的脚本用于创建 month_end_balance_fact 表。

```
use dw;
create table month_end_balance_fact (
    month_sk int,
    product_sk int,
    month_end_amount_balance decimal(10,2),
    month_end_quantity_balance int );
```

因为对此事实表只有 insert ... select 操作，没有 update、delete 等行级更新需求，所以这里没有用 ORC 文件格式，而是采用了默认的文本存储格式。

2. 初始装载

现在要把 month_end_sales_order_fact 表里的数据装载进 month_end_balance_fact 表，下面显示了初始装载 month_end_balance_fact 表的脚本。此脚本装载累积的月销售订单汇总数据，从每年的一月累积到当月，累积数据不跨年。

```
use dw;
insert overwrite table month_end_balance_fact
select a.month_sk,
       b.product_sk,
       sum(b.month_order_amount) month_order_amount,
       sum(b.month_order_quantity) month_order_quantity
  from month_dim a,
       (select a.*,
               b.year,
               b.month,
               max(a.order_month_sk) over () max_month_sk
          from month_end_sales_order_fact a, month_dim b
         where a.order_month_sk = b.month_sk) b
 where a.month_sk <= b.max_month_sk
   and a.year = b.year and b.month <= a.month
 group by a.month_sk , b.product_sk;
```

　　子查询获取 month_end_sales_order_fact 表的数据，及其年月和最大月份代理键。外层查询汇总每年一月到当月的累积销售数据，a.month_sk <= b.max_month_sk 条件用于限定只统计到现存的最大月份为止。

　　在关系数据库中，出于性能方面的考虑，此类需求往往使用自连接查询方法，而不用这种子查询的方式。但是在 Hive 中，子查询是唯一的选择，原因有两个：第一，Hive 中两个表 join 连接时，不支持关联字段的非相等操作，而累积度量需求显然需要类似<=的比较条件，当 join 中有非相等操作时，会报 "Both left and right aliases encountered in JOIN ..." 错误。第二，如果是内连接，我们可以将<=比较放到 where 子句中，避开 Hive 的限制。但是这不适合累积度量的场景。假设有产品 1 在一月有销售，二月没有销售，那么产品 1 在二月的累积销售值应该从一月继承。而如果使用内连接，用 a.product_sk=b.product_sk 做连接条件，会过滤掉产品 1 在二月的累积数据行，这显然是不合理的。

　　为了确认初始装载是否正确，在执行完初始装载脚本后，分别查询 month_end_sales_order_fact 和 month_end_balance_fact 表，我们示例的查询语句和结果如下所示。

```
-- 周期快照
use dw;
select b.year year,
       b.month month,
       a.product_sk psk,
       a.month_order_amount amt,
       a.month_order_quantity qty
  from month_end_sales_order_fact a,
       month_dim b
 where a.order_month_sk = b.month_sk
cluster by year, month, psk;

+-------+--------+------+--------+-------+--+
| year  | month  | psk  |  amt   |  qty  |
+-------+--------+------+--------+-------+--+
| 2016  | 6      | 1    | 28974  | NULL  |
| 2016  | 6      | 2    | 55060  | NULL  |
| 2016  | 6      | 3    | 4945   | 38    |
| 2016  | 7      | 1    | 54017  | 463   |
| 2016  | 7      | 2    | 57457  | 352   |
| 2016  | 7      | 4    | 45290  | 205   |
| 2016  | 7      | 5    | 46082  | 272   |
+-------+--------+------+--------+-------+--+

-- 累积度量
use dw;
select b.year year,
       b.month month,
       a.product_sk psk,
       a.month_end_amount_balance amt,
       a.month_end_quantity_balance qty
  from month_end_balance_fact a,
       month_dim b
 where a.month_sk = b.month_sk
cluster by year, month, psk;
```

```
+-------+-------+------+--------+-------+--+
| year  | month | psk  |  amt   | qty   |
+-------+-------+------+--------+-------+--+
| 2016  | 6     | 1    | 28974  | NULL  |
| 2016  | 6     | 2    | 55060  | NULL  |
| 2016  | 6     | 3    | 4945   | 38    |
| 2016  | 7     | 1    | 82991  | 463   |
| 2016  | 7     | 2    | 112517 | 352   |
| 2016  | 7     | 3    | 4945   | 38    |
| 2016  | 7     | 4    | 45290  | 205   |
| 2016  | 7     | 5    | 46082  | 272   |
+-------+-------+------+--------+-------+--+
```

可以看到，2016 年 6 月的商品销售金额和数量被累积到了 2016 年 7 月。产品 1 和 2 累加了 6、7 两个月的销售数据，产品 3 在 7 月没有销售，所以 6 月的销售数据顺延到 7 月，产品 4 和 5 只有 7 月有销售。

3. 定期装载

下面所示的 month_balance_sum.sql 脚本用于定期装载销售订单累积度量，每个月执行一次，装载上个月的数据。可以在执行完月周期快照表定期装载后执行该脚本。

```
-- 设置变量以支持事务
set hive.support.concurrency=true;
set hive.exec.dynamic.partition.mode=nonstrict;
set hive.txn.manager=org.apache.hadoop.hive.ql.lockmgr.dbtxnmanager;
set hive.compactor.initiator.on=true;
set hive.compactor.worker.threads=1;

use dw;
set hivevar:pre_month_date = add_months(current_date,-1);
set hivevar:year = year(${hivevar:pre_month_date});
set hivevar:month = month(${hivevar:pre_month_date});

insert into month_end_balance_fact
select order_month_sk,
        product_sk,
        sum(month_order_amount),
        sum(month_order_quantity)
  from (select a.*
          from month_end_sales_order_fact a,
               month_dim b
         where a.order_month_sk = b.month_sk
           and b.year = ${hivevar:year}
           and b.month = ${hivevar:month}
         union all
        select month_sk + 1 order_month_sk,
               product_sk product_sk,
               month_end_amount_balance month_order_amount,
               month_end_quantity_balance month_order_quantity
          from month_end_balance_fact a
         where a.month_sk in
(select max(case when ${hivevar:month} = 1 then 0 else month_sk end)
   from month_end_balance_fact)) t
 group by order_month_sk, product_sk;
```

子查询将累积度量表和月周期快照表做并集操作，增加上月的累积数据。最外层查询执行销售数据按月和产品的分组聚合。最内层的 case 语句用于在每年一月时重新归零再累积。

4. 测试定期装载

使用下面步骤测试非 1 月的装载：

（1）执行下面的命令向 month_end_sales_order_fact 表添加两条记录。

```
insert into dw.month_end_sales_order_fact
values (200,1,1000,10),(200,6,1000,10);
```

（2）设置时间，将 set hivevar:pre_month_date = add_months(current_date,-1); 行改为 set hivevar:pre_month_date = current_date;，装载 2016 年 8 月的数据。

（3）执行定期装载。

```
beeline -u jdbc:hive2://cdh2:10000/dw -f month_balance_sum.sql
```

（4）查询 month_end_balance_fact 表，确认累积度量数据装载正确。

使用下面步骤测试 1 月的装载：

（1）使用下面的命令向 month_end_sales_order_fact 表添加两条记录，month_sk 的值是 205，指的是 2017 年 1 月。

```
insert into dw.month_end_sales_order_fact values (205,1,1000,10);
insert into dw.month_end_sales_order_fact values (205,6,1000,10);
```

（2）使用下面的命令向 month_end_balance_fact 表添加三条记录。

```
insert into dw.month_end_balance_fact values (204,1,1000,10);
insert into dw.month_end_balance_fact values (204,6,1000,10);
insert into dw.month_end_balance_fact values (204,3,1000,10);
```

（3）将 set hivevar:pre_month_date = add_months(current_date,-1); 行改为 set hivevar:pre_month_date = add_months('2017-02-01',-1);，装载 2017 年 1 月的数据。

（4）执行定期装载。

```
beeline -u jdbc:hive2://cdh2:10000/dw -f month_balance_sum.sql
```

（5）查询 month_end_balance_fact 表，确认累积度量数据装载正确。

测试完成后，执行下面的语句删除测试数据。

```
delete from dw.month_end_sales_order_fact where order_month_sk >=200;
insert overwrite table month_end_balance_fact
select * from month_end_balance_fact where month_sk < 200;
```

5. 查询

累积度量必须要小心使用，因为它是"半可加"的。一个半可加度量在某些维度（通常是时间维度）上是不可加的。例如，可以通过产品正确地累加月底累积销售金额。

```
select product_name, sum(month_end_amount_balance) s
  from month_end_balance_fact a,
       product_dim b
 where a.product_sk = b.product_sk
 group by product_name;

+------------------+---------+--+
|   product_name   |    s    |  |
+------------------+---------+--+
| Flat Panel       | 45290   |  |
| Floppy Drive     | 167577  |  |
| Hard Disk Drive  | 111965  |  |
| Keyboard         | 46082   |  |
| LCD Panel        | 9890    |  |
+------------------+---------+--+
```

而通过月份累加月底金额：

```
select year, month, sum(month_end_amount_balance) s
  from month_end_balance_fact a,
       month_dim b
 where a.month_sk = b.month_sk
 group by year, month
cluster by year, month;

+-------+--------+---------+--+
| year  | month  |    s    |  |
+-------+--------+---------+--+
| 2016  | 6      | 88979   |  |
| 2016  | 7      | 291825  |  |
+-------+--------+-------+--+--+
```

以上查询结果是错误的。正确的结果应该和下面的在 month_end_sales_order_fact 表上进行的查询结果相同。

```
select product_name, sum(month_order_amount) s
  from month_end_sales_order_fact a,
       product_dim b
 where a.product_sk = b.product_sk
 group by product_name;

+------------------+---------+--+
|   product_name   |    s    |  |
+------------------+---------+--+
| Flat Panel       | 45290   |  |
| Floppy Drive     | 112517  |  |
| Hard Disk Drive  | 82991   |  |
| Keyboard         | 46082   |  |
| LCD Panel        | 4945    |  |
+------------------+---------+--+
```

11.7 小结

（1）事务事实表、周期快照事实表和累积快照事实表是多维数据仓库中常见的三种事实表。定期历史数据可以通过周期快照获取，细节数据被保存到事务粒度事实表中，而对于具有多个定义良好里程碑的处理工作流，则可以使用累积快照。

（2）无事实的事实表是没有任何度量的事实表，它本质上是一组维度的交集。用这种事实表记录相关维度之间存在多对多关系，但是关系上没有数字或者文本的事实。无事实的事实表为数据仓库设计提供了更多的灵活性。

（3）迟到的事实指的是到达 ETL 系统的时间晚于事务发生时间的度量数据。必须对标准的 ETL 过程进行特殊修改以处理迟到的事实。需要确定事务发生时间点的有效的维度代理键，还要调整后续事实行中的所有半可加度量。此外，迟到的事实可能还会引起周期快照事实表的数据更新。

（4）累积度量指的是聚合从序列内第一个元素到当前元素的数据。累积度量是半可加的，因此对累积度量执行聚合计算时要格外注意分组的维度。

第 12 章

◀ 联机分析处理 ▶

前面两章通过实例演示了常见的维度表和事实表技术，主要目的是为了说明 Hadoop 及其生态圈工具，如 Sqoop、Hive、Oozie 等，完全有能力处理传统多维数据仓库中碰到的各种情况。但是，从完整的数据仓库生命周期角度看，还有很重要的一部分没有涉及，那就是数据分析与结果展示。我们将在本书的最后两章分别讨论这两方面的问题。

本章介绍联机分析处理的概念，以及 CDH 的数据分析工具 Impala，然后对比 Hive、SparkSQL、Impala 这三种 Hadoop SQL 解决方案在用于数据分析场景时，功能与性能上的各自特点。除了概念化的说明，我们还会结合销售订单示例，列举典型的数据分析问题，并使用 Impala 工具具体实现。本章最后简述 Apache Kylin 项目，这是由中国工程师自主研发的一个 Hadoop 上的联机分析处理组件。

12.1 联机分析处理简介

12.1.1 概念

联机分析处理又被称为 OLAP，是英文 On-Line Analytical Processing 的缩写。此概念最早由关系数据库之父 E.F.Codd 于 1993 年提出，至今已有 20 多年。OLAP 允许以一种称为多维数据集的结构，访问业务数据源经过聚合和组织整理后的数据。以此为标准，OLAP 作为单独的一类技术同联机事务处理（On-Line Transaction Processing，OLTP）得以明显区分。

在计算领域，OLAP 是一种快速应答多维分析查询的方法，也是商业智能的一个组成部分，与之相关的概念还包括数据仓库、报表系统、数据挖掘等。数据仓库用于数据的存储和组织，OLAP 集中于数据的分析，数据挖掘则致力于知识的自动发现，报表系统则侧重于数据的展现。OLAP 系统从数据仓库中的集成数据出发，构建面向分析的多维数据模型，再使用多维分析方法从多个不同的视角对多维数据集合进行分析比较，分析活动以数据驱动。通过使用 OLAP 工具，用户可以从多个视角交互式地查询多维数据。

OLAP 由三个基本的分析操作构成：合并（上卷）、下钻和切片。合并是指数据的聚合，即数据可以在一个或多个维度上进行累积和计算。例如，所有的营业部数据被上卷到销售部门以分析销售趋势。下钻是一种由汇总数据向下浏览细节数据的技术。比如用户可以从产品分类的销售数据下钻查看单个产品的销售情况。切片则是这样一种特性，通过它用户可以获取 OLAP 立方体中的特定数据集合，并从不同的视角观察这些数据。这些观察数据的视角就是我们所说的维度。例如通过经销商、日期、客户、产品或区域等，查看同一销售事实。

OLAP 系统的核心是 OLAP 立方体，或称为多维立方体或超立方体。它由被称为度量的数值事实组成，这些度量被维度划分归类。一个 OLAP 立方体的例子如图 12-1 所示，数据单元位于立方体的交叉点上，每个数据单元跨越产品、时间、地区等多个维度。通常使用一个矩阵接口操作 OLAP 立方体，例如电子表格程序的数据透视表，可以按维度分组执行聚合或求平均值等操作。立方体的元数据一般由关系数据库中的星型模式或雪花模式生成，度量来自事实表的记录，维度来自维度表。

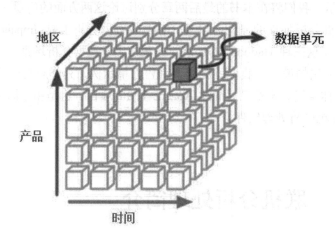

图 12-1　OLAP 立方体

12.1.2　分类

通常可以将联机分析处理系统分为 MOLAP、ROLAP、HOLAP 三种类型。

1. MOLAP

MOLAP（multi-dimensional online analytical processing）是一种典型的 OLAP 形式，甚至有时就被用来表示 OLAP。MOLAP 将数据存储在一个经过优化的多维数组中，而不是存储在关系数据库中。某些 MOLAP 工具要求预先计算并存储计算后的结果数据，这种操作方式被称为预处理。MOLAP 工具一般将预计算后的数据集合作为一个数据立方体使用。对于给定范围的问题，立方体中的数据包含所有可能的答案。预处理的好处是可以对问题做出非常快速的响应。然而另一方面，依赖于预计算的聚合程度，装载新数据可能会花费很长的时间。另外还有些 MOLAP 工具，尤其是那些实现了某些数据库功能的 MOLAP 工具，并不预先计算原始数据，而是在需要时才进行计算。

MOLAP 的优点：

- 优化的数据存储、多维数据索引和缓存带来的快速查询性能。
- 相对于关系数据库，可以通过压缩技术，使数据存储只需更小的磁盘空间。
- MOLAP 工具一般能够自动进行高级别的数据聚合。
- 对于低基数维度的数据集合是紧凑的。
- 数组模型提供了原生的索引功能。

MOLAP 的缺点：

- 某些 MOLAP 解决方案中的处理步骤可能需要很长的时间，尤其是当数据量很大时。要解决这个问题，通常只能增量处理变化的数据，而不是预处理整个数据集合。
- 可能引入较多的数据冗余。

MOLAP 产品：

商业的 MOLAP 产品主要有 Cognos Powerplay、Oracle Database OLAP Option、MicroStrategy、Microsoft Analysis Services、Essbase 等。

2. ROLAP

ROLAP 直接使用关系数据库存储数据，不需要执行预计算。基础的事实数据及其维度表作为关系表被存储，而聚合信息存储在新创建的附加表中。ROLAP 以数据库模式设计为基础，操作存储在关系数据库中的数据，实现传统的 OLAP 数据切片和分块功能。本质上讲，每种数据切片或分块行为都等同于在 SQL 语句中增加一个"WHERE"子句的过滤条件。ROLAP 不使用预计算的数据立方体，取而代之的是查询标准的关系数据库表，返回回答问题所需的数据。与预计算的 MOLAP 不同，ROLAP 工具有能力回答任意相关的数据分析问题，因为该技术不受立方体内容的限制。通过 ROLAP 还能够下钻到数据库中存储的最细节的数据。

由于 ROLAP 使用关系数据库，通常数据库模式必须经过仔细设计。为 OLTP 应用设计的数据库不能直接作为 ROLAP 数据库使用，这种投机取巧的做法并不能使 ROLAP 良好工作，因此 ROLAP 仍然需要创建额外的数据复制。但不管怎样，ROLAP 毕竟用的是数据库，各种各样的数据库设计与优化技术都可以被有效利用。

ROLAP 的优点：

- 在处理大量数据时，ROLAP 更具可伸缩性，尤其是当模型中包含的维度具有很高的基数，例如，维度表中有上百万的成员时。
- 有很多可选用的数据装载工具，并且能够针对特定的数据模型精细调整 ETL 代码，数据装载所需时间通常比自动化的 MOLAP 装载少得多。

- 因为数据存储于标准关系数据库中，可以使用 SQL 报表工具访问数据，而不必是专有的 OLAP 工具。
- ROLAP 更适合处理非聚合的事实，例如文本型描述。在 MOLAP 工具中查询文本型元素时性能会相对较差。
- 通过将数据存储从多维模型中解耦出来，相对于使用严格的维度模型，这种更普通的关系模型增加了成功建模的可能性。
- ROLAP 方法可以利用数据库的权限控制，例如通过行级安全性设置，可以用事先设定的条件过滤查询结果。例如 Oracle 的 VPD 技术，能够根据连接的用户自动在查询的 SQL 语句中拼接 WHERE 谓词条件。

ROLAP 的缺点：

- 业界普遍认为 ROLAP 工具比 MOLAP 查询速度慢。
- 聚合表的数据装载必须由用户自己定制的 ETL 代码控制。ROLAP 工具不能自动完成这个任务，这意味着要额外开发工作量。
- 如果跳过创建聚合表的步骤，查询性能会大打折扣，因为不得不查询大量的细节数据表。虽然可以通过适当建立聚合表缓解性能问题，但对所有维度表及其属性的组合创建聚合表是不切实际的。
- ROLAP 依赖于针对通用查询或缓存目标的数据库，因此并没有提供某些 MOLAP 工具所具有的特殊技术，如透视表等。但是现代 ROLAP 工具可以利用 SQL 语言中的 CUBE、ROLLUP 操作或其他 SQL OLAP 扩展。随着这些 SQL 扩展的逐步完善，MOLAP 工具的优势也不那么明显了。
- 因为 ROLAP 工具的所有计算都依赖于 SQL，对于某些不易转化为 SQL 的计算密集型模型，ROLAP 不再适用。例如包含预算、拨款等条目的复杂财务报表或地理位置计算的场景。

ROLAP 产品：

使用 ROLAP 的商业产品包括 Microsoft Analysis Services、MicroStrategy、SAP Business Objects、Oracle Business Intelligence Suite Enterprise Edition、 Tableau Software 等。也有开源的 ROLAP 服务器，如 Mondrian。

3. HOLAP

因为在额外的 ETL 开发成本与缓慢的查询性能之间难以选择，现在大部分商业 OLAP 工具都使用一种混合型（Hybrid）方法，它允许模型设计者决定哪些数据存储在 MOLAP 中，哪些数据存储在 ROLAP 中。除了把数据划分成传统关系型存储和专有存储外，业界对混合型 OLAP 并没有清晰的定义。例如，某些厂商的 HOLAP 数据库不使用关系表存储大量的细节数据，而是用专用表保存少量的聚合数据。HOLAP 结合了 MOLAP 和 ROLAP 两种方法的优点，可以同时利用预计算的多维立方体和关系数据源。HOLAP 有以下两种划分数据的策略。

- 垂直分区。这种模式的 HOLAP 将聚合数据存储在 MOLAP 中，以支持良好的查询性能，而把细节数据存储在 ROLAP 中以减少立方体处理所需时间。
- 水平分区。这种模式的 HOLAP 按数据热度划分，将某些最近使用的数据分片存储在 MOLAP 中，而将老的数据存储在 ROLAP。

12.1.3 性能

OLAP 分析所需的原始数据量是非常庞大的。一个分析模型，往往会涉及数千万或数亿条甚至更多的数据，而且分析模型中包含多个维度的数据，这些维度又可以由用户任意地组合。这样的结果就是大量的实时运算导致过长的响应时间。想象一个 1000 万条记录的分析模型，如果一次提取 4 个维度进行组合分析，每个维度有 10 个不同的取值，理论上的运算次数将达到 10 的 12 次方。这样的运算量将导致数十分钟乃至更长的等待时间。如果用户对维度组合次序进行调整，或增加、或减少某些维度的话，又将是一个重新计算过程。

从上面的分析中可以得出结论，如果不能解决 OLAP 运算效率问题的话，OLAP 将只会是一个没有实用价值的概念。在 OLAP 的发展历史中，常见的解决方案是用多维数据库代替关系数据库设计，将数据根据维度进行最大限度地聚合运算，运算中会考虑到各种维度组合情况，运算结果将生成一个数据立方体，并保存在磁盘上，用这种预运算方式提高 OLAP 的速度。那么，在大数据流行的今天，又有什么产品可以解决 OLAP 的效率问题呢？下面介绍 Hadoop 生态圈中适合做 OLAP 的组件：Impala。

12.2 Impala 简介

1. Impala 是什么

Impala 是一个运行在 Hadoop 之上的大规模并行处理（MPP）查询引擎，提供对 Hadoop 集群数据的高性能、低延迟的 SQL 查询，使用 HDFS 作为底层存储。对查询的快速响应使交互式查询和对分析查询的调优成为可能，而这些在针对处理长时间批处理作业的 SQL-on-Hadoop 传统技术上是难以完成的。Impala 是 Cloudera 公司基于 Google Dremel 的开源实现。Cloudera 公司宣称除 Impala 外的其他组件都将移植到 Spark 框架，并坚信 Impala 是大数据上 SQL 解决方案的未来，可见其对 Impala 的重视程度。

通过将 Impala 与 Hive 元数据存储数据库相结合，能够在 Impala 与 Hive 这两个组件之间共享数据库表；并且 Impala 与 HiveQL 的语法兼容，因此既可以使用 Impala，也可以使用 Hive 进行建立表、发布查询、装载数据等操作。Impala 可以在已经存在的 Hive 表上执行交互式实时查询。

2. 为什么要使用 Impala

- Impala 可以使用 SQL 访问存储在 Hadoop 上的数据，而传统的 MapReduce 则需要掌握 Java 技术。Impala 还提供 SQL 直接访问 HDFS 文件系统、HBase 数据库系统或 Amazon S3 的数据。
- Impala 在 Hadoop 生态系统之上提供并行处理数据库技术，允许用户执行低延迟的交互式查询。
- Impala 大都能在几秒或几分钟内返回查询结果，而相同的 Hive 查询通常需要几十分钟甚至几小时完成。
- Impala 的实时查询引擎非常适合对 Hadoop 文件系统上的数据进行分析式查询。
- 由于 Impala 能实时给出查询结果，使它能够很好地与 Pentaho、Tableau 这类报表或可视化工具一起使用，并且这些工具已经配备了 Impala 连接器，可以从 GUI 直接执行可视化查询。
- Impala 与 Hadoop 生态圈相结合，内置对大多数 Hadoop 文件格式的支持（但还不支持 ORC 格式），这意味着可以使用 Hadoop 上的各种解决方案存储、共享和访问数据，同时避免了数据竖井，并且降低了数据迁移的成本。
- Impala 默认使用 Parquet 文件格式，这种列式存储对于典型数据仓库场景下的大查询是较为高效的。

Impala 之所以使用 Parquet 文件格式，最初灵感来自于 Google 2010 年发表的 Dremel 论文，文中论述了对大规模查询的优化。Parquet 是一种列式存储，它不像普通数据仓库那样水平存储数据，而是垂直存储数据。当查询在数值列上应用聚合函数时，这种存储方式将带来巨大的性能提升，原因是只需要读取文件中该列的数据，而不是像传统行式表需要读取整个数据集。Parquet 文件格式支持多种压缩编码方式，例如 Hadoop 和 Hive 默认使用的 snappy 压缩等，Parquet 文件也可用 Hive 和 Pig 处理。

3. 适合 Impala 的使用场景

- 需要低延迟得到查询结果。
- 快速分析型查询。
- 实时查询。

总而言之，Impala 非常适合 OLAP 类型的查询需求。

4. Impala 架构

Impala 架构如图 12-2 所示。Impala 服务器是一个分布式、大规模并行处理数据库引擎。它由不同的守护进程组成，每种守护进程运行在 Hadoop 集群中的特定主机上。其中 Impalad、Statestored、Catalogd 三个守护进程在其架构中扮演主要角色。

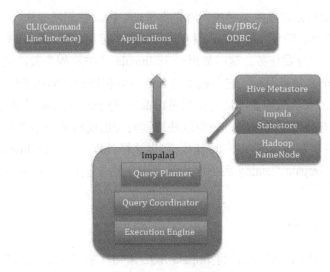

图 12-2　Impala 架构

（1）Impala 守护进程

Impala 的核心组件是一个运行在集群中每个数据节点上的守护进程，物理表现为 impalad 进程。该进程读写数据文件，接收从 impala-shell 命令行、Hue、JDBC、ODBC 提交的查询请求，将查询工作并行分布到集群的数据节点上，并将查询的中间结果返回给中心协调节点。

可以将查询提交至任意一个数据节点上运行的 Impala 守护进程，此守护进程实例担任该查询的协调器，其他节点提交部分中间结果返给协调器，协调器构建查询的最终结果集。当在试验环境使用 impala-shell 命令行运行 SQL 时，出于方便性，通常总是连接同一个 Impala 守护进程。而在生产环境负载的集群中，可以采用循环的方式，通过 JDBC 或 ODBC 接口，将每个查询轮流提交至不同的 Impala 守护进程，以达到负载均衡。

Impala 守护进程持续与 statestore 进行通信，以确认每个节点的健康状况以及是否可以接收新的任务。当集群中的任何 Impala 节点建立、修改、删除任何类型的对象，或者通过 Impala 处理一个 insert 或 load data 语句时，catalogd 守护进程（Impala 1.2 引入）都会发出广播消息。Impala 守护进程会接收这种从 catalogd 守护进程发出的广播消息。这种后台通信减少了对 refresh 或 invalidate metadata 语句的需要，而在 Impala 1.2 版本前，这些语句被用于在节点间协调元数据信息。

（2）Impala Statestore

叫做 Statestore 的 Impala 组件检查集群中所有数据节点上 Impala 守护进程的健康状况，并将这些信息持续转发给每个 Impala 守护进程。其物理表现为一个名为 statestored 的守护进程，该进程只需要在集群中的一台主机上启动。如果 Impala 守护进程由于硬件、软件、网络或其他原因失效，Statestore 会通知所有其他的 Impala 守护进程，这样以后的查询就不会再向不可到达的节点发出请求。

Statestore 的目的只是在发生某种错误时提供帮助，因此在正常操作一个 Impala 集群时，它并不是一个关键组件。即使 Statestore 没有运行或者不可用，Impala 守护进程依然会运行，并像平常一样在它们中分发任务。这时如果一个 Impala 守护进程失效，仅仅是降低了集群的鲁棒性。当 Statestore 恢复可用后，它会重建与 Impala 守护进程之间的通信并恢复监控功能。

在 Impala 中，所有负载均衡和高可用的考虑都是应用于 impalad 守护进程的。statestored 和 catalogd 进程没有高可用的需求，因为这些进程即使出现问题也不会引起数据丢失。当这些进程由于所在的主机停机而变成不可用时，可以这样处理：先停止 Impala 服务，然后删除 Impala StateStore 和 Impala Catalog 服务器角色，再在另一台主机上添加这两个角色，最后重启 Impala 服务。

（3）Impala Catalog 服务

称为 Catalog 服务的 Impala 组件将 Impala SQL 语句产生的元数据改变转发至集群中的所有数据节点。其物理表现为一个名为 catalogd 的守护进程，该进程只需要在集群中的一台主机上启动，而且应该与 statestored 进程部署在同一台主机上。

由于 Catalog 服务的存在，当执行 Impala SQL 语句而改变元数据时，不需要再发出 refresh 或 invalidate metadata 语句。然而，当通过 Hive 执行建立表、装载数据等操作后，在一个 Impala 节点上执行查询前，仍然需要先发出 refresh 或 invalidate metadata 语句。例如，通过 Impala 执行的 create table、insert 或其他改变表或改变数据的操作，无须执行 refresh 或 invalidate metadata 语句。而如果这些操作是在 Hive 中执行的，或者是直接操纵的 HDFS 数据文件，仍需执行 refresh 或 invalidate metadata 语句（只需在一个 Impala 节点执行，而不是全部节点）。

默认情况下，元数据在 Impala 启动时异步装载并缓存，这样 Impala 可以立即接收查询请求。如果想让 Impala 等所有元数据装载后再接收查询请求，需要设置 catalogd 的配置选项 load_catalog_in_background=false。

5. 开发 Impala 应用

（1）Impala SQL 方言

Impala 上的核心开发语言是 SQL，也可以使用 Java 或其他语言，通过 JDBC 或 ODBC 接口与 Impala 进行交互，许多商业智能工具都使用这种方式。对于特殊的分析需求，还可以用 C++或 Java 编写用户定义的函数（UDFs），补充 SQL 内建的功能。

Impala 的 SQL 方言与 Hive 组件的 HiveQL 在语法上高度兼容。正因如此，对于熟悉 Hadoop 架构上 SQL 查询的用户来说，Impala SQL 并不陌生。当前，Impala SQL 支持 HiveQL 语句、数据类型、内建函数的一个子集。Impala 还包含一些附加的符合工业标准的内建函数，它们常被用于简化从非 Hadoop 系统移植 SQL。

对于具有传统数据库或数据仓库背景的用户来说，下面关于 SQL 方言的内容应该是非常熟悉的：

- 包含 where、group by、order by、with 等子句的 select 语句（Impala 的 with 子句并不支持递归查询），连接操作，处理字符串、数字、日期的内建函数、聚合函数、子查询、in 和 between 这样的比较操作符等。这些 select 语句与 SQL 标准是兼容的。
- 分区表在数据仓库中经常使用。把一个或多个列作为分区键，数据按照分区键的值物理分布。当查询的 where 子句中包含分区键列时，可以直接跳过不符合过滤条件的分区，这也就是所谓的"分区消除"。例如，假设以 year 作为分区键，表中保存有 10 年的数据，并且查询语句中有类似 where year = 2015、where year > 2010、where year in (2014, 2015)这样的 where 子句，则 Impala 会跳过所有不匹配年份的数据，这会大大降低查询的 I/O 数量，从而提高查询性能。
- 在 Impala 1.2 及其以上版本中，UDFs 可以在 select 和 insert ... select 语句中执行定制的比较和转换逻辑。

如果对 Hadoop 环境不够熟悉但具有传统数据库或数据仓库背景，需要学习并实践一下 Impala SQL 与传统 SQL 的不同之处：

- Impala SQL 专注于查询而不是 DML，所以没有提供 update 或 delete 语句。对于没用的陈旧数据，典型的做法是使用 drop table 或 alter table ... drop partition 等语句直接删除，或者使用 insert overwrite 语句将老数据全部替换掉。
- 在 Impala 中，所有的数据创建都是通过 insert 语句，典型情况是通过查询其他表批量插入数据。insert 语句有两种插入数据的方式，insert into 在现有数据上追加，而 insert overwrite 则会替换整个表或分区的内容，效果就像先 truncate 再 insert 一样。Impala 没有 insert ... values 的插入单行的语法。
- 比较常见的情况是，在其他环境建立表和数据文件，然后使用 Impala 对其进行实时查询。相同的数据文件和表的元数据在 Hadoop 生态圈的不同组件之间共享。例如，Impala 可以访问 Hive 里的表和数据，而 Hive 也可以访问在 Impala 中建立的表及其数据。许多其他的 Hadoop 组件可以生成 Parquet 和 Avro 格式的文件，Impala 也可以查询这些文件。
- Hadoop 和 Impala 的关注点在大数据集上的数据仓库型操作，因此 Impala 包含一些对于传统数据库应用系统非常重要的 SQL 方言。例如，可以在 create table 语句中指定分隔符，通过表读取以逗号和 tab 做分隔的文本文件。还可以建立外部表，在不迁移和转换现有数据文件的前提下读取它们。
- Impala 读取的大量数据可能不太容易确定其长度，所以不能强制字符串类型数据的长度。例如，可以定义一个表列为 string 类型，而不是像 char(1)或 varchar(64)限制字符串长度。在 Impala 1.2 及其以后版本中，可以使用 char 和 varchar 类型限制字符串长度。

（2）Impala 编程接口

可以通过下面的接口连接 Impala，并向 impalad 守护进程提交请求。

- impala-shell 命令行接口
- Hue 基于 Web 的用户界面
- JDBC
- ODBC

使用这些接口,可以在异构环境下使用 Impala,如在非 Linux 平台上运行的 JDBC、ODBC 应用,还可以使用 JDBC、ODBC 接口将 Impala 和商业智能工具结合使用。每个 impalad 守护进程运行在集群中的不同节点上,监听来自多个端口的请求。来自 impala-shell 和 Hue 的请求通过相同的端口被路由至 impalad 守护进程,而 JDBC 和 ODBC 的请求发往不同的 impalad 监听端口。

6. Impala 与 Hadoop 生态圈

Impala 能够利用 Hadoop 生态圈中的许多组件,并且可以和这些组件交换数据,既可作为生产者也可作为消费者,因此可以灵活地加入到 ETL 管道中。

(1) Impala 与 Hive

Impala 的一个主要目标是让 SQL-on-Hadoop 操作足够快,以吸引新的 Hadoop 用户,或开发 Hadoop 新的使用场景。在实际应用中,Hadoop 用户可以使用 Hive 来执行长时间运行的、面向批处理的 SQL 查询,而 Impala 可以利用这些已有的 Hive 架构。Impala 将它的表定义存储在一个传统的 MySQL 或 PostgreSQL 数据库中,这个数据库被称为 metastore,而 Hive 也将其元数据存储在同一个的数据库表中。通过这种方式,只要 Hive 表定义的文件类型、压缩算法和所有列的数据类型为 Impala 所支持, Impala 就可以访问该表。

Impala 最初被设计成致力于提高查询的性能,这就意味着在 Impala 里,select 语句能够读取的数据的类型比 insert 语句能够插入的数据的类型要多。Impala 可以读取使用 Hive 装载的 Avro、RCFile 或 SequenceFile 文件格式的数据。

Impala 查询优化器也可以使用表和列的统计信息。在 Impala 1.2.2 版本前,使用 Hive 里的 analyze table 语句收集这些信息,在 Impala 1.2.2 及其更高版本中,使用 Impala 的 compute stats 语句收集信息。compute stats 更灵活也更简单,并且不需要在 impala-shell 和 Hive shell 之间来回切换。

(2) Impala 的元数据及其存储

前面在讨论 Impala 如何与 Hive 一起使用时提到,Impala 使用一个叫做 metastore 的数据库维护它的表定义信息。同时 Impala 还跟踪其他数据文件底层特性的元数据,如 HDFS 中数据块的物理位置信息。

对于一个有很多分区或很多数据的大表,获取它的元数据可能很耗时,有时需要花上几分钟的时间。因此每个 Impala 节点都会缓存这些元数据,当后面再查询该表时,就可以复用缓存中的元数据。

如果表定义或表中的数据更新了，集群中所有其他的 Impala 守护进程在查询该表前，都必须能收到最新的元数据，并更新自己缓存的元数据信息。在 Impala 1.2 或更高版本中，这种元数据的更新是自动的，由 catalogd 守护进程为所有通过 Impala 发出的 DDL 和 DML 语句进行协调。

对于通过 Hive 发出的 DDL 和 DML，或者手工改变了 HDFS 文件的情况，还是需要在 Impala 中使用 refresh 语句（当新的数据文件被加到已有的表上）或 invalidate metadata 语句（新建表、删除表、执行了 HDFS 的 rebalance 操作，或者删除了数据文件）。invalidate metadata 语句获取 metastore 中存储的所有表的元数据。如果能够确定在 Impala 外部只有特定的表被改变，可以为每一个受影响的表使用 refresh 表名，该语句只获取特定表的最新元数据。

（3）Impala 与 HDFS

Impala 使用分布式文件系统 HDFS 作为主要的数据存储介质。Impala 依赖 HDFS 提供的冗余功能，保证在单独节点因硬件、软件或网络问题失效后仍能工作。Impala 表数据物理表现为 HDFS 上的数据文件，这些文件使用常见的 HDFS 文件格式和压缩算法。

（4）Impala 与 Hbase

除 HDFS 外，HBase 也是 Impala 数据存储介质的备选方案。HBase 是建立在 HDFS 之上的数据库存储系统，不提供内建的 SQL 支持。许多 Hadoop 用户使用 HBase 存储大量的稀疏数据。在 Impala 中可以定义表，并映射为 HBase 中等价的表，通过这种方式就可以使用 Impala 查询 HBase 表的内容，甚至可以联合 Impala 表和 HBase 表执行关联查询。

12.3　Hive、SparkSQL、Impala 比较

Hive、Spark SQL 和 Impala 三种分布式 SQL 查询引擎都是 SQL-on-Hadoop 解决方案，但又各有特点。前面已经讨论了 Hive 和 Impala，本节先介绍一下 SparkSQL，然后从功能、架构、使用场景几个方面比较这三款产品的异同，最后附上分别由 Cloudera 公司和 SAS 公司出示的关于这三款产品的性能对比报告。

12.3.1　Spark SQL 简介

Spark SQL 是 Spark 的一个处理结构化数据的程序模块。与其他基本的 Spark RDD API（参见 3.4 节对 Spark 的介绍）不同，Spark SQL 提供的接口包含更多关于数据和计算的结构信息，Spark SQL 会利用这些额外信息执行优化。可以通过 SQL 和 Dataset API 与 Spark SQL 交互，但无论使用何种语言或 API 向 Spark SQL 发出请求，其内部都使用相同的执行引擎，

这种统一性方便开发者在不同的 API 间进行切换。

Spark SQL 的主要用途是使用 Spark 计算框架在 Hive 表上执行 SQL 查询。主要有两种方式运行 Spark SQL，使用命令行接口交互式地执行 SQL 查询，或者通过 JDBC/ODBC 在程序中执行。当运行内嵌在其他编程语言里的 SQL 时，查询结果集将以 Dataset/DataFrame 返回。

Dataset 是一个分布式的数据集合，而 Dataset API 是 Spark 1.6 中新增的编程接口，它利用 Spark SQL 执行引擎优化器提供 RDD 的功能。Dataset 可以从 JVM 对象中构建，然后使用 map、flatMap、filter 等方法进行转换。Dataset API 在 Scala 和 Java 语言中有效。

DataFrame 是被组织为命名列的 Dataset，其概念与关系数据库中的表类似，但底层结构更加优化。DataFrame 可以从结构化的数据文件、Hive 表、外部数据库，或者已有的 RDD 中构建。DataFrame API 在 Scala、Java、Python 和 R 语言中有效。

Spark SQL 具有如下特性：

- 集成：将 SQL 查询与 Spark 程序无缝集成。Spark SQL 可以将结构化数据作为 Spark 的 RDD 进行查询，并整合了 Scala、Java、Python、R 等语言的 API。这种集成可以使开发者只需运行 SQL 查询就能完成复杂的分析算法。

- 统一数据访问：通过 Schema RDDs 为高效处理结构化数据而提供的单一接口，Spark SQL 可以从 Hive 表、Parquet 或 JSON 文件等多种数据源查询数据，也可以向这些数据源装载数据。

- 与 Hive 兼容：已有数据仓库上的 Hive 查询无须修改即可运行。Spark SQL 复用 Hive 前端和元数据存储，与已存在的 Hive 数据、查询和 UDFs 完全兼容。

- 标准的连接层：使用 JDBC 或 ODBC 连接。Spark SQL 提供标准的 JDBC、ODBC 连接方式。

- 可扩展性：交互式查询与批处理查询使用相同的执行引擎。Spark SQL 利用 RDD 模型提供容错和扩展性。

Spark SQL 架构如图 12-3 所示，包括 Language API、Schema RDD、Data Sources 三层。

- Language API：Spark SQL 与多种语言兼容，并提供这些语言的 API。

- Schema RDD：Schema RDD 是存放 Row 对象的 RDD，每个 Row 对象代表一行记录。Schema RDD 还包含记录的结构信息，即数据字段，它可以利用结构信息高效地存储数据。Schema RDD 支持 SQL 查询操作。

- Data Sources：一般 Spark 的数据源是纯文本或 Avro 文件，而 Spark SQL 的数据源却有所不同。其数据源可能是 Parquet 文件、JSON 文档、Hive 表或 Cassandra 数据库。

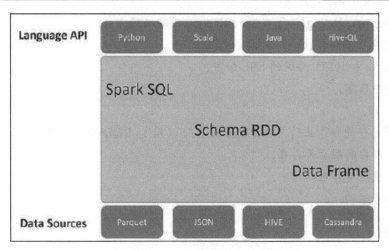

图 12-3 Spark SQL 架构

12.3.2 Hive、Spark SQL、Impala 比较

1. 功能

（1）Hive

- 是简化数据抽取、转换、装载的工具。
- 提供一种机制，给不同格式的数据加上结构。
- 可以直接访问 HDFS 上存储的文件，也可以访问 HBase 的数据。
- 默认通过 MapReduce 执行查询。
- Hive 定义了一种叫做 HiveQL 的简单的类 SQL 查询语言，用户只要熟悉 SQL，就可以使用它查询数据。同时，HiveQL 语言也允许熟悉 MapReduce 计算框架的程序员添加定制的 mapper 和 reducer 插件，执行该语言内建功能不支持的复杂逻辑。
- 用户可以定义自己的标量函数（UDF）、聚合函数（UDAF）和表函数（UDTF）。
- 支持索引压缩和位图索引。
- 支持文本、RCFile、ORC 等多种文件格式或存储类型。
- 使用 RDBMS 存储元数据，减少了查询执行时语义检查所需的时间。
- 支持 DEFLATE、BWT 或 snappy 等算法操作 Hadoop 生态系统内存储的数据。
- 大量内建的日期、数字、字符串、聚合、分析函数。
- HiveQL 隐式转换成 MapReduce 或 Spark 作业。

（2）Spark SQL

- 支持 Parquet、Avro、Text、JSON、ORC 等多种文件格式。
- 支持存储在 HDFS、HBase、Amazon S3 上的数据操作。

- 支持 snappy、lzo、gzip 等典型的 Hadoop 压缩编码方式。
- 通过使用 "shared secret" 提供安全认证。
- 支持 Akka 和 HTTP 协议的 SSL 加密。
- 保存事件日志。
- 支持 UDF。
- 支持并发查询和作业的内存分配管理，可以指定 RDD 只存在内存中，或只存在磁盘上，或内存和磁盘都存在。
- 支持把数据缓存在内存中。
- 支持嵌套结构。

（3）Impala

- 支持 Parquet、Avro、Text、RCFile、SequenceFile 等多种文件格式。
- 支持存储在 HDFS、HBase、Amazon S3 上的数据操作。
- 支持多种压缩编码方式：Snappy（有效平衡压缩率和解压缩速度）、Gzip（最高压缩率的归档数据压缩）、Deflate（不支持文本文件）、Bzip2、LZO（只支持文本文件）。
- 支持 UDF 和 UDAF。
- 自动以最有效的顺序进行表连接。
- 允许定义查询的优先级排队策略。
- 支持多用户并发查询。
- 支持数据缓存。
- 提供计算统计信息（COMPUTE STATS）。
- 提供窗口函数，如聚合函数 OVER PARTITION、RANK、LEAD、LAG、NTILE 等，以支持高级分析功能。
- 支持使用磁盘进行连接和聚合，当操作使用的内存溢出时转为磁盘操作。
- 允许在 where 子句中使用子查询。
- 允许增量统计，只在新数据或改变的数据上执行统计计算。
- 支持 maps、structs、arrays 上的复杂嵌套查询。
- 可以使用 Impala 插入或更新 HBase。

2. 架构

（1）Hive

构建在 Hadoop 之上，查询管理分布式存储上的大数据集的数据仓库组件。底层默认使用 MapReduce 计算框架，Hive 查询被转化为 MapReduce 代码并执行。生产环境建议使用 RDBMS 存储元数据。支持 JDBC、ODBC、CLI 等连接方式。

（2）Spark SQL

底层使用 Spark 计算框架，提供有向无环图，比 MapReduce 更灵活。Spark SQL 以

Schema RDD 为核心，模糊了 RDD 与关系表之间的界线。Schema RDD 是一个由 Row 对象组成的 RDD，附带包含每列数据类型的结构信息。Spark SQL 复用 Hive 的元数据存储。支持 JDBC、ODBC、CLI 等连接方式，并提供多种语言的 API。

（3）Impala

底层采用 MPP 技术，支持快速交互式 SQL 查询。与 Hive 共享元数据存储。impalad 是核心进程，负责接收查询请求并向多个数据节点分发任务。statestored 进程负责监控所有 impalad 进程，并向集群中的节点报告各个 impalad 进程的状态。catalogd 进程负责广播通知元数据的最新信息。

3. 使用场景

（1）Hive

适用场景：

- 周期性转换大量数据，例如：每天晚上导入 OLTP 数据并转换为星型模式；每小时批量转换数据等。
- 整合遗留的数据格式，例如：将 CSV 数据转换为 Avro；将一个用户自定义的内部格式转换为 Parquet 等。

不适用场景：

- 商业智能，例如：与 Tableau 结合进行数据探查；与 Micro Strategy 结合导出报表等。
- 交互式查询，例如：OLAP 查询。

（2）Spark SQL

适用场景：

- 从 Hive 数据仓库中抽取部分数据，使用 Spark 进行分析。

不适用场景：

- 商业智能和交互式查询

（3）Impala

适用场景：

- 秒级的响应时间
- OLAP
- 交互式查询

不适用场景：

- ETL
- UDTF

12.3.3　Hive、Spark SQL、Impala 性能对比

1. Cloudera 公司 2014 年做的性能基准对比测试（原文链接：http://blog.cloudera.com/ blog/2014/09/new-benchmarks-for-sql-on-hadoop-impala-1-4-widens-the-performance-gap/）

先看一下测试结果：

- 对于单用户查询，Impala 比其他方案最多快 13 倍，平均快 6.7 倍。
- 对于多用户查询，差距进一步拉大：Impala 比其他方案最多快 27.4 倍，平均快 18 倍。

下面看看这个测试是怎么做的。

（1）配置

所有测试都运行在一个完全相同的由 21 个节点构成的集群上，每个节点只配有 64GB 内存。之所以内存不配大，就是为了消除人们对于 Impala 只有在非常大的内存上才有好性能的错误认识。

- 双物理 CPU，每个 12 核，Intel Xeon CPU E5-2630L 0 at 2.00GHz。
- 12 个磁盘驱动器，每个磁盘 932GB，1 个用作 OS，其他用作 HDFS。
- 每节点 64GB 内存。

（2）对比产品

- Impala 1.4.0
- Hive-on-Tez 0.13
- Spark SQL 1.1
- Presto 0.74

（3）查询

- 21 个节点上的总数据量为 15T。
- 测试场景取自 TPC-DS（一个开放的决策支持基准，包括交互式、报表、分析式查询）。
- 除 Impala 外，其他引擎都没有基于成本的优化器（Hive 0.14 版本开始提供 CBO），所以本测试使用的查询都使用 SQL-92 标准的连接。
- 采用统一的 Snappy 压缩编码方式，各个引擎使用各自最优的文件格式，Impala 和 Spark SQL 使用 Parquet，Hive-on-Tez 使用 ORC，Presto 使用 RCFile。
- 对每种引擎多次运行和调优。

（4）结果

单用户查询如图 12-4 所示。

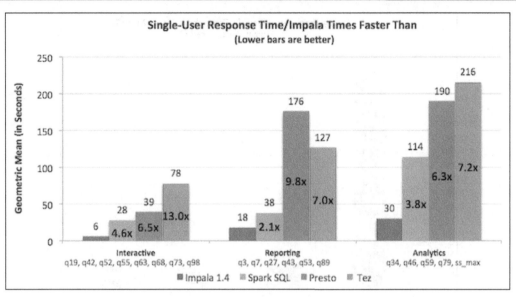

图 12-4　单用户对比

多用户查询如图 12-5 所示。

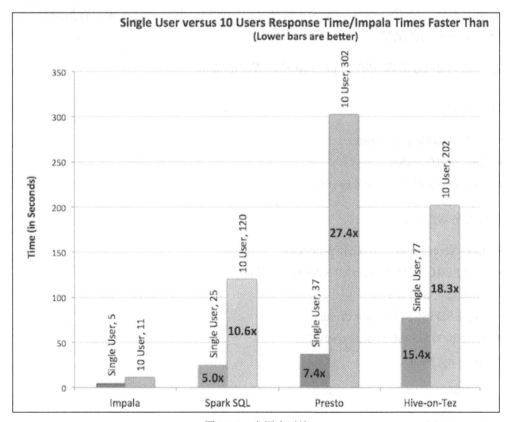

图 12-5　多用户对比

查询吞吐率如图 12-6 所示。

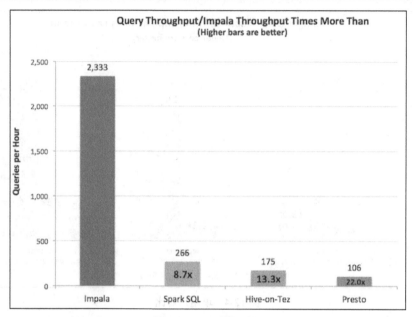

图 12-6　吞吐率对比

　　Impala 本身就是 Cloudera 公司的主打产品，因此只听其一面之词未免有失偏颇，下面就再看一个 SAS 公司的测试。

2. SAS 公司 2013 年做的 Impala 和 Hive 的对比测试

（1）硬件

- Dell M1000e server rack
- Dell M610 blades
- Juniper EX4500 10 GbE switch

刀片服务器配置：

- Intel Xeon X5667 3.07GHz processor
- Dell PERC H700 Integrated RAID controller
- Disk size: 543 GB
- FreeBSD iSCSI Initiator driver
- HP P2000 G3 iSCSI dual controller
- Memory: 94.4 GB

（2）软件

- Linux 2.6.32
- Apache Hadoop 2.0.0
- Apache Hive 0.10.0

- Impala 1.0
- Apache MapReduce 0.20.2

（3）数据

数据模型如图 12-7 所示。各表的数据量如表 12-1 所示。

表 12-1 测试表记录数

表名	行数
PAGE_CLICK_FACT	14.5（亿）
PAGE_DIM	2.23（百万）
REFERRER_DIM	10.52（百万）
BROWSER_DIM	164.2（千）
STATUS_CODE	70

PAGE_CLICK_FLAT 表使用 Compressed Sequence 文件格式，大小 124.59 GB。

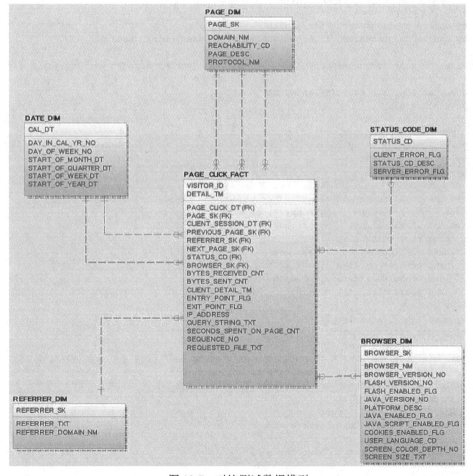

图 12-7 对比测试数据模型

（4）查询

使用了以下 5 条查询语句：

```
-- What are the most visited top-level directories on the customer support website for a
given week and year?
select top_directory, count(*) as unique_visits
  from (select distinct visitor_id, split(requested_file, '[\\/]')[1] as top_directory
        from page_click_flat
      where domain_nm = 'support.sas.com'
        and flash_enabled='1'
        and weekofyear(detail_tm) = 48
        and year(detail_tm) = 2012
    ) directory_summary
 group by top_directory
 order by unique_visits;

-- What are the most visited pages that are referred from a Google search for a given month?
select domain_nm, requested_file, count(*) as unique_visitors, month
  from (select distinct domain_nm, requested_file, visitor_id, month(detail_tm) as month
        from page_click_flat
      where domain_nm = 'support.sas.com'
        and referrer_domain_nm = 'www.google.com'
    ) visits_pp_ph_summary
 group by domain_nm, requested_file, month
 order by domain_nm, requested_file, unique_visitors desc, month asc;

-- What are the most common search terms used on the customer support website for a given
year?
select query_string_txt, count(*) as count
  from page_click_flat
 where query_string_txt <> ''
   and domain_nm='support.sas.com'
   and year(detail_tm) = '2012'
 group by query_string_txt
 order by count desc;

-- What is the total number of visitors per page using the Safari browser?
select domain_nm, requested_file, count(*) as unique_visitors
  from (select distinct domain_nm, requested_file, visitor_id
        from page_click_flat
      where domain_nm='support.sas.com'
        and browser_nm like '%Safari%'
        and weekofyear(detail_tm) = 48
        and year(detail_tm) = 2012
    ) uv_summary
 group by domain_nm, requested_file
 order by unique_visitors desc;

-- How many visitors spend more than 10 seconds viewing each page for a given week and year?
select domain_nm, requested_file, count(*) as unique_visits
  from (select distinct domain_nm, requested_file, visitor_id
        from page_click_flat
      where domain_nm='support.sas.com'
        and weekofyear(detail_tm) = 48
        and year(detail_tm) = 2012
        and seconds_spent_on_page_cnt > 10;
    ) visits_summary
 group by domain_nm, requested_file
```

```
order by unique_visits desc;
```

（5）结果

Hive 与 Impala 查询时间对比如图 12-8 所示。

	Query	Average Hive (MM:SS)	Impala Time (MM:SS)	Improvement (Hive to Impala)
Impala Hadoop Flat File	1	01:22	00:10	01:12
	2	01:29	00:04	01:25
	3	05:59	15:48	(09:49)
	4	01:34	00:04	01:30
	5	04:43	06:46	(02:03)

图 12-8　Hive 与 Impala 查询时间对比

可以看到，查询 1、2、4，Impala 比 Hive 快得多；而查询 3、5，Impala 却比 Hive 慢很多。这个测试可能更客观一些，而且也从侧面说明了一个问题，不要轻信厂商宣传的数据，还是要根据自己的实际测试情况得出结论。

12.4　联机分析处理实例

本节还是用销售订单数据仓库的例子说明如何使用 Impala 做 OLAP 类型的查询，以及模拟实际遇到的问题及解决方案。为了处理 SCD 和行级更新，我们前面的 ETL 处理使用了 Hive ORCFile 格式的表，可惜到目前为止，Impala 还不支持 ORCFile。用 Impala 查询 ORCFile 表时，会报出如下的错误信息：

```
ERROR: AnalysisException: Failed to load metadata for table: 'dw.sales_order_fact'
CAUSED BY: TableLoadingException: Unrecognized table type for table: dw.sales_order_fact
```

这是一个棘手的问题。如果我们再建一套和 dw 库中表结构一样的表，但使用 Impala 能够识别的文件类型，如 Parquet，又会引入两个新的问题：一是 CDH 5.7.0 的 Hive 版本是 1.1.0，有些数据类型不支持，如 date。另一个更大的问题是增量装载数据问题。dw 库的维度表和事实表都有 update 操作，可 Impala 只支持数据装载，不支持 update 和 delete 等 DML 操作。如果每天都做 insert overwrite 覆盖装载全部数据，对于大数据量来说很不现实。

尽管 Impala 不支持 update 语句，但通过使用 HBase 作为底层存储可以达到同样的效果。相同键值的数据被插入时，会自动覆盖原有的数据行。这样只要在每天定期 ETL 时，记录当天产生变化，包括修改和新增的记录，只将这些记录插入到 Impala 表中，就可以实现增量数据装载。这个方案并不完美，毕竟冗余了一套数据，既浪费空间，又增加了 ETL 的额外工作。其实前面 ETL 的 Hive 表也可以使用 HBase 做底层存储而不用 ORCFile 文件类型，利用 HBase 的特性，既可以用 Hive 做 ETL，又可以用 Impala 做 OLAP，真正做到一套数据，多个引擎。这个方案也需要一些额外的工作，如安装 HBase，配置 Hive、Impala 与 HBase 协同工作等，它最主要的问题是 Impala 在 HBase 上的查询性能并不适合 OLAP 场景。

如果没有累积快照事实表，可以对相对较小的维度表全量覆盖插入，而对大的事实表增量插入，这也是本实例中采用的方案。也就是说，为了保证查询性能和数据装载可行性，牺牲了对累积快照事实表的支持。希望 Impala 尽快支持 ORCFile 并能达到和 Parquet 同样的性能，这样就可以省很多麻烦。

1. 建立 olap 库、表、视图

执行下面的查询语句从 MySQL 的 hive 库生成建表文件。

```
use hive;
select concat('create table ', t1.tbl_name, ' (',group_concat(concat(t2.column_name,'
',t2.type_name) order by t2.integer_idx),') stored as parquet;') into outfile
'/data/hive/create_table.sql'
  from (select t1.tbl_id,
               t1.tbl_name
          from TBLS t1, DBS t2
         where t1.db_id = t2. db_id
           and t2.name = 'dw'
           and tbl_type <> 'VIRTUAL_VIEW'
           and (tbl_name like '%dim' or tbl_name like '%fact')) t1,
       (select case when v.column_name = 'date' then 'date1'
                    else v.column_name
                end column_name,
               replace(v.type_name,'date','timestamp') type_name,
               v.integer_idx,
               t.tbl_id
          from COLUMNS_V2 v,
               CDS c,
               SDS s,
               TBLS t
         where v.cd_id = c.cd_id
           and c.cd_id = s.cd_id
           and s.sd_id = t.sd_id) t2
 where t1.tbl_id = t2.tbl_id
 group by t1.tbl_name;
```

生成的 create_table.sql 文件包含 dw 库中所有维度表和事实表的建表语句，需要将 date 数据类型转换成 timestamp，并将 date 字段改名为 date1。例如：

```
create table product_dim (product_sk int,product_code int,product_name
varchar(30),product_category varchar(30),version int,effective_date timestamp,expiry_date
timestamp) stored as parquet;
```

执行下面的查询语句从 MySQL 的 hive 库生成建立视图文件：

```
use hive;
select concat('create view ', t1.tbl_name, ' as ',
replace(replace(t1.view_original_text,'\n',' '),' date,',' date1,'), ';') into outfile
'/data/hive/create_view.sql'
  from TBLS t1, DBS t2
 where t1.db_id = t2.db_id
   and t2.name = 'dw'
```

```
 and t1.tbl_type = 'VIRTUAL_VIEW';
```

生成的 create_view.sql 文件包含所有建立视图的语句，例如：

```
create view allocate_date_dim as SELECT date_sk, date, month, month_name, quarter, year,
promo_ind FROM date_dim;
```

从 Hive 命令行执行建立库、表、视图的脚本。

```
hive -e 'create database olap;use olap;source /data/hive/create_table.sql;source
/data/hive/create_view.sql;'
```

2. 向 olap 库表初始装载数据

执行下面的查询语句从 MySQL 的 hive 库生成装载数据脚本文件。

```
use hive;
select concat('insert overwrite table olap.', t1.tbl_name, ' select ',
group_concat(t2.column_name order by t2.integer_idx),' from dw.', t1.tbl_name ,';') into
outfile '/data/hive/insert_table.sql'
  from (select t1.tbl_id,
               t1.tbl_name
          from TBLS t1, DBS t2
         where t1.db_id = t2.db_id
           and t2.name = 'dw'
           and tbl_type <> 'VIRTUAL_VIEW'
           and (tbl_name like '%dim' or tbl_name like '%fact')) t1,
       (select v.column_name,
               replace(v.type_name,'date','timestamp') type_name,
               v.integer_idx,
               t.tbl_id
          from COLUMNS_V2 v,
               CDS c,
               SDS s,
               TBLS t
         where v.cd_id = c.cd_id
           and c.cd_id = s.cd_id
           and s.sd_id = t.sd_id) t2
 where t1.tbl_id = t2.tbl_id
 group by t1.tbl_name;
```

生成的 insert_table.sql 文件包含所有 insert olap 表的语句，例如：

```
insert overwrite table olap.product_dim select
product_sk,product_code,product_name,product_category,version,effective_date,expiry_date from
dw.product_dim;
```

从 Hive 命令行执行初始装载数据的脚本。

```
hive -e 'source /data/hive/insert_table.sql;'
```

3. 修改销售订单定期装载脚本

首先将 dw 和 olap 库中的事实表变更为动态分区表，这样在向 olap 库中装载数据时，或是在 olap 库上进行查询时，都可以有效地利用分区消除来提高性能。这里只修改了每日定时装载所涉及的两个表：product_count_fact 和 sales_order_fact，其他事实表的修改类似。因为 Hive 的分区字段只能在表定义的最后，可能会改变字段的顺序，所以还要修改相关的 ETL 脚本。执行下面的语句修改 dw 库的事实表。

```
use dw;

set hive.exec.dynamic.partition=true;
set hive.exec.dynamic.partition.mode=nonstrict;
set hive.exec.max.dynamic.partitions.pernode=1000;

-- product_count_fact 表
create table product_count_fact_part
(product_sk int)
partitioned by (product_launch_date_sk int);

insert overwrite table product_count_fact_part partition (product_launch_date_sk)
select product_sk,product_launch_date_sk from product_count_fact;

drop table product_count_fact;
alter table product_count_fact_part rename to product_count_fact;

-- sales_order_fact 表
create table sales_order_fact_part
(order_number int,
 customer_sk int,
 customer_zip_code_sk int,
 shipping_zip_code_sk int,
 product_sk int,
 sales_order_attribute_sk int,
 order_date_sk int,
 allocate_date_sk int,
 allocate_quantity int,
 packing_date_sk int,
 packing_quantity int,
 ship_date_sk int,
 ship_quantity int,
 receive_date_sk int,
 receive_quantity int,
 request_delivery_date_sk int,
 order_amount decimal(10,2),
 order_quantity int
 )
partitioned by (entry_date_sk int)
clustered by (order_number) into 8 buckets
stored as orc tblproperties ('transactional'='true');

insert overwrite table sales_order_fact_part partition (entry_date_sk)
select order_number,
       customer_sk,
       customer_zip_code_sk,
       shipping_zip_code_sk,
       product_sk,
       sales_order_attribute_sk,
       order_date_sk,
       allocate_date_sk,
       allocate_quantity,
       packing_date_sk,
       packing_quantity,
       ship_date_sk,
```

```
        ship_quantity,
        receive_date_sk,
        receive_quantity,
        request_delivery_date_sk,
        order_amount,
        order_quantity,
        entry_date_sk
  from sales_order_fact;

drop table sales_order_fact;
alter table sales_order_fact_part rename to sales_order_fact;
```

修改 olap 库事实表的语句和上面的类似，只是表的存储类型为 parquet。下面修改数据仓库每天定期装载脚本，需要做以下三项修改。

- 添加 olap 库中维度表的覆盖装载语句。
- 根据分区定义修改 dw 事实表的装载语句。
- 添加 olap 库中事实表的增量装载语句。

下面显示了修改后的 regular_etl.sql 定期装载脚本（只列出修改的部分）。

```
-- 设置环境与时间窗口 ...

-- 装载 customer 维度 ...
-- 装载 olap.customer_dim 表
insert overwrite table olap.customer_dim select * from customer_dim;

-- 装载 product 维度 ...
-- 装载 olap.product_dim 表
insert overwrite table olap.product_dim select * from product_dim;

-- 装载新产品发布无事实的事实表 product_count_fact ...
-- 全量装载 olap.product_count_fact 表
truncate table olap.product_count_fact;
insert into olap.product_count_fact partition (product_launch_date_sk)
select * from product_count_fact;

-- 装载销售订单事实表
-- 前一天新增的销售订单
-- 因为分区键字段在最后，所以这里把 entry_date_sk 字段的位置做了调整。
-- 后面处理分配库房、打包、配送和收货 4 个状态时，同样也要做相应的调整。
insert into sales_order_fact partition (entry_date_sk)
select a.order_number,
       customer_sk,
       i.customer_zip_code_sk,
       j.shipping_zip_code_sk,
       product_sk,
       g.sales_order_attribute_sk,
       e.order_date_sk,
       null,
       null,
       null,
       null,
       null,
       null,
       null,
```

```
        null,
        f.request_delivery_date_sk,
        order_amount,
        quantity,
        h.entry_date_sk
  from rds.sales_order a,
        customer_dim c,
        product_dim d,
        order_date_dim e,
        request_delivery_date_dim f,
        sales_order_attribute_dim g,
        entry_date_dim h,
        customer_zip_code_dim i,
        shipping_zip_code_dim j,
        rds.customer k,
        rds.cdc_time l
 where a.order_status = 'n'
and a.customer_number = c.customer_number
and a.status_date >= c.effective_date
and a.status_date < c.expiry_date
and a.customer_number = k.customer_number
and k.customer_zip_code = i.customer_zip_code
and a.status_date >= i.effective_date
and a.status_date <= i.expiry_date
and k.shipping_zip_code = j.shipping_zip_code
and a.status_date >= j.effective_date
and a.status_date <= j.expiry_date
and a.product_code = d.product_code
and a.status_date >= d.effective_date
and a.status_date < d.expiry_date
and to_date(a.status_date) = e.order_date
and to_date(a.entry_date) = h.entry_date
and to_date(a.request_delivery_date) = f.request_delivery_date
and a.verification_ind = g.verification_ind
and a.credit_check_flag = g.credit_check_flag
and a.new_customer_ind = g.new_customer_ind
and a.web_order_flag = g.web_order_flag
and a.entry_date >= l.last_load and a.entry_date < l.current_load ;

-- 重载 pa 客户维度 ...
-- 装载 olap.pa_customer_dim 表
insert overwrite table olap.pa_customer_dim
select * from pa_customer_dim;

-- 处理分配库房、打包、配送和收货四个状态 ...

-- 增量装载 olap.sales_order_fact 表
insert into olap.sales_order_fact partition (entry_date_sk)
select t1.*
  from sales_order_fact t1,entry_date_dim t2,rds.cdc_time t3
 where t1.entry_date_sk = t2.entry_date_sk
   and t2.entry_date >= t3.last_load and t2.entry_date < t3.current_load ;

-- 更新时间戳表的 last_load 字段 ...
```

4. 定义 OLAP 需求

要做好 OLAP 类的应用，需要对业务数据有深入的理解。只有了解了业务，才能知道需要分析哪些指标，从而有的放矢地剖析相关数据，得出可信的结论来辅助决策。下面就以销售订单数据仓库为例，提出若干问题，然后使用 Impala 查询数据以回答这些问题：

- 每种产品类型以及单个产品的累积销售量和销售额是多少？
- 每种产品类型以及单个产品在每个省、每个城市的月销售量和销售额趋势是什么？
- 每种产品类型销售量和销售额和同比如何？
- 每个省、每个城市的客户数量及其消费金额汇总是多少？
- 迟到订单的比例是多少？
- 客户年消费金额为"高""中""低"档的人数及消费金额所占比例是多少？
- 每个城市按销售金额排在前三位的商品是什么？

5. 执行 OLAP 查询

使用 impala-shell 命令行工具执行 olap 库上的查询，回答上一步提出的问题。进入 impala-shell，连接 impalad 所在主机，同步元数据，切换到 olap 库，这些操作使用的命令如下所示。

```
[root@cdh2~]#impala-shell
Starting Impala Shell without Kerberos authentication
Error connecting: TTransportException, Could not connect to cdh2:21000
********************************************************************************
... 欢迎信息 ...
********************************************************************************
[Not connected] > connect cdh1:21000;
Connected to cdh1:21000
Server version: impalad version 2.5.0-cdh5.7.0 RELEASE (build
ad3f5adabedf56fe6bd9eea39147c067cc552703)
[cdh1:21000] > invalidate metadata;
Query: invalidate metadata

Fetched 0 row(s) in 3.69s
[cdh1:21000] > use olap;
Query: use olap
```

（1）每种产品类型以及单个产品的累积销售量和销售额是多少

Impala 目前只支持最基本的 group by，尚不支持 rollup、cube、grouping set 等操作，所幸支持 union。

```
select * from
(select t2.product_category pro_category,
        '' pro_name,
        sum(order_quantity) sum_quantity,
        sum(order_amount) sum_amount
  from sales_order_fact t1, product_dim t2
 where t1.product_sk = t2.product_sk
 group by pro_category
 union all
select t2.product_category pro_category,
t2.product_name pro_name,
        sum(order_quantity) sum_quantity,
        sum(order_amount) sum_amount
  from sales_order_fact t1, product_dim t2
```

```
where t1.product_sk = t2.product_sk
group by pro_category, pro_name) t
order by pro_category, pro_name;
```

Impala 对结果集的排序就只有一种标准的 order by 子句。查询结果如下所示。

```
+--------------+----------------+--------------+------------+
| pro_category | pro_name       | sum_quantity | sum_amount |
+--------------+----------------+--------------+------------+
| Monitor      |                | 342          | 70338.00   |
| Monitor      | Flat Panel     | 304          | 65393.00   |
| Monitor      | LCD Panel      | 38           | 4945.00    |
| Peripheral   |                | 332          | 56396.00   |
| Peripheral   | Keyboard       | 332          | 56396.00   |
| Storage      |                | 890          | 648407.00  |
| Storage      | Floppy Drive   | 427          | 320137.00  |
| Storage      | Hard Disk Drive| 463          | 328270.00  |
+--------------+----------------+--------------+------------+
Fetched 8 row(s) in 1.18s
```

（2）每种产品类型以及单个产品在每个省、每个城市的月销售量和销售额趋势是什么

```
select * from
(-- 明细
 select t2.product_category pro_category,
              t2.product_name pro_name,
              t3.state state,
              t3.city city,
              t4.year*100 + t4.month ym,
       sum(order_quantity) sum_quantity,
       sum(order_amount) sum_amount
  from sales_order_fact t1
 inner join product_dim t2
        on t1.product_sk = t2.product_sk
 inner join customer_zip_code_dim t3
        on t1.customer_zip_code_sk = t3.zip_code_sk
 inner join order_date_dim t4
        on t1.order_date_sk = t4.date_sk
group by pro_category, pro_name, state, city, ym
union all
-- 按产品分类汇总
select t2.product_category pro_category,
       '' pro_name,
       t3.state state,
       t3.city city,
       t4.year*100 + t4.month ym,
       sum(order_quantity) sum_quantity,
       sum(order_amount) sum_amount
  from sales_order_fact t1
 inner join product_dim t2
        on t1.product_sk = t2.product_sk
 inner join customer_zip_code_dim t3
        on t1.customer_zip_code_sk = t3.zip_code_sk
 inner join order_date_dim t4
        on t1.order_date_sk = t4.date_sk
 group by pro_category, pro_name, state, city, ym
 union all
-- 按产品分类、省汇总
 select t2.product_category pro_category,
```

```
               '' pro_name,
               t3.state state,
               '' city,
               t4.year*100 + t4.month ym,
               sum(order_quantity) sum_quantity,
               sum(order_amount) sum_amount
          from sales_order_fact t1
         inner join product_dim t2
               on t1.product_sk = t2.product_sk
         inner join customer_zip_code_dim t3
               on t1.customer_zip_code_sk = t3.zip_code_sk
         inner join order_date_dim t4
               on t1.order_date_sk = t4.date_sk
         group by pro_category, pro_name, state, city, ym) t
         order by pro_category, pro_name, state, city, ym;
```

查询部分结果如下所示。

```
...
| Monitor |            | OH |               | 201607 | 15  | 1285.00  |
| Monitor |            | OH | cleveland     | 201607 | 15  | 1285.00  |
| Monitor |            | PA |               | 201606 | 38  | 4945.00  |
| Monitor |            | PA |               | 201607 | 190 | 44005.00 |
| Monitor |            | PA |               | 201608 | 99  | 20103.00 |
| Monitor |            | PA | mechanicsburg | 201606 | 38  | 4945.00  |
| Monitor |            | PA | mechanicsburg | 201607 | 147 | 28983.00 |
| Monitor |            | PA | mechanicsburg | 201608 | 99  | 20103.00 |
| Monitor |            | PA | pittsburgh    | 201607 | 43  | 15022.00 |
| Monitor | Flat Panel | OH | cleveland     | 201607 | 15  | 1285.00  |
| Monitor | Flat Panel | PA | mechanicsburg | 201607 | 147 | 28983.00 |
| Monitor | Flat Panel | PA | mechanicsburg | 201608 | 99  | 20103.00 |
| Monitor | Flat Panel | PA | pittsburgh    | 201607 | 43  | 15022.00 |
| Monitor | LCD Panel  | PA | mechanicsburg | 201606 | 38  | 4945.00  |
...
Fetched 64 row(s) in 1.44s
```

（3）每种产品类型销售量和销售额和同比如何

这个查询使用了 11.2 节周期快照中定义的 month_end_sales_order_fact 表。Impala 支持视图和 left、right、full 外连接。

```
create view v_product_category_month as
select t2.product_category,
              t3.year,
       t3.month,
       t1.month_order_amount,
       t1.month_order_quantity
  from month_end_sales_order_fact t1
 inner join product_dim t2 on t1.product_sk = t2.product_sk
 inner join month_dim t3 on t1.order_month_sk = t3.month_sk;

select t1.product_category,
       t1.year,
       t1.month,
       (t1.month_order_quantity - nvl(t2.month_order_quantity,0)) /
       nvl(t2.month_order_quantity,0) pct_quantity,
       cast((t1.month_order_amount - nvl(t2.month_order_amount,0)) as double) /
       cast(nvl(t2.month_order_amount,0) as double) pct_amount
```

```
from v_product_category_month t1
left join v_product_category_month t2
  on t1.product_category = t2.product_category
 and t1.year = t2.year + 1
 and t1.month = t2.month;
```

查询结果如下所示。

```
+------------------+------+-------+--------------+------------+
| product_category | year | month | pct_quantity | pct_amount |
+------------------+------+-------+--------------+------------+
| Storage          | 2016 | 3     | NULL         | Infinity   |
| Storage          | 2016 | 3     | NULL         | Infinity   |
| Storage          | 2016 | 4     | NULL         | Infinity   |
| Storage          | 2016 | 4     | NULL         | Infinity   |
| Storage          | 2016 | 5     | NULL         | Infinity   |
| Storage          | 2016 | 5     | NULL         | Infinity   |
| Monitor          | 2016 | 6     | Infinity     | Infinity   |
| Storage          | 2016 | 6     | Infinity     | Infinity   |
| Storage          | 2016 | 6     | NULL         | Infinity   |
| Peripheral       | 2016 | 7     | Infinity     | Infinity   |
| Monitor          | 2016 | 7     | Infinity     | Infinity   |
| Storage          | 2016 | 7     | Infinity     | Infinity   |
| Storage          | 2016 | 7     | Infinity     | Infinity   |
| Peripheral       | 2016 | 8     | Infinity     | Infinity   |
| Monitor          | 2016 | 8     | Infinity     | Infinity   |
+------------------+------+-------+--------------+------------+
Fetched 15 row(s) in 0.79s
```

由于没有2015年的数据，分母是0，除0结果是Infinity而不报错。

（4）每个省、每个城市的客户数量及其消费金额汇总是多少

```
select * from
(select t3.state state,
            t3.city city,
        count(distinct t2.customer_sk) sum_customer_num,
        sum(order_amount) sum_order_amount
  from sales_order_fact t1
 inner join customer_dim t2
        on t1.customer_sk = t2.customer_sk
 inner join customer_zip_code_dim t3
        on t1.customer_zip_code_sk = t3.zip_code_sk
 group by state, city
 union all
 select t3.state state,
            '' city,
        count(distinct t2.customer_sk) sum_customer_num,
        sum(order_amount) sum_order_amount
  from sales_order_fact t1
 inner join customer_dim t2
        on t1.customer_sk = t2.customer_sk
 inner join customer_zip_code_dim t3
        on t1.customer_zip_code_sk = t3.zip_code_sk
 group by state, city) t
 order by state, city;
```

查询结果如下所示。

```
+-------+--------------+------------------+------------------+
| state | city         | sum_customer_num | sum_order_amount |
+-------+--------------+------------------+------------------+
| OH    |              | 4                | 28372.00         |
| OH    | cleveland    | 4                | 28372.00         |
| PA    |              | 20               | 746769.00        |
| PA    | mechanicsburg | 12              | 389318.00        |
| PA    | pittsburgh   | 8                | 357451.00        |
+-------+--------------+------------------+------------------+
Fetched 5 row(s) in 1.31s
```

（5）迟到订单的比例是多少

```
select sum_total, sum_late, round(sum_late/sum_total,4) late_pct
  from (select sum(case when order_date_sk < entry_date_sk then 1
                        else 0
                   end) sum_late,
               count(*) sum_total
          from sales_order_fact) t;
```

查询结果如下所示。

```
+-----------+----------+----------+
| sum_total | sum_late | late_pct |
+-----------+----------+----------+
| 149       | 2        | 0.0134   |
+-----------+----------+----------+
Fetched 1 row(s) in 1.01s
```

（6）客户年消费金额为"高""中""低"档的人数及消费金额所占比例是多少

```
select year, bn, c_count, sum_band, sum_total,
       round(sum_band/sum_total,4) band_pct
  from (select count(a.customer_sk) c_count,
               sum(annual_order_amount) sum_band,
               c.year year,
               band_name bn
          from annual_customer_segment_fact a,
               annual_order_segment_dim b,
               year_dim c,
               annual_sales_order_fact d
         where a.segment_sk = b.segment_sk
           and a.year_sk = c.year_sk
           and a.customer_sk = d.customer_sk
           and a.year_sk = d.year_sk
           and b.segment_name = 'grid'
         group by year, bn) t1,
       (select sum(annual_order_amount) sum_total
          from annual_sales_order_fact) t2
 order by year, bn;
```

查询结果如下所示。

```
+------+------+---------+-----------+-----------+----------+
| year | bn   | c_count | sum_band  | sum_total | band_pct |
+------+------+---------+-----------+-----------+----------+
| 2016 | high | 17      | 740393.00 | 765002.00 | 0.9600   |
```

```
| 2016 | low  | 3       | 4815.00    | 765002.00 | 0.0000    |
| 2016 | med  | 4       | 19794.00   | 765002.00 | 0.0200    |
+------+------+---------+------------+-----------+-----------+
Fetched 3 row(s) in 1.06s
```

（7）每个城市按销售金额排在前三位的商品是什么

```
select t2.city, t3.product_name, t1.sum_order_amount, t1.rn
  from(select customer_zip_code_sk,
              product_sk,
              sum_order_amount,
              row_number()
              over (partition by customer_zip_code_sk
                    order by sum_order_amount desc) rn
         from (select customer_zip_code_sk,
                      product_sk,
                      sum(order_amount) sum_order_amount
                 from sales_order_fact t1
                group by customer_zip_code_sk, product_sk) t) t1
 inner join customer_zip_code_dim t2
        on t1.customer_zip_code_sk = t2.zip_code_sk
 inner join product_dim t3
        on t1.product_sk = t3.product_sk
 where t1.rn <= 3
 order by t1.customer_zip_code_sk, t1.rn;
```

查询结果如下所示。

```
+--------------+-----------------+------------------+----+
| city         | product_name    | sum_order_amount | rn |
+--------------+-----------------+------------------+----+
| pittsburgh   | Hard Disk Drive | 186869.00        | 1  |
| pittsburgh   | Floppy Drive    | 137438.00        | 2  |
| pittsburgh   | Keyboard        | 18122.00         | 3  |
| mechanicsburg| Floppy Drive    | 174486.00        | 1  |
| mechanicsburg| Hard Disk Drive | 136039.00        | 2  |
| mechanicsburg| Flat Panel      | 49086.00         | 3  |
| cleveland    | Keyboard        | 13512.00         | 1  |
| cleveland    | Floppy Drive    | 8213.00          | 2  |
| cleveland    | Hard Disk Drive | 5362.00          | 3  |
+--------------+-----------------+------------------+----+
Fetched 9 row(s) in 1.17s
```

以上几个查询都在 1 秒左右得到结果。虽然测试数据很少，但即便这样的数据量在 Hive 上执行相同的查询也要几分钟时间。Impala 的优势在于查询速度快，然而相对于 Hive 或 SparkSQL，当前的 Impala 仍有诸多不足：不支持 update、delete 操作；不支持 Date 类型；不支持 XML 和 JSON 相关函数；不支持 covar_pop、covar_samp、corr、percentile、percentile_approx、histogram_numeric、collect_set 等聚合函数；不支持 rollup、cube、grouping set 等操作；不支持数据抽样（Sampling）等。看来要想日臻完美，Impala 还有很多工作要做。

12.5 Apache Kylin 与 OLAP

Apache Kylin 是一个开源的分布式分析引擎，提供 Hadoop 之上的 SQL 查询接口及多维分析（OLAP）能力，以支持超大规模数据。它能够支持 TB 到 PB 级别的数据量，并在秒级从如此巨大的 Hive 表中返回查询结果。Kylin 最初由 eBay 中国团队开发并于 2014 年 10 月贡献至开源社区，2014 年 11 月加入 Apache 孵化器项目，2015 年 11 月正式成为 Apache 顶级项目，也是首个完全由中国团队设计开发的 Apache 顶级项目。2016 年 3 月，Apache Kylin 核心开发成员创建了 Kyligence 公司，力求更好地推动项目和社区的快速发展。

与本书前面介绍的所有 SQL-on-Hadoop 解决方案不同，Kylin 走了一条完全不同的道路，具有典型的 MOLAP 特征。当前流行的 SQL-on-Hadoop 方案需要扫描部分或者全部数据来完成查询，致使查询延迟很大，而 Kylin 在 SQL-on-Hadoop 基础之上，通过预计算立方体方式，以空间换时间，大幅降低了查询延时，从而弥补了现有方案的不足之处。

Kylin 旨在减少 Hadoop 在 10 亿及百亿规模以上数据级别情况下的查询延迟，具有以下主要特征：

- 底层数据存储基于 Hbase，具有较强的可伸缩性。
- 为 Hadoop 数据提供了 ANSI-SQL 接口，并且支持大多数的 ANSI-SQL 函数。
- 能够支持在秒级延迟的情况下对 Hadoop 进行交互式查询。
- 通过 MOLAP Cube 支持多维联机分析处理数据仓库。
- 用户可以自定义数据模型，并且能够预建超过 10 亿行原始数据记录的数据模型。
- 可与其他 BI 工具无缝集成，如 Tableau、PowerBI 等，并提供了标准的 JDBC、ODBC 接口。
- 可分布式部署，查询服务器可以水平扩展。

除上述基本特征外，Kylin 还计划在后续版本中支持流式近实时 Cube 计算，并支持实时数据多维分析等各种场景。

12.5.1 Apache Kylin 架构

Apache Kylin 官方提供的架构如图 12-9 所示。它构建于 Hive 和 Hbase 之上，从数据仓库中最常用的 Hive 中读取源数据，使用 MapReduce 作为 Cube 构建的引擎，并把预计算结果保存在 Hbase 中，对外暴露 Rest API/JDBC/ODBC 的查询接口。Kylin 实现查询路由功能：尽量通过 Hbase 中预先计算的 OLAP Cube 满足查询，不能被 Hbase 满足的查询则发送到 Hive。Hbase 中的 OLAP Cube 根据 Hive 星型数据模式离线计算，以空间换时间的方式加快查询速度。Kylin 查询加速对用户透明，从用户角度来看，Kylin 的查询和 Hive 没有太大区别。

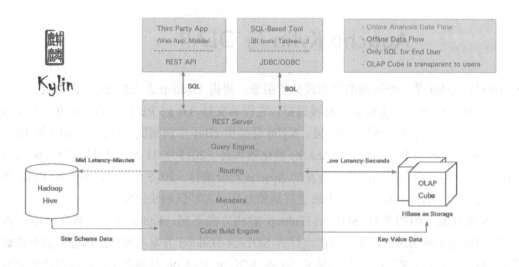

图 12-9　Apache Kylin 架构

　　Kylin 的核心思想是预计算，即对多维分析可能用到的度量进行预先计算，将计算好的结果保存成 Cube，供查询时直接访问。把高复杂度的聚合运算、多表连接等操作转换成对预计算结果的查询，这决定了 Kylin 能够拥有很好的快速查询和高并发能力。预先计算 OLAP Cube 的目标是事先按照各个维度组合聚合度量，将复杂的 SQL 查询转换为简单 KV 查询，避免查询时扫描过多数据，提升查询效率。图 12-10 是 Kylin 官方提供的一个例子。

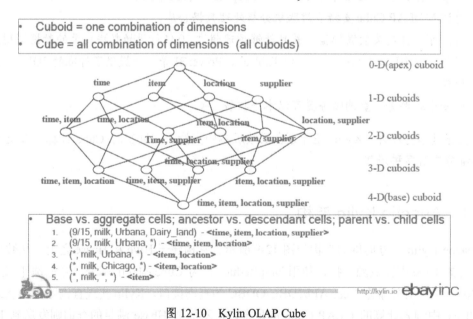

图 12-10　Kylin OLAP Cube

　　该 Cube 包含 time、item、location、supplier 4 个维度，Kylin 生成的 Cube 包含 16 个 cubeoid，每个 cubeoid 对应一个维度组合。每个组合定义了一组分析的维度，如 group by 分组条件。度量的聚合结果就保存在每个 cubeoid 上，查询时根据 SQL 找到对应的 cubeoid，读取度量的值，即可返回。

N 维 Cube 有 2^N 个 cubeoid，空间占用非常可观，当 N 超过一定量时，空间消耗无法接受。Kylin 通过 Partial Cube 来降低维度组合数，平衡存储空间和查询性能。基本思路是将维度拆分为多个聚合组，只在组内计算 Cube，聚合组内查询效率较高，跨组查询效率较差，所以应该根据业务场景定义聚合组。此外，Kylin 也支持从 Cube 中裁剪聚合效果较差的高基数属性，降低存储开销。

Cube 计算非常耗时，新数据进入系统时全量重构 Cube 代价较高，因此 Kylin 设计了增量 Cube Building 技术加速离线 Cube 的计算。其原理是保存基础 Cube，以及多个增量 Cube，每个 Cube 代表一段时间内的新数据，新数据构成新 Cube，尽量避免 Cube 整体重建。查询时访问多个 Cube 进行数据聚合，Cube 个数越多查询性能越差，所以系统根据一定策略将小 Cube 合并成为大 Cube 以降低查询代价。

12.5.2　Apache Kylin 安装

与 Hive、Impala 或 SparkSQL 不同，Apache Kylin 目前并没有被包含在主流商业 Hadoop 发行版本中，因此需要单独安装。Kylin 的安装比较麻烦，根据具体环境，可能需要重新编译 Hadoop 源码。Kylin 还依赖于 Hbase 和 Zookeeper，并且对这些组件的版本兼容性要求非常高，任何不匹配的版本都可能导致安装失败，所以建议安装前一定要参考 Apache Kylin 官方文档，确定各组件之间的版本兼容情况。下面用一个实例说明具体的安装步骤。

1. 安装环境

主机信息如表 12-2 所示。

表 12-2　Kylin 安装环境

IP	主机名	操作系统	Hadoop 集群组件角色
192.168.56.101	Master	CentOS release 6.4	HDFS 的 NameNode、SecondaryNameNode；YARN 的 ResourceManager；Hbase 的 Hmaster；Zookeeper Server
192.168.56.102	slave1	CentOS release 6.4	HDFS 的 DataNode；YARN 的 NodeManager；Hbase 的 HregionServer；Zookeeper Server
192.168.56.103	slave2	CentOS release 6.4	HDFS 的 DataNode；YARN 的 NodeManager；Hbase 的 HregionServer；Zookeeper Server

软件版本：Hadoop 2.7.2、Hbase 1.1.4、Hive 2.0.0、Zookeeper 3.4.8、Kylin 1.5.1（一定要 apache-kylin-1.5.1-HBase1.1.3-bin.tar.gz 包）。以下安装步骤中，没有特别说明的，均在 master 主机上执行。

2. 编译 Hadoop 源码

安装前先要重新编译 Hadoop 源码，使得 native 库支持 snappy，否则在运行 Kylin sample

时会出现以下错误：

org.apache.hadoop.hive.ql.metadata.HiveException: native snappy library not available: this version of libhadoop was built without snappy support.

造成错误的原因是 Hadoop 的二进制安装包中没有 snappy 支持，需要重新编译源码。

（1）下载以下所需要的源码包

```
snappy-1.1.1.tar.gz
protobuf-2.5.0.tar.gz
hadoop-2.7.2-src.tar.gz
```

（2）准备编译环境，安装编译源码所需的软件包

```
yum install svn
yum install autoconf automake libtool cmake
yum install ncurses-devel
yum install openssl-devel
yum install gcc*
```

（3）编译安装 snappy

```
# 用 root 用户执行以下命令
tar -zxvf snappy-1.1.1.tar.gz
cd snappy-1.1.1/
./configure
make
make install
# 查看 snappy 库文件
ls -lh /usr/local/lib | grep snappy
```

（4）编译安装 protobuf

```
# 用 root 用户执行以下命令
tar -zxvf protobuf-2.5.0.tar.gz
cd protobuf-2.5.0/
./configure
make
make install
# 查看 protobuf 版本以测试是否安装成功
protoc -version
```

（5）编译 hadoop native

```
tar -zxvf hadoop-2.7.2-src.tar.gz
cd hadoop-2.7.2-src/
mvn clean package -DskipTests -Pdist,native -Dtar -Dsnappy.lib=/usr/local/lib -Dbundle.snappy
```

执行成功后，Hadoop-dist/target/hadoop-2.7.2.tar.gz 即为新生成的二进制安装包。

3. 安装 Hadoop 集群

参考 4.2 节 "安装 Apache Hadoop"。

4. 安装 Hbase

（1）加压缩安装文件

```
tar -zxvf hbase-1.1.4-bin.tar.gz
```

（2）建立软连接

```
ln -s hbase-1.1.4 hbase
```

（3）修改 hbase-env.sh、hbase-site.xml、regionservers 三个配置文件

```
cd hbase/conf

vi hbase-env.sh
# 添加以下内容
export JAVA_HOME=/home/grid/jdk1.7.0_75
export HBASE_HOME=/home/grid/hbase
export HBASE_LOG_DIR=/tmp/grid/logs
export HBASE_MANAGES_ZK=true

vi hbase-site.xml
# 添加以下内容
<configuration>
    <property>
            <!-- 设置 Hbase 数据库存放数据的目录 -->
        <name>hbase.rootdir</name>
        <value>hdfs://master:9000/hbase</value>
    </property>
    <property>
            <!-- 打开 Hbase 分布模式 -->
        <name>hbase.cluster.distributed</name>
        <value>true</value>
    </property>
    <property>
            <!-- 指定 Hbase 集群主控节点 -->
        <name>hbase.master</name>
        <value>master:60000</value>
    </property>
    <property>
        <!-- 指定 Zookeeper 集群节点名 -->
        <name>hbase.zookeeper.quorum</name>
        <value>master,slave1,slave2</value>
    </property>
    <property>
            <!-- 指定 Zookeeper 集群的 data 目录 -->
        <name>hbase.zookeeper.property.dataDir</name>
        <value>/home/grid/hbase/zookeeper</value>
    </property>
</configuration>

vi regionservers
# 把 localhost 改为以下内容
slave1
slave2
```

（4）将修改后的 hbase 目录复制到其他节点

```
scp -r hbase slave1:/home/grid/
scp -r hbase slave1:/home/grid/
```

5. 安装 Zookeeper

```
# 在 master 上执行以下命令
cd /home/grid/
tar -zxvf zookeeper-3.4.8.tar.gz
ln -s zookeeper-3.4.8 zookeeper
cd zookeeper
mkdir data
cd conf

vi zoo.cfg
# 在配置文件中添加如下内容
tickTime=2000
initLimit=10
syncLimit=5
dataDir=/home/grid/zookeeper/data
clientPort=2181
server.1=192.168.56.101:2888:3888
server.2=192.168.56.102:2888:3888
server.3=192.168.56.103:2888:3888

vi /home/grid/zookeeper/data/myid
# 内容就是 1
1

scp -r /home/grid/zookeeper slave1:/home/grid/
scp -r /home/grid/zookeeper slave2:/home/grid/

# 在 slave1 上执行以下命令
vi /home/grid/zookeeper/data/myid
# 改为 2
2

# 在 slave2 上执行以下命令
vi /home/grid/zookeeper/data/myid
# 改为 3
3
```

6. 配置 Hbase 的 Zookeeper

```
# 在 master 上执行以下命令
vi /home/grid/hbase/conf/hbase-site.xml
# 修改下面的两个属性
<property>
    <!-- 指定 Zookeeper 集群节点名 -->
    <name>hbase.zookeeper.quorum</name>
    <value>192.168.56.101,192.168.56.102,192.168.56.103</value>
</property>
<property>
    <!-- 指 Zookeeper 集群 data 目录 -->
    <name>hbase.zookeeper.property.dataDir</name>
    <value>/home/grid/zookeeper/data</value>
</property>
```

```
# 把配置文件复制到另外两个 RegionServer 节点
scp /home/grid/hbase/conf/hbase-site.xml slave1:/home/grid/hbase/conf/
scp /home/grid/hbase/conf/hbase-site.xml slave2:/home/grid/hbase/conf/
```

7. 安装 Hive

参考 5.2 节中的 "安装 Hive"

8. 添加 hive_dependency 环境变量

```
export
hive_dependency=/home/grid/hive/conf:/home/grid/hive/lib/*:/home/grid/hive/hcatalog/share/hca
talog/hive-hcatalog-core-2.0.0.jar
```

9. 把 Hive 安装目录复制到 Hadoop 集群的其他节点

```
scp -r hive slave1:/home/grid/
scp -r hive slave2:/home/grid/
```

10. 配置环境变量

根据实际情况，在集群的每个主机上配置如下环境变量：JAVA_HOME、HADOOP_HOME、HBASE_HOME、HADOOP_HDFS_HOME、HIVE_HOME、HADOOP_COMMON_HOME、JAVA_HOME、HADOOP_YARN_HOME、ZOOKEEPER_HOME、KYLIN_HOME、HADOOP_MAPRED_HOME、hive_dependency。

11. 安装配置 Kylin

```
# 在 master 上执行以下命令
cd /home/grid/
tar -zxvf apache-kylin-1.5.1-HBase1.1.3-bin.tar.gz
ln -s apache-kylin-1.5.1-bin kylin

vi /home/grid/kylin/bin/kylin.sh

# 需要对此脚本做两点修改：
# 1. KYLIN_HOME 的值改成绝对路径
export KYLIN_HOME=/home/grid/kylin
# 2. 在 HBASE_CLASSPATH_PREFIX 路径中添加$hive_dependency
export HBASE_CLASSPATH_PREFIX=${tomcat_root}/bin/bootstrap.jar:${tomcat_root}/bin/tomcat-
juli.jar:${tomcat_root}/lib/*:$hive_dependency:$HBASE_CLASSPATH_PREFIX
```

12. 启动服务

```
# 分别在三台机器上启动 Zookeeper
/home/grid/zookeeper/bin/zkServer.sh start

# 在 master 启动其他 kylin 依赖的服务
$HADOOP_HOME/sbin/start-dfs.sh
$HADOOP_HOME/sbin/start-yarn.sh
$HADOOP_HOME/sbin/mr-jobhistory-daemon.sh start historyserver
~/mysql/bin/mysqld &
nohup $HIVE_HOME/bin/hive --service metastore > /tmp/grid/hive_metastore.log 2>&1 &
/home/grid/hbase/bin/start-hbase.sh
```

```
# 在master启动kylin
cd /home/grid/kylin/bin
./kylin.sh start
```

13. 测试 kylin 自带的例子

（1）运行例子

```
${KYLIN_HOME}/bin/sample.sh
```

（2）重启 Kylin 服务器

```
${KYLIN_HOME}/bin/kylin.sh stop
${KYLIN_HOME}/bin/kylin.sh start
```

（3）登录 Kylin Web 控制台

使用 ADMIN/KYLIN 作为用户名/密码登录 URL：http://192.168.56.101:7070/kylin，在左上角的 project 下拉列表中选择 learn_kylin 项目。

（4）建立示例立方体

选中 kylin_sales_cube 示例立方体，单击 Actions→Build，选择一个截止日期，本试验中选择的是 2012-04-01。

（5）监控建立过程

在 Monitor 标签中通过刷新页面检查进度条，直到 100%。立方体创建成功后，会在 Hive 中建立 3 个表，Hbase 中建立 2 个表，分别如下所示。

```
hive (default)> show tables;
OK
kylin_cal_dt
kylin_category_groupings
kylin_sales
Time taken: 0.698 seconds, Fetched: 3 row(s)
hive (default)>

hbase(main):001:0> list
TABLE
KYLIN_EM92ICS3M0
kylin_metadata
2 row(s) in 0.5420 seconds

=> ["KYLIN_EM92ICS3M0", "kylin_metadata"]
hbase(main):002:0>
```

（6）执行 SQL 查询

在 Insight 标签中执行下面的 SQL 查询：

```
select part_dt, sum(price) as total_selled,
```

```
count(distinct seller_id) as sellers
from kylin_sales group by part_dt order by part_dt
```

查询结果如图 12-11 所示。

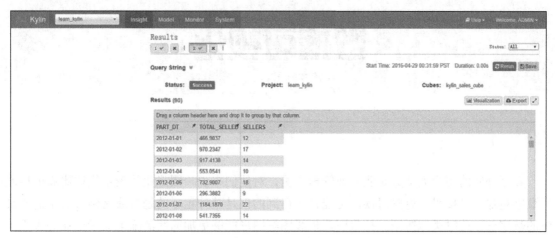

图 12-11　Kylin 查询

（7）验证查询结果

在 Hive 中执行相同的 SQL 查询，验证 Kylin 的查询结果。

12.6　小结

（1）联机分析处理系统从数据仓库中的集成数据出发，构建面向分析的多维数据模型，再使用多维分析方法从多个不同的视角对多维数据集合进行分析比较，分析活动以数据驱动。

（2）联机分析处理通常分为 MOLAP、ROLAP、HOLAP 三种类型。

（3）Hadoop 上的 SQL 解决方案主要有 Hive、SparkSQL、Impala 等，其中 Impala 由于性能优势，比较适合做联机分析处理。

（4）当前的 Impala 还存在很多局限，在使用时要格外注意：不支持 update、delete 操作；不支持 Date 类型；不支持 XML 和 JSON 相关函数；不支持 covar_pop、covar_samp、corr、percentile、 percentile_approx、histogram_numeric、collect_set 等聚合函数；不支持 rollup、cube、grouping set 等操作；不支持数据抽样（Sampling）等。

（5）Apache Kylin 是一个开源的分布式分析引擎，提供 Hadoop 之上的 SQL 查询接口及 OLAP 多维分析能力，以支持超大规模数据。它最初由 eBay 中国团队开发，并成为首个完全由中国团队设计开发的 Apache 顶级项目。

（6）Apache Kylin 的安装部署要注意各个组件之间的版本兼容性问题。

第 13 章

◀ 数据可视化 ▶

数据仓库的用户大部分是业务或管理人员，对他们来说，图形化的表示往往比满屏枯燥的数字更加容易接受。有些时候，可能希望得到的仅是某种粗略的趋势或比例，而不需要具体的数字值，此时类似饼图、柱状图、折线图等图形能够更加简明清晰地显示出业务含义，因此相对于数字报表，此时图形是更好的选择。

本章中我们首先说明数据可视化的概念，然后介绍 Hadoop 生态圈中两种常用的数据可视化组件，Hue 与 Zeppelin，并从功能、架构、使用场景几方面对它们进行简单比较。最后依然是针对销售订单示例，演示如何用 Hue 实现图形化的数据展示。

13.1 数据可视化简介

数据可视化在维基百科上是这样定义的：指一种表示数据或信息的技术，它将数据或信息编码为包含在图形里的可见对象，如点、线、条等，目的是将信息更加清晰有效地传达给用户，是数据分析或数据科学的关键技术之一。简单地说，数据可视化就是以图形化方式表示数据。决策者可以通过图形直观地看到数据分析结果，从而更容易理解业务变化趋势或发现新的业务模式。使用可视化工具，可以在图形或图表上进行下钻，以进一步获得更细节的信息，交互式地观察数据改变或处理过程。

1. 数据可视化的重要性

从人类大脑处理信息的方式看，使用图形图表观察大量复杂数据要比查看电子表格或报表更容易理解。数据可视化就是这样一种以最为普通的方式，向人快速、简单地传达信息的技术。通过数据可视化能够有效地利用数据，帮助人们给诸如以下问题快速提供答案：

- 需要注意的问题或改进的方向。
- 影响客户行为的因素。
- 确定商品放置的位置。

- 销量预测。

通过增加数据可视化的使用，能够使企业更快地发现所要追求的价值。创建更多的信息图表，让人们更快地使用更多的资源，获得更多的信息。同时使人们意识到已经知道很多信息，而这些信息先前就应该是很明显的，从而增加了人们能够提出更好问题的可能。它创建了似乎没有任何联系的数据点之间的连接，让人们能够分辨出有用的和没用的数据，这样，就能最大限度地提高生产力，让信息的价值最大化。

2. 数据可视化的用途

（1）快速理解信息

通过使用业务信息的图形化表示，企业可以以一种清晰的、与业务联系更加紧密的方式查看大量的数据，根据这些信息制定决策。并且由于相对于电子表格的数据分析，图形化格式的数据分析要更快，因此企业可以更加及时地发现问题、解决问题。

（2）标识关系和模式

即使面对大量错综复杂的数据，图形化表示也能使数据变得可以理解。企业能够识别高度关联、互相影响的多个因素。这些关系有些是显而易见的，有些则不易发现。识别这些关系可以帮助组织聚焦于最有可能影响其重要目标的领域。

（3）确定新兴趋势

使用数据可视化，可以辅助企业发现业务或市场趋势，准确定位超越竞争对手的自身优势，最终影响其经营效益。企业更容易发现影响产品销量和客户购买行为的异常数据，并把小问题消灭于萌芽之中。

（4）方便沟通交流

一旦从可视化分析中对业务有了更新、更深入的了解，下一步就需要在组织间沟通这些情况。使用图表、图形或其他有效的数据可视化表示在沟通中是非常重要的，因为这种表示更能吸引人的注意，并能快速获得彼此的信息。

3. 实施数据可视化需要考虑的问题

实施一个新技术，需要采取一些有效步骤。除了扎实地掌握数据外，还需要理解目标、需求和受众。在组织准备实施数据可视化技术时，先要做好以下功课：

- 明确试图可视化的数据，包括数据量和基数（一列数据中不同值的个数）。
- 确定需要可视化和传达的信息种类，如事务明细、累积聚合、比值比例等。
- 了解数据的受众，并领会他们如何处理可视化信息。
- 使用一种对受众来说最优、最简的可视化方案传达信息。

在明确了数据属性和作为信息消费者的受众的相关问题后，就需要准备与大量数据打交道了。大数据给可视化带来新的挑战，4V（Volume、Velocity、Variety、Veracity）是必须要考虑的问题，而且数据产生的速度经常会比其被管理和分析的速度快。需要可视化的列的基数也是应该重点考虑的因素，高基数意味着该列有大量不同值（如身份证号），而低基数则说明该列有大量重复值（如性别）。

4. 几种主要的数据可视化工具

- Tableau Desktop（主流桌面 BI）。
- Business Object（SAP 收购的 BI 公司产品）。
- Hyperion（Oracle 收购的 BI 公司产品）。
- Cognos（IBM 收购的 BI 公司产品）。
- Pentaho Report（最流行的开源 BI）。

13.2 Hue 简介

前面讨论了数据可视化的基本概念，那么在 Hadoop 生态圈中，有哪些图形化的工具适合做数据可视化呢？本节与下节分别介绍两种常用的 Hadoop 组件，Hue 与 Zeppelin。

Hue 是 Hadoop User Experience 的缩写，是一个开源的 Apache Hadoop UI 系统，最早是由 Cloudera Desktop 演化而来的，由 Cloudera 贡献给开源社区。它是基于 Python Web 框架 Django 实现的。

示例环境使用的 CDH 5.7.0 自带的 Hue 服务是 3.9.0 版本。通过使用 CDH 的 Hue Web 应用，可以与 Hadoop 集群进行交互。在 Hue 中可以浏览 HDFS 和作业，管理 Hive 元数据，运行 Hive、Impala 查询或 Pig 脚本，浏览 HBase，使用 Sqoop 导出数据，提交 MapReduce 程序，使用 Solr 建立定制的搜索引擎，调度重复执行的 Oozie 工作流等。

Hue 应用运行在 Web 浏览器中，不需要安装客户端。其体系结构如图 13-1 所示。

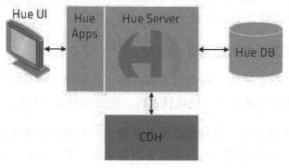

图 13-1　Hue 架构

Hue Server 是 Web 应用的容器，位于 CDH 和浏览器之间，是所有 Hue Web 应用的宿主，负责与 CDH 组件通信。Hue Database 用于保存其自身的元数据，默认安装时使用的是一个嵌入式数据库，也可以配置成使用外部关系数据库系统。

13.2.1 Hue 功能快速预览

可以从 CDH Manager 中的相关链接登录 Hue。在 CDH Manager 主页面中单击集群中的"Hue"服务，进入 Hue 服务页面后单击"Hue Web UI"链接，这时会打开 Hue 登录页面，要求输入用户名/密码，如图 13-2 所示。首次登录输入的任意字符串，会自动作为管理员的用户名和密码，之后可以在 Hue 中执行用户管理任务，如添加、删除用户、修改密码等。

图 13-2　Hue 登录

登录后 Hue 会进行配置检查、安装示例、创建或导入用户等向导步骤，然后进入 Hue 主页，如图 13-3 所示。

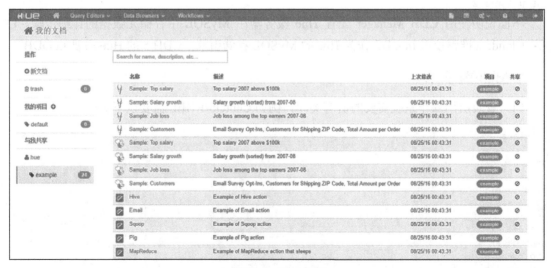

图 13-3　Hue 主页

图中最上面是导航条，11 个图标都有超链接。Hue 图标是"关于 Hue"链接，单击进入刚登录后的向导步骤页面。第二个是主页图标，单击进入"我的文档"页面。后面依次为"查询数据""管理数据""使用 Oozie 的计划""管理 HDFS""管理作业""管理""文档""演示教程"和"注销"子菜单或超链接。"查询数据"子菜单包括 Hive、Impala、DB 查询、Pig 和作业设计器。"管理数据"子菜单包括 Metastore 表和 Sqoop 传输。"使用 Oozie 的计划"包括 WorkFlow、Coordinator、Bundles 三种 Oozie 工作流的仪表板和编辑器。"管理"包括编辑配置文件和管理用户子菜单。

这些是 Hue 主要的功能，每个主功能下面的详细页面这里就不展示了，都是页面操作，单击便可以轻松使用。在这些功能特性集合中，"查询数据"与数据可视化关系最为密切，也是最常使用的功能。后面实例部分，将会看到与查询相关的图形化表示，还会演示其他一些 Hue 的常用功能。

13.2.2　配置元数据存储

像 Hadoop 的其他组件一样，Hue 也有很多配置选项，每个选项的具体含义和配置说明可以从 CDH Manager 的 Hue 配置页或相关文档中找到。在此需要说明一下的是 Hue 自身的元数据存储配置。

Hue 服务器需要一个 SQL 数据库存储诸如用户账号信息、提交的作业、Hive 查询等少量数据。CDH 5.7.0 默认安装时，Hue 的元数据存储在一个嵌入式数据库 SQLite 中，但这种配置并不适用于生产环境。Hue 也支持 MariaDB、MySQL、PostgreSQL、Oracle 等几种外部数据库。Cloudera 强烈推荐在 Hue 多用户环境，特别是生产环境中使用外部数据库。从这个链接地址可以查看 CDH 5 所支持数据库的完整列表：

http://www.cloudera.com/documentation/enterprise/latest/topics/cdh_ig_req_supported_versions.html#topic_2

下面说明使用 CDH Manager 配置 Hue 服务器在 MySQL 中存储元数据的详细步骤。注意：Cloudera 推荐使用 InnoDB 作为 Hue 的 MySQL 存储引擎，CDH 5 的 Hue 需要 InnoDB。

1. 配置前需求

（1）安装所用操作系统需要的所有类库，例如 CentOS/RHEL 需要以下类库。

```
Oracle's JDK
ant
asciidoc
cyrus-sasl-devel
cyrus-sasl-gssapi
cyrus-sasl-plain
gcc
gcc-c++
krb5-devel
libffi-devel
libtidy (for unit tests only)
libxml2-devel
```

```
libxslt-devel
make
mvn (from apache-maven package or maven3 tarball)
mysql
mysql-devel
openldap-devel
python-devel
sqlite-devel
openssl-devel (for version 7+)
```

（2）确认 Hue Server 运行在 Python 2.6 或以上版本上。

（3）安装了 MySQL 数据库（MySQL 数据库的安装配置详见 http://www.cloudera.com/documentation/enterprise/latest/topics/cm_ig_mysql.html#cmig_topic_5_5）。

2. 配置操作

步骤01 在 Cloudera Manager 管理控制台中，从服务列表中单击"Hue"进入 Hue 服务页面。

步骤02 选择"操作"→"停止"，停止 Hue 服务。

步骤03 选择"操作"→"转储数据库"，将元数据库转储为一个 json 文件中。

步骤04 注意在"转储数据库"命令执行窗口中，确认转储文件所在的主机，如图 13-4 所示。

图 13-4 "转储数据库"执行窗口

步骤05 在该主机上打开一个终端窗口，编辑/tmp/hue_database_dump.json 文件，去掉文件中 useradmin.userprofile 段中的所有 JSON 对象，例如删除下面这段：

```
{
"pk": 14,
"model": "useradmin.userprofile",
"fields":
{ "creation_method": "EXTERNAL", "user": 14, "home_directory": "/user/tuser2" }
},
```

步骤06 在/etc/my.cnf 文件中设置 MySQL 严格模式，并重启 MySQL。

```
[mysqld]
sql_mode=STRICT_ALL_TABLES
```

步骤07 在 MySQL 中建立一个新的数据库并授予 Hue 用户对该库的管理员权限，例如：

```
mysql> create database hue;
Query OK, 1 row affected (0.01 sec)
mysql> grant all on hue.* to 'hue'@'localhost' identified by 'secretpassword';
```

```
Query OK, 0 rows affected (0.00 sec)
```

步骤08 在 Cloudera Manager 管理控制台，单击进入"Hue"服务的"配置"标签。

步骤09 "类别"选择"数据库"。

步骤10 指定 Hue 数据库的类型、主机名、端口、用户名、密码和数据库名。在示例环境中如图 13-5 所示。

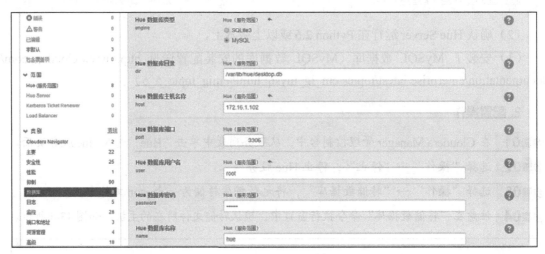

图 13-5　配置 Hue 元数据库

步骤11 在新数据库还原 Hue 的元数据。

①在"Hue"服务页面中，选择"操作"→"同步数据库"。

②在第 8 步建立的 hue 数据库中确认外键，如下所示。

```
$ mysql -uhue -psecretpassword
mysql > show create table auth_permission\g
mysql > show create table desktop_document\g
mysql > show create table django_admin_log\g
```

③删除上一步查出的外键。

```
mysql > alter table auth_permission drop foreign key content_type_id_refs_id_d043b34a;
mysql > alter table desktop_document drop foreign key content_type_id_refs_id_800664c4;
mysql > alter table django_admin_log drop foreign key content_type_id_refs_id_93d2d1f8;
```

④删除 django_content_type 表里的数据。

```
delete from hue.django_content_type;
commit;
```

⑤在"Hue"服务页，单击"操作"→"加载数据库"。

⑥添加第（3）步删除的外键。

```
mysql > alter table auth_permission add foreign key (content_type_id) references
django_content_type (id);
mysql > alter table desktop_document add foreign key (content_type_id) references
```

```
django_content_type (id);
mysql > alter table django_admin_log add foreign key (content_type_id) references
django_content_type (id);
```

步骤12 在 Cloudera Manager 管理控制台中，启动 Hue 服务。

如果在上述步骤中报类似 "libmysqlclient.so.16: cannot open shared object file: No such file or directory" 这种错误，说明 MySQL 的类库和 Hue 所需的不兼容，这时只需下载兼容版本的库文件，并放置到/usr/lib64 目录，再操作就不会报错了。

13.3　Zeppelin 简介

上一节简单介绍了 Hue 这种 Hadoop 生态圈的数据可视化组件，本节讨论另一种类似的产品——Zeppelin。首先介绍一下 Zeppelin 架构，然后说明其安装的详细步骤，之后演示如何在 Zeppelin 中添加 MySQL 翻译器。

13.3.1　Zeppelin 架构

Zeppelin 是一个基于 Web 的软件，用于交互式地数据分析。它一开始是 Apache 软件基金会的孵化项目，2016 年 5 月正式成为顶级项目。Zeppelin 描述自己是一个可以进行数据摄取、数据发现、数据分析、数据可视化的笔记本，用以帮助开发者、数据科学家以及相关用户更有效地处理数据，而不必使用复杂的命令行，也不必关心集群的实现细节。Zeppelin 的架构如图 13-6 所示。

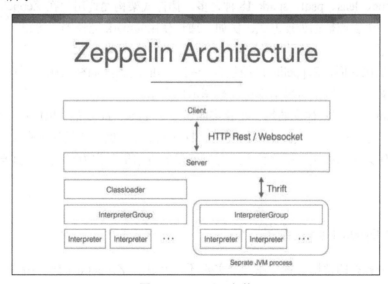

图 13-6　Zeppelin 架构

从上图中可以看到，Zeppelin 具有客户端/服务器架构，客户端一般就是指浏览器。服务器接收客户端的请求，并将请求通过 Thrift 协议发送给翻译器组。翻译器组物理表现为 JVM 进程，负责实际处理客户端的请求并与服务器进行通信。

翻译器是一个插件式的体系结构，允许任何语言或后端数据处理程序以插件的形式添加到 Zeppelin 中。特别需要指出的是，Zeppelin 内建 Spark 翻译器，因此不需要构建单独的模块、插件或库。翻译器的架构如图 13-7 所示。

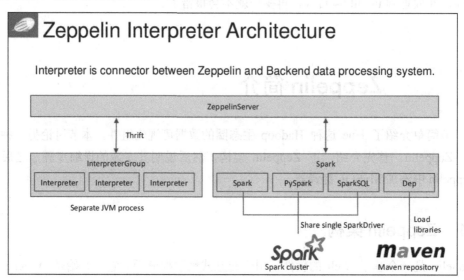

图 13-7　Zeppelin 翻译器架构

当前的 Zeppelin 已经支持很多翻译器，如 Zeppelin 0.6.0 版本自带的翻译器有 alluxio、cassandra、file、hbase、ignite、kylin、md、phoenix、sh、tajo、angular、elasticsearch、flink、hive、jdbc、lens、psql、spark 18 种之多。插件式架构允许用户在 Zeppelin 中使用自己熟悉的特定程序语言或数据处理方式。例如，通过使用%spark 翻译器，可以在 Zeppelin 中使用 Scala 语言代码。

在数据可视化方面，Zeppelin 已经包含一些基本的图表，如柱状图、饼图、线形图、散点图等，任何支持的后端语言输出都可以被图形化表示。

在 Zeppelin 中，用户建立的每一个查询叫做一个 note，note 的 URL 在多用户间共享，Zeppelin 将向所有用户实时广播 note 的变化。Zeppelin 还提供一个只显示查询结果的 URL，该页不包括任何菜单和按钮。用这种方式可以方便地将结果页作为一帧嵌入到自己的 Web 站点中。

13.3.2　Zeppelin 安装配置

下面用一个典型的使用场景，在一个实验环境上说明 Zeppelin 的安装配置步骤。我们将使用 Zeppelin 运行 SparkSQL 查询 Hive 表的数据。

1. 安装环境

12 个节点的 Spark 集群，以 standalone 方式部署，各节点运行的进程如表 13-1 所示。集群中所有主机均可连接互联网。

表 13-1　Zeppelin 部署环境

主机名	运行进程
nbidc-agent-03	NameNode、Spark Master
nbidc-agent-04	SecondaryNameNode
nbidc-agent-11	ResourceManager、DataNode、NodeManager、Spark Worker
nbidc-agent-12	DataNode、NodeManager、Spark Worker
nbidc-agent-13	DataNode、NodeManager、Spark Worker
nbidc-agent-14	DataNode、NodeManager、Spark Worker
nbidc-agent-15	DataNode、NodeManager、Spark Worker
nbidc-agent-18	DataNode、NodeManager、Spark Worker
nbidc-agent-19	DataNode、NodeManager、Spark Worker
nbidc-agent-20	DataNode、NodeManager、Spark Worker
nbidc-agent-21	DataNode、NodeManager、Spark Worker
nbidc-agent-22	DataNode、NodeManager、Spark Worker

操作系统：CentOS release 6.4。

Hadoop 版本：2.7.0。

Hive 版本：2.0.0。

Spark 版本：1.6.0。

2. 在 nbidc-agent-04 上安装部署 Zeppelin 及其相关组件

（1）安装 Git

在 nbidc-agent-04 上执行下面的指令。

```
yum install curl-devel expat-devel gettext-devel openssl-devel zlib-devel
yum install gcc perl-ExtUtils-MakeMaker
yum remove git
cd /home/work/tools/
wget https://github.com/git/git/archive/v2.8.1.tar.gz
tar -zxvf git-2.8.1.tar.gz
cd git-2.8.1.tar.gz
make prefix=/home/work/tools/git all
make prefix=/home/work/tools/git install
```

（2）安装 Java

在 nbidc-agent-03 上执行下面的指令复制 Java 安装目录到 nbidc-agent-04 上。

```
scp -r jdk1.7.0_75 nbidc-agent-04:/home/work/tools/
```

（3）安装 Apache Maven

在 nbidc-agent-04 上执行下面的指令。

```
cd /home/work/tools/
wget ftp://mirror.reverse.net/pub/apache/maven/maven-3/3.3.9/binaries/apache-maven-3.3.9-
bin.tar.gz
tar -zxvf apache-maven-3.3.9-bin.tar.gz
```

（4）安装 Hadoop 客户端

在 nbidc-agent-03 上执行下面的指令复制 Hadoop 安装目录到 nbidc-agent-04 上。

```
scp -r hadoop nbidc-agent-04:/home/work/tools/
```

（5）安装 Spark 客户端

在 nbidc-agent-03 上执行下面的指令复制 Spark 安装目录到 nbidc-agent-04 上。

```
scp -r spark nbidc-agent-04:/home/work/tools/
```

（6）安装 Hive 客户端

在 nbidc-agent-03 上执行下面的指令复制 Hive 安装目录到 nbidc-agent-04 上。

```
scp -r hive nbidc-agent-04:/home/work/tools/
```

（7）安装 phantomjs

在 nbidc-agent-04 上执行下面的指令。

```
cd /home/work/tools/
tar -jxvf phantomjs-2.1.1-linux-x86_64.tar.bz2
```

（8）下载最新的 zeppelin 源码

在 nbidc-agent-04 上执行下面的指令。

```
cd /home/work/tools/
git clone https://github.com/apache/incubator-zeppelin.git
```

（9）设置环境变量

在 nbidc-agent-04 上编辑/home/work/.bashrc 文件，内容如下。

```
vi /home/work/.bashrc
# 添加下面的内容
export
PATH=.:$PATH:/home/work/tools/jdk1.7.0_75/bin:/home/work/tools/hadoop/bin:/home/work/tools/sp
ark/bin:/home/work/tools/hive/bin:/home/work/tools/phantomjs-2.1.1-linux-
x86_64/bin:/home/work/tools/incubator-zeppelin/bin;
export JAVA_HOME=/home/work/tools/jdk1.7.0_75
export HADOOP_HOME=/home/work/tools/hadoop
export SPARK_HOME=/home/work/tools/spark
export HIVE_HOME=/home/work/tools/hive
export ZEPPELIN_HOME=/home/work/tools/incubator-zeppelin
# 保存文件，并使设置生效
source /home/work/.bashrc
```

（10）编译 zeppelin 源码

在 nbidc-agent-04 上执行下面的指令。

```
cd /home/work/tools/incubator-zeppelin
mvn clean package -Pspark-1.6 -Dspark.version=1.6.0 -Dhadoop.version=2.7.0 -Phadoop-2.6 -
Pyarn -DskipTests
```

3. 配置 zeppelin

（1）配置 zeppelin-env.sh 文件

在 nbidc-agent-04 上执行下面的指令。

```
cp /home/work/tools/incubator-zeppelin/conf/zeppelin-env.sh.template
/home/work/tools/incubator-zeppelin/conf/zeppelin-env.sh
vi /home/work/tools/incubator-zeppelin/conf/zeppelin-env.sh
# 添加下面的内容
export JAVA_HOME=/home/work/tools/jdk1.7.0_75
export HADOOP_CONF_DIR=/home/work/tools/hadoop/etc/hadoop
export MASTER=spark://nbidc-agent-03:7077
```

（2）配置 zeppelin-site.xml 文件

在 nbidc-agent-04 上执行下面的指令。

```
cp /home/work/tools/incubator-zeppelin/conf/zeppelin-site.xml.template
/home/work/tools/incubator-zeppelin/conf/zeppelin-site.xml
vi /home/work/tools/incubator-zeppelin/conf/zeppelin-site.xml
# 修改下面这段的 value 值，设置 zeppelin 的端口为 9090
<property>
  <name>zeppelin.server.port</name>
  <value>9090</value>
  <description>Server port.</description>
</property>
```

（3）将 hive-site.xml 复制到 Zeppelin 的配置目录下

在 nbidc-agent-04 上执行下面的指令。

```
cd /home/work/tools/incubator-zeppelin
cp /home/work/tools/hive/conf/hive-site.xml .
```

4. 启动 zeppelin

在 nbidc-agent-04 上执行下面的指令。

```
zeppelin-daemon.sh start
```

5. 测试

从浏览器打开 http://nbidc-agent-04:9090/，如图 13-8 所示。

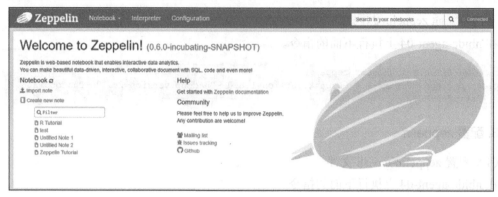

图 13-8　Zeppelin 主页面

单击 Interpreter 菜单，配置并保存 spark 翻译器。各属性值如表 13-2 所示。

表 13-2　spark 翻译器属性

属性名称	值
spark.cores.max	
zeppelin.spark.printREPLOutput	true
master	spark://nbidc-agent-03:7077
zeppelin.spark.maxResult	1000
zeppelin.dep.localrepo	local-repo
spark.app.name	Zeppelin
spark.executor.memory	30GB
zeppelin.spark.sql.stacktrace	false
zeppelin.interpreter.localRepo	/home/work/tools/incubator-zeppelin/local-repo/2BW11U8FD
zeppelin.spark.useHiveContext	true
args	
zeppelin.spark.concurrentSQL	false
zeppelin.pyspark.python	python
zeppelin.dep.additionalRemoteRepository	spark-packages,http://dl.bintray.com/spark-packages/maven,false;

配置并保存 hive 翻译器，各属性值如表 13-3 所示。

图 13-3　hive 翻译器属性

属性名称	值
default.password	
default.user	hive
default.driver	org.apache.hive.jdbc.HiveDriver
default.url	jdbc:hive2://nbidc-agent-03:10001
common.max_count	1000

单击"NoteBook"→"Create new note"子菜单项，建立一个新的查询并执行。

```
%sql
select * from wxy.t1 where rate > ${r}
```

这是一个动态表单 SQL，查询 hive 表 wxy.t1 的数据。第一行指定翻译器为 SparkSQL，第二行用${r}指定一个运行时参数，执行时页面上会出现一个文本编辑框，输入参数后按回车键，查询会按照指定参数进行，筛选出 rate > 100 的记录，查询结果如图 13-9 所示。

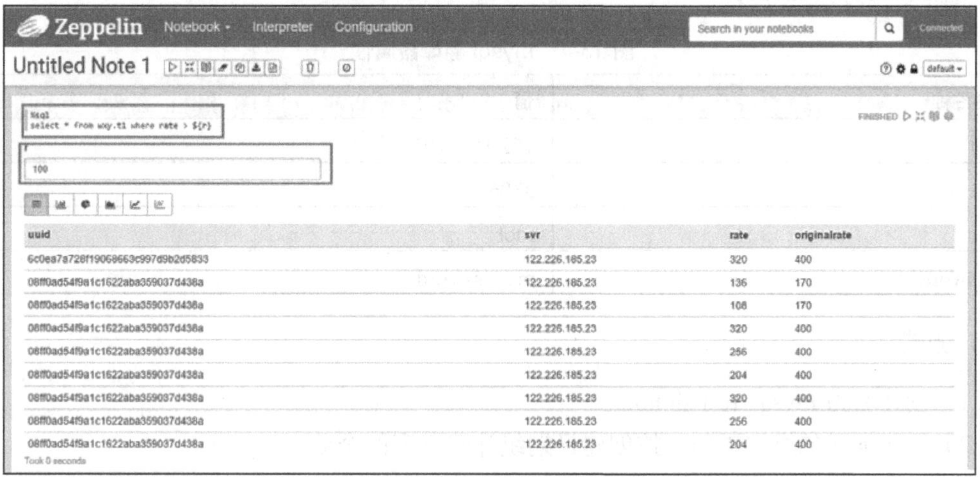

图 13-9　Zeppelin 查询

13.3.3　在 Zeppelin 中添加 MySQL 翻译器

数据可视化的需求很普遍，如果常用的如 MySQL 这样的关系数据库也能使用 Zeppelin 查询，并将结果图形化显示，那么就可以用一套统一的数据可视化方案处理大多数常用查询。Zeppelin 本身还不带 MySQL 翻译器，幸运的是已经有 MySQL 翻译器插件了。下面说明该插件的安装步骤及简单测试。

1. 编译 MySQL Interpreter 源代码

```
cd /home/work/tools/
git clone https://github.com/jiekechoo/zeppelin-interpreter-mysql
mvn clean package
```

2. 部署二进制包

```
mkdir /home/work/tools/incubator-zeppelin/interpreter/mysql
cp /home/work/tools/zeppelin-interpreter-mysql/target/zeppelin-mysql-0.5.0-incubating.jar
/home/work/tools/incubator-zeppelin/interpreter/mysql/
# copy dependencies to mysql directory
cp commons-exec-1.1.jar mysql-connector-java-5.1.6.jar slf4j-log4j12-1.7.10.jar log4j-
1.2.17.jar slf4j-api-1.7.10.jar /home/work/tools/incubator-zeppelin/interpreter/mysql/
vi /home/work/tools/incubator-zeppelin/conf/zeppelin-site.xml
# 在 zeppelin.interpreters 的 value 里增加 "org.apache.zeppelin.mysql.MysqlInterpreter"
```

3. 重启 Zeppelin

```
zeppelin-daemon.sh restart
```

4. 加载 MySQL Interpreter

打开主页 http://nbidc-agent-04:9090/，单击 Interpreter → Create， "Name"填写 "mysql"， "Interpreter"选择"mysql"，增加属性名和值如表 13-4 所示。完成这些配置工作后，单击"Save"按钮保存。

图 13-4　mysql 翻译器属性

属性名称	值
--host	172.16.1.102
--port	3306
--user	root
--password	mypassword

5. 测试

（1）创建名为 mysql_test 的 note。

（2）输入下面的查询语句，按创建日期统计建立表的个数。

```
%mysql
select date_format(create_time,'%Y-%m-%d') d, count(*) c
  from information_schema.tables
 group by date_format(create_time,'%Y-%m-%d')
 order by d;
```

（3）执行查询。

查询结果的表格、柱状图、饼图、堆叠图、线形图分别如图 13-10 至图 13-14 所示。

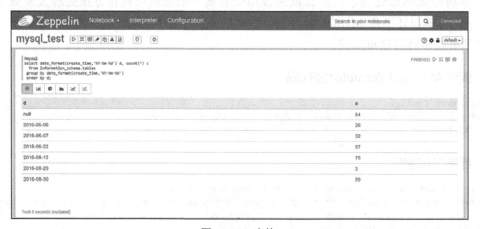

图 13-10　表格

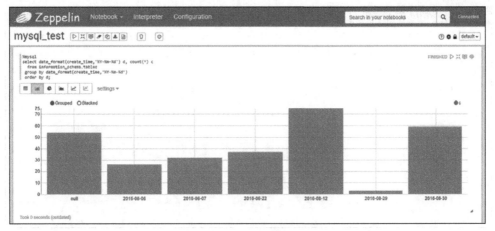

图 13-11　柱状图

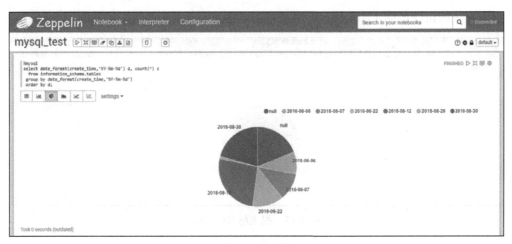

图 13-12　饼图

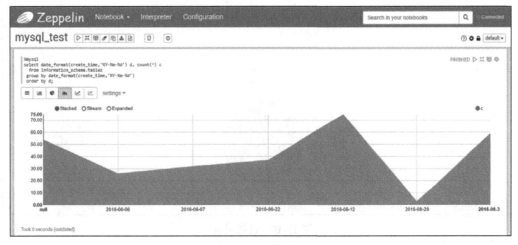

图 13-13　堆叠图

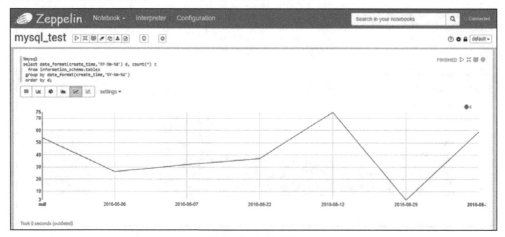

图 13-14　线形图

报表样式的饼图如图 13-15 所示。可以单击如图 13-16 所示的链接单独引用此报表。

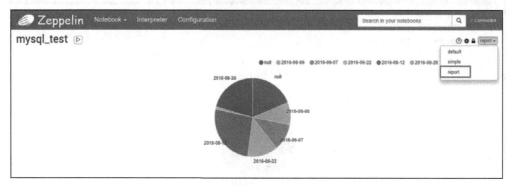

图 13-15　报表样式的饼图

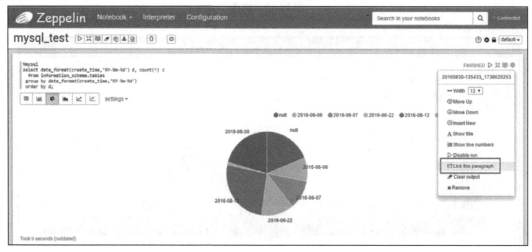

图 13-16　链接报表

单独的页面能根据查询的修改而实时变化，比如将查询修改为：

```
select date_format(create_time,'%Y-%m-%d') d, count(*) c
  from information_schema.tables
where create_time > '2016-06-07'
group by date_format(create_time,'%Y-%m-%d')
order by d;
```

增加了 where 子句，再运行此查询，结果如图 13-17 所示。

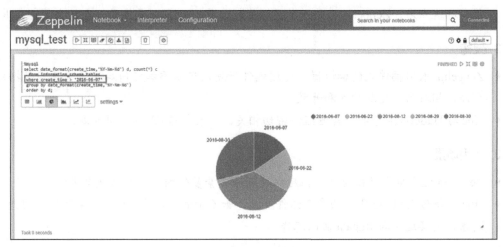

图 13-17　图形显示随查询变化

单独链接的页面也随之自动发生变化，如图 13-18 所示。

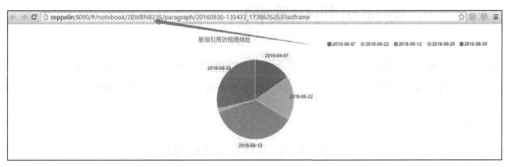

图 13-18　单独链接的页面自动变化

13.4　Hue、Zeppelin 比较

1. 功能

- Zeppelin 和 Hue 都具有一定的数据可视化功能，都提供了多种图形化数据表示形式。
  单从这点来说，它们的功能类似，大同小异。Hue 可以通过经纬度进行地图定位，这
  个功能在 Zeppelin 0.6.0 上没有。

- Zeppelin 支持的后端数据查询程序较多，0.6.0 版本默认有 18 种，原生支持 Spark。而 Hue 的 3.9.0 版本默认只支持 Hive、Impala、Pig 和数据库查询。
- Zeppelin 只提供了单一的数据处理功能，它将数据摄取、数据发现、数据分析、数据可视化都归为数据处理的范畴。而 Hue 的功能则丰富得多，除了类似的数据处理，还有元数据管理、Oozie 工作流管理、作业管理、用户管理、Sqoop 集成等很多管理功能。从这点看，Zeppelin 只是一个数据处理工具，而 Hue 更像是一个综合管理工具。

2. 架构

- Zeppelin 采用插件式的翻译器，通过插件开发，可以添加任何后端语言及其数据处理程序，相对来说更加独立和开放。
- Hue 与 Hadoop 生态圈的其他组件密切相关，一般都与 CDH 一同部署。

3. 使用场景

- Zeppelin 适合单一数据处理，但后端处理语言繁多的场景，尤其适合 Spark。
- Hue 适合与 Hadoop 集群的多个组件交互，如 Oozie 工作流、Sqoop 等联合处理数据的场景，尤其适合与 Impala 协同工作。

13.5 数据可视化实例

本节先用 Impala、DB 查询示例说明 Hue 的数据查询和可视化功能，然后交互式地建立定期执行销售订单示例 ETL 任务的工作流，说明在 Hue 里是如何操作 Oozie 工作流引擎的。

1. Impala 查询

在 12.4 节中执行了一些联机分析处理的查询，现在在 Hue 里执行查询，直观看一下结果的图形化表示效果。

步骤01 登录 Hue，单击 🏠 图标进入"我的文档"页面。

步骤02 单击 **我的项目** ⊕ 创建一个名为"销售订单"的新项目。

步骤03 单击"新文档"→"Impala"进入查询编辑页面，创建一个新的 Impala 文档。

步骤04 在 Impala 查询编辑页面，选择 olap 库，然后在编辑窗口输入下面的查询语句。

```
-- 按产品分类查询销售量和销售额
select t2.product_category pro_category,
       sum(order_quantity) sum_quantity,
       sum(order_amount) sum_amount
  from sales_order_fact t1, product_dim t2
 where t1.product_sk = t2.product_sk
 group by pro_category
 order by pro_category;
```

```
-- 按产品查询销售量和销售额
select t2.product_name pro_name,
      sum(order_quantity) sum_quantity,
      sum(order_amount) sum_amount
  from sales_order_fact t1, product_dim t2
 where t1.product_sk = t2.product_sk
 group by pro_name
 order by pro_name;
```

单击"执行"按钮，结果显示按产品分类的销售统计，如图 13-19 所示。接着单击"下一页"按钮，结果会显示按产品的销售统计。

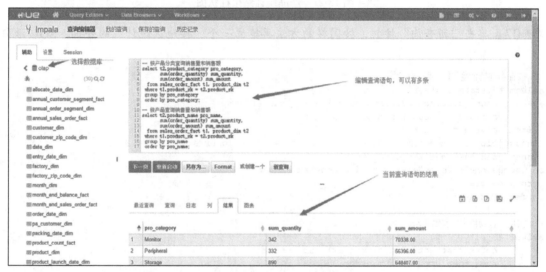

图 13-19 Impala 查询页面

步骤05 单击"全屏查看结果"按钮，会全屏显示查询结果。

产品统计结果如图 13-20 所示。

	pro_name	sum_quantity	sum_amount
1	Flat Panel	304	65393.00
2	Floppy Drive	427	320137.00
3	Hard Disk Drive	463	328270.00
4	Keyboard	332	56396.00
5	LCD Panel	38	4945.00

图 13-20 产品统计结果表格

产品统计柱状图如图 13-21 所示。

从图中可以看到，按销售额从大到小排序的产品依次为 Hard Disk Drive、Floppy Drive、Flat Panel、Keyboard 和 LCD Panel。

步骤06 回到查询编辑页，单击"另存为..."按钮，保存名为"按产品统计"的查询。

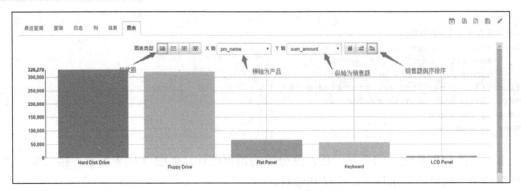

图 13-21　产品统计结果柱状图

步骤07　单击"新查询"按钮，按同样的方法再建立一个"按地区统计"的查询。SQL 语句如下。

```
-- 按省查询销售量和销售额
select t3.state state,
        count(distinct t2.customer_sk) sum_customer_num,
        sum(order_amount) sum_order_amount
  from sales_order_fact t1
 inner join customer_dim t2 on t1.customer_sk = t2.customer_sk
 inner join customer_zip_code_dim t3
on t1.customer_zip_code_sk = t3.zip_code_sk
 group by state
 order by state;

-- 按城市查询销售量和销售额
select t3.city city,
        count(distinct t2.customer_sk) sum_customer_num,
        sum(order_amount) sum_order_amount
  from sales_order_fact t1
 inner join customer_dim t2 on t1.customer_sk = t2.customer_sk
 inner join customer_zip_code_dim t3
on t1.customer_zip_code_sk = t3.zip_code_sk
 group by city
 order by city;
```

城市统计饼图如图 13-22 所示。

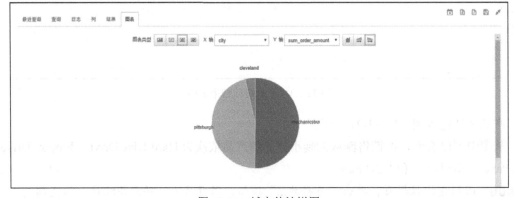

图 13-22　城市统计饼图

从图中可以看到，mechanicsburg 市的销售占整个销售额的一半。

步骤08 再建立一个"按年月统计"的查询，这次使用动态表单功能，运行时输入年份。SQL 语句如下。

```
-- 按年月查询销售量和销售额
select t4.year*100 + t4.month ym,
       sum(order_quantity) sum_quantity,
       sum(order_amount) sum_amount
  from sales_order_fact t1
 inner join order_date_dim t4 on t1.order_date_sk = t4.date_sk
 where (t4.year*100 + t4.month) between $ym1 and $ym2
 group by ym
 order by ym;
```

注意$ym1 和$ym2 是动态参数，执行此查询，会出现输入框要求输入参数，如图 13-23 所示。

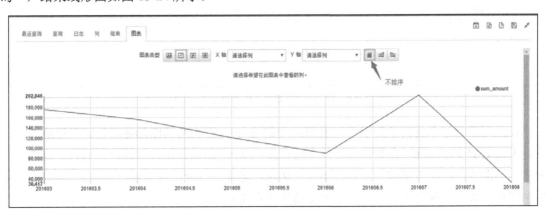

图 13-23　动态参数输入

查询 2016 一年的销售情况，ym1 输入 201601，ym2 输入 201612，然后单击"执行查询"，结果线形图如图 13-24 所示。

图 13-24　年月统计线形图

此结果按查询语句中的 order by 子句排序。

至此，我们定义了三个 Impala 查询，进入"我的文档"页面可以看到"default"项目中有三个文档，而"销售订单"项目中没有文档。

步骤09 把这三个文档移动到"销售订单" 项目中。

单击右面列表中的"default"按钮，会弹出"移动到某个项目"页面，单击"销售订单"，如图 13-25 所示。

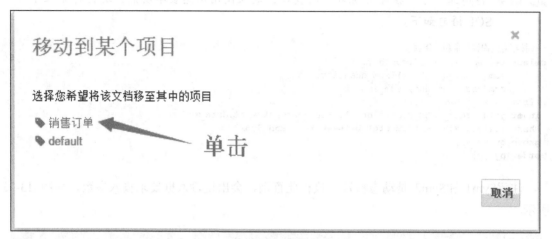

图 13-25 移动项目

将三个查询文档都如此操作后，在"销售订单"项目中会出现此三个文档，如图 13-26 所示。

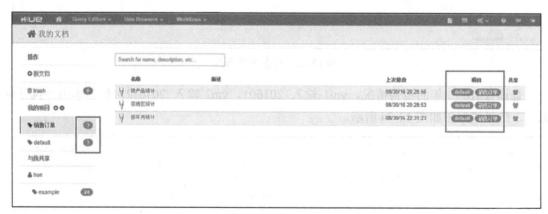

图 13-26 将文档迁移到"销售订单"项目中

以上用销售订单的例子演示了一下 Hue 中的 Impala 查询及其图形化表示。严格地说，无论是 Hue 还是 Zeppelin，在数据可视化上与传统的 BI 产品相比还很初级，它们只是提供了几种常见的图表，还缺少基本的上卷、下钻、切块、切片、百分比等功能，如果只想用 Hadoop 生态圈里的数据可视化工具，也只能期待其逐步完善吧。

步骤10 最后提供一个 Hue 文档中通过经纬度进行地图定位的示例，如图 13-27 所示。

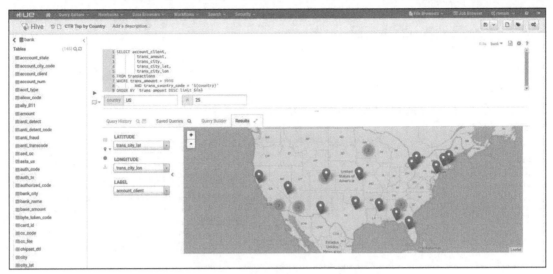

图 13-27　通过经纬度进行地图定位

2. DB 查询

默认时 Hue 没有启用 DB 查询，如果单击 Query Editors→"DB 查询"，会出现提示"当前没有已配置的数据库。"的页面。可以按如下方法配置 DB 查询。

步骤01　进入 CDH Manager 的 Hue→"配置"页面，在"类别"中选择"服务范围"→"高级"，然后编辑"hue_safety_valve.ini 的 Hue 服务高级配置代码段（安全阀）"配置项，填写类似如下内容：

```
[librdbms]
  [[databases]]
    [[[mysql]]]
      # Name to show in the UI.
      nice_name="MySQL DB"
      name=hive
      engine=mysql
      host=172.16.1.102
      port=3306
      user=root
      password=mypassword
```

这里配置的是一个 MySQL 数据库。

步骤02　单击"保存更改"按钮，然后单击"操作"→"重启"，重启 Hue 服务。

此时再次在 Hue 里单击"Query Editors"→"DB 查询"，则会出现 MySQL 中 hive 库表，此库存放的是 Hive 元数据。此时就可以输入 SQL 进行查询了，如图 13-28 所示。

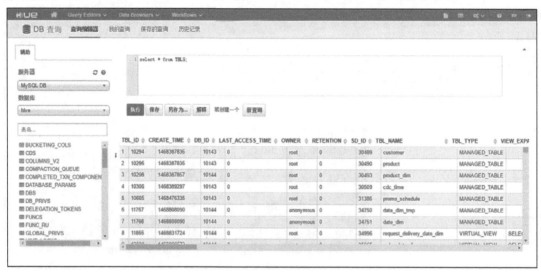

图 13-28　DB 查询

3. 建立定期执行销售订单示例的 ETL 工作流

下面说明使用 Hue 建立工作流的详细步骤。

步骤01 登录 Hue 的 Web 主页，单击 Workflows→"编辑器"→Workflow，打开"Workflow 编辑器"页面。

步骤02 单击 Create 按钮，新建一个工作流。工作流预定义了 16 种操作，而且 Start、End、Kill 节点已经存在，不需要、也不能自己定义。

步骤03 单击 📂 图标，打开工作区页面。

步骤04 单击 ✏ 图标，显示 HDFS 上的工作区目录。

步骤05 执行下面的命令，将相关依赖文件复制至工作区目录。

```
hdfs dfs -put -f /root/mysql-connector-java-5.1.38/mysql-connector-java-5.1.38-bin.jar
/user/hue/oozie/workspaces/hue-oozie-1472779112.59
hdfs dfs -put -f /etc/hive/conf.cloudera.hive/hive-site.xml /user/hue/oozie/workspaces/hue-
oozie-1472779112.59
hdfs dfs -put -f /root/regular_etl.sql /user/hue/oozie/workspaces/hue-oozie-1472779112.59
hdfs dfs -put -f /root/month_sum.sql /user/hue/oozie/workspaces/hue-oozie-1472779112.59
```

步骤06 回到"Workflow 编辑器"页面，拖曳添加三个"Sqoop 1"操作。因为三个 Sqoop 并行处理，所以工作流中会自动添加 fork 节点和 join 节点。

步骤07 编辑第一个"Sqoop 1"操作。

- 将"Sqoop 1"操作改名为"sqoop-customer"。
- 填写如下命令，用 import 全量装载客户表。

```
import --connect jdbc:mysql://cdh1:3306/source?useSSL=false --username root --password
mypassword --table customer --hive-import --hive-table rds.customer --hive-overwrite
```

- 单击"文件"，在"选择文件"页面单击"工作区"，选择 hive-site.xml 文件。

- 再次单击"文件",在"选择文件"页面单击"工作区",选择 mysql-connector-java-5.1.38-bin.jar 文件。

步骤08 编辑第二个"Sqoop 1"操作。

- 将"Sqoop 1"操作改名为"sqoop-product"。
- 填写如下命令,用 import 全量装载产品表。

```
import --connect jdbc:mysql://cdh1:3306/source?useSSL=false --username root --password mypassword --table product --hive-import --hive-table rds.product --hive-overwrite
```

- 单击"文件",在"选择文件"页面单击"工作区",选择 hive-site.xml 文件。
- 再次单击"文件",在"选择文件"页面单击"工作区",选择 mysql-connector-java-5.1.38-bin.jar 文件。

步骤09 编辑第三个"Sqoop 1"操作。

- 将"Sqoop 1"操作改名为"sqoop-sales_order"。
- 填写如下命令,用 job 增量装载销售订单表。

```
job --exec myjob_incremental_import --meta-connect jdbc:hsqldb:hsql://cdh2:16000/sqoop
```

- 单击"文件",在"选择文件"页面单击"工作区",选择 hive-site.xml 文件。
- 再次单击"文件",在"选择文件"页面单击"工作区",选择 mysql-connector-java-5.1.38-bin.jar 文件。

步骤10 修改工作流的名称为"regular_etl",添加工作流的描述为"销售订单定期 ETL",fork 节点的名称为"fork-node",join 节点的名称为"join-node"。

步骤11 在"join-node"节点下,拖曳添加一个"Hive 脚本"操作,"脚本"选择工作区目录下的 regular_etl.sql 文件,"Hive XML"选择工作区目录下的 hive-site.xml 文件。修改操作名称为"hive-every-day",此操作每天执行 ETL 主流程。

步骤12 在"hive-every-day"操作下,拖曳添加一个"Hive 脚本"操作,"脚本"选择工作区目录下的 month_sum.sql 文件,"Hive XML"选择工作区目录下的 hive-site.xml 文件,修改操作名称为"hive-every-month"。此操作每个月执行一次,生成上月汇总数据快照。

步骤13 这步要使用一个小技巧。hive-every-month 是每个月执行一次,我们是用天做判断,比如每月 1 日执行此操作,需要一个 decision 节点完成 date eq 1 的判断。在 Hue 的工作流编辑里,decision 节点是由 fork 节点转换来的,而 fork 节点是碰到并发操作时自动添加的。因此需要添加一个和"hive-every-month"操作并发的操作来自动添加 fork 节点,这里选择"停止"操作。

步骤14 单击"转换为决策",条件是如果${date eq 1}转至"hive-every-month",否则转至"End"。因为不是 1 号时会转至默认的"End"节点,所以此时已经不再需要刚才添加的"停止"操作,将其删除。

至此我们的 regular_etl 工作流已经定义完成,单击 图标保存。

步骤15 单击 ⚙ "设置"，在弹出的"Workflow 设置"页面里单击"添加参数"链接，参数名为"date"，值设置为 1。

步骤16 关闭"Workflow 设置"页面，单击 ▶ "提交"，弹出"提交 regular_etl?"页面，参数 date 值为 1。

步骤17 单击"提交"按钮，工作流执行。

前面的步骤定义了 Workflow 工作流，要让它定时执行还要定义 Coordinator 工作流。

步骤18 单击"Workflows" → "编辑器" → "Workflow"，打开"Coordinator 编辑器"页面。

步骤19 单击"Create"按钮，新建一个工作流。

步骤20 单击"选择 Workflow"链接，在弹出的页面中选择"regular_etl"。

步骤21 "频率"配置不变，保持默认的每天一次。

步骤22 单击"添加参数"链接，将 ${coord:formatTime(coord:actualTime(), 'd')} 作为 regular_etl 里变量 date 的值，传递给 Workflow。

步骤23 修改 Coordinator 工作流的名称为"regular_etl-coord"，单击 💾 保存。

至此我们的 Coordinator 工作流已经定义完成。

步骤24 单击"提交"按钮，Coordinator 工作流执行。

13.6 小结

（1）Zeppelin 和 Hue 是 Hadoop 中两种常用的数据可视化组件。

（2）Zeppelin 支持的后端数据查询程序较多，原生支持 Spark。而 Hue 默认只支持 Hive、Impala、Pig 数据查询。

（3）Zeppelin 只提供了单一的数据处理功能，而 Hue 除了类似的数据处理，还有元数据管理、Oozie 工作流管理、作业管理、用户管理、Sqoop 集成等很多管理功能。

（4）Zeppelin 采用插件式的翻译器，通过插件，可以添加任何后端语言及其数据处理程序。

（5）通过配置，Hue 可以支持关系数据库查询。

（6）在 Hue 中可以交互式定义 Oozie 工作流。